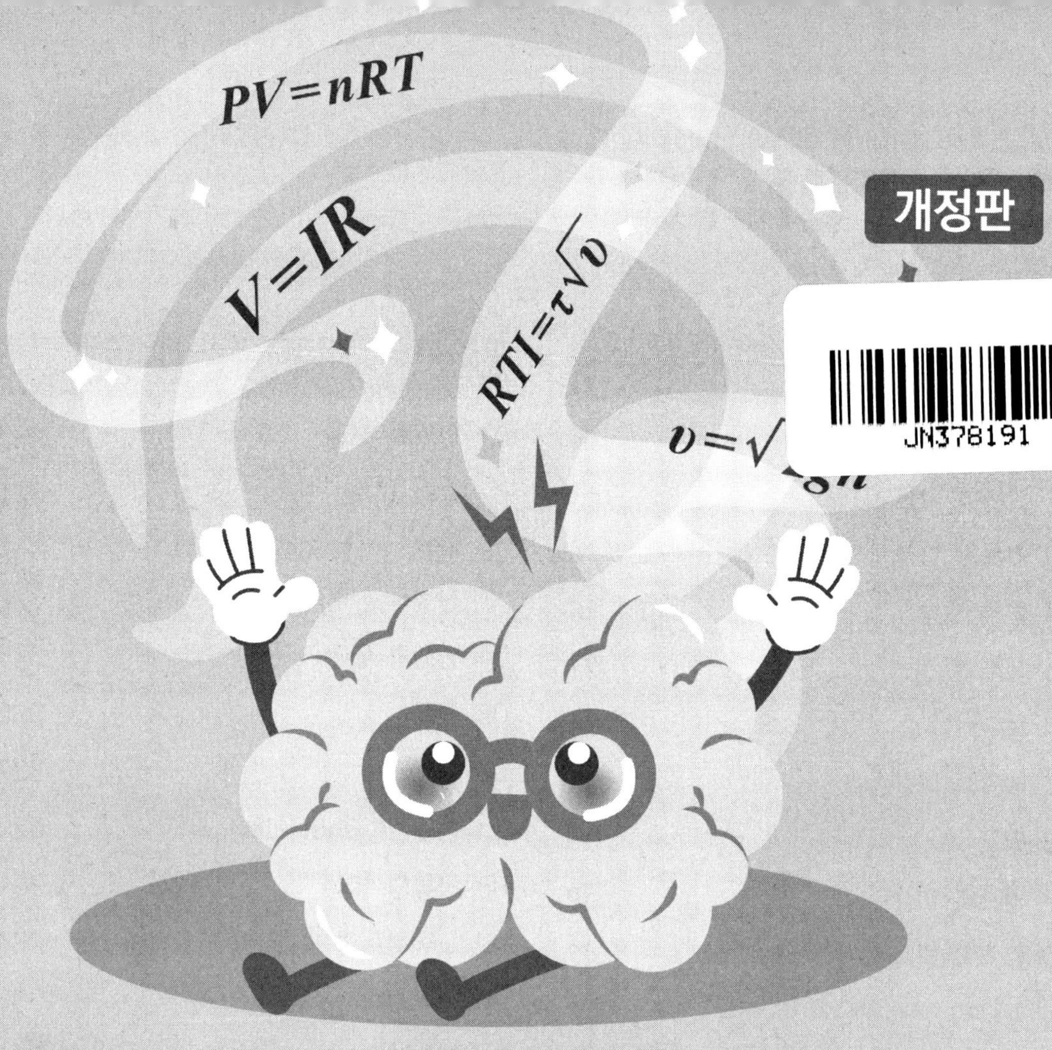

소방기술사·소방시설관리사 시험대비

뇌풀림
소방기술사·관리사 수리계산 핸드북

소방기술사·관리사 윤 연 호

CONTENTS

PART 01 유체역학

01 유체역학의 기초   6
02 단위와 차원   11
03 기체의 법칙   14
04 물의 특성   16
05 정수역학   21
06 동수역학   26
07 배관의 마찰손실   32
08 펌프   35
09 펌프의 이상현상   39
10 열역학 법칙   42

PART 02 수계설비

문제풀이   46

PART 03 가스계

문제풀이   192

PART 04 제연

문제풀이   270

PART 05 소방전기

01 전기의 본질   320
02 옴의 법칙   321
03 전류, 전압, 저항 측정 및 전력과 전력량   322
04 법칙과 열전기 현상   323
05 전지   325
06 정전기   327
07 콘덴서(Condenser)   329
08 교류의 발생   331
09 교류회로의 R·L·C   334
10 교류전력   336
11 다상교류   338
12 과도현상   341
13 시퀀스 제어(Sequency Control)   342
14 논리회로   343
15 전동기   345
16 절연저항   347
문제풀이   348

PART 06 위험물

문제풀이 394

PART 07 연소공학

문제풀이 430

PART 08 건축방재공학

문제풀이 456

PART 09 내진설계

문제풀이 494

PART 10 유도식

문제풀이 500

PART 11 계산공식

01 화재안전기준 계산식 548
02 소방 일반 554
03 방화공학 실무 핸드북 587

PART 01

뇌풀림 소방기술사 · 관리사 수리계산 핸드북

유체역학

01 유체역학의 기초

1. 유체의 정의
1) 아무리 작은 전단응력이라도 작용하기만 하면 연속적으로 변형하려는 물질
2) 유체는 기체와 액체로 구분된다.
   (1) 기체 : 압축성 유체
   (2) 액체 : 비압축성 유체

2. 유체의 종류
1) 압축성 유무
   (1) 압축성 유체 : 압력에 의해 체적이 변하는 유체로서 기체
   (2) 비압축성 유체 : 압력에 의해 체적이 변하지 않는 유체로서 물
2) 점성 유무
   (1) 이상 유체 : 유체의 점성과 압축성을 모두 가지지 않는 유체(비점성 유체)
   (2) 실제 유체 : 유체의 점성과 압축성을 모두 가지는 유체(점성 유체)

3. 밀도, 비체적, 비중량, 비중
1) 밀도
   (1) 물질의 단위체적당 질량
   (2) 물의 밀도 : $1000\,[kg/m^3] = 1000\,[N \cdot s^2/m^4]$

$$\rho = \frac{m}{V} = \frac{PM}{RT}\,[kg/m^3]$$

ρ : 밀도$[kg/m^3]$ m : 질량$[kg]$
V : 부피$[m^3]$ P : 절대압력$[atm]$
M : 분자량$[kg/kmol]$ T : 절대온도$[K]$
R : 기체상수$[atm \cdot m^3/kmol \cdot K]$

2) 비체적
   (1) 밀도의 역수로 단위질량당 체적

$$V_s = \frac{V}{m} = \frac{1}{\rho}\,[m^3/kg]$$

V_s : 비체적$[m^3/kg]$ V : 부피$[m^3]$
m : 질량$[kg]$ ρ : 밀도$[kg/m^3]$

3) 비중량

(1) 물체의 단위체적당 중량

(2) 물의 비중량 : $1000\,[kg_f/m^3] = 9800\,[N/m^3]$

$$\gamma = \frac{W}{V} = \frac{mg}{V} = \frac{m}{V} \times g = \rho \cdot g$$

γ : 비중량 $[kg_f]$　　W : 중량 $[N]$
m : 질량 $[kg]$　　g : 중력가속도 $[m/s^2]$
ρ : 밀도 $[kg/m^3]$

4) 비중

(1) 어떤 물질 1 [cc] 무게와 4 [℃] 물 1 [cc] 무게와의 비

$$S = \frac{\rho}{\rho_w} = \frac{\gamma}{\gamma_w}$$

S : 비중　　ρ : t [℃] 물의 밀도
ρ_w : 4 [℃] 물의 밀도　　γ : t [℃] 물의 비중량
γ_w : 4 [℃] 물의 비중량

4. 뉴턴의 운동법칙

1) 제1법칙 : 관성의 법칙

　(1) 정지상태의 물체는 계속 정지하려 하고, 운동중인 물체는 계속적으로 등속운동을 하려는 법칙

　(2) 펌프의 수직현상의 기본원리

2) 제2법칙 : 운동법칙

　(1) 힘 = 질량 × 속도 → F = mg

　(2) 가속도는 미치는 힘에 비례하며, 질량의 크기에 반비례

3) 제3법칙 : 작용과 반작용의 법칙

　(1) A라는 물체가 B라는 물체에 힘이 작용할 때 B물체도 A물체에 힘을 작용시킨다.

　(2) 서로 작용하는 힘의 크기는 같고, 다만 힘의 방향이 반대일 뿐이다.

5. 뉴턴의 점성법칙

1) 점성의 정의

　(1) 유체의 유동성을 나타내기 위한 척도

　(2) 유체 유동 시 마찰력에 의해 생기는 액체의 끈끈한 성질

2) 뉴턴의 점성법칙
   (1) 유체의 점성으로 인한 유체의 변형 정도는 속도구배에 비례하고, 흐름이 있는 작은 평면에 작용하는 점성력의 법칙
   (2) 뉴턴 유체는 전단력과 속도구배가 직선적으로 비례하는 유체

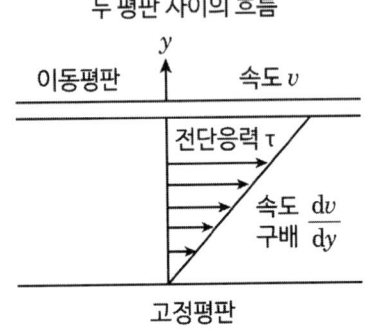

- 전단응력 계산

$$\tau = \mu \frac{dv}{dy} \ [N/m^2]$$

μ : 점성계수 $[N \cdot s/m^2]$

$\dfrac{dv}{dy}$: 속도구배

3) 전단응력
   (1) 두 평판 사이에 유체가 있을 때 생기는 응력
   (2) 한 평판에 가해진 힘에 저항하기 위해 평판과 물질 경계면에 발생하는 응력

4) 점성계수
   (1) 유체의 끈끈한 정도를 나타내는 계수

$$\mu = \rho \times \nu \ [kg/m \cdot s] \ [g/cm \cdot s]$$

μ : 점성계수 $[kg/m \cdot s]$
ρ : 밀도 $[kg/m^3]$
ν : 동점성계수 $[m^2/s]$

   (2) 단위 $[g/cm \cdot s] \ [poise]$

구분	MKS	CGS
MLT 계	$kg/m \cdot s$	$g/cm \cdot s$
FLT 계	$N \cdot s/m^2$	$dyne \cdot s/cm^2$

5) 동점성계수
   (1) 계산식

$$\nu = \frac{\mu}{\rho} \ [m^2/s]$$

μ : 점성계수 $[kg/m \cdot s]$
ρ : 밀도 $[kg/m^3]$
ν : 동점성계수 $[m^2/s]$

(2) 단위 $[cm^2/s]$ $[stokes]$

구분	MKS	CGS
MLT 계	m^2/s	cm^2/s
FLT 계	m^2/s	cm^2/s

6. 표면장력

1) 표면장력의 정의

   (1) 같은 분자의 응집력과 부착력의 차이로 발생

   (2) 액 표면적을 최소화하려는 힘으로 온도가 높을수록 응집력은 작아짐

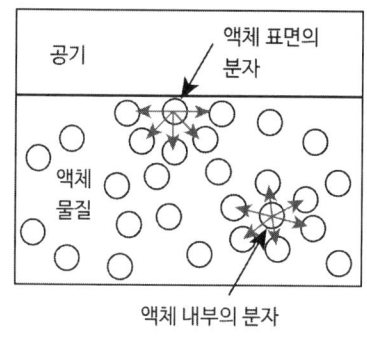
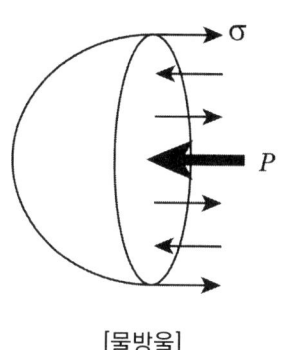

[물방울]

2) 계산 공식

$$\sigma = \frac{1}{4}\Delta PD \ [N/m]$$

σ : 표면장력$[N/m]$
ΔP : 물방울 내부와 외부의 압력차$[N/m^2]$ $[Pa]$
D : 지름$[m]$

3) 표면장력에 영향을 미치는 인자

   (1) 온도 : 증가할수록 분자운동이 활발하여 표면장력 감소

   (2) 계면활성제 : 비누, 합성세제 등은 표면장력 감소

   (3) 염분 : 염분 양이 증가할수록 표면장력 증가

   (4) 알코올, 산 : 표면장력 감소

4) 표면장력

구분	표면장력[dyne/cm]
물	72
합성계면활성제	30

7. 모세관 현상

1) 모세관 현상의 정의

　(1) 물 위에 가는 관을 세우면 모세관 내 물의 중량보다 부착력이 크게 되어 모세관 내 수위가 상승하는 현상

　(2) 특성

　　① 부착력 > 응집력 : 액면 상승

　　② 부착력 < 응집력 : 액면 하강

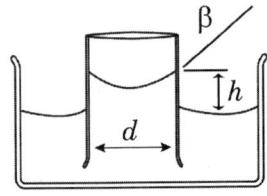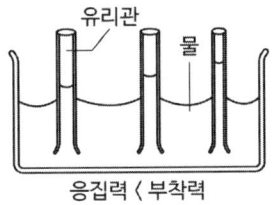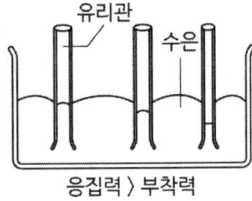

응집력 < 부착력　　　　응집력 > 부착력

2) 적용 공식

$$h = \frac{4\sigma \cos\beta}{\gamma d} \ [m]$$

h : 상승높이 $[m]$　　　σ : 표면장력 $[N/m]$

β : 접촉각[각도]　　　γ : 비중량 $[N/m^3]$

d : 관의 내경 $[m]$

02 단위와 차원

1. 단위의 정의

1) 물리량의 기준이 되는 양

2) 물리량이란 길이, 질량 등 숫자나 벡터로 표현할 수 있는 양

2. 단위의 구분

1) SI단위의 구성

　(1) 기본단위

구분	물리량	기호	물리량	기호
기본단위	길이	m	온도	K
	질량	kg	물질의 양	mol
	시간	s	광도	cd
	전류	A		
보조단위	평면각	radian	입체각	sr

　(2) 유도단위

　　① 이름이 있는 유도단위(주파수, 파스칼, 주울, 와트)

　　② 이름이 없는 유도단위(면적, 체적, 밀도, 속도)

유도단위	기호	유도단위	기호
면적	m^2	속도	m/s
체적	m^3	비체적	m^3/kg

2) 절대단위와 공학단위

　(1) 절대단위의 기본은 질량이며, kg으로 표시

　(2) 공학단위의 기본은 중량이며, kg_f로 표시

3. 질량과 중량

1) 질량

   절대단위로 물질이 가지는 고유의 양, 무게(단위 : kg)

2) 중량

   질량 $1\,kg$인 물체에 중력가속도 $9.8\,m/s^2$이 작용할 때의 무게(단위 : kg_f)

   - $1\,kg_f = 1\,kg \times 9.8\,m/s^2 = 9.8\,kg \cdot m/s^2 = 9.8\,[N]$
   - $1N = kg \times m/s^2 = \dfrac{1}{9.8}\,kg_f = 10^5\,dyne\,(1dyne = g \cdot cm/s^2)$

   중량 $W = m \times g$ W : 중량 $[N]$, m : 질량 $[kg]$, g : 중력가속도 $[m/s^2]$

4. 차원

1) 차원의 정의

   (1) 기본 물리량과의 관계를 기호로 표시한 것

   (2) 절대단위계와 중력단위계의 각각 기본단위의 조합

2) 차원의 구분

   (1) 절대단위계 차원(MLT계 차원)

   질량(M), 길이(L), 시간(T)을 기본차원으로 함

   (2) 중력단위계의 차원(FLT계 차원)

   힘(F), 길이(L), 시간(T)을 기본차원으로 함

3) 물리량의 차원

물리량 \ 차원	FLT계	MLT계
힘	F	MLT^{-2}
길이	L	L
질량	$FL^{-1}T^2$	M
시간	T	T
면적	L^2	L^2
속도	LT^{-1}	LT^{-1}
각속도	T^{-1}	T^{-1}

물리량 \ 차원	FLT계	MLT계
밀도	$FL^{-4}T^2$	ML^{-3}
운동량	FT	MLT^{-1}
토오크	FL	ML^2T^{-2}
압력	FL^{-2}	$ML^{-1}T^{-2}$
동력	FLT^{-1}	ML^2T^{-3}
점성계수	$FL^{-2}T$	$ML^{-1}T^{-1}$
동점성계수	L^2T^{-1}	L^2T^{-1}

5. 무차원수

1) 차원이 없는 수
2) 2가지 특성을 비교하여 숫자로 표시
3) 무차원수를 사용하는 이유 : 편리하기 때문
4) 무차원수의 종류

레이놀즈수	그라쇼프수	프라우드수	웨버수	오일러수	마하수
$\dfrac{관성력}{점성력}$	$\dfrac{부력}{동점성력}$	$\dfrac{관성력}{중력}$	$\dfrac{관성력}{표면장력}$	$\dfrac{압축력}{관성력}$	$\dfrac{관성력}{탄성력}$

03 기체의 법칙

1. 기체의 특성

1) 기체는 분자 간의 거리가 멀고, 행동이 자유롭다.
2) 압축, 팽창, 확산하는 등 여러 가지 특성이 존재한다.
3) 온도, 압력의 변화에 영향이 크다.
4) 증기와 가스를 모두 포함한다.

2. 보일 / 샤를 / 보일 – 샤를의 법칙

보일의 법칙	① 온도 일정 ② 기체의 압력을 증가시키면 부피는 비례적으로 감소 ③ 압력과 부피는 반비례	$P_1 V_1 = P_2 V_2$	V vs P 그래프 (T는 일정)
샤를의 법칙	① 압력 일정 ② 기체의 온도를 1 [℃] 증가시키면 부피는 0 [℃]에서 1/273씩 증가 ③ 온도와 부피는 비례	$\dfrac{V_1}{T_1} = \dfrac{V_2}{T_2}$	V vs T 그래프 (P는 일정)
보일 – 샤를의 법칙	① 기체의 온도, 압력, 부피의 관계를 정리한 법칙 ② 기체의 부피는 압력에 반비례하고, 절대온도에 비례	$\dfrac{P_1 V_1}{T_1} = \dfrac{P_2 V_2}{T_2}$	PV vs T 그래프

3. 아보가드로의 법칙

1) 0 [℃], 1 [atm]에서 모든 기체 1 [mol]의 부피는 22.4 [L]
2) 모든 기체는 같은 온도, 같은 압력, 같은 부피 속에 같은 개수의 입자를 갖는다는 법칙
3) 분자수 : 6.02×10^{23}개
4) 부피비는 몰수에 비례 : $V \propto n$
5) 이상기체 상태방정식에 적용

4. 이상기체상태방정식

1) 이상기체

    (1) 같은 온도, 같은 압력에서 기체의 부피는 몰수에 비례함
    (2) 같은 온도, 같은 압력에서 기체가 가지는 부피는 기체 분자의 종류와 관계없이 일정함
       (아보가드로의 법칙)

2) 이상기체의 조건

    (1) 입자의 부피는 제로
    (2) 입자 간 상호작용이 없어 위치에너지가 중요하지 않음
    (3) 분자 간 충돌이 완전탄성충돌인 가상의 기체
    (4) 온도를 내리거나 압력을 올려도 액화되거나 응고되지 않음
    (5) 보일 - 샤를의 법칙, 이상기체상태방정식 만족

3) 이상기체상태방정식

    (1) 관련 식

$$PV = nRT = \left(\frac{W}{M}\right)RT$$

   P : 절대압력 $[Pa]$
   V : 부피 $[m^3]$
   W : 질량 $[kg]$
   M : 분자량 $[kg/kmol]$
   T : 절대온도 $[K]$
   R : 일반기체상수 $[kJ/kmol \cdot K]$

    (2) 기체상수 R

   ① 0 [℃], 1 [atm]에서 모든 기체의 1 [mol] 부피는 22.4 [ℓ]
   ② $R = \dfrac{PV}{nT} = \dfrac{1atm \times 22.4l}{1mol \times 273K} = 0.082 \ [atm \cdot l/mol \cdot K]$

5. 그레이엄의 확산법칙

1) 기체의 확산속도는 분자의 평균속도에 비례

2) 같은 온도, 같은 압력에서 확산속도는 분자량의 제곱근에 비례

3) $\dfrac{V_A}{V_B} = \sqrt{\dfrac{M_B}{M_A}}$

04 물의 특성

1. 물의 물리적 특성

1) 무색, 무취, 무미, 무독성, 비가연성이다.
2) 비중, 비중량, 밀도, 비체적은 1이다.
3) 응고점은 0 [℃], 비등점은 100 [℃]이다.
4) 융해잠열은 80 [kcal/kg], 증발잠열은 539 [kcal/kg]이다.

2. 물의 화학적 특성

1) 수소와 산소의 화합물이다.
2) 극성 공유 결합이며, 비극성 공유결합(유기물)과는 혼합하지 않는다.
3) 수소 결합을 가진다.
4) 물은 화학적으로 안정되어 쉽게 수소와 산소로 분해되지 않는다.

3. 물의 소화특성

1) 물의 결합
   (1) 물은 원자인 수소와 산소의 극성공유결합과 분자 간의 인력에 의한 수소결합을 한다.

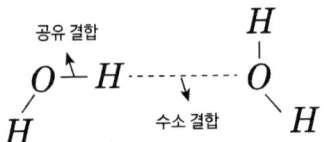

[공유결합 및 수소결합]

   (2) 공유결합은 원자 간의 결합, 수소결합은 분자 간의 결합이다.

2) 수소결합
   수소(H)와 전기음성도가 큰 원자(N, O, F) 사이의 극성 결합에 의한 분자 간 결합이다.

3) 수소결합의 특성
   (1) 비열과 현열이 크다.
   (2) 융해잠열, 증발잠열이 크다.
   (3) 표면장력이 크다.
   (4) 물의 부피 변화 : 부피가 커지면 밀도는 작아진다.

⑸ 일반적으로 밀도는 고체 > 액체 > 기체 순이지만, 물의 경우 액체 > 고체 > 기체 순으로 밀도가 크다.

4. 물 소화약제의 장점 및 단점

1) 장점

⑴ 비교적 안정된 액체이다.

⑵ 변질 우려가 없고, 장기간 보관이 가능하다.

⑶ 증발잠열이 크다 : 539 [kcal/kg]

⑷ 인체에 무해하며, 각종 약제를 혼합하여 사용할 수 있다.

⑸ 구하기 쉬우며, 가격이 저렴하여 경제적이다.

2) 단점

⑴ 0 [℃] 이하 온도에서 동결 우려가 크다.

⑵ 수손 피해가 크다.

⑶ 금수성 화재 및 전기 화재에는 적응성이 없다.

⑷ 물과 혼합되지 않은 액체 가연물의 연소에는 적응성이 없다.

5. 물 소화약제의 첨가제

종류	설명
부동액	① 습식설비에서 동파를 방지하기 위한 첨가제 ② 물의 동결 시 약 10 [%]의 체적팽창에 따른 압력 상승은 25 [MPa] ③ 프로필렌글라이콜, 글리세린을 주로 사용하며, 에틸렌글라이콜은 독성이 강해 부적합
침투제	① 물의 표면장력을 낮추어 침투력을 증가시킴 ② 주로 계면활성제를 사용 ③ 심부화재에 적응성을 가짐
증점제	① 물의 점도를 증가시키기 위한 첨가제 ② 가연물에 입체적으로 부착하여 물의 유실 방지 ③ 산불 화재에 적응성이 있음
유화제	고비점 유류에 사용이 가능하도록 한 것
강화액	① 주거용 주방자동소화장치에 사용 ② 주성분이 알칼리금속염으로 황색 또는 무색의 점성이 있는 수용액 ③ 반응식 　$K_2CO_3 + H_2O \rightarrow K_2O + CO_2 + H_2O - Q$ [kcal]

6. 물소화약제의 소화효과

1) 냉각효과

   물이 수소결합을 하고 있어서 비열(1 kcal/kg · ℃) 및 증발잠열(539 kcal/kg)이 크다.

2) 질식효과

   (1) 0 [℃] 물이 100 [℃] 수증기로 될 때 체적은 약 1700배로 팽창하여 공기 중의 산소농도를 저하시켜 질식 소화한다.

   (2) 0 [℃] → 100 [℃]일 경우 기체 팽창률 온도 변화에 따른 물의 체적 변화는 무시하고 물 18 [g](0.018 ℓ)이 증발되었다고 가정하면
   - 0 [℃] 수증기 체적 : 22.4 [ℓ]
   - 100 [℃] 수증기 체적

   $$\frac{V_1}{T_1} = \frac{V_2}{T_2}$$

   $$\Rightarrow V_2 = V_1 \times \frac{T_2}{T_1} = 22.4 \times \frac{373}{273} = 30.61\,[\ell]\,(30.61\,L/0.018\,L = 1700배)$$

3) 유화작용 : 에멀전 효과

4) 희석작용 : 알코올류 등 수용성 유류 화재 시 다량의 주수에 의한 희석작용에 의한 소화

7. 물의 주수형태

1) 봉상주수

개념	적용소화설비
① 막대기 모양의 굵은 물줄기를 가연물에 직접 주수하는 방법이다. ② 소방용 방수노즐을 이용한 주수이다. ③ 가장 널리 사용되고 있으며, 열용량이 큰 일반 고체가연물의 규모 화재에 유효하다.	① 옥내소화전설비 ② 옥외소화전설비

2) 적상주수

개념	적용소화설비
① 스프링클러 소화설비 헤드의 주수 형태이다. ② 저압으로 방출되며, 물방울의 평균 직경은 0.5 ~ 0.6 [mm] 정도이다.	① 스프링클러설비 ② 연결살수설비

3) 무상주수

개념	적용소화설비
① 물분무 소화설비의 헤드에서 고압으로 방수할 때 나타나는 안개 형태의 주수이다. ② 물방울의 평균 직경 정도 : 0.01 ~ 1.0 [mm] ③ 중질유 화재의 경우 물을 무상으로 주수하면 급속한 증발에 의한 질식효과와 에멀젼 효과에 의해 소화가 가능하다. ④ 물을 사용하여 소화할 수 있는 유류 화재이다. ⑤ 전기화재에도 유효하나 일정한 거리를 유지하여 감전 방지가 필요하다.	① 물분무 소화설비 ② 미분무 소화설비

8. 현열과 잠열

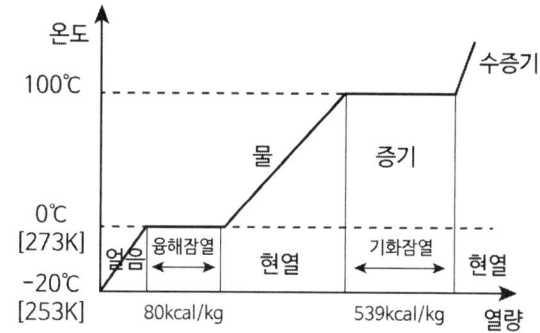

1) 현열

   (1) 물질의 상변화는 없고, 온도만 변화시키는 열

   (2) 분자의 운동에너지의 증감으로도 나타냄

   (3) 관련 식

   $$Q = c \cdot m \cdot \Delta t$$

   Q : 현열[kcal]
   m : 질량[kg]
   c : 비열[kcal/kg·℃]
   Δt : 온도차[℃]

2) 잠열

   (1) 물질의 온도 변화는 없고, 상을 변화시키는 열

   (2) 관련 식

   $$Q = \gamma \cdot m$$

   Q : 잠열[kcal]
   m : 질량[kg]
   γ : 융해잠열, 증발잠열[kcal/kg]

(3) 종류

구분	내용
기화열	• 끓는점에서 액체가 기체로 상변화하는 데 필요한 에너지 • 물의 기화잠열 : 539 [kcal/kg]
융해열	• 어는점에서 고체가 액체로 상변화하는 데 필요한 에너지 • 물의 융해잠열 : 80 [kcal/kg]

9. 비열

1) 정의

  (1) 어떤 물질 1 [kg]을 1 [℃] 높이는 데 필요한 열량

  (2) 물의 비열 : 1 [kcal/kg·℃]

2) 종류 및 관계식

구분	내용	관련 식
정압비열	기체의 압력이 일정한 상태에서 온도를 높이는 데 필요한 열량	$C_p = \dfrac{K \cdot \overline{R}}{K-1}$
정적비열	기체의 체적이 일정한 상태에서 온도를 높이는 데 필요한 열량	$C_v = \dfrac{\overline{R}}{K-1}$
비열비	정압비열과 정적비열의 비	$K = \dfrac{C_p}{C_v}\,(K>1)$

C_p : 정압비열 $[kJ/kg \cdot K]$

C_v : 정적비열 $[kJ/kg \cdot K]$

K : 비열비

$\overline{R}$: 특정 기체상수 $[kJ/kg \cdot K]$

R : 일반 기체상수 $[kJ/kmol \cdot K]$

05 정수역학

1. 압력

1) 단위 면적당 작용하는 힘

2) 계산식

$$P = \gamma H = \rho g H$$
$$= S \cdot \gamma_w \cdot H \ [Pa]$$

P : 압력$[Pa]$
H : 높이$[m]$
g : 중력가속도$[9.8 m/s^2]$
γ_w : 물의 비중량$[kg_f/m^3]$
γ : 유체의 비중량$[kg_f/m^3]$
ρ : 밀도$[kg/m^3]$
S : 비중

2. 정수압력

1) 정지하고 있는 임의의 점에 대한 압력은 모든 방향에서 동일하게 작용
2) 크기는 수면으로부터의 길이에 비례

3. 표준대기압

1) 대기압
   (1) 지구를 둘러싸고 있는 대기가 지표를 누르는 압력
   (2) 국소대기압 : 임의의 위치에서 측정한 대기압
   (3) 표준대기압 : 해발이 0인 해수면에서 공기의 무게에 의한 압력

2) 표준대기압의 표현

$$\begin{aligned}
1\,[atm] &= 760\,[mmHg] = 76\,[cmHg] = 0.76\,[mHg] \\
&= 10.332\,mA_q\,[H_2O] = 10332\,mm A_q\,[H_2O] \\
&= 101325\,Pa\,[N/m^2] = 101.325\,kPa\,[kN/m^2] = 0.101325\,MPa\,[MN/m^2] \\
&= 1.013\,[bar] = 1013m\,[bar] \\
&= 1.0332\,[kg/cm^2] = 10332\,[kg/m^2] \\
&= 14.7\,[psi]
\end{aligned}$$

3) 절대압과 계기압

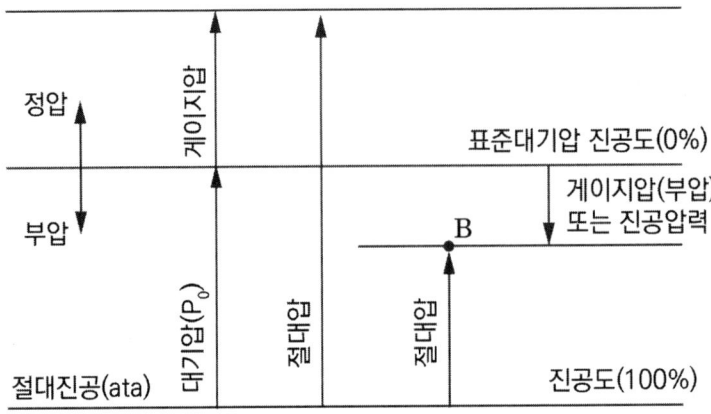

(1) 절대압 = 대기압 + 게이지압(계기압)
(2) 절대압 = 대기압 - 진공압

4. 파스칼의 원리

1) 밀폐된 용기의 유체에 압력을 가하면 이 압력은 모든 방향에 동일하게 전달
2) 단면적의 차이를 두어 작은 힘으로도 큰 물체를 들어 올릴 수 있는 원리
3) 적용
   (1) 유압기
   (2) 건식밸브의 클래퍼 작동

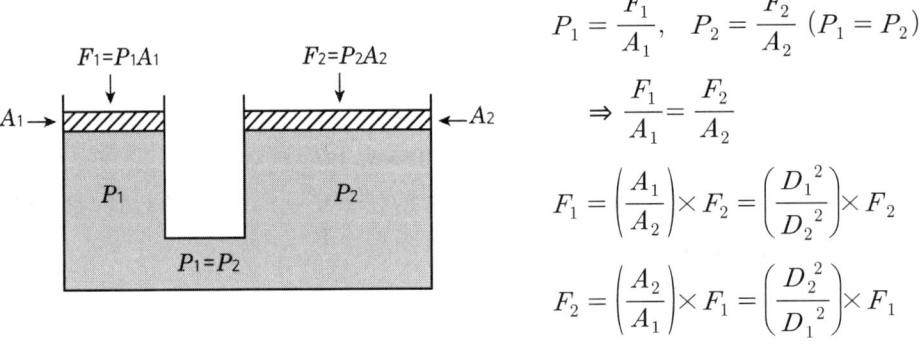

$$P_1 = \frac{F_1}{A_1}, \quad P_2 = \frac{F_2}{A_2} \quad (P_1 = P_2)$$

$$\Rightarrow \frac{F_1}{A_1} = \frac{F_2}{A_2}$$

$$F_1 = \left(\frac{A_1}{A_2}\right) \times F_2 = \left(\frac{D_1^{\ 2}}{D_2^{\ 2}}\right) \times F_2$$

$$F_2 = \left(\frac{A_2}{A_1}\right) \times F_1 = \left(\frac{D_2^{\ 2}}{D_1^{\ 2}}\right) \times F_1$$

5. 유체의 전압력

1) 정의

수평면의 한쪽 면에 작용하는 압력

2) 관련 식

$$F = P \cdot A = \gamma \cdot h \cdot A = \rho \cdot g \cdot h \cdot A = S \cdot \gamma_w \cdot h \cdot A$$

F : 힘 $[N]$
P : 압력 $[N/m^2]$
A : 면적 $[m^2]$
γ : 비중량 $[N/m^3]$

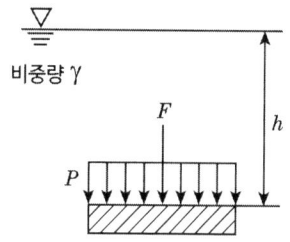

[수평면에 작용하는 전압력]

6. 유체의 부력

1) 정의

정지유체 중에서 떠 있는 물체가 유체로부터 받는 수직 상방의 힘

2) 관련 식

$$F_B = \gamma \times V \; [N]$$

F_B : 부력 $[N]$
γ : 액체 비중량 $[N/m^3]$
V : 물체의 잠긴 부피 $[m^3]$

3) 부력의 구분

유체 속에 완전히 잠긴 경우	유체 위에 떠 있는 경우
F_B = 공기 중 물체의 무게 − 유체 속 물체의 무게 F_B : 부력 $[N]$	F(물체의 무게) $= F_B$(부력) $\gamma_{물체} \times V_{전체체적} = \gamma_{액체} \times V_{잠긴체적}$ $S_{물체} \times \gamma_w \times V_{전체체적} = S_{유체} \times \gamma_w \times V_{잠긴체적}$

7. 액주계

1) 단순 액주계

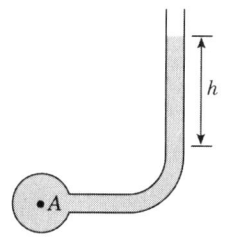

① 압력은 위에서 아래로 작용
② 동일수평면상의 압력은 동일
③ 대기압을 고려하면 절대압력이며, 무시하면 계기압력임

2) U자관 액주계

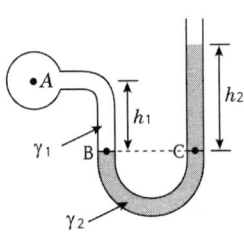

$P_B = P_C$
$P_B = P_A + \gamma_1 h_1, \ P_C = \gamma_2 h_2$
$P_A + \gamma_1 h_1 = \gamma_2 h_2$

$$\therefore P_A = \gamma_2 h_2 - \gamma_1 h_1 = \rho_2 g h_2 - \rho_1 g h_1 = S_2 \gamma_w h_2 - S_1 \gamma_w h_1$$

γ_1, γ_2 : 유체의 비중량[N/m³]
h_1, h_2 : 유체의 높이[m]

3) 시차 액주계

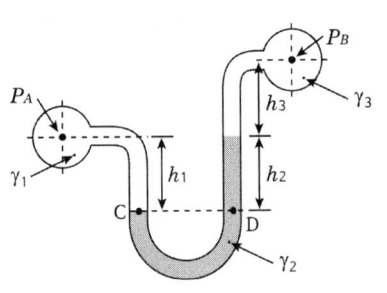

$P_C = P_D$
$P_C = P_A + \gamma_1 h_1, \ P_D = P_B + \gamma_3 h_3 + \gamma_2 h_2$
$P_A + \gamma_1 h_1 = P_B + \gamma_3 h_3 + \gamma_2 h_2$

$$\therefore P_A - P_B = \gamma_3 h_3 + \gamma_2 h_2 - \gamma_1 h_1$$

$\gamma_1, \gamma_2, \gamma_3$: 유체의 비중량[N/m³]
h_1, h_2, h_3 : 유체의 높이[m]

4) 역U자관 마노미터

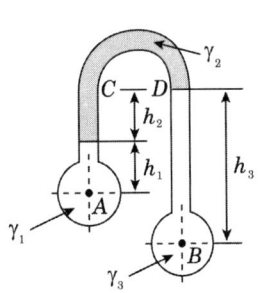

$P_C = P_D$
$P_C = P_A - \gamma_1 h_1 - \gamma_2 h_2, \ P_D = P_B - \gamma_3 h_3$
$P_A - \gamma_1 h_1 - \gamma_2 h_2 = P_B - \gamma_3 h_3$

$$\therefore P_A - P_B = \gamma_1 h_1 + \gamma_2 h_2 - \gamma_3 h_3$$

$\gamma_1, \gamma_2, \gamma_3$: 유체의 비중량[N/m³]
h_1, h_2, h_3 : 유체의 높이[m]

5) 마노미터

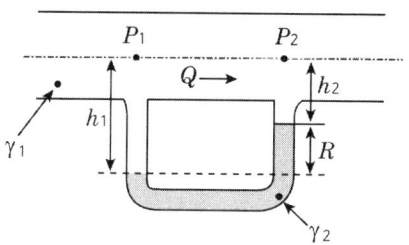

$P_A = P_B$
$P_A = P_1 + \gamma_1 h_2 + \gamma_1 R, \ P_B = P_2 + \gamma_1 h_2 + \gamma_2 R$
$P_1 + \gamma_1 h_2 + \gamma_1 R = P_2 + \gamma_1 h_2 + \gamma_2 R$
$P_1 - P_2 = \gamma_2 R - \gamma_1 R$

$\triangle P = (\gamma_2 - \gamma_1) R$

$\triangle P$: 압력차[Pa]
R : 마노미터 높이[m]
γ_1 : 배관 내 유체 비중량[N/m^3]
γ_2 : 마노미터 유체 비중량[N/m^3]

06 동수역학

1. 층류와 난류

1) 층류
   (1) 유체의 흐름이 단층을 이루며 이동하는 형태
   (2) 유체의 마찰계수가 Re 수에만 관계하는 영역

2) 천이영역
   (1) 층류와 난류가 상호 전환되는 유동
   (2) 마찰계수는 Re 수와 상대조도와의 함수

3) 난류
   (1) 유체가 불규칙적으로 난동을 이루며 흐르는 유동 형태
   (2) 관의 구분
      ① 거친 관 : 상대조도가 관계하는 영역으로 Re 수와는 무관
      ② 매끈한 관 : Re 수만의 함수

구분	층류	천이영역	난류
Re 수 범위	Re ≤ 2,100	2,100 < Re < 4,000	Re ≥ 4,000

2. 레이놀드 수

1) 개념
   레이놀드 수란 유체의 흐름을 구분하는 무차원수

2) 관계식

$$Re = \frac{관성력}{점성력} = \frac{\rho V D}{\mu} = \frac{VD}{\nu}$$

ρ : 밀도$[kg/m^3]$ V : 속도$[m/s]$
D : 직경$[m]$ ν : 동점성계수$[m^2/s]$
μ : 점성계수 $[kg/m \cdot s]$

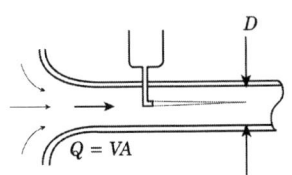
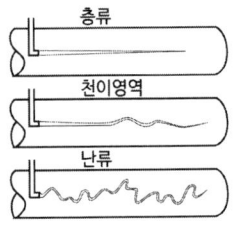

3. 연속 방정식

1) 질량 보존의 법칙
2) 배관 내 흐르는 유체의 유량은 단면적의 변화와 관계없이 일정
3) 연속 방정식 계산

$$Q = A \times V \quad Q : 유량[m^3/s] \quad A : 단면적[m^2] \quad V : 속도[m/s]$$

4) 전제조건
   (1) 정상 유동
   (2) 마찰이 없는 유동
   (3) 비압축성 유체

4. 질량유량, 중량유량, 체적유량

유량구분	계산식	비고
질량유량	$M = \rho_1 A_1 V_1 = \rho_2 A_2 V_2$ $M = \rho_1 \times \dfrac{\pi}{4} d_1^2 \times V_1 = \rho_2 \times \dfrac{\pi}{4} d_2^2 \times V_2$	M : 질량유량$[kg/s]$ ρ_1, ρ_2 : 밀도$[kg/m^3]$ A_1, A_2 : 단면적$[m^2]$ V_1, V_2 : 속도$[m/s]$
중량유량 $(\gamma = \rho g)$	$G = \gamma_1 A_1 V_1 = \gamma_2 A_2 V_2$ $G = \gamma_1 \times \dfrac{\pi}{4} d_1^2 \times V_1 = \gamma_2 \times \dfrac{\pi}{4} d_2^2 \times V_2$	G : 중량유량$[kg_f/s]$ γ_1, γ_2 : 비중량$[kg_f/m^3]\ [N/m^3]$
체적유량	$Q = A_1 \times V_1 = A_2 \times V_2$ $Q = \dfrac{\pi}{4} d_1^2 \times V_1 = \dfrac{\pi}{4} d_2^2 \times V_2$	Q : 체적유량$[m^3/s]$

5. 연속 방정식의 응용

1) 벤츄리미터 유량

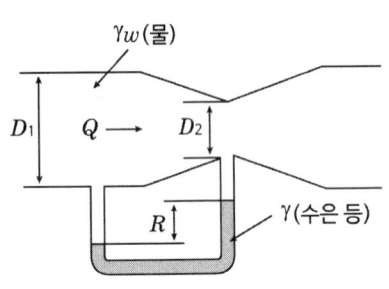

C : 유량계수
A_2 : 오리피스 단면적 $[m^2]$
D_1 : 배관의 직경 $[m]$
D_2 : 오리피스 직경 $[m]$
g : 중력가속도 $[m/s^2]$
γ : 벤츄리관 유체의 비중량 $[N/m^3]$
γ_w : 배관유체의 비중량 $[N/m^3]$
R : 높이 $[m]$

$$Q = \frac{A_2}{\sqrt{1-\left(\frac{A_2}{A_1}\right)^2}}\sqrt{2g\left(\frac{P_1-P_2}{\gamma_w}\right)} = \frac{A_2}{\sqrt{1-\left(\frac{D_2}{D_1}\right)^4}}\sqrt{2g\left(\frac{\gamma-\gamma_w}{\gamma_w}\right)R} \quad [m^3/s]$$

2) 방수량

(1) 옥내소화전 방수량

$$Q = 0.653 \times d^2 \sqrt{10P} \quad [lpm]$$

Q : 옥내소화전 방수량 $[lpm]$
d : 구경 $[mm]$
P : 방수압 $[MPa]$

(2) K-factor

$$Q = K\sqrt{10P} \quad [lpm]$$

Q : 스프링클러헤드의 방수량 $[lpm]$
K : 유출계수
P : 방수압 $[MPa]$

6. 수력반경 및 수력직경

수력반경(R_h)	수력직경(D_h)
$R_h = \dfrac{접수단면적(A)}{접수길이(L)} = \dfrac{\pi d^2}{4\pi d} = \dfrac{d}{4}$	$D_h = 4 \times R_h$
수력반경(이중동심관 / 동심이중관)	수력직경(이중동심관 / 동심이중관)
$R_h = \dfrac{1}{4}(D-d)$	$D_h = 4 \times R_h = (D-d)$

7. 베르누이 방정식

1) 정의

   이상유체의 흐름에서 속도수두, 압력수두, 위치수두의 합은 언제나 일정하다는 에너지 보존의 법칙

2) 전제조건

   (1) 유선을 따르는 유동

   (2) 정상 유동

   (3) 마찰손실이 없는 유동

   (4) 비압축성 유체

   (5) 임의의 2점은 동일한 유선상에 존재

3) 베르누이 방정식의 표현

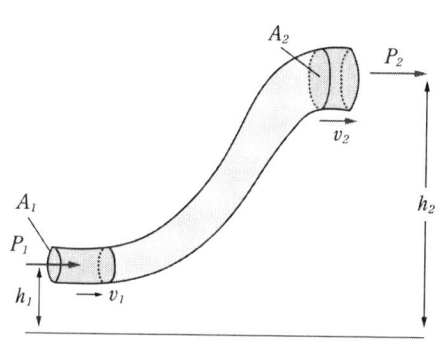

$$\frac{V_1^2}{2g} + \frac{P_1}{\gamma} + h_1 = \frac{V_2^2}{2g} + \frac{P_2}{\gamma} + h_2$$

$$\frac{V^2}{2g} + \frac{P}{\gamma} + h = C$$

V_1, V_2 : 속도 $[m/s]$

g : 중력가속도 $[m/s^2]$

P_1, P_2 : 압력 $[N/m^2]$

γ : 비중량 $[N/m^3]$

h_1, h_2 : 위치수두 $[m]$

4) 베르누이 방정식 유도

   (1) 일 = 힘 × 거리 = $FS = Fds$

   ① 운동에너지 $= \int Fds = \int (ma)ds = \int \left(m\frac{dv}{dt}\right)ds = \int mvdv = \frac{1}{2}mv^2$

   ② 위치에너지 $= \int Fds = \int mgds = mgZ$

   ③ 압력에너지 $= \int Fds = \int PAds = pdv = PV$

(2) 에너지 보존법칙

① 에너지 보존법칙에 의해 운동에너지 + 위치에너지 + 압력에너지 = 일정하므로

$$\frac{1}{2}mv^2 + mgZ + PV = const$$

② 위 식 양변을 mg로 나누면

$$\frac{v^2}{2g} + Z + \frac{P}{\gamma} = const$$

5) 수정 베르누이 방정식 제시

(1) 지하수조와 옥상수조 사이의 전양정

① $\dfrac{v_1^2}{2g} + \dfrac{P_1}{\gamma} + z_1 + H = \dfrac{v_2^2}{2g} + \dfrac{P_2}{\gamma} + z_2 + h_L$

여기서, $P_1 = P_2 =$ 대기압, $v_1, v_2 = 0$이므로

② 이를 정리하면, $z_1 + H = z_2 + h_L$

$z_2 - z_1 = h$라 하면

∴ $H = h + h_L$

(2) 지하수조와 노즐 선단 사이의 전양정

① $\dfrac{v_1^2}{2g} + \dfrac{P_1}{\gamma} + z_1 + H = \dfrac{v_2^2}{2g} + \dfrac{P_2}{\gamma} + z_2 + h_L$

여기서, $P_1 = P_2 =$ 대기압, $v_1 = 0$이므로

② 이를 정리하면, $z_1 + H = \dfrac{v_2^2}{2g} + z_2 + h_L$

$z_2 - z_1 = h$라 하면

∴ $H = h + h_L + \dfrac{v^2}{2g}$ (전양정 = 낙차 + 마찰손실 + 방사압)

(3) 연성계와 압력계 사이의 전양정

① $\dfrac{v_1^2}{2g} + \dfrac{P_1}{\gamma} + z_1 + H = \dfrac{v_2^2}{2g} + \dfrac{P_2}{\gamma} + z_2 + h_L$

여기서, $v_1 = v_2$, $z_2 - z_1 ≒ 0$, $h_L ≒ 0$이라고 가정하면

② $H = \dfrac{P_2 - P_1}{\gamma}$

6) 베르누이 방정식의 응용
　(1) 에너지선과 동수경사선
　　　① 에너지선
　　　　속도에너지 + 압력에너지 + 위치에너지
　　　② 동수경사선(수력구배선)
　　　　압력에너지 + 위치에너지

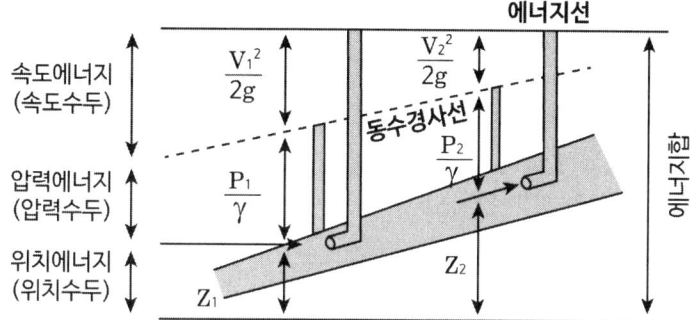

　(2) 토리첼리의 정리

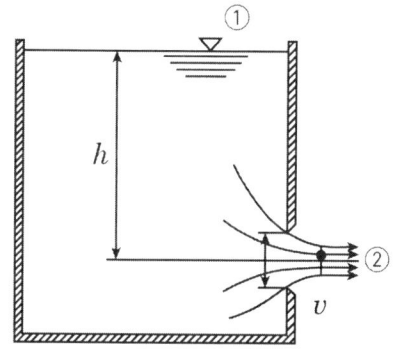

　(3) 조건
　　　① P_1과 P_2는 대기압이므로 $P_1 = 0$, $P_2 = 0$
　　　② 수위 하강속도를 무시할 만큼 넓은 수면이므로 $v_1 = 0$
　(4) 관련 식

$$\frac{v_1^2}{2g} + \frac{P_1}{\gamma} + z_1 = \frac{v_2^2}{2g} + \frac{P_2}{\gamma} + z_2$$

$$\frac{v_2^2}{2g} = z_1 - z_2 = h$$

$$v_2^2 = 2gh$$

$$\therefore v = \sqrt{2gh}$$

07 배관의 마찰손실

1. 배관의 마찰손실

1) 정의

   (1) 유체의 관로 이송 시 이상유체는 속도수두, 압력수두, 위치수두의 합은 일정하다.

   (2) 그러나 실제유체는 유체와 배관 벽 사이의 마찰로 인해 손실이 발생한다.

   (3) 따라서 베르누이 정리는 다음과 같이 나타낼 수 있다.

   $$\frac{v_1^2}{2g} + \frac{P_1}{\gamma} + z_1 = \frac{v_2^2}{2g} + \frac{P_2}{\gamma} + z_2 + h_L$$

   여기서, h_L : ① 지점과 ② 지점 간의 마찰손실수두

2) 배관의 마찰손실의 구분

   (1) 주손실

   (2) 부차적 손실

   ① 각종 Fitting류 및 Valve류 등(엘보, 티, 레듀샤)

   ② 배관의 방향 전환

   ③ 배관의 단면적 변화

   ④ 배관 직경의 축소 및 확대

2. 배관의 주손실

1) 달시 바이스바하 식

   (1) 층류와 난류에 모두 적용

   (2) 관계식

   $$h_L = f \times \frac{l}{D} \times \frac{V^2}{2g}$$

   H : 마찰손실수두 $[m]$　　f : 마찰손실계수
   l : 길이 $[m]$　　d : 직경 $[m]$
   V : 속도 $[m/s]$　　g : 중력가속도 $[m/s^2]$

   (3) 특징

   ① 층류에서 마찰손실계수 $f = \dfrac{64}{Re}$를 이용하여 구한다.

   ② 천이영역과 난류에서는 무디선도를 이용하여 구한다.

   ③ 공학적 원리에 바탕을 두고 배관의 마찰손실수두를 계산한다.

2) 하젠 윌리암스 식
   (1) 난류에 적용
   (2) 하젠 윌리암스 관계식

절대단위[kg/cm²]	SI단위[MPa]
$\triangle P = 6.174 \times 10^5 \times \dfrac{Q^{1.85}}{C^{1.85} \times D^{4.87}} \times l$	$\triangle P = 6.05 \times 10^4 \times \dfrac{Q^{1.85}}{C^{1.85} \times D^{4.87}} \times l$

   (3) 적용 조건
       ① 흐름의 형태 : 난류
       ② 물의 비중량 : 1,000 $[kgf/m^3]$
       ③ 온도 범위 : 7.2 - 24 [℃]
       ④ 배관 유속 : 1.5 - 5.5 [m/s]
   (4) 특징
       ① 조도계수 C의 적용이 용이
       ② 물에만 적용이 가능
       ③ 난류에서의 실험식
   (5) 배관의 조도

흑관		백관	동관, SUS, CPVC
건식, 준비작동식	습식, 일제살수식		
$C = 100$	$C = 120$	$C = 120$	$C = 150$

   (6) 달시 바이스바하 식과 하젠 윌리암스 식 비교

구분	하젠 윌리암스 식	달시 바이스바하 식
공식	$\triangle P = 6.174 \times 10^5 \times \dfrac{Q^{1.85}}{C^{1.85} \times D^{4.87}} \times l$	$h_L = f \times \dfrac{l}{D} \times \dfrac{V^2}{2g}$
적용	물(난류)	모든 유체(층류, 난류)
특성	① 조도계수 C 적용이 용이 ② 난류상태 실험식	① 층류에서 $f = \dfrac{64}{Re}$ 를 이용하여 구한다. ② 공학적 이론에 바탕을 둔 식

3) 하겐 포아젤 방정식

  (1) 층류 원형직관의 마찰손실수두에 적용

   ① 관계식

압력손실[Pa]	마찰손실수두[m]
$\triangle P = \dfrac{128\mu l Q}{\pi D^4}$	$h_L = \dfrac{128\mu l Q}{\gamma \pi D^4}$

3. 배관의 부차적 손실

1) 돌연 확대관 손실

$$H = \frac{(V_1 - V_2)^2}{2g} = K\frac{V_1^2}{2g}$$

$$K = \left[1 - \frac{A_1}{A_2}\right]^2 = \left[1 - \left(\frac{D_1}{D_2}\right)^2\right]^2$$

H : 손실계수[m]
K : 손실계수
V : 속도[m/s]
g : 중력가속도[m/s²]
A : 단면적[m²]

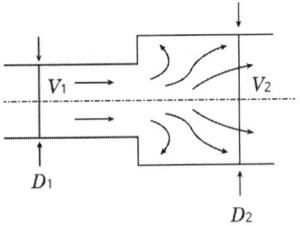

2) 돌연 축소관 손실

$$H = \frac{(V_0 - V_2)^2}{2g} = K\frac{V_2^2}{2g}$$

$$\left[K = \left(\frac{A_2}{A_0} - 1\right)^2 = \left(\frac{1}{C_c} - 1\right)^2\right]$$

V_0, V_2 : 속도[m/s]
C_c : 베나축소계수

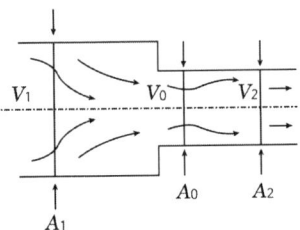

08 펌프

1. 원심 펌프

1) 작동원리

   임펠러 회전 → 임펠러 중심부 진공 → 물 흡입 → 속도에너지는 압력에너지로 변환 → 토출구로 물 배출

2) 구성요소

구성요소	내용
임펠러	원심력 발생
안내깃	임펠러와 케이싱 사이에 수류를 안내
케이싱	임펠러 주위를 감싸고 있는 부분
축, 베어링	축이 회전할 때에 진동 방지 역할

3) 종류 및 특성

구분	볼류트 펌프	터빈 펌프
안내날개	없음	있음
적용	저양정, 고유량	고양정, 저유량
구조	배출구, 날개차, 제어실, 스파이어 케이싱, 달팽이 모양, 흡입구	안내날개, 날개차, 스파이어 케이싱, 흡입구

2. 펌프의 운전

1) 직렬 운전

   (1) 동일 성능의 펌프를 직렬로 연결하여 운전

   (2) 유량은 변화가 없고, 양정만 약 2배 증가

2) 병렬 운전

   (1) 동일 성능의 펌프를 병렬로 연결하여 운전

   (2) 양정은 변화가 없고, 유량만 약 2배 증가

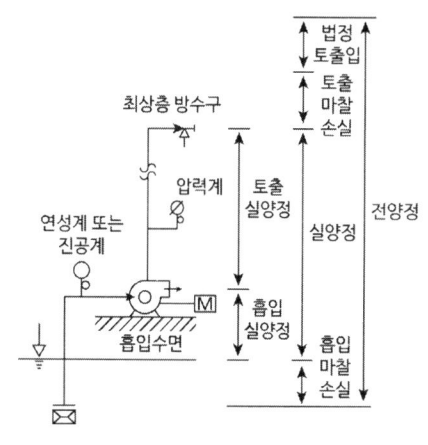

[펌프의 전양정]

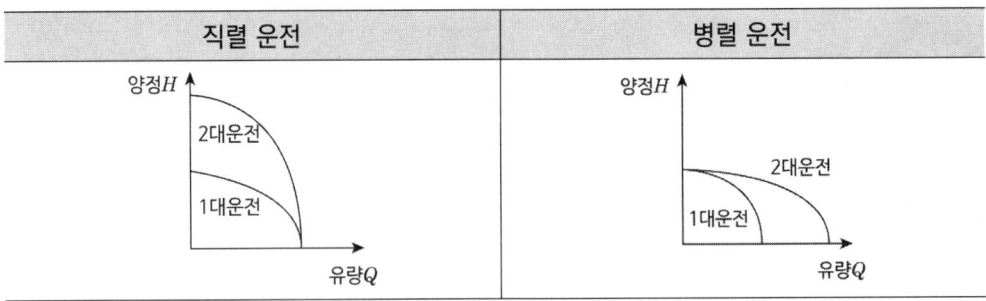

3. 펌프의 전양정

1) 전양정

$$전양정(H) = 낙차 + 마찰손실 + 방사압$$

2) 낙차(실양정)

$$실양정 = 흡입 실양정 + 토출 실양정$$

  (1) 흡입 실양정
     수원의 수면에서 펌프 중심까지 흡입 측 수직거리
  (2) 토출 실양정
     펌프의 중심에서 최상층 방수구까지 수직거리

3) 마찰손실수두
   주손실과 부차적 손실

4) 방사압
   화재안전기준에서의 규정 방사압

4. 펌프의 동력

수동력	펌프에 의해 유체에 주어지는 동력	$P = \gamma Q H$	P : 펌프의 동력$[kW]$ γ : 물의 비중량$[kN/m^3]$ Q : 유량$[m^3/\min]$ H : 양정$[m]$
축동력	전동기에 의해 펌프에 주어지는 동력 ※ 펌프의 효율 $\eta = \eta_h \times \eta_v \times \eta_m$	$P = \dfrac{\gamma Q H}{\eta}$	η : 효율$[\%]$ η_h : 수력효율 η_v : 체적효율 η_m : 기계효율
전동기 동력	실제 운전에 필요한 소요동력	$P = \dfrac{\gamma Q H}{\eta} \times K$	K : 전달계수

5. 상사법칙

1) 개념

    (1) 두 펌프의 회전수, 직경과 유량, 양정, 축동력 사이에는 일정한 상관관계가 있다.

    (2) 이와 같이 두 펌프가 일정한 상관관계를 가질 때 기하학적으로 상사하다는 법칙이다.

2) 펌프의 상사법칙(유양축 123 325)

유량	양정	축동력
$\dfrac{Q_2}{Q_1} = \left(\dfrac{N_2}{N_1}\right) \times \left(\dfrac{D_2}{D_1}\right)^3$	$\dfrac{H_2}{H_1} = \left(\dfrac{N_2}{N_1}\right)^2 \times \left(\dfrac{D_2}{D_1}\right)^2$	$\dfrac{L_2}{L_1} = \left(\dfrac{N_2}{N_1}\right)^3 \times \left(\dfrac{D_2}{D_1}\right)^5$

6. 비속도

1) 개념

    (1) 단위 양정, 단위 유량에 대해 비교하고자 하는 펌프의 회전수이다.

    (2) 회전 날개, 임펠러 형상을 결정하는 척도이다.

2) 계산식

$$Ns = \dfrac{N\sqrt{Q}}{H^{\frac{3}{4}}}$$

N : 회전수$[rpm]$
Q : 유량$[m^3/\min]$
H : 양정$[m]$

   (1) 양흡입 펌프의 토출량은 1/2 적용

   (2) 다단펌프의 양정은 임펠러 1단의 양정 적용

3) 비속도에 따른 특성

구분	비속도가 작은 경우	비속도가 큰 경우
H-Q 성능곡선	완만 저유량 고양정	가파름 고유량 저양정
축동력 곡선	토출량 증가 시 축동력 증가	토출량 증가 시 축동력 감소
효율 곡선	어느 정도 평탄함	효율 저하가 큼
적용	볼류트, 터빈	사류, 축류

4) 비속도에 따른 펌프의 종류

Ns	100 ~ 300	400	800 ~ 1000	1200
펌프의 종류	편흡입 볼류트	양흡입 볼류트	사류	축류

7. $NPSH_{av}$와 $NPSH_{re}$

1) $NPSH_{av}$와 $NPSH_{re}$의 개념 및 계산식

구분	$NPSH_{av}$	$NPSH_{re}$
개념	(1) 유효흡입양정으로 흡입조건에 의해 결정 (2) 흡입배관의 설치위치와 환경조건에 결정	(1) 필요흡입양정으로 흡입능력에 의해 결정 (2) 펌프의 고유특성으로 사전에 결정
계산식	$NPSH_{av} = H_a \pm H_h - H_f - H_v$ H_a : 대기압 H_h : 양정 H_f : 마찰손실 H_v : 포화증기압	$NPSH_{re} = \left(\dfrac{N\sqrt{Q}}{Ns}\right)^{\frac{4}{3}}$ N : 회전수$[rpm]$ Q : 유량$[m^3/min]$ Ns : 비속도

2) $NPSH$와 $Cavitation$과의 관계

상관관계	$Cavitation$ 발생 여부
$NPSH_{av} > NPSH_{re}$	$Cavitation$ 발생 안 함
$NPSH_{av} = NPSH_{re}$	$Cavitation$ 발생 한계
$NPSH_{av} < NPSH_{re}$	$Cavitation$ 발생

3) 설계 시 적용 : $NPSH_{av} \geq NPSH_{re} \times 1.3$

09 펌프의 이상현상

1. 캐비테이션(공동현상)

1) 개념
   (1) 물의 압력이 포화증기압 이하가 될 때 기포 발생현상
   (2) 기포 발생으로 인한 펌프의 흡입능력을 감소시키는 현상

2) 발생원인
   (1) $NPSH_{av} < NPSH_{re}$ 일 경우
   (2) 배관 길이가 길 경우
   (3) 배관 직경이 작은 경우
   (4) 배관 유속이 빠른 경우

3) 문제점
   (1) 규정 방사압, 방수량 미달로 소화실패
   (2) 심한 충격 및 소음과 진동 발생
   (3) 양정 곡선과 효율 곡선의 저하
   (4) 깃에 대한 침식

4) 방지 대책

   $$h_L = f \times \frac{l}{d} \times \frac{V^2}{2g}$$

   (1) $NPSH_{av}$를 높이는 방법
   ① 배관 길이를 짧게 한다.
   ② 배관 직경을 크게 한다.
   ③ 배관 유속을 낮게 한다.

   (2) $NPSH_{re}$를 낮추는 방법
   ① 펌프 회전수를 낮추어 흡입 비속도를 작게 한다.
   ② 유량을 줄이고 양 흡입펌프를 사용한다.

2. 서징현상(Surging, 맥동현상)

1) 개념

   (1) 펌프가 일정 주기로 압력과 유량이 변화하는 현상

   (2) 이러한 맥동 현상이 발생 시 안정적인 운전이 불가능

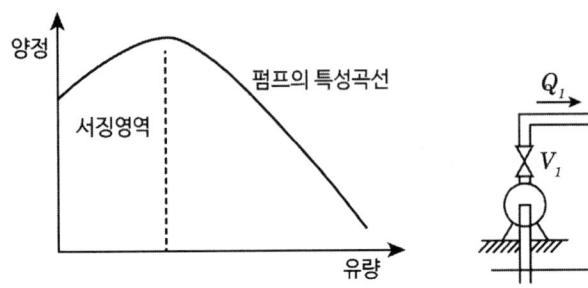
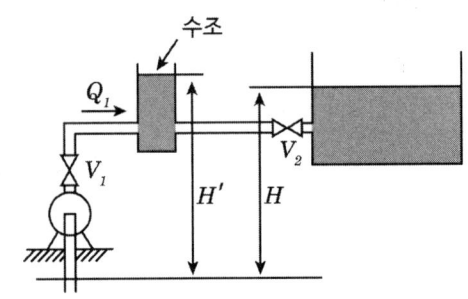

2) 발생원인

   (1) 펌프의 $H-Q$ 곡선이 우상향일 때

   (2) 배관 중에 수조나 공기조가 있을 때

   (3) 서징 영역에서 운전할 때

   (4) 유량조절밸브를 탱크 후면에 설치할 때

3) 문제점

   (1) 규정 방사압 및 방수량 미달

   (2) 주기적인 진동 및 소음 유발

   (3) 장시간 서징 상태가 계속될 때 설비 파손

4) 방지대책

   (1) 펌프의 $H-Q$ 곡선을 우하향으로 한다.

   (2) 배관 중에 수조나 공기조 제거

   (3) By Pass 배관으로 서징 이외의 범위에서 운전

   (4) 유량조절밸브를 펌프 토출 측 직근에 설치

3. 수격현상(Water Hammering)

1) 개념

   (1) 배관 내 압력파로 인한 진동과 소음이 발생하는 현상

   (2) 마치 망치로 배관을 두드리는 소리가 나는 것과 같은 현상

2) 발생원인

   (1) 펌프의 급정지

   (2) 밸브의 급격한 폐쇄

   (3) 유속에 급격한 변화가 생긴 경우

   (4) 유체의 압력 변동이 심한 경우

3) 문제점

   (1) 압력상승으로 밸브, 플랜지 이음 등의 파손

   (2) 압력강하로 수주분리가 생겨 심한 충격파 발생

   (3) 진동 및 소음 발생

   (4) 주기적인 압력변동 발생

4) 방지대책

   (1) 배관 내 유속을 낮게

   (2) 펌프에 Fly Wheel 설치

   (3) 공기조절밸브 설치

   (4) 관로에 서지 탱크 설치

   (5) 자동수압조절밸브 설치

10 열역학 법칙

1. 용어의 정의

구분	내용
온도	물체의 차고 더운 정도를 수치로 나타낸 것
열	온도차에 의해 이동한 에너지
열량	열을 에너지의 양으로 나타낸 것
에너지	물질이 일을 할 수 있는 능력
일	물체에 힘이 작용하여 일정 거리만큼 이동하였을 때, 힘과 거리를 곱한 양

2. 온도

구분	개념	계산식
섭씨온도(℃)	1기압에서 물의 융점 0 [℃] 비등점을 100 [℃]로 정하고, 그 사이를 100등분하여 온도 측정	℃ = (℉ − 32) ÷ 1.8
화씨온도(℉)	1기압에서 물의 융점 32 [℉] 비등점을 212 [℉]로 정하고, 그 사이를 180등분하여 온도 측정	℉ = 1.8 ℃ + 32
켈빈온도(K)	물의 내부에너지가 0일 때, −273 [℃]를 기준으로 정한 온도	K = ℃ + 273
랭킹온도(R)	물의 내부에너지가 0일 때, −460 [℉]를 기준으로 정한 온도	R = ℉ + 460

3. 열역학 법칙

구분	내용
제0법칙	① 물체 간의 열의 이동과 열적 평형관계를 정립한 법칙 ② 고온물체와 저온물체를 접촉하면 열적평형에 도달할 때까지 고온물체에서 저온물체로 열은 이동한다는 법칙
제1법칙	① 에너지 보존의 법칙 ② 에너지는 그 형태가 바뀌거나 한 물체에서 다른 물체로 이동될 때 항상 전체의 총량은 일정하다는 법칙
제2법칙	① 열은 높은 곳에서 낮은 방향으로만 흐른다는 비가역과정을 설명하는 법칙 ② 열에너지는 낮은 방향으로만 흐르기 때문에 에너지의 질은 낮아진다는 개념
제3법칙	① 절대온도 0도에서는 엔트로피는 0이 된다. ② 즉, 절대온도에서는 모든 열운동은 없다.

4. 열전달

전도	물질의 분자 간 충돌로 열이 전달되는 현상	Fourier 법칙 $\dot{q} = \dfrac{k}{l} A(T_1 - T_2)\,[W]$	k : 열전도도 $[W/m^2 \cdot K]$ l : 두께 $[m]$ A : 면적 $[m^2]$ T_1, T_2 : 온도 $[K]$
대류	액체나 기체 상태의 분자가 직접 이동하면서 열을 전달하는 현상	뉴턴의 냉각법칙 $\dot{q} = hA(T_1 - T_2)\,[W]$	h : 대류 전열계수 $[W/m^2 \cdot K]$ (열전달계수)
복사	열에너지가 매질을 통하지 않고 전자기파로 직접 전달되는 현상	스테판 볼츠만의 법칙 $\dot{q}'' = \varnothing \varepsilon \sigma T^4\,[W/m^2]$	$\varnothing$: 형태계수 ε : 방사율 σ : 스테판 볼츠만 상수 $5.67 \times 10^{-8}\,[W/m^2 \cdot K^4]$

5. 엔탈피와 엔트로피

구분	엔탈피	엔트로피
개념	어떤 물질이 가지고 있는 고유한 에너지의 함량	열전달량을 절대온도로 나눈 값
계산식	$H = U + PV$ U : 내부에너지 P : 압력 V : 부피	$S = \dfrac{dQ}{T}$ dQ : 계의 열량 T : 절대온도
특성	열과 일의 상호변환이 가능한 가역과정	열과 일의 상호변환이 불가능한 비가역과정
적용	열역학 제1법칙(에너지 보존의 법칙)	열역학 제2법칙(에너지 방향성의 법칙)

PART 02

뇌풀림 소방기술사 · 관리사 수리계산 핸드북

수계설비

01 창고에서 화재로 인하여 내부 압력이 37 [mmAq]가 되었다. 이때 벽면의 단위 면적[m²]당 작용하는 힘은 몇 [N]인가? [술 89회]

풀이

1. 압력단위의 변환

$$1\,[atm] = 10.332\,[mAq] = 10332\,[mmAq] = 101325\,[Pa] = 101325\,[N/m^2]$$

2. 벽면에 작용하는 힘

$$37\,[mmAq] = 37\,[mmAq] \times \frac{101325\,[N/m^2]}{10332\,[mmAq]} = 362.86\,[N/m^2]$$

보충

1. 표준대기압의 표현

$$1\,[atm] = 760\,[mmHg] = 76\,[cmHg] = 0.76\,[mHg]$$
$$= 10.332\,mA_q\,[H_2O] = 10332\,mmA_q\,[H_2O]$$
$$= 101325\,Pa\,[N/m^2] = 101.325\,kPa\,[kN/m^2] = 0.101325\,MPa\,[MN/m^2]$$
$$= 1.013\,[bar] = 1013\,[m\,bar]$$
$$= 1.0332\,[kg/cm^2] = 10332\,[kg/m^2]$$
$$= 14.7\,[psi]$$

02 STP(표준온도, 압력상태)에서 1 [kmol]의 공기 온도가 273 [℃]로 증가한 경우에 체적은 몇 배로 증가하는지 수식으로 설명하시오. (단, 온도변화 전후의 압력변화는 없으며 이상기체로 가정한다) [술 79회]

풀이

1. 가스의 온도, 압력, 체적 사이의 관계식

    보일 - 샤를의 법칙을 적용하면

    $$\frac{P_1 V_1}{T_1} = \frac{P_2 V_2}{T_2}$$

2. T_2에서의 가스의 체적

    조건이 STP상태이므로, $T_1 = 0$ [℃]

    $$\frac{V_1}{(0+273)K} = \frac{V_2}{(273+273)K}$$

    $$V_2 = \frac{(273+273)K}{(0+273)K} \times V_1 = 2V_1$$

    ∴ STP에서 온도 273 [℃]로 증가하면 체적은 2배로 증가함

> **03** 화재 시 밀폐된 곳은 연기, 연소가스 및 공기의 혼합기체가 가득 차서 이동하게 된다. 가스의 용적, 온도, 압력 사이의 관계식을 쓰고, 처음 실내의 절대온도 T_1 = 294 [K], 화재 시 실내의 절대온도 T_2 = 923 [K]라 하면, 가스의 부피는 얼마인지 구하시오. (단, P_1 = P_2이고, 기체는 이상기체의 성질을 따른다) [술 47회]

풀이

1. 가스의 용적, 온도, 압력 사이의 관계식

    1) 보일 - 샤를의 법칙

        (1) 기체의 온도, 압력, 부피의 관계를 정리한 법칙

        (2) 기체의 부피는 압력에 반비례하고, 절대온도에 비례

    2) 관계식

    $$\frac{P_1 V_1}{T_1} = \frac{P_2 V_2}{T_2}$$

2. T_2에서의 가스의 부피

    $P_1 = P_2$이므로 $\dfrac{V_1}{T_1} = \dfrac{V_2}{T_2}$

    $V_2 = \dfrac{T_2}{T_1} \times V_1 = \dfrac{923}{294} \times V_1$

    $\therefore V_2 = 3.14 V_1$

    즉, 가스의 부피는 3.14배로 팽창한다.

04 물분무소화설비에서 물 방사 시 20 [℃]의 물 1 [mol]이 화점에 분사되어 모두 수증기로 변했다면 그때의 수증기 부피와 팽창비를 구하시오. [술 65회]

조건

수증기의 온도는 300 [℃], 압력은 대기압, 20 [℃]에서 물 1 [g] = 1 [cc], 수증기 1 [mol]은 22.4 [L]

풀이

1. 보일-샤를의 법칙

$$\frac{P_1 V_1}{T_1} = \frac{P_2 V_2}{T_2}$$

2. 수증기의 부피 계산

$P_1 = P_2$ 이므로 압력변화는 없음

$$\frac{V_1}{T_1} = \frac{V_2}{T_2}$$

$$\frac{22.4}{(20+273)} = \frac{V_2}{(300+273)}$$

$$\therefore V_2 = 43.81\,[\ell]$$

3. 팽창비 계산

$$\text{팽창비} = \frac{\text{수증기 부피}}{\text{물의 부피}} = \frac{43.81}{0.018} \fallingdotseq 2{,}433.89\text{배}$$

(물 1 mol의 부피는 H_2O = 18 g/mol = 0.018 ℓ)

05 안지름 10 [cm]인 수평 원관의 층류유동으로 2000 [m] 떨어진 곳에 원유를 (점성계수 μ = 0.02 N·s/m², 비중 S = 0.86) 0.12 [m³/min]의 유량으로 수송하려 할 때 펌프에 필요한 동력[W]을 구하시오. (단, 펌프의 효율은 100 %로 가정한다)

풀이

1. $Hl = \dfrac{128\mu l Q}{\gamma \pi D^4} = \dfrac{128\mu l Q}{S\gamma_w \pi D^4} \left(S = \dfrac{\gamma}{\gamma_w}\right)$

    $= \dfrac{128 \times 0.02 \times 2000 \times 0.12}{0.86 \times 9800 \times \pi \times 0.1^4 \times 60}$

    $= 3.867$ [m]

2. $P = \dfrac{\gamma Q H}{\eta}$

    $= \dfrac{S \times \gamma_w \times Q \times H}{\eta}$

    $= \dfrac{0.86 \times 9800 \times 0.12 \times 3.867}{60}$

    $\therefore 65.18$ [W]

06 안지름 300 [mm], 길이 200 [m]인 수평 원관을 통해 유량 0.2 [m³/s]의 물이 흐르고 있다. 관의 양 끝단에서의 압력 차이가 500 [mmHg]이면 관의 마찰계수는 약 얼마인가? (단, 수은의 비중은 13.6이다)

풀이

1. $V = \dfrac{Q}{A} = \dfrac{0.2}{\dfrac{\pi}{4} \times 0.3^2} = 2.83$

   $Hl = \dfrac{500[mmHg]}{760[mmHg]} \times 10.332[mAq] = 6.797[mAq]$

2. $Hl = f \times \dfrac{l}{D} \times \dfrac{V^2}{2g}$

   $f = Hl \times \dfrac{D}{l} \times \dfrac{2g}{V^2}$

   $f = 6.797 \times \dfrac{0.3}{200} \times \dfrac{19.6}{2.83^2} = 0.0249$

   $\therefore f = 0.025$

07 20 [℃]의 물 소화약제 40 [kg]을 사용하여 거실에서 발생된 화재를 소화하였다. 이때 물 소화약제 40 [kg]이 전부 기화하였다면 기화하는 데 흡수한 열량은 몇 [kcal]인지 계산하시오.

풀 이

1. 현열과 잠열

    1) 현열

    $$Q_1 = m \cdot C \cdot \Delta t [kcal]$$

    m : 질량[kg]
    C : 비열[kcal/kg·℃]
    Δt : 온도차[℃]

    ∴ Q_1 = 40 [kg] × 1 [kcal/kg] × (100 - 20) [℃] = 3,200 [kcal]

    2) 잠열

    $$Q_2 = m \cdot \gamma [kcal]$$

    m : 질량[kg]
    γ : 기화잠열[kcal/kg]

    ∴ Q_2 = 40 [kg] × 539 [kcal/kg] = 21,560 [kcal]

2. 필요한 열량

    $Q = Q_1 + Q_2$ = 3,200 + 21,560 = 24,760 [kcal]

08 구획된 공간에서 화재가 발생되어 열방출률이 2 [MW]로 균일할 때, 스프링클러설비를 사용하여 1 [MW]의 열을 흡수하여 Flash-Over를 방지하려고 한다. 1 [MW]의 열을 흡수하기 위하여 필요한 방수량[Lpm]을 구하시오. (단, 화재실의 초기온도는 25 ℃, 최고온도는 150 ℃이다)

풀 이

1. 물 1 [L]가 흡수하는 열량

   1) 현열

   $$Q_1 = m \cdot C \cdot \Delta t \, [kcal]$$

   m : 질량[kg]
   C : 비열[kcal/kg·℃]
   Δt : 온도차[℃]

   ∴ Q_1 = 【1 [kg] × 1 [kcal/kg·℃] × (100 - 25) [℃] +
   1 [kg] × 0.6 [kcal/kg·℃] × (150 - 100) [℃]】
   = 105 [kcal]

   2) 잠열

   $$Q_2 = m \cdot \gamma \, [kcal]$$

   m : 질량[kg]
   γ : 기화잠열[kcal/kg]

   ∴ Q_2 = 1 [kg] × 539 [kcal/kg·℃] = 539 [kcal]

   3) 물 1 [L]가 흡수하는 열량

   $Q = Q_1 + Q_2$ = 105 + 539 = 644 [kcal]

   ∴ 25 [℃]의 물 1 [ℓ]당 흡수하는 열량은 644 [kcal/ℓ]가 된다.

2. 방수량 계산

   1) 1 [MW]의 단위 변환

   $1 \, [MW] = 10^6 \, [W] = 10^6 \, [J/s] = 10^6 \times 0.24 \, [cal/s]$
   $= 14,400,000 \, [cal/\min] = 14,400 \, [kcal/\min]$

   2) 1 [MW]의 열을 흡수하기 위한 방수량

   $Q = 14,400 \, [kcal/\min] \div 644 \, [kcal/\ell] ≒ 22.36 \, [Lpm]$ ∴ $Q = 22.36 \, [Lpm]$

09

구획된 실에 280 [Lpm]의 물을 방사하였다. 화재로 인한 연기가스의 온도가 650 [℃]일 경우 방사된 모든 물이 100 [%] 증발한다면 이때 발생된 증기의 양[m³]은 얼마인지 계산하시오.

풀이

1. 발생된 수증기 부피($P_1 = P_2$)

$$\frac{V_1}{T_1} = \frac{V_2}{T_2} \text{이므로} \quad \frac{22.4}{(0+273)} = \frac{V_2}{(650+273)}$$

$$\therefore V_2 = 75.7 \, [\ell]$$

2. 물의 체적

   280 [ℓ] = 0.28 [m³]

3. 팽창비

$$\text{팽창비} = \frac{\text{수증기}}{\text{물}} = \frac{75.7}{0.018} ≒ 4200\text{배}$$

4. 발생 증기량

   0.28 × 4200배 = 1176 [m³]

10. 물 900 [L]를 1분 동안 방사했을 때 끓는 온도까지 가열되는 동안 얼마나 많은 양의 열을 흡수하는지 계산하시오. (단, 호스 내 물의 온도는 18 ℃이다) [술 63회]

풀이

1. 현열

$$Q = m \cdot C \cdot \Delta t \, [kcal]$$

m : 질량[kg]
C : 비열[kcal/kg·℃]
Δt : 온도차[℃]

2. 현열 계산

Q = 1 [kcal/kg·℃] × 900 [kg] × (100 − 18) [℃] = 73,800 [kcal]

보충

1. 만일 100 [℃]의 수증기가 되었을 경우

$Q = m \cdot C \cdot \Delta t \, [kcal] + Gr$

$= 73,800 \, [kcal] + (900 \times 539 \, [kcal/kg])$

$= 558,900 \, [kcal]$

11 배관의 관경이 200 [mm], 유량이 65 [Lps], 배관 내 수류와 만나는 앵글밸브의 각도는 30°이고, 밸브의 손실계수가 3.98일 때 밸브에서 발생되는 부차적 손실을 계산하시오.
[술 68회]

풀이

1. 주 손실과 부차적 손실

   1) 주 손실

   직관에서 발생하는 직관 마찰손실

   2) 부차적 손실

   엘보, 티 등 관 부속품에서 발생하는 국부적 손실

2. 부차적 손실 계산식

$$h_f = K\frac{v^2}{2g} [m]$$

   K : 손실계수
   v : 유속[m/s]
   g : 중력가속도[m/s²]

3. 유속 계산

   1) 연속 방정식 $Q = Av$

   2) 유속 계산

$$v = \frac{Q}{A} = \frac{4Q}{\pi d^2} = \frac{4 \times 0.065}{\pi \times 0.2^2} = 2.069 \text{ [m/s]}$$

4. 부차적 손실 계산

$$h_l = K\frac{v^2}{2g} = 3.98 \times \frac{2.069^2}{2 \times 9.8} = 0.869 \text{ [m]}$$

12 소화설비의 내경이 50 [cm], 길이가 1,000 [m]인 배관에 소화용수가 매초 80 [L]로 공급되는 경우 발생되는 마찰손실 수두와 상당구배를 구하시오. (단, 마찰손실계수 f = 0.03, 관 벽의 마찰손실은 고려하지 않는다) [술 65회]

풀이

1. 달시 바이스바하 실험식

$$\Delta H = f \frac{l}{d} \times \frac{v^2}{2g} \, [m]$$

f : 마찰계수
l : 관의 길이[m]
d : 관의 내경[m]
v : 유속[m/s]
g : 중력가속도 9.8 [m/s²]

2. 마찰손실 수두계산

  1) $Q = AV = \dfrac{\pi D^2 V}{4}$

  2) $V = \dfrac{4Q}{\pi d^2} = \dfrac{4 \times 0.08}{\pi \times 0.5^2} = 0.4074 \, [m/s]$

  3) 마찰손실

  $\Delta H = 0.03 \times \dfrac{1,000}{0.5} \times \dfrac{0.4074^2}{2 \times 9.8} = 0.508 \, [m]$

3. 상당구배(기울기) 계산

  $L_1 = \dfrac{\Delta H}{l} = \dfrac{0.508}{1,000} = 0.000508$

  $\therefore L_1 = 0.000508$

13 관의 내경이 150 [mm]인 강관에 0.1 [m³/s]로 물이 흐르는 경우 다음 물음에 답하시오. (단, 달시 바이스바하의 실험식 및 연속의 법칙을 이용하고, 관내의 마찰계수는 0.016으로 가정한다) [술 44회]

1) 관의 길이가 100 [m]라면 내부에 생기는 마찰손실수두를 계산하시오.
2) 관의 길이가 1,000 [m]라면 상당구배 L을 계산하시오.

풀이

1. 마찰손실수두 계산

1) $Q = AV = \dfrac{\pi D^2 V}{4}$

2) $V = \dfrac{4Q}{\pi d^2} = \dfrac{4 \times 0.1}{\pi \times 0.15^2} = 5.66\,[m/s]$

$\triangle h = f \dfrac{l}{d} \dfrac{V^2}{2g} = 0.016 \times \dfrac{100}{0.15} \times \dfrac{5.66^2}{2 \times 9.8} = 17.43\,[m]$

2. 상당구배 계산

$\triangle h = 0.016 \times \dfrac{1,000}{0.15} \times \dfrac{5.66^2}{2 \times 9.8} = 174.3\,[m]$

상당구배 $L = \dfrac{\triangle h}{l} = \dfrac{174.3}{1,000} = 0.1743$

14 길이 20 [m], 내경 80 [mm] 관에 물이 0.1 [m³/s]로 흐를 때, 달시 바이스바하의 식을 사용하여 계산한 압력손실이 1 [MPa]이면 관 마찰계수를 구하시오. (단, g = 9.8 m/s²로 하고, 답은 소수점 둘째자리까지 표시한다) [술 89회]

풀 이

1. 달시 바이스바하 실험식

$$\triangle H = f \frac{l}{d} \times \frac{v^2}{2g} [m]$$

f : 마찰계수
l : 관의 길이[m]
d : 관의 내경[m]
v : 유속[m/s]
g : 중력가속도 9.8 [m/s²]

2. 관 마찰계수 계산

   1) 연속 방정식

   $Q = AV$

   2) 유속 $v = \dfrac{4Q}{\pi d^2} = \dfrac{4 \times 0.1}{\pi \times 0.08^2} = 19.89 [m/s]$

   3) 압력손실 $1[MPa] = 1[MPa] \times \dfrac{10.332[m]}{0.101325[MPa]} = 101.96[m]$

   4) 관 마찰계수

   $$\triangle H = f \frac{l}{d} \times \frac{v^2}{2g} [m]$$

   $101.96 = f \times \dfrac{20}{0.08} \times \dfrac{19.89^2}{2 \times 9.8}$

   ∴ $f = 0.02$

15. 배관 내 유체에서 Hagen Poiseulle 법칙과 Darcy Weisbach 방정식을 이용하여 층류 흐름의 마찰계수 $f = \dfrac{64}{Re}$ 를 유도하시오. [술 103회]

풀이

1. 하겐 포아젤 식(Hagen Poiseulle)

$$\Delta P = \gamma H = \frac{128\mu l Q}{\pi d^4} \quad \cdots\cdots \text{①}$$

μ : 유체의 점성계수[kg/m·s]
Q : 단면을 통과하는 체적유량[m³/s]
l : 관의 길이[m]
d : 배관의 직경[m]
γ : 유체의 비중량[N/m³]

2. 달시 바이스바하(Darcy Weisbach) 방정식

$$H = f \frac{l}{d} \frac{v^2}{2g} \quad \cdots\cdots \text{②}$$

H : 관의 마찰손실수두[m]
f : 관의 마찰손실계수
l : 관의 길이[m]
d : 배관의 내경[m]
v : 유속[m/s]
g : 중력가속도[m/s²]

3. ①식과 ②식을 같게 하면

$$f \frac{l}{d} \frac{v^2}{2g} = \frac{128\mu l Q}{\pi d^4 \gamma}$$

$$f = \frac{128\mu l Q}{\pi d^4 \gamma} \times \frac{2gd}{v^2 l}$$

$$f = \frac{128\mu l (\frac{\pi}{4}d^2 v)}{\pi d^4 \rho g} \times \frac{2gd}{v^2 l} \quad \left(\gamma = \rho g,\ Q = \frac{\pi}{4}d^2 v\right)$$

$$f = 64 \times \frac{\mu}{\rho v d}$$

여기서, $Re = \dfrac{\rho v d}{\mu}$ 이므로

$$\therefore f = \frac{64}{Re}$$

16 그림과 같은 관로에서 A, B로 흐르는 유량을 Darcy-Weisbach의 실험식을 이용하여 구하시오. (단, 마찰손실계수는 0.02, 기타 부품손실은 무시한다)

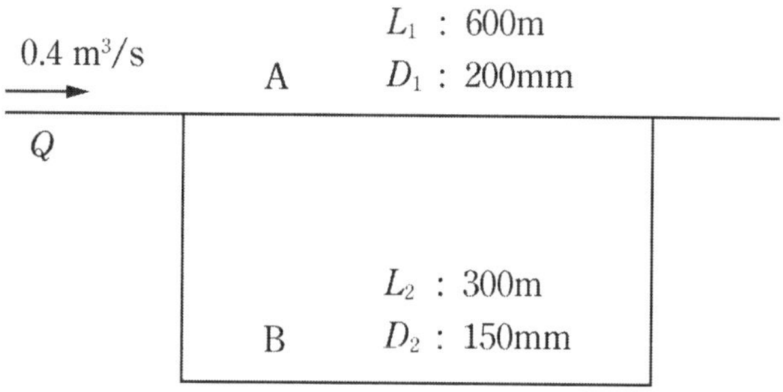

```
        0.4 m³/s         A      L₁ : 600m
         ──→                    D₁ : 200mm
          Q    ┌──────────────────────┐
               │                      │
               │                      │
               │          L₂ : 300m   │
               │    B     D₂ : 150mm  │
               └──────────────────────┘
```

풀이

1. A, B관로의 유속을 V_1, V_2 마찰손실을 H_1, H_2라 하면

   1) V_1 계산

   $$f\frac{L_1}{D_1}\frac{V_1^2}{2g} = f\frac{L_2}{D_2}\frac{V_2^2}{2g} \quad (\triangle H_1 = \triangle H_2)$$

   $$D_2 L_1 V_1^2 = D_1 L_2 V_2^2$$

   $$0.15 \times 600 \times V_1^2 = 0.2 \times 300 \times V_2^2$$

   $$90 V_1^2 = 60 V_2^2$$

   $$V_1 = 0.8165 V_2$$

   2) V_2 계산

   $$Q = Q_1 + Q_2 = A_1 V_1 + A_2 V_2 = 0.4 \, [m^3/s]$$

   $$Q = (\frac{\pi \times 0.2^2}{4} \times 0.8165 V_2) + (\frac{\pi \times 0.15^2}{4} \times V_2) = 0.4$$

   $$V_2 = 9.2377 \fallingdotseq 9.24 \, [m/s]$$

   $$V_1 = 0.8165 \times 9.24 = 7.54446 \fallingdotseq 7.54 \, [m/s]$$

2. 유량 계산

   $$Q = Q_1 + Q_2$$

   $$Q_2 = A_2 V_2 = \frac{\pi \times 0.15^2}{4} \times 9.24 = 0.1632 \, [m^3/s]$$

   $$Q_1 = 0.4 - 0.1632 = 0.2368 \, [m^3/s]$$

17 배관 마찰계수가 0.016인 관내에 유체가 3 [m/s]로 흐르고 있다. 관의 길이가 1000 [m], 내경이 100 [mm]인 배관 내의 거칠기(조도) C값을 반올림하여 정수로 구하시오. (단, 배관 마찰 손실은 달시 바이스바하 식과 하젠 윌리암스 식을 이용)

풀이

1. 달시 바이스바하 공식

$$h_L = f \times \frac{L}{D} \times \frac{V^2}{2g} = 0.016 \times \frac{1000}{0.1} \times \frac{3^2}{2 \times 9.8} = 73.47 [m]$$

2. 연속 방정식

$$Q = AV = \frac{\pi \times 0.1^2}{4} \times 3 = 0.02356 [m^3/s] = 1413.6 [Lpm]$$

3. 조도계수 C

$$\Delta P = \frac{73.47}{10.332} \times 0.101325 [MPa] = 0.7205 [MPa]$$

$$0.7205 = 6.05 \times 10^4 \times \frac{1413.6^{1.85}}{C^{1.85} \times 100^{4.87}} \times 1000 = 147.49$$

$$\therefore C = 148$$

18 베르누이 방정식을 유도하시오.

풀이

1. 에너지 보존법칙에서 유도

   1) 일 = 힘 × 거리 = $FS = Fds$

   (1) 운동에너지 $= \int Fds = \int (ma)ds = \int \left(m\dfrac{dv}{dt}\right)ds = \int mvdv = \dfrac{1}{2}mv^2$

   (2) 위치에너지 $= \int Fds = \int mgds = mgZ$

   (3) 압력에너지 $= \int Fds = \int PAds = pdv = PV$

2. 에너지 보존법칙

   1) 에너지 보존법칙에 의해 운동에너지 + 위치에너지 + 압력에너지 = 일정하므로

   $\dfrac{1}{2}mv^2 + mgZ + PV = const$

   2) 위 식 양변을 mg로 나누면

   $\dfrac{v^2}{2g} + Z + \dfrac{P}{\gamma} = const$

   ($\dfrac{v^2}{2g}$: 속도수두, Z : 위치수두, $\dfrac{P}{\gamma}$: 압력수두)

19 마찰손실을 무시하고 열전달이 없는 경우에 에너지 보존법칙으로부터 베르누이 방정식을 유도하고 배관의 두 지점 사이에 펌프가 존재하고 손실수두를 고려하는 경우에 대한 수정 베르누이 방정식을 제시하시오. 또한 점 1과 2가 다음과 같을 때 각각 수정 베르누이 방정식을 제시하고 그 이유를 기술하시오. [술 89회]

1) 1 = 지하수조의 수면, 2 = 옥상수조의 수면
2) 1 = 지하수조의 수면, 2 = 옥내소화전 노즐선단
3) 1 = 펌프의 흡입 측 연성계 부착지점, 2 = 펌프의 토출 측 압력계 부착지점

풀이

1. 베르누이 방정식 유도

   1) 일 = 힘 × 거리 = $FS = Fds$

      (1) 운동에너지 $= \int Fds = \int (ma)ds = \int \left(m\dfrac{dv}{dt}\right)ds = \int mvdv = \dfrac{1}{2}mv^2$

      (2) 위치에너지 $= \int Fds = \int mgds = mgZ$

      (3) 압력에너지 $= \int Fds = \int PAds = pdv = PV$

   2) 에너지 보존법칙

      (1) 에너지 보존법칙에 의해 운동에너지 + 위치에너지 + 압력에너지 = 일정하므로
      $$\dfrac{1}{2}mv^2 + mgZ + PV = const$$

      (2) 위 식 양변을 mg로 나누면
      $$\dfrac{v^2}{2g} + Z + \dfrac{P}{\gamma} = const$$

2. 수정 베르누이 방정식 제시

1) 지하수조와 옥상수조 사이의 전양정

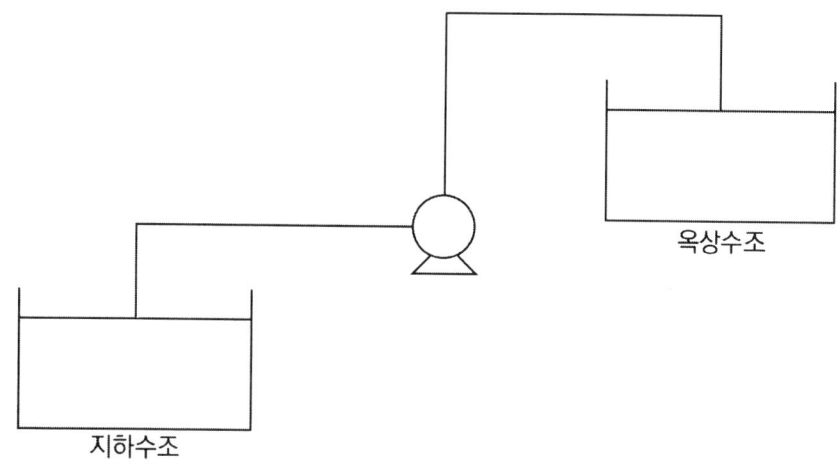

(1) $\dfrac{v_1^2}{2g} + \dfrac{P_1}{\gamma} + z_1 + H = \dfrac{v_2^2}{2g} + \dfrac{P_2}{\gamma} + z_2 + h_L$

여기서, $P_1 = P_2 =$ 대기압, $v_1, v_2 = 0$ 이므로

(2) 이를 정리하면, $z_1 + H = z_2 + h_L$

$z_2 - z_1 = h$ 라 하면 $\therefore H = h + h_L$

2) 지하수조와 노즐 선단 사이의 전양정

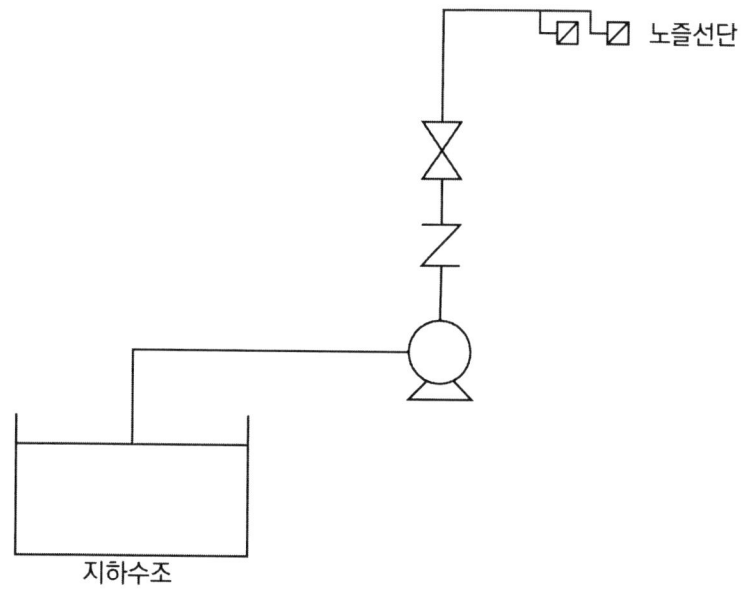

(1) $\dfrac{v_1^2}{2g} + \dfrac{P_1}{\gamma} + z_1 + H = \dfrac{v_2^2}{2g} + \dfrac{P_2}{\gamma} + z_2 + h_L$

여기서, $P_1 = P_2 = $ 대기압, $v_1 = 0$이므로

(2) 이를 정리하면, $z_1 + H = \dfrac{v_2^2}{2g} + z_2 + h_L$

$z_2 - z_1 = h$라 하면

$\therefore H = h + h_L + \dfrac{v^2}{2g}$ (전양정 = 낙차 + 마찰손실 + 방사압)

3) 연성계와 압력계 사이의 전양정

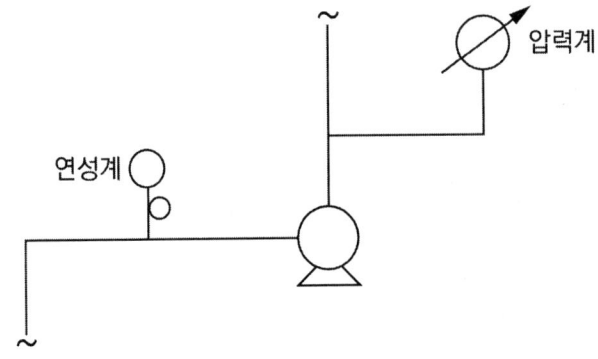

$\dfrac{v_1^2}{2g} + \dfrac{P_1}{\gamma} + z_1 + H = \dfrac{v_2^2}{2g} + \dfrac{P_2}{\gamma} + z_2 + h_L$

여기서, $v_1 = v_2$, $z_2 - z_1 \fallingdotseq 0$, $h_L \fallingdotseq 0$이라고 가정하면

$\therefore H = \dfrac{P_2 - P_1}{\gamma}$

20 건식밸브(Dry Valve) 1차 측 가압수의 압력이 0.3 [MPa]이고, 2차 측 공기압이 0.07 [MPa]이다. 1차 측의 수압이 클래퍼에 작용하는 단면적이 68 [cm²]이라면 이 클래퍼가 개방되지 않을 경우의 2차 측의 공기압이 클래퍼에 작용하는 단면적[cm²]을 구하시오. 또 이것이 원형일 경우의 직경[mm]을 계산하시오.

풀이

1. 파스칼의 원리

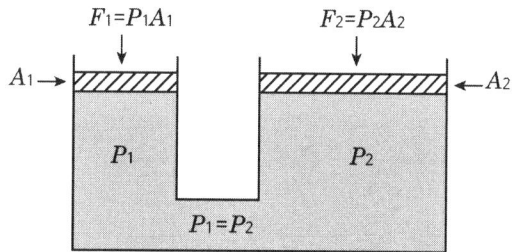

1) 피스톤의 단면적을 A_1, A_2라 하고, A_1의 피스톤에 F_1[kgf]의 힘을 가하면 $P_1 = \dfrac{F_1}{A_1}$의 압력이 모든 방향으로 동일하게 작용된다. ($P_1 = P_2$)

2) $P_1 = \dfrac{F_1}{A_1}$, $P_2 = \dfrac{F_2}{A_2}$이며 1, 2차 측이 평형을 이루는 $F_1 = F_2$이므로 결국 $P_1 A_1 = P_2 A_2$가 된다.

2. 2차 측 공기압 부분의 클래퍼 면적 계산(A_2)

1) $P_1 = 0.3$ [MPa], $A_1 = 68$ [cm²], $P_2 = 0.07$ [MPa]

2) $A_2 = \dfrac{P_1 \times A_1}{P_2} \rightarrow A_2 = \dfrac{0.3 \times 68}{0.07} \rightarrow A_2 = 291.43 \,[cm^2]$

3. 직경의 계산

1) $A_2 = \dfrac{\pi}{4} d_2^2$

2) $d_2 = \sqrt{\dfrac{4 \times A_2}{\pi}} = \sqrt{\dfrac{4 \times 291.43}{3.14}} \fallingdotseq 19.27 \,[cm] = 192.7 \,[mm]$

21. 이중 원형관의 수력반경을 구하시오. (단, 이중관 바깥관의 내경 D, 안쪽관의 외경 d)
[술 101회]

풀이

1. 수력 반경(R_h)

    1) 계산식

    $$R_h = \frac{단면적}{접수길이}$$

    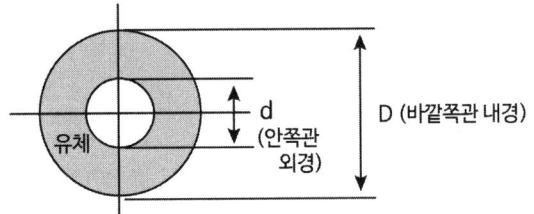

    2) 유체는 바깥쪽관과 안쪽관 사이에 흐른다.

2. 계산

    1) 수력반경[R_h]

    $$R_h = \frac{\frac{\pi}{4}(D^2 - d^2)}{\pi D + \pi d} = \frac{\frac{\pi}{4}(D-d)(D+d)}{\pi(D+d)} = \frac{D-d}{4}$$

    2) 유체가 이중원형관의 바깥쪽관과 안쪽관 사이에 흐를 때 수력반경

    $$R_h = \frac{D-d}{4}$$

22 길이 200 [m], 지름 2인치, 최대허용손실수두 8 [m]인 소방호스의 유량을 계산하시오. (단, 호스의 통수능은 250 Lpm이다)

풀이

1. 통수능의 정의

   1) 소방호스가 소화수를 통수시킬 경우 통수시킬 수 있는 최대 능력을 유량으로 표시한 것이다.
   2) 이때 통수되는 유량은 통수능과 상당구배에 의해 구할 수 있다.

2. 통수능 방정식

   $$Q = k\sqrt{\frac{h_L}{L}}$$

   k : 통수능
   h_L : 최대허용 손실수두
   L : 호스길이

3. 유량 계산

   $$Q = k\sqrt{\frac{h_L}{L}} = 250\sqrt{\frac{8}{200}} = 50\,[Lpm]$$

23. 하젠 윌리엄스 방정식으로 관로상의 압력손실을 계산할 경우에 다음 항목의 오차범위[%]를 각각 계산하시오. [술 84회]

1) C-Factor 15 [%]의 오차 경우
2) 배관직경 5 [%]의 오차 경우

풀이

1. **C-Factor 15 [%]의 오차 경우**

   1) C의 오차 범위 : 0.85C ~ 1.15C

   2) 압력손실 범위 : $\triangle P_1 = 6.174 \times 10^5 \times \dfrac{Q^{1.85}}{(0.85C \sim 1.15C)^{1.85} \times D^{4.87}}$

   위 식에서 $6.174 \times 10^5 \times \dfrac{Q^{1.85}}{C^{1.85} \times D^{4.87}}$ 은 $\triangle$P이므로

   위 식을 다시 정리하면 $\triangle P \times \dfrac{1}{(0.85 \sim 1.15)^{1.85}}$ 이 된다.

   ∴ 압력손실 $\triangle P_1$: 0.772~1.351 $\triangle P$

2. **배관직경 5 [%]의 오차 경우**

   1) D의 오차 범위 : 0.95D ~ 1.05D

   2) 압력손실 범위 : $\triangle P_2 = 6.174 \times 10^5 \times \dfrac{Q^{1.85}}{C^{1.85} \times (0.95 \sim 1.05D)^{4.87}}$

   위 식에서 $6.174 \times 10^5 \times \dfrac{Q^{1.85}}{C^{1.85} \times D^{4.87}}$ 은 $\triangle$P이므로

   위 식을 다시 정리하면 $\triangle P \times \dfrac{1}{(0.95 \sim 1.05)^{4.87}}$ 이 된다.

   ∴ 압력손실 $\triangle P_2$: 0.789 ~ 1.284 $\triangle P$

24 배관구경이 50 [mm]이고, 동압이 0.015 [MPa]일 때 이 배관으로 흐르는 유량[Lpm]은 얼마인지 구하시오.

풀이

1. 토리첼리 정리

$$h = \frac{V^2}{2g} \rightarrow V = \sqrt{2gh}$$

2. 유속 계산

1) 동압 $h = 0.015\,[MPa] \times \dfrac{10.332\,mAq}{0.101325\,[MPa]} \fallingdotseq 1.5\,[mAq]$

2) $V = \sqrt{2gh} = \sqrt{2 \times 9.8 \times 1.5} \fallingdotseq 5.42\,[m/s]$

3. 유량 계산

$$Q = AV = \frac{\pi \times D^2}{4}V = \frac{\pi \times 0.05^2}{4} \times 5.42 \fallingdotseq 0.01064\,[m^3/s]$$

단위를 Lpm으로 변환하면

$$Q = 0.01064 \times \left(\frac{m^3}{\sec}\right) \times \left(\frac{1000L}{m^3}\right) \times \left(\frac{60\sec}{\min}\right) = 638.4\,[Lpm]$$

$\therefore\ 638.4\,[Lpm]$

25 어느 층의 소화전 개폐밸브를 열고 방수량과 방사압을 측정하였더니 방사압은 0.17 [MPa], 방사량 130 [Lpm]이었다. 이 소화전에서 유량을 200 [Lpm]으로 할 경우 방수압력[MPa]을 구하시오.

풀이

1. 공식

$$Q = K\sqrt{10P}$$

Q : 유량[Lpm]
P : 압력[MPa]

2. K-Factor

$$K = \frac{Q}{\sqrt{10P}} = \frac{130}{\sqrt{10 \times 0.17}} = 99.71$$

3. 방수 압력

$$Q = K\sqrt{10P'}$$
$$200 = 99.71\sqrt{10P'}$$
$$10P' = (\frac{200}{99.71})^2$$
$$\therefore P' = 0.4023[MPa]$$

| 26 | 일정한 소화배관 내의 3.8 [MPa], 960 [Lpm]으로 유량이 흐르고 있다. 압력강하가 5.2 [MPa]이 될 경우 유량의 변화를 계산하시오. |

풀이

1. 하젠 윌리암스 식

    1) 중력단위계[kg_f/cm^2]

    $$\triangle P = 6.174 \times 10^5 \times \frac{Q^{1.85}}{C^{1.85} \times D^{4.87}} \times L$$

    2) SI 단위계[MPa]

    $$\triangle P = 6.053 \times 10^4 \times \frac{Q^{1.85}}{C^{1.85} \times D^{4.87}} \times L$$

2. 압력강하와 유량의 관계

    $$\triangle P = 6.053 \times 10^4 \times \frac{Q^{1.85}}{C^{1.85} \times D^{4.87}} \times L \rightarrow \triangle P \propto Q^{1.85}$$

3. 유량 계산

    $$\triangle P_1 : Q_1^{1.85} = \triangle P_2 : Q_2^{1.85}$$

    $$Q_2^{1.85} = \frac{Q_1^{1.85} \times \triangle P_2}{\triangle P_1}$$

    $$Q_2^{1.85 \cdot \frac{1}{1.85}} = \left(\frac{Q_1^{1.85} \times \triangle P_2}{\triangle P_1} \right)^{\frac{1}{1.85}}$$

    $$Q_2 = \left(\frac{960^{1.85} \times 5.2}{3.8} \right)^{\frac{1}{1.85}} = 1137 \, [Lpm]$$

27 어떤 물분무 소화설비의 배관에 물이 흐르고 있다. 두 지점을 흐르는 물의 압력차가 0.08[MPa]이다. 이 경우 유량을 2배로 한다면 두 지점 간의 압력차는 얼마인지 계산하시오.

풀이

1. 압력손실 계산식 : 하젠 윌리암스 식

$$\triangle P[MPa] = 6.05 \times 10^4 \times \frac{Q^{1.85}}{C^{1.85} \times D^{4.87}} \times L$$

2. 압력강하와 유량의 관계

$$\triangle P[MPa] = 6.05 \times 10^4 \times \frac{Q^{1.85}}{C^{1.85} \times D^{4.87}} \times L$$

$\triangle P \propto Q^{1.85}$ (마찰손실은 유량의 1.85승에 비례)

3. 압력차 계산

$\triangle P_1 : Q_1^{1.85} = \triangle P_2 : Q_2^{1.85}$

$0.08 : Q_1^{1.85} = \triangle P_2 : (2Q)^{1.85}$

$$\triangle P_2 = \frac{0.08 \times (2Q)^{1.85}}{Q^{1.85}} = 0.2884 \, [MPa]$$

28 어느 수계소화설비에 설치된 직관과 관부속류의 전체 상당길이 L은 30 [m], 배관의 내경 D는 65 [mm], 조도계수 C는 100, 유량 Q는 1,500 [Lpm]일 때의 압력손실[MPa]을 계산하시오. [술 88회]

풀이

1. 압력손실 계산식 : 하젠 윌리암스 식

$$\triangle P[MPa] = 6.05 \times 10^4 \times \frac{Q^{1.85}}{C^{1.85} \times D^{4.87}} \times L$$

2. 계산

$$\triangle P = 6.05 \times 10^4 \times \frac{Q^{1.85}}{C^{1.85} \times D^{4.87}} \times L$$

$$\triangle P = 6.05 \times 10^4 \times \frac{1500^{1.85}}{100^{1.85} \times 65^{4.87}} \times 30 = 0.4034 \, [MPa]$$

$$\therefore \triangle P = 0.4034 \, [MPa]$$

29 저장용기로부터 20 [℃]의 물을 길이 300 [m], 직경 900 [mm]인 콘크리트 수평 원관을 통하여 공급하고 있다. 유량이 1.25 [m³/s]일 때 원관에서의 압력강하는 몇 [kPa]인가? (단, 물의 동점성계수는 1.31 × 10⁻⁶ m²/s이고, 관 마찰계수는 0.023이다)

풀이

1. 달시 바이스바하 식

$$\triangle H = f \times \frac{l}{D} \times \frac{V^2}{2g}$$

$$V = \frac{Q}{A} = \frac{1.25}{\frac{\pi}{4} \times 0.9^2} = 1.96$$

$$\triangle H = 0.023 \times \frac{300}{0.9} \times \frac{1.96^2}{19.6} = 1.5\,[m]$$

2. 압력 강하

$$\triangle P = \frac{1.5\,[m]}{10.332\,[m]} \times 101.325\,[kPa] = 14.71\,[kPa]$$

$$\therefore 14.71\,[kPa]$$

30 내경 7 [cm]인 배관이 내경 14 [cm]로 확대되었다. 확대 전 관내 흐름의 경우 레이놀드 수가 20,000이었다면 확대 후의 레이놀드 수는 얼마인지 계산하시오.

풀이

1. 레이놀드 수(Reynold's Number)

$$Re = \frac{\rho VD}{\mu} = \frac{VD}{\nu}$$

v : 유속[cm/s]
D : 내경[cm]
ρ : 밀도[g/cm³]
μ : 절대점성계수[g/cm·s]
ν : 동점성계수($\nu = \frac{\mu}{\rho}$)[cm²/s]

2. 레이놀드 수 계산

   1) $Re = \dfrac{VD}{\nu}$

   $20,000 = \dfrac{7V}{\nu} \rightarrow \dfrac{V}{\nu} = 2,857$

   2) 직경이 7 [cm]에서 14 [cm]로 변경 시, 속도수두는 $V = \dfrac{V}{4}$로 감소

   ① 직경이 7 [cm]일 경우

   $Q_1 = AV = \dfrac{\pi}{4}D^2 V = \dfrac{\pi}{4}(0.07m)^2 V$

   ② 직경이 14 [cm]일 경우

   $Q_2 = AV = \dfrac{\pi}{4}D^2 V = \dfrac{\pi}{4}(0.14m)^2 V$

   ③ 속도수도 V

   $\dfrac{Q_1}{Q_2} = \dfrac{0.07^2}{0.14^2} = \dfrac{1}{4}$

   $\therefore V = \dfrac{1}{4}V$

   3) $Re = \dfrac{VD}{\nu} = 14 \times \dfrac{V}{4} \times \dfrac{1}{\nu} = \dfrac{14}{4} \times 2857 ≒ 10,000$

   $\therefore Re = 10,000$

31 유체 유동 시 마찰손실에 큰 영향을 미치는 점성계수 μ의 차원을 구하시오.

풀이

1. 차원
   1) 절대단위 차원계(질량 M, 길이 L, 시간 T)
   2) 중력단위 차원계(힘 F, 길이 L, 시간 T)

2. 점성계수(μ)의 차원

   1)
   $$Re = \frac{\rho VD}{\mu} = \frac{VD}{\nu}$$

   v : 유속[cm/s]
   D : 내경[cm]
   ρ : 밀도[g/cm³]
   μ : 절대점성계수[g/cm·s]
   ν : 동점성계수($\nu = \frac{\mu}{\rho}$)[cm²/s]

   2) ρVD의 단위를 정리하면
   $$= \frac{kg}{m^3} \times \frac{m}{\sec} \times m$$
   $$= \frac{kg}{m \cdot \sec}$$
   $$= [ML^{-1}T^{-1}]$$

   3) 점성계수(μ)의 차원
   $$[ML^{-1}T^{-1}]$$

32 조건과 같은 조도계수가 100인 배관에서 유량 2,000 [ℓ/min]인 방수총을 사용할 경우, 양쪽구간의 마찰손실[MPa]을 구하시오. (다만 관부속의 등가길이는 90° 엘보는 4 m, 게이트 밸브는 1.2 m, 기타 조건은 무시한다)

조건

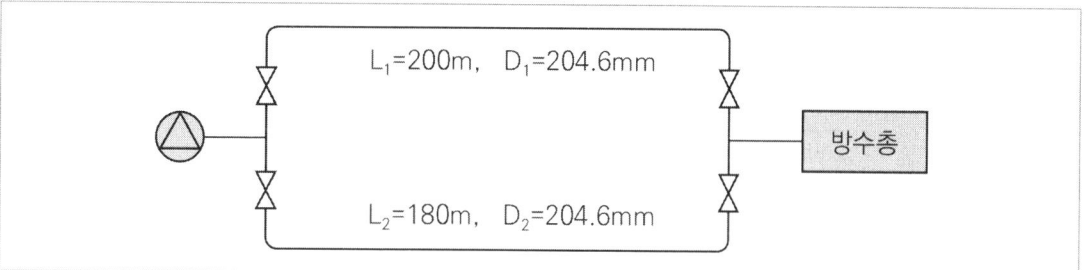

풀이

1. Loop 배관 시스템

   1) 연속 방정식

   $Q = Q_1 + Q_2$

   2) 에너지보존법칙(마찰손실은 동일)

   $\triangle P_1 = \triangle P_2$

2. 각 구간의 마찰손실 계산

   1) 에너지보존법칙 $\triangle P_1 = \triangle P_2$

   $$6.053 \times 10^4 \times \frac{Q_1^{1.85}}{C^{1.85} \times D_1^{4.87}} \times L_1 = 6.053 \times 10^4 \times \frac{Q_2^{1.85}}{C^{1.85} \times D_2^{4.87}} \times L_2$$

   $Q_1^{1.85} \times L_1 = Q_2^{1.85} \times L_2$

   2) 총길이

   (1) 1구간 = 직관 + 상당길이(게이트밸브 × 2개 + 엘보 × 2개)
   = 200 [m] + (1.2 m × 2 + 4 m × 2) = 210.4 [m]

   (2) 2구간 = 직관 + 상당길이(게이트밸브 × 2개 + 엘보 × 2개)
   = 180 [m] + (1.2 m × 2 + 4 m × 2) = 190.4 [m]

3) 유량 계산

  (1) Q_1 계산

    $2,000 = Q_1 + Q_2$

    $Q_1^{1.85} \times L_1 = Q_2^{1.85} \times L_2$

    $Q_1^{1.85} \times 210.4 = Q_2^{1.85} \times 190.4$

    양변에 $\dfrac{1}{1.85}$승 하면 $Q_1 = (\dfrac{190.4}{210.4})^{\frac{1}{1.85}} Q_2 = 0.947 Q_2$

  (2) 유량 계산

    $Q_1 + Q_2 = 2,000 [Lpm]$

    $0.947 Q_2 + Q_2 = 2,000 [Lpm]$

    $Q_2 = 1027.22 [Lpm]$

    $Q_1 = 2,000 - 1027.22 = 972.78 [Lpm]$

4) 마찰손실 계산

  조건에서 $C = 100$, $D = 204.6 [mm]$, $\triangle P_1 = \triangle P_2$ 이므로

  $\triangle P_1 = 6.053 \times 10^4 \times \dfrac{972.78^{1.85}}{100^{1.85} \times 204.6^{4.87}} \times 210.4 = 0.005 [MPa]$

33 다음 그림은 화살표 방향으로 A지점으로 매분 600 [L]의 물이 흐르고 있는 배관의 평면도이다. 두 지점 A, B 사이 세 분기관의 내경을 40 [mm]라고 할 때 다음의 조건을 참조하여 각 분기관 유수량을 산출하시오. [술 27회]

조건

① 배관은 아연도금 탄소강관이다.
② 엘보의 등가길이는 2 [m]로 하되, A, B 두 지점에서의 배관접속부속의 마찰손실만은 무시한다.
③ 유수에 의한 배관의 마찰손실은 Hazen-Williams 공식을 적용한다.

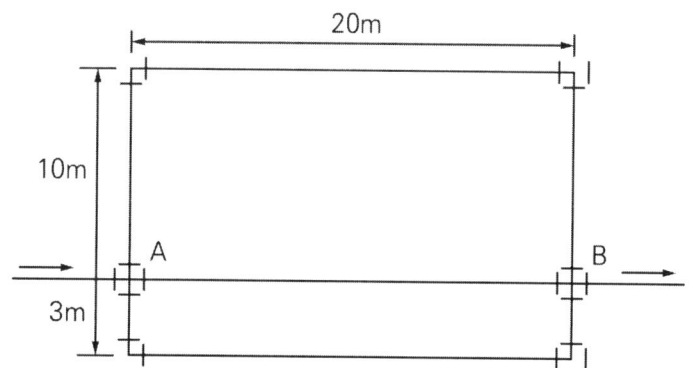

풀이

1. Loop 배관 시스템

   1) 연속 방정식

   $Q = Q_1 + Q_2$

   2) 에너지보존법칙(두 경로의 마찰손실은 같다)

   $\triangle P_1 = \triangle P_2$

2. 각 분기관 유수량 계산

   1) 연속 방정식에서

   $600[Lpm] = Q_1 + Q_2 + Q_3$

2) 에너지보존법칙 $\triangle P_1 = \triangle P_2 = \triangle P_3$

$$\frac{Q_1^{1.85}}{C^{1.85} \times D^{4.87}} \times L_1 = \frac{Q_2^{1.85}}{C^{1.85} \times D^{4.87}} \times L_2 = \frac{Q_3^{1.85}}{C^{1.85} \times D^{4.87}} \times L_3$$

$L_1 = 10 + 2 + 20 + 2 + 10 = 44\,[m]$

$L_2 = 20\,[m]$

$L_3 = 3 + 2 + 20 + 2 + 3 = 30\,[m]$

$44 Q_1^{1.85} = 20 Q_2^{1.85} = 30 Q_3^{1.85}$

(1) $44 Q_1^{1.85} = 20 Q_2^{1.85} \quad Q_2 = \left(\frac{44}{20}\right)^{\frac{1}{1.85}} \times Q_1 \quad Q_2 = 1.53\, Q_1$

(2) $20 Q_2^{1.85} = 30 Q_3^{1.85} \quad Q_3 = \left(\frac{20}{30}\right)^{\frac{1}{1.85}} \times Q_2 \quad Q_3 = 0.8\, Q_2$

(3) $44 Q_1^{1.85} = 30 Q_3^{1.85} \quad Q_3 = \left(\frac{44}{30}\right)^{\frac{1}{1.85}} \times Q_1 \quad Q_3 = 1.23\, Q_1$

3) Q_1 계산

$600\,[Lpm] = Q_1 + Q_2 + Q_3$

$600\,[Lpm] = Q_1 + 1.53\, Q_1 + 1.23\, Q_1 = (1 + 1.53 + 1.23) Q_1$

$Q_1 = 159.57\,[Lpm]$

4) Q_2 계산

$600\,[Lpm] = 159.57 + Q_2 + 0.8\, Q_2$

$Q_2 = 244.68\,[Lpm]$

5) Q_3 계산

$600\,[Lpm] = Q_1 + Q_2 + Q_3$

$Q_3 = 600 - Q_1 - Q_2$

$\quad = 600 - 159.57 - 244.68$

$\quad = 195.75\,[Lpm]$

34 옥내소화전설비의 방수압력 점검 시 노즐 방수압력이 절대압력으로 2,760 [mmHg]일 경우 방수량[m³/s]과 노즐에서의 유속[m/s]을 구하시오. (단, 유량계수는 0.99, 옥내소화전 노즐 구경은 1.3 cm이다) [관 21회]

풀이

1. 압력

   1) 절대압 = 대기압 + 게이지압력
   2) 방수압은 게이지압력이므로

   방수게이지압력 = 절대압 − 대기압
   $$= 2,760[mmHg] - 760[mmHg] = 2,000[mmHg]$$

   압력을 수두로 변환하면 $2,000[mmHg] \times \dfrac{10.332[m]}{760[mmHg]} = 27.19[m]$

2. 유속

   $V = \sqrt{2gH}$
   $ = \sqrt{2 \times 9.8 \times 27.19}$
   $\therefore V = 23.09\,[m/s]$

3. 유량

   $Q = C \cdot A \cdot V = 0.99 \times \dfrac{\pi}{4} \times 0.013^2 \times 23.09$

   $Q = 0.00303\,[m^3/s]$

35. 스프링클러 펌프의 흡입 측에 설치한 연성계의 눈금이 400 [mmHg]를 지시하였다. 펌프의 이론흡입양정을 계산하시오.

풀이

1. 연성계압력 = 흡입수두

   $760\,[mmHg] = 10.332\,[mAq]$

   $760\,[mmHg] : 10.332\,[mAq] = 400\,[mmHg] : H$

   여기서, H : 이론흡입양정

   $H = \dfrac{400}{760} \times 10.332\,[m] ≒ 5.437\,[m]$

   $\therefore H = 5.437\,[m]$

보충

1. 표준대기압의 표현

   $1\,[atm] = 760\,[mmHg] = 76\,[cmHg] = 0.76\,[mHg]$

   $= 10.332\,mA_q\,[H_2O] = 10332\,mm\,A_q\,[H_2O]$

   $= 101325\,Pa\,[N/m^2] = 101.325\,kPa\,[kN/m^2] = 0.101325\,MPa\,[MN/m^2]$

   $= 1.013\,[bar] = 1013\,[m\,bar]$

   $= 1.0332\,[kg/cm^2] = 10332\,[kg/m^2]$

   $= 14.7\,[psi]$

36	그림과 같이 안지름 15 [cm]인 사이폰관 속에 물이 흐른다. 대기압을 1.03 [kg/cm²](절대압력), 물의 포화증기압을 0.16 [kg/cm²](절대압력)이라 할 때 늘어뜨린 관의 길이를 조절하여 유량을 최대로 하려면 h는 얼마로 하면 좋은가? (단, 관로에서의 마찰손실은 무시한다) [술 28회]

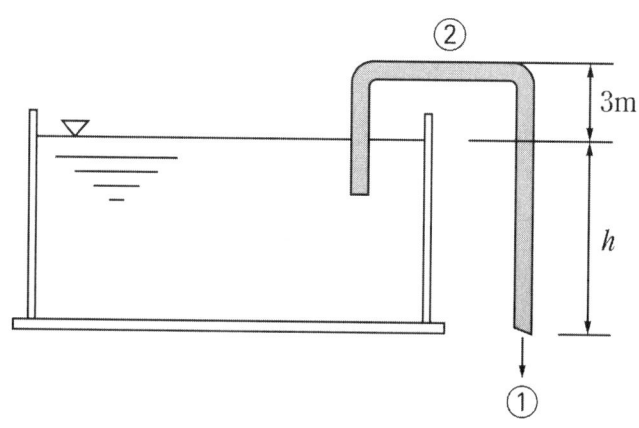

풀 이

1. 베르누이 방정식을 적용하면

$$\frac{P_1}{\gamma} + \frac{v_1^2}{2g} + Z_1 = \frac{P_2}{\gamma} + \frac{v_2^2}{2g} + Z_2$$

$v_1 = v_2$는 일정하므로

$$\frac{P_1}{\gamma} - \frac{P_2}{\gamma} = Z_2 - Z_1$$

$(10.3m - 1.6m) = (3m + h) - 0$

$h = 5.7 [m]$

37. 토리첼리의 정리($v = \sqrt{2gh}$)를 유도하시오.

조건

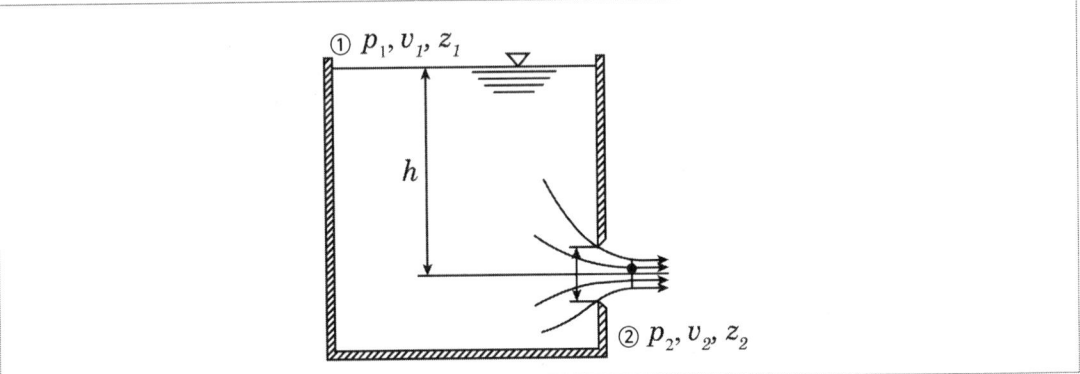

풀이

1. 베르누이 정리

    1) 수면 ①과 출구 단면 ②에 베르누이 정리를 적용하면

    $$\frac{v_1^2}{2g} + \frac{P_1}{\gamma} + z_1 = \frac{v_2^2}{2g} + \frac{P_2}{\gamma} + z_2$$

    2) $P_1 = P_2 =$ 대기압, $v_1 = 0$, $z_1 - z_2 = h$이므로 $\frac{v_2^2}{2g} = h$가 된다.

    3) $v = \sqrt{2gh}$ (h : 유출구와 수면 사이의 높이)

2. 적용

    1) 속도계수의 적용

    $v = C_v\sqrt{2gh}$ (C_v : 속도계수 < 1)

    2) 오리피스 유량

    $Q = A C_c C_v \sqrt{2gh}$ (C_c : 수축계수, C_v : 속도계수)

38 직경 400 [mm]의 배관에 직경 75 [mm]이고, 속도계수가 0.96인 노즐이 부착되어 물이 분출하고 있다. 이때 관내의 압력수두가 8 [m]라면 노즐 출구에서의 유속[m/s]을 구하시오. (단, 배관에서의 손실수두는 무시한다)

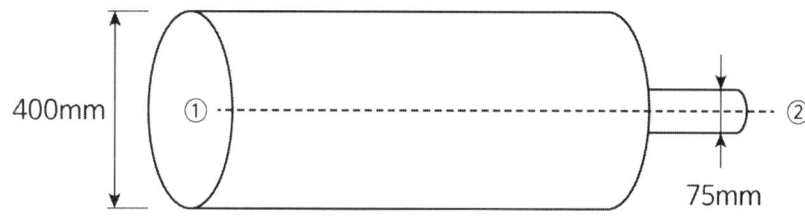

풀이

1. 배관 ①과 출구 단면 ②에 베르누이 정리를 적용하면

$$\frac{v_1^2}{2g} + \frac{P_1}{\gamma} + Z_1 = \frac{v_2^2}{2g} + \frac{P_2}{\gamma} + Z_2$$

$Z_1 = Z_2$이며 $P_2 = 0$, $\frac{P_1}{\gamma} = 8m$

따라서 $\frac{v_1^2}{2g} + 8 = \frac{v_2^2}{2g}$ ························(1)식

2. 배관 ①과 ②지점에서 연속 방정식이 성립하므로

$V_1 \times A_1 = V_2 \times A_2$

$V_1 \times \frac{\pi}{4} D_1^2 = V_2 \times \frac{\pi}{4} D_2^2$

$V_1 = V_2 \times \left(\frac{D_2}{D_1}\right)^2 = V_2 \times \left(\frac{75}{400}\right)^2 = 0.035\, V_2$ ··············(2)식

3. (2)식을 (1)식에 대입하면

$$\frac{(0.035\, V_2)^2}{2 \times 9.8} + 8 = \frac{V_2^2}{2 \times 9.8}$$

$V_2^2 (1 - 0.035^2) = 8 \times 19.6$

$V_2 = \sqrt{\dfrac{8 \times 19.6}{(1 - 0.035^2)}} \fallingdotseq 12.53[m/s]$

4. 속도계수가 0.96이므로

$V = C \times V_2 = 0.96 \times 12.53 \fallingdotseq 12.03[m/s]$

39

어느 소화설비의 상류 측 배관 내경 25 [cm], 하류 측 배관 내경 40 [cm]인 확대 배관인 경우 상류 측 배관의 유속과 압력이 1.5 [m/s], 100 [kPa]일 때, 하류 측 소화배관의 유속[m/s]과 압력[kPa]을 계산하시오. [술 90회]

풀이

1. 하류 측 배관의 유속

   1) 연속 방정식

   $$Q = A_1 v_1 = A_2 v_2$$

   Q : 단면을 통과하는 체적유량[m³/s]
   A_1, A_2 : 배관의 단면적[m²]
   v_1, v_2 : 단면에서의 유속[m/s]

   2) $v_2 = (\dfrac{A_1}{A_2}) v_1 = (\dfrac{D_1}{D_2})^2 v_1$

   $v_2 = (\dfrac{0.25}{0.4})^2 \times 1.5 = 0.586 \, [m/s]$

2. 마찰손실수두

   1) 하류 측 압력 = 상류 측 압력 − 마찰손실

   2) 급격한 확대에 의한 손실수두

   (1) $h = \dfrac{(v_1 - v_2)^2}{2g} = \dfrac{(1.5 - 0.586)^2}{2 \times 9.8} = 0.043 \, [m]$

   (2) 단위를 환산하면

   $0.043 \, mH_2O \times \dfrac{101.325 [kPa]}{10.332 \, mH_2O} = 0.422 \, [kPa]$

3. 하류 측 배관의 압력

   1) 상류 측 압력 : $100 [kPa]$

   2) 마찰손실 압력 : $0.422 [kPa]$

   3) 하류 측 압력 = $100 - 0.422 = 99.578 [kPa]$

40 노즐의 반동력 $R = 0.015PD^2$ 임을 유도하시오.

풀이

1. 적용 공식

    1) 운동량 방정식 $R = \rho Q v$

    2) 연속 방정식 $Q = Av$

    3) 토리첼리 정리 $v = \sqrt{2gh} = \sqrt{2g \times \dfrac{P}{\gamma}}$ (∵ γ = 1000 kg$_f$/m³)

    4) 적용 $R = \rho Q v = \rho \times Av \times v = \rho A v^2$
    $= \rho \times \dfrac{\pi d^2}{4} \times (\sqrt{2gh})^2 = \rho \dfrac{\pi d^2}{4} \times 2g \dfrac{P}{1000}$ ······ ①

2. 관계식 계산

    1) R : 단위 변환 없음

    2) $P : [kg_f/cm^2] = 1[\dfrac{kg_f}{cm^2}] \times \dfrac{[100cm]^2}{[1m]^2} = 10^4 [kg_f/m^2]$

    3) $D : [mm] = 1[mm] \times \dfrac{1[m]}{1000[mm]} = \dfrac{1}{1000}[m]$

3. ①식에 대입

    $R = \rho \times \dfrac{\pi}{4}(\dfrac{1}{1000}d)^2 \times 2g \times \dfrac{10^4}{1000}P$

    $\rho = 102[kg_f \cdot s^2/m^4]$, $g = 9.8[m/s^2]$를 대입하면

    ∴ $R = 0.015PD^2$

41
소화설비의 배관 유속을 3 [m/s] 이하로 제한할 경우, 적합한 배관 관경 산정식은 $d = 84.13\sqrt{Q}$로 성립된다. 이 식을 유도하시오. (단, d : 배관구경[mm], Q : 유량 [m³/min]) [술 103회]

풀이

1. 연속 방정식

$$Q = Av = \frac{\pi d^2}{4}v$$

$$d = \sqrt{\frac{4Q}{\pi v}} \quad \cdots\cdots \text{①식}$$

2. 단위 변환

   1) 변환 전 단위

      $v : [m/s]$

      $Q : [m^3/s]$

      $d : [m]$

   2) 변환 후 단위

      $v : [m/s]$

      $Q : [m^3/\min]$

      $d : [mm]$

3. 관계식 계산

   1) $v : [m/s]$ → 단위 변환 없음

   2) $Q : [m^3/\min] = 1\left[\dfrac{m^3}{\min}\right] \times \dfrac{1[\min]}{60[s]} = \dfrac{1}{60}[m^3/s]$

   3) $d : [mm] = 1[mm] \times \dfrac{1[m]}{1000[mm]} = \dfrac{1}{1000}[m]$

4. ①식에 대입

$$\frac{1}{1000}d = \sqrt{\frac{4}{\pi v} \times \frac{1}{60}Q}$$

여기에, 유속 3 $[m/s]$를 대입하면

$$\frac{1}{1000}d = \sqrt{\frac{4}{3.14 \times 3\,[m/s]} \times \frac{1}{60}Q}$$

$$d = 84.1257\sqrt{Q}$$

$$\therefore d = 84.13\sqrt{Q}$$

보충

1. 수계설비에서의 유속

구분		유속
옥내소화전설비(토출 측 주배관)		4 [m/s] 이하
스프링클러설비	가지배관	6 [m/s] 이하
	기타배관	10 [m/s] 이하

42. 아래 그림을 보고 배관A 및 배관B 부분의 유량과 유속을 각각 구하시오. (단, 손실은 Darcy Weisbach식을 이용하며 마찰손실계수는 0.0026으로 한다)

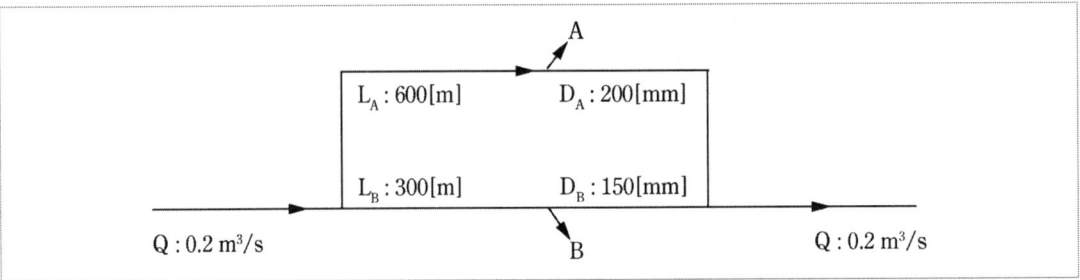

풀이

1. 유량

$$Q = Q_A + Q_B = 0.2 [m^3/s]$$

2. 달시 바이스바하 식

$$f \cdot \frac{L_A}{d_A} \cdot \frac{V_A^2}{2g} = f \cdot \frac{L_B}{d_B} \cdot \frac{V_B^2}{2g}$$

$$V_A^2 = \frac{L_B \times d_A}{L_A \times d_B} \times V_B^2$$

$$V_A = \sqrt{\frac{300 \times 200}{600 \times 150}} \times V_B = 0.8164 V_B$$

3. 유속 계산

$$Q = Q_A + Q_B = A_A V_A + A_B V_B$$

$$0.2 = \frac{\pi}{4} \times 0.2^2 \times 0.8164 \times V_B + \frac{\pi}{4} \times 0.15^2 \times V_B$$

$$0.2 = 0.0256 V_B + 0.0176 V_B$$

$$0.2 = 0.0432 V_B$$

$$V_B = 4.63 [m/s]$$

$$V_A = 0.8164 \times 4.63 = 3.78 [m/s]$$

4. 유량 계산

$$Q_A = \frac{\pi}{4} \times 0.2^2 \times 3.78 = 0.12 [m^3/s]$$

$$Q_B = Q - Q_A = 0.2 - 0.12 = 0.08 [m^3/s]$$

43 어느 특정소방대상물에 옥외소화전을 설치하려고 한다. 다음 물음에 답하시오.

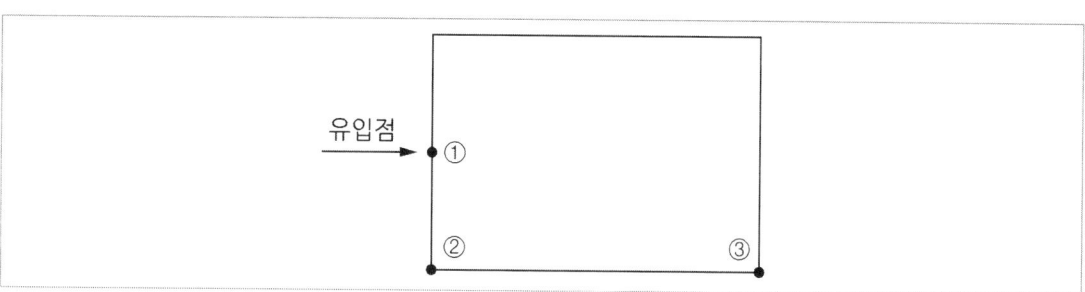

조건

(1) ①~②번 구간의 배관길이는 100 [m], 배관 관경은 120 [mm], 유량은 700 [L/min]
(2) ②~③번 구간의 배관길이는 200 [m], 배관 관경은 85 [mm], 유량은 350 [L/min]
(3) 호스 및 관 부속품에 의한 마찰손실은 무시, 수원은 유입점 ①보다 1 [m] 아래에 있다.
(4) $\Delta P = 6.053 \times 10^4 \times \dfrac{Q^{1.85}}{C^{1.85} \times D^{4.87}} \times L$

(1) ①~②번 구간 배관의 마찰손실수두[m]을 구하시오. (조도는 120)
(2) ②~③번 구간 배관의 마찰손실수두[m]을 구하시오. (조도는 120)
(3) 방수량이 350 [ℓ/min]이고 방수압력이 0.25 [MPa]인 옥외소화전설비가 있다. 이때 방수량이 500 [ℓ/min]로 변경되었을 때 방수압력[kPa]을 구하시오.

풀이

1. ①~②번 구간 배관의 마찰손실수두[m]

$\Delta P = 6.053 \times 10^4 \times \dfrac{700^{1.85}}{120^{1.85} \times 120^{4.87}} \times 100 = 0.01183 [MPa]$

압력을 양정으로 변환하면

$\dfrac{0.01183}{0.101325} \times 10.332 = 1.21 [m]$

∴ 1.21 [m]

2. ②~③번 구간 배관의 마찰손실수두[m]

$$\triangle P = 6.053 \times 10^4 \times \frac{350^{1.85}}{120^{1.85} \times 85^{4.87}} \times 200 = 0.03522 [MPa]$$

압력을 양정으로 변환하면

$$\frac{0.03522}{0.101325} \times 10.332 = 3.59 [m]$$

∴ 3.59[m]

3. 방수량이 500[ℓ/min]로 변경되었을 때 방수압력[kPa]

$$350 \ell/min : \sqrt{10 \times 0.25} = 500 \ell/min : \sqrt{10P}$$

$$P = \left(\frac{500}{350}\right)^2 \times 0.25 = 0.51020 [MPa] = 510.2 [kPa]$$

∴ 510.2[kPa]

44 소화배관을 통과하는 유량을 측정하는 방법은 여러 가지가 있으나 일반적으로 사용하는 유량산출식은 $Q = \dfrac{A_2}{\sqrt{1-\left(\dfrac{A_2}{A_1}\right)^2}} \sqrt{2g\dfrac{\gamma_1-\gamma_2}{\gamma_2}R}$ 식을 많이 활용하고 있다. 이 유량산출식을 다음의 조건을 적용하여 유도하시오. (단, 베르누이 방정식을 활용, 마노미터의 압력차 $\triangle P = P_1 - P_2 = (\gamma_1 - \gamma_2)R$ 이고, 기타 조건은 무시한다) [술 81회]

풀 이

1. 베르누이 정리

$$\dfrac{V_1^2}{2g} + \dfrac{P_1}{\gamma} + Z_1 = \dfrac{V_2^2}{2g} + \dfrac{P_2}{\gamma} + Z_2$$

2. $Z_1 = Z_2$ 이므로

$$\dfrac{V_2^2}{2g} - \dfrac{V_1^2}{2g} = \dfrac{P_1}{\gamma_2} - \dfrac{P_2}{\gamma_2}$$
$$V_2^2 - V_1^2 = 2g\dfrac{P_1 - P_2}{\gamma_2} \quad \cdots\cdots\cdots\cdots\text{①식}$$

3. 연속의 방정식

$$A_1 V_1 = A_2 V_2$$
$$V_1 = \left(\dfrac{A_2}{A_1}\right) V_2 \quad \cdots\cdots\cdots\cdots\text{②식}$$

4. ①식에 ②식을 대입하면

$$V_2^2 - \left(\dfrac{A_2}{A_1}\right)^2 V_2^2 = \left[1 - \left(\dfrac{A_2}{A_1}\right)^2\right] V_2^2 = 2g\dfrac{P_1 - P_2}{\gamma_2}$$

$$V_2^2 = \dfrac{1}{1 - \left(\dfrac{A_2}{A_1}\right)^2} \, 2g \, \dfrac{P_1 - P_2}{\gamma_2}$$

여기서, $P_1 - P_2 = (\gamma_1 - \gamma_2)R$ 이므로

$$V_2^2 = \dfrac{1}{1 - \left(\dfrac{A_2}{A_1}\right)^2} \, 2g \, \dfrac{\gamma_1 - \gamma_2}{\gamma_2} R$$

5. 양변에 제곱근하면

$$V_2 = \frac{1}{\sqrt{1-\left(\frac{A_2}{A_1}\right)^2}} \sqrt{2g\frac{\gamma_1-\gamma_2}{\gamma_2}R}$$

$$\therefore Q = \frac{A_2}{\sqrt{1-\left(\frac{A_2}{A_1}\right)^2}} \sqrt{2g\frac{\gamma_1-\gamma_2}{\gamma_2}R}$$

보충

구분	관련 식
단면적으로 표현한 식	$Q = \dfrac{A_2}{\sqrt{1-\left(\frac{A_2}{A_1}\right)^2}} \sqrt{2g\dfrac{\gamma_1-\gamma_2}{\gamma_2}R}$
직경으로 표현한 식	$Q = \dfrac{A_2}{\sqrt{1-\left(\frac{D_2}{D_1}\right)^4}} \sqrt{2g\dfrac{\gamma_1-\gamma_2}{\gamma_2}R}$

45. 마노미터의 압력차가 20 [mmHg]일 경우 가압송수장치의 토출량을 구하면 몇 [Lpm]인지 계산하시오.

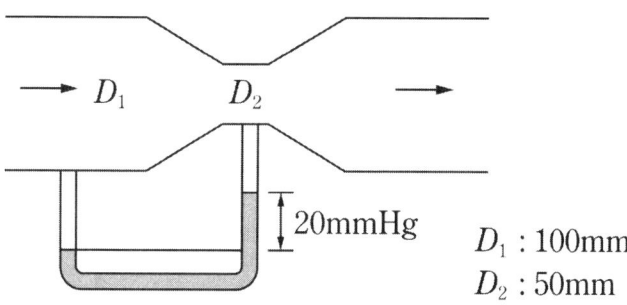

D_1 : 100mm
D_2 : 50mm

[풀 이]

1. 공식 유도

1) 베르누이 정리

$$\frac{V_1^2}{2g} + \frac{P_1}{\gamma} + Z_1 = \frac{V_2^2}{2g} + \frac{P_2}{\gamma} + Z_2$$

2) $Z_1 = Z_2$ 이므로

$$\frac{V_2^2}{2g} - \frac{V_1^2}{2g} = \frac{P_1}{\gamma_2} - \frac{P_2}{\gamma_2}$$

$$V_2^2 - V_1^2 = 2g \frac{P_1 - P_2}{\gamma_2} \quad \cdots\cdots\cdots ①식$$

3) 연속의 방정식

$$A_1 V_1 = A_2 V_2$$

$$V_1 = \left(\frac{A_2}{A_1}\right) V_2 \quad \cdots\cdots\cdots ②식$$

4) ①식에 ②식을 대입하면

$$V_2^2 - \left(\frac{A_2}{A_1}\right)^2 V_2^2 = \left[1 - \left(\frac{A_2}{A_1}\right)^2\right] V_2^2 = 2g \frac{P_1 - P_2}{\gamma_2}$$

$$V_2^2 = \frac{1}{1 - \left(\frac{A_2}{A_1}\right)^2} \, 2g \frac{P_1 - P_2}{\gamma_2}$$

여기서, $P_1 - P_2 = (\gamma_1 - \gamma_2)R$ 이므로

$$V_2{}^2 = \frac{1}{1-\left(\frac{A_2}{A_1}\right)^2}\ 2g\ \frac{\gamma_1-\gamma_2}{\gamma_2}R$$

5) 양변에 제곱근하면

$$V_2 = \frac{1}{\sqrt{1-\left(\frac{A_2}{A_1}\right)^2}}\sqrt{2g\ \frac{\gamma_1-\gamma_2}{\gamma_2}R}$$

$$\therefore Q = \frac{A_2}{\sqrt{1-\left(\frac{A_2}{A_1}\right)^2}}\sqrt{2g\ \frac{\gamma_1-\gamma_2}{\gamma_2}R}$$

2. 계산

1) 유량 $Q = \dfrac{A_2}{\sqrt{1-\left(\dfrac{A_2}{A_1}\right)^2}}\sqrt{2g\ \dfrac{r_1-r_2}{r_2}R}$

2) 계산 $Q = \dfrac{\frac{\pi}{4}\times 0.05^2}{\sqrt{1-\left(\dfrac{0.05}{0.1}\right)^4}}\sqrt{2\times 9.8\times \dfrac{13.6-1}{1}\times 0.02}$

$= 0.0045\,[m^3/\text{sec}] = 270\,[\text{Lpm}]$

46 다음 물음에 답하시오. [관 20회]

1) 벤츄리관(Venturi Tube)에서 베르누이 정리와 연속 방정식 등을 이용하여 유량 구하는 공식을 유도하시오.

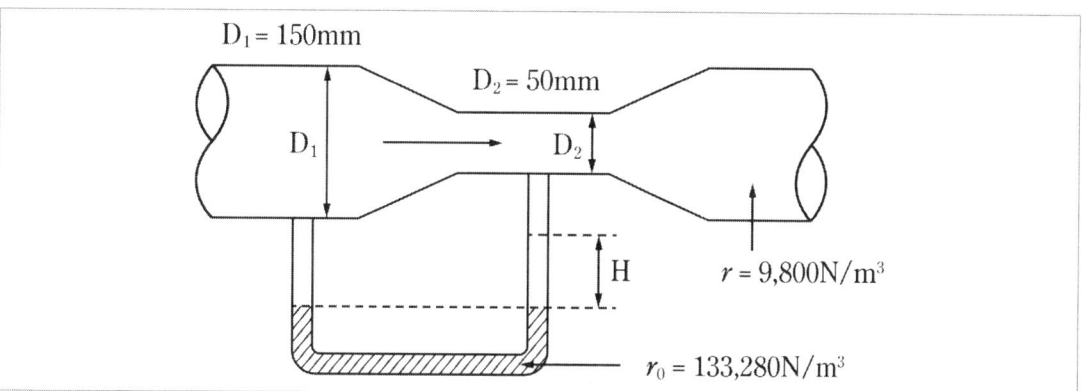

2) 위 그림과 같은 벤츄리관(Venturi Tube)에서 액주계의 높이차가 200 [mm]일 때 관을 통과하는 물의 유량(m³/s)을 구하시오.(단, 중력가속도 = 9.8 m/s², π = 3.14, 기타 조건은 무시하며, 소수점 여섯 자리에서 반올림하여 다섯자리까지 구하시오.)

풀이

1. 벤츄리관 유량 구하는 공식 유도

   1) 베르누이 정리

   $$\frac{P_1}{\gamma_2} + \frac{v_1^2}{2g} + z_1 = \frac{P_2}{\gamma_2} + \frac{v_2^2}{2g} + z_2 \quad (z_1 = z_2)$$

   P_1, P_2 : 압력[Pa = N/m²]
   v_1, v_2 : 유속[m/s]
   z_1, z_2 : 위치수두[m]
   g : 중력가속도[9.8m/s²]
   γ : 비중량[N/m³]

   $$\frac{v_2^2 - v_1^2}{2g} = \frac{P_1 - P_2}{\gamma_2} \quad \cdots\cdots ①$$

   2) 연속 방정식 $A_1 v_1 = A_2 v_2 \Rightarrow v_1 = \frac{A_2}{A_1} v_2 \quad \cdots\cdots ②$

3) ②식을 ①식에 대입하면, $\dfrac{v_2^2}{2g}\left[1-\left(\dfrac{A_2}{A_1}\right)^2\right]=\dfrac{P_1-P_2}{\gamma_2}$

$\therefore v_2=\dfrac{1}{\sqrt{1-(\dfrac{A_2}{A_1})^2}}\sqrt{\dfrac{2g(P_1-P_2)}{\gamma_2}}$

4) 유량 계산식 $Q=A_2\,v_2=\dfrac{A_2}{\sqrt{1-\left(\dfrac{A_2}{A_1}\right)^2}}\sqrt{\dfrac{2g(P_1-P_2)}{\gamma_2}}$ ······ ③

5) 유량은 문제의 조건에서 $\triangle P=P_1-P_2=(\gamma_1-\gamma_2)H$ 이므로,

$Q=\dfrac{A_2}{\sqrt{1-\left(\dfrac{A_2}{A_1}\right)^2}}\sqrt{2g\dfrac{\gamma_1-\gamma_2}{\gamma_2}H}$

2. 액주계의 높이차가 200 [mm]일 때 물의 유량

1) 벤츄리관의 유량공식

$$Q=\dfrac{A_2}{\sqrt{1-\left(\dfrac{D_2}{D_1}\right)^4}}\times\sqrt{2g\left(\dfrac{\gamma_1-\gamma_2}{\gamma_2}\right)H}$$

2) 유량[m³/s]의 계산

$=\dfrac{\dfrac{(3.14\times 0.05^2)}{4}}{\sqrt{1-\left(\dfrac{0.05}{0.15}\right)^4}}\times\sqrt{2\times 9.8\times 0.2\times\left(\dfrac{133,280-9,800}{9,800}\right)}=0.013878$

$\therefore 0.01388\ [\text{m}^3/\text{s}]$

47

직육면체 구조의 옥상수조 가압방식의 옥내소화전 설비에서 수조의 바닥면적(저수면적) 50 [m²], 저수면 높이 6 [m]의 수조 바닥에 연결된 배관으로부터 수직으로 30 [m] 하부에 위치한 내경 40 [mm]의 옥내소화전 방수구를 통해 소화수를 대기 중에 개방할 때 다음 사항을 산출하시오. [술 93회]

1) 방수구에서 분출시의 최대 순간 유속[m/s]
2) 소화수를 수조바닥까지 비우는 데 걸리는 시간(0시간 0분까지 계산할 것) (단, 소화수조에 대한 추가급수는 없으며 전 배관계통의 마찰손실은 무시한다)

조건

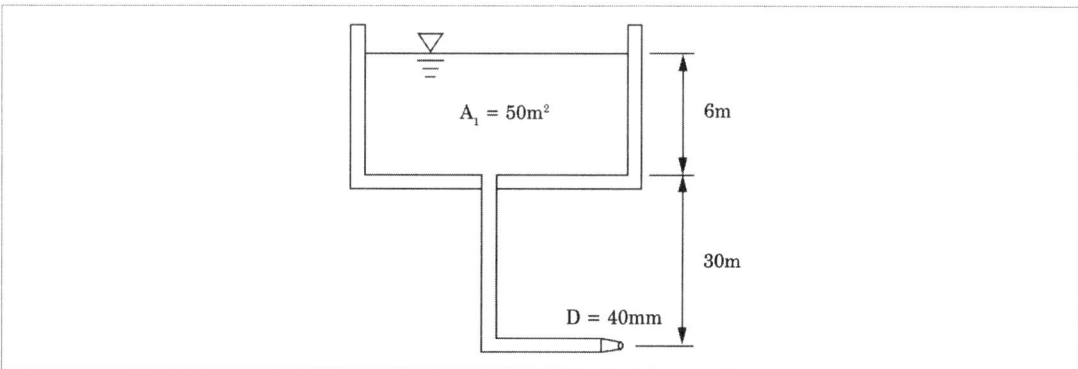

풀이

1. 방수구에서 분출 시의 최대 순간 유속

   토리첼리의 정리

   $V = \sqrt{2gh}\ [m/s]$

   분출을 시작하는 순간에 수두는 $36m(30m + 6m)$이므로

   $V = \sqrt{2gh} = \sqrt{2 \times 9.8 \times 36} = 26.56\ [m/s]$

2. 소화수를 비우는 데 걸리는 시간

   1) 계산 1

      연속 방정식을 이용하면

      액면강하에 따른 체적변화 = 방출구 방사량($A_1 V_1 = A_2 V_2$)

$$A_1 = 50\,[m^2],\ \ A_2 = \frac{\pi \times 0.04^2}{4}\,[m^2]$$

$$A_1 V_1 = A_2 V_2$$

$$A_1 \frac{dh}{dt} = A_2 \sqrt{2gh}$$

$$dt = \frac{A_1}{A_2\sqrt{2g}} \times \frac{dh}{\sqrt{h}} = \frac{A_1}{A_2\sqrt{2g}} h^{-\frac{1}{2}} dh$$

$$t = \frac{A_1}{A_2\sqrt{2g}} \int_{30}^{36} h^{-\frac{1}{2}} dh = \frac{A_1}{A_2\sqrt{2g}} \left[2\sqrt{h}\right]_{30}^{36}$$

$$= \frac{50}{\frac{\pi \times 0.04^2}{4} \times \sqrt{2 \times 9.8}} \times 2\left[\sqrt{36} - \sqrt{30}\right]$$

$$\fallingdotseq 9,396.72 = 2시간\ 36.6분$$

2) 계산 2[NFPA 계산식]

$$t = \frac{2A_1\left(\sqrt{H_1} - \sqrt{H_2}\right)}{C_d A_2 \sqrt{2g}} = \frac{2 \times 50\left(\sqrt{36} - \sqrt{30}\right)}{\frac{\pi}{4} \times 0.04^2 \sqrt{2 \times 9.8}} \fallingdotseq 9,396.72 = 2시간\ 36.6분$$

48. 직육면체에서의 물탱크에서 밸브를 즉각 완전 개방하였을 때 최저 유효수면까지 물이 배수되는 소요시간을 구하시오. (단, 밸브 및 배수관의 마찰손실은 무시한다) [술 32회]

조건

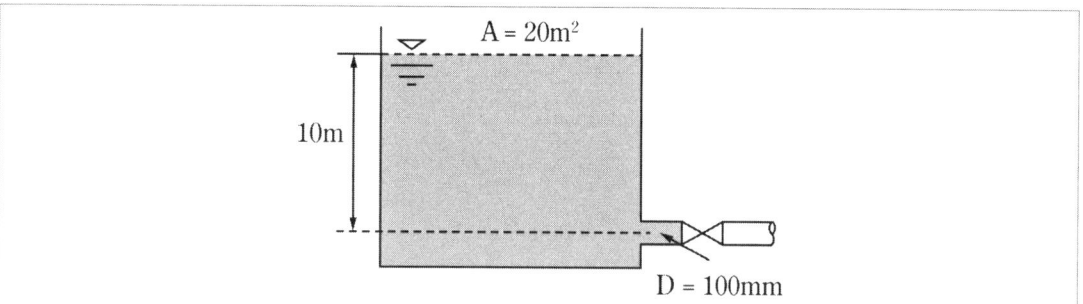

풀이

1. 계산 1

   1) $A_1 = 20 [m^2]$, $A_2 = \dfrac{\pi \times 0.1^2}{4} [m^2]$

   2) 연속 방정식을 이용하면

      액면강하에 따른 체적변화 = 방출구 방사량 ($A_1 V_1 = A_2 V_2$)

   3) 계산

      $A_1 V_1 = A_2 V_2$

      $A_1 \dfrac{dh}{dt} = A_2 \sqrt{2gh}$

      $dt = \dfrac{A_1}{A_2 \sqrt{2g}} \times \dfrac{dh}{\sqrt{h}} = \dfrac{A_1}{A_2 \sqrt{2g}} \times h^{-\frac{1}{2}} dh$

      $t = \dfrac{A_1}{A_2 \sqrt{2g}} \int_0^{10} h^{-\frac{1}{2}} dh = \dfrac{A_1}{A_2 \sqrt{2g}} [2\sqrt{h}]_0^{10}$

      $t = \dfrac{20}{\dfrac{\pi \times 0.1^2}{4} \times \sqrt{2 \times 9.8}} \times 2\sqrt{10} ≒ 3,638 [sec]$

2. 계산 2(NFPA 공식)

$$t = \frac{2A_1(\sqrt{H_1} - \sqrt{H_2})}{C_d A_2 \sqrt{2g}}$$

H_1 : 수조의 액표면적에서 방출구까지의 위치수두[m]

H_2 : H_1에서 수조의 높이를 제외(수조 상부에서 수조 바닥까지 비우는 조건)한 위치수두[m]

A_1 : 수조의 액표면적[m²]

A_2 : 방출구의 단면적[m²]

$$t = \frac{2A_1(\sqrt{H_1} - \sqrt{H_2})}{C_d A_2 \sqrt{2g}} = \frac{2 \times 20(\sqrt{10} - \sqrt{0})}{\frac{\pi}{4} \times 0.1^2 \sqrt{2 \times 9.8}} \fallingdotseq 3.638 \, [\text{sec}]$$

49 그림과 같은 물 소화설비에서 최소 양정 40 [m]의 성능으로 펌프가 운전 중 노즐 방수압이 0.15 [MPa]이었다. 그러나 이 노즐에 필요한 방수압이 0.25 [MPa]라고 가정하면 이때 펌프가 필요로 하는 양정은 얼마인지 구하시오. (단, 급수배관 압력손실은 하젠 윌리엄스 공식을 사용하고 K-Factor는 100이다) [술 47회]

풀이

1. 적용 관계식

1) $Q = K\sqrt{10P}$, $\triangle P \propto Q^{1.85}$

2) 압력을 알면, 유량을 알고, 유량을 알면 마찰손실($\triangle P$)을 알 수 있다.

2. 방수압 0.15 [MPa]인 경우

1) 방수량

$Q_1 = K\sqrt{10P_1} = 100\sqrt{10 \times 0.15} = 122.5$ [Lpm]

2) 마찰손실 $\triangle P_1$

P [MPa] = 낙차 + 마찰손실 + 방사압

0.4 [MPa] = 0 + $\triangle P_1$ + 0.15

$\triangle P_1$ = 0.25 [MPa]

3. 방사압 0.25 [MPa]인 경우 유량

1) 방수량

$Q_2 = K\sqrt{10P_2} = 100\sqrt{10 \times 0.25} = 158.1$ [Lpm]

2) 마찰손실 $\triangle P_2$

$\triangle P \propto Q^{1.85}$에 비례하므로

$\triangle P_1 : Q_1^{1.85} = \triangle P_2 : Q_2^{1.85}$

$0.25 : 122.5^{1.85} = \triangle P_2 : 158.1^{1.85}$

$\triangle P_2$ = 0.4 [MPa]

4. 펌프가 제공할 양정

펌프양정 = 낙차 + 마찰손실 + 방사압
= 0 + 0.4 + 0.25 = 0.65 [MPa]   ∴ 65 [m]

50

아래 그림과 같이 기존 건물을 증축하여, 증축부분에 옥내소화전 5개를 설치하려고 한다. 소화펌프의 신설 없이 기존 소화펌프로 사용이 가능한지 여부를 검토하시오. 소화펌프로부터 "A"까지의 배관의 길이 및 크기는 설계도면의 분실로 알 수 없으며, 실측이 불가능한 실정이므로 다음의 조건을 참조하시오. [술 58회]

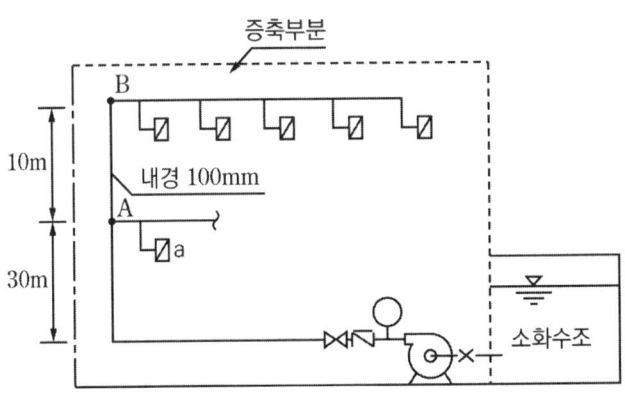

조건

(1) "B"점에서 필요한 압력과 유량은 2.6 [kg/cm²], 700 [Lpm]
(2) "A"점과 옥내소화전 노즐 "a" 사이의 마찰손실은 1.5 [kg/cm²]
(3) 옥내소화전 노즐 "a"의 방사시험결과 압력은 5 [kg/cm²]이고, 이때 소화펌프 토출 측 압력계는 11.0 [kg/cm²]를 지시하였다(노즐의 말단직경은 13 mm이다)
(4) 소화펌프의 흡입양정은 0으로 가정
(5) 배관의 H&W "C"값은 120으로 한다.
(6) 소화펌프의 정격유량 및 정격토출압력은 2,000 [Lpm], 1 [kg/cm²]이고, 체절압력은 12 [kg/cm²]이다.

풀이

1. 증축 전

1) A위치에서의 압력

   P_A = 노즐방사압 + 배관 마찰손실

   = 5 + 1.5 = 6.5 [kg/cm²]

2) 펌프에서 A위치까지의 마찰손실

   $\triangle P_A$ = 펌프토출압력 − 배관의 수직높이(낙차) 환산수두 − A위치에서의 압력

   = 11 − 3 − 6.5 = 1.5 [kg/cm²]

3) 유량계산

옥내소화전 방사량 $Q = 0.653D^2\sqrt{P}$ 이므로

$Q = 0.653 \times 13^2 \times \sqrt{5} ≒ 246.77\,[lpm]$

2. 증축 후

1) A위치에서의 손실압력

하젠-윌리암스 식으로부터 $\triangle P \propto Q^{1.85}$ 이므로

$\triangle P_A : 246.77^{1.85} = \triangle P_A' : 700^{1.85}$

$1.5 : 246.77^{1.85} = \triangle P_A' : 700^{1.85}$

$\therefore \triangle P_A' = 10.3\,[kg/cm^2]$

2) A-B 간 배관의 마찰손실

$\triangle P_{AB} = 6.174 \times 10^5 \times \dfrac{Q^{1.85}}{C^{1.85} \times D^{4.87}} \times L$

$= 6.174 \times 10^5 \times \dfrac{700^{1.85}}{120^{1.85} \times 100^{4.87}} \times 10 = 0.03\,[kg/cm^2]$

3) 증축 후 소화펌프의 토출압력

$P = P_B + H_B + \triangle P_A' + \triangle P_{AB}$

$= 2.6 + 4 + 10.3 + 0.03$

$= 16.93\,[kg/cm^2]$

여기서, P_B : B점의 필요압력

H_B : B위치까지의 높이(낙차) 환산수두

$\triangle P_A'$: 유량이 700 [Lpm]일 때 A위치까지의 마찰손실

$\triangle P_{AB}$: A-B 간 마찰손실

3. 판단

필요압력은 $16.93\,[kg/cm^2] \gg$ 체절압력이 $12\,[kg/cm^2]$이므로 사용불가

51

최상층의 옥내소화전 방수구까지의 수직높이가 85 [m]인 24층 건축물의 1층에 설치된 소화펌프의 정격토출압력은 1.2 [MPa]이고, 옥내소화전설비의 요구압력이 0.27 [MPa]이며, 펌프의 설정압력(Setting)은 0.8 [MPa]이다. 기타 마찰손실을 무시할 경우 다음 항목에 대하여 설명하시오. [술 86회]

1) 펌프 사양(양정)의 적합성 여부
2) 펌프의 자동기동 여부

풀이

1. 펌프 양정의 적합성 여부

   1) 펌프의 양정 $H = h_1 + h_2 + h_3 + h_4$

      (1) h_1 : 실양정[m]

      (2) h_2 : 배관의 마찰손실수두[m]

      (3) h_3 : 호스의 마찰손실수두[m]

      (4) h_4 : 노즐의 방사압력 수두[m]

   2) 계산

      $H = 85 + 0 + 0 + 27 = 112$ [m]

   3) 펌프의 적합성 여부 판단

      (1) 펌프의 정격토출압력이 1.2 [MPa]이므로 수두로 환산하면 120 [m]

      (2) 소방대상물에서 요구하는 전양정은 112 [m]

      (3) 따라서 펌프는 사용 가능

2. 펌프의 자동기동 여부

   1) 펌프가 자동기동되는 설정압력이 0.8 [MPa]이므로 수두로 환산하면 80 [m]

   2) 건물 최상층에서 소화펌프까지의 자연낙차는 85 [m]

   3) 따라서 펌프에 걸리는 자연낙차가 펌프의 자동기동보다 높기 때문에 당해 펌프는 자동기동 되기가 어렵다.

52 소방펌프가 작동되어 물을 방수하고 있다. 다음 조건을 참조하여 전양정을 계산하시오.

조건

1) 압력계 지시값 : 3 [kg/cm²]
2) 연성계 지시값 : 73.5 [mmHg]
3) 연성계와 압력계 높이차 : 1.0 [m]

풀이

1. 실양정, 전양정

    1) 실양정 = Actual Head = 높이차 = 낙차 = 수직거리의 개념[mAq]
    2) 전양정 = 흡입양정 + 토출 양정
              = 낙차수두 + 배관의 마찰손실수두 + 방사압력 환산수두

2. 전양정 계산

    전양정 = 흡입양정 + 토출양정
    = 연성계 + 높이차 + 압력계
    $= 73.5\,[mmHg] + 1.0\,[m] + 3\,[kg/cm^2]$
    $= 73.5\,[mmHg] \times \dfrac{10.332\,[mAq]}{760\,[mmHg]} + 1.0\,[m] + 30\,[m]$
    $= 31.99 ≒ 32\,[m]$

53 소화펌프가 취급하는 액체는 20 [℃]의 맑은 물이고, 흡입액면에 작용하는 압력은 대기압이며, 토출액면에 작용하는 압력은 5 [kg/cm²]이다. 또한 토출액면과 흡입액면의 높이의 차가 30 [m], 정격유량이 유동할 때의 전체 관로계의 손실수두를 5 [m]라고 한다. 여기서 흡입관과 토출관에서의 유속은 같다고 하면 양정은 얼마인지 구하시오. (단, 20 ℃의 물의 비중량은 988.23 kg/m³)

풀이

1. 실양정, 전양정

  1) 실양정 = Actual Head = 높이차 = 낙차 = 수직거리의 개념[mAq]

  2) 전양정 = 흡입양정 + 토출 양정

   = 낙차수두 + 배관의 마찰손실수두 + 방사압력 환산수두

2. 전양정 계산

전양정 = 낙차수두 + 배관의 마찰손실수두 + 방사압력 환산수두

$$= (Z_2 - Z_1) + H_l + \frac{P_2 - P_1}{\gamma} + \frac{V_2^2 - V_1^2}{2g}$$

$$= 30\,[m] + 5\,[m] + \frac{5\,[kg/cm^2] - 0\,[kg/cm^2]}{988.23\,[kg/m^3]} \left[\frac{cm^2}{kg} \times \left(\frac{100\,[cm]}{1\,[m]}\right)^2\right] + 0\,[m]$$

$$= 85.5955\,[m]$$

보충

1. 압력수두를 계산할 경우 온도에 따른 비중량을 고려해야 한다.

순수한 물 4 [℃]일 때 물의 비중량은 1,000 [kg/m³]이고, 이 온도보다 다른 범위에서는 물의 비중량이 이보다 작다.

54 운전 중인 펌프의 압력을 조사하였더니 토출 측 압력계는 5.5 [kg/cm²], 흡입 측의 진공계는 100 [mmHg]이다. 압력계는 진공계보다 30 [cm] 높은 곳에 설치되어 있다. 다음 물음에 답하시오.

1) 펌프의 전양정을 계산하시오.
2) 펌프의 토출량이 260 [Lpm]일 때 수동력[kW]을 계산하시오.
3) 펌프의 기계효율이 0.7, 수력효율이 0.9, 체적효율이 0.95일 때 축동력[kW]을 계산하시오.
4) 전동기의 용량[kW]을 계산하시오.
5) 내연기관 마력[HP]을 계산하시오.

풀이

1. 펌프의 전양정 계산

   전양정 = 흡입양정 + 토출양정

   = 연성계 + 높이차 + 압력계

   $= 5.5\,[kg/cm^2] \times \dfrac{10.332\,[mH_2O]}{1.0332\,[kg/cm^2]} + 100\,[mmHg] \times \dfrac{10.332\,[mH_2O]}{760\,[mmHg]} + 0.3\,[m]$

   $= 55\,[m] + 1.36\,[m] + 0.3\,[m] = 56.66\,[m]$

2. 수동력 계산

   1) $P[kw] = 0.163\,QH$

   P : 동력[kW]
   Q : 정격토출량[m³/min]
   H : 양정[m]

   2) $P[kW] = 0.163 \times 0.26\,[m^3/\min] \times 56.66\,[m] \fallingdotseq 2.4\,[kW]$

3. 축동력 계산

   1) 전효율 η = 수력효율 × 체적효율 × 기계효율

   $= \eta_h \times \eta_v \times \eta_m = 0.9 \times 0.95 \times 0.7$

   $= 0.6$

   2) 축동력 $= \dfrac{수동력}{전효율} = \dfrac{2.4\,[kW]}{0.6} = 4\,[kW]$

4. 전동기 용량

1) 전달계수는 전동기 직결의 경우 K = 1.1 적용

2) 전동기 용량 = $\dfrac{수동력}{효율} \times$ 전달계수이므로

$$= \dfrac{2.4[kW]}{0.6} \times 1.1 = 4.4[kW]$$

5. 내연기관 마력[HP]

$1[HP] = 0.746[kW]$이므로 $4.4[kW] \div 0.746 ≒ 5.9[HP]$

55 수계 소화설비의 옥내소화전의 개폐밸브를 열었더니 유량이 136 [Lpm], 압력이 0.17 [MPa]로 방사되었다. 옥내소화전에서 유량을 200 [Lpm]으로 하려면 방수압력[MPa]을 얼마로 해야 하는지 계산하시오.

풀이

1. 적용 공식

    $Q = 0.6597 \times C \times d^2 \times \sqrt{10P[MPa]}$

    $Q = K\sqrt{10P}$

2. 방수압력 계산

    $Q_1 : \sqrt{10P_1} = Q_2 : \sqrt{10P_2}$

    $136 : \sqrt{10 \times 0.17} = 200 : \sqrt{10P_2}$

    $\sqrt{10P_2} = \dfrac{\sqrt{10 \times 0.17} \times 200}{136}$

    $P_2 = 0.17 \times \left(\dfrac{200}{136}\right)^2 = 0.368[MPa]$

56

말단헤드 방수압력이 0.1 [MPa]일 때 방수량이 80 [ℓ/min]인 폐쇄형 스프링클러설비에 관한 다음 물음에 답하시오. (다만 설치된 스프링클러헤드는 모두 개방되었다) [관 10회]

조 건

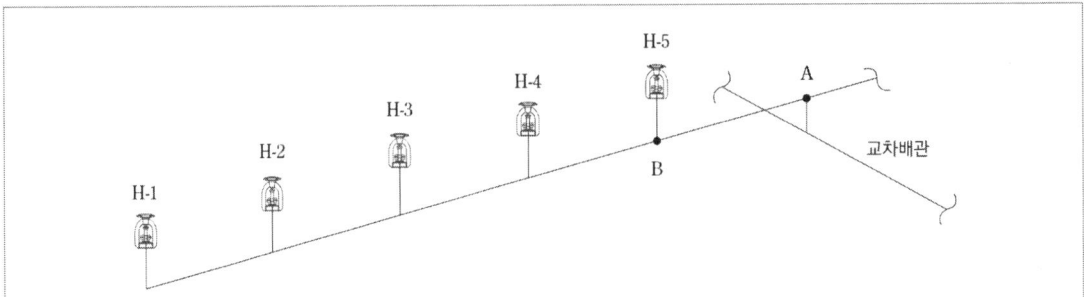

1) H-1에서 H-5까지의 각 헤드마다의 방수압력 차이는 0.02 [MPa]이다.
2) A ~ B구간의 마찰손실은 0.03 [MPa]이다.
3) H-1 헤드에서의 방수량은 80[ℓ/min]이며, 그 외 기타 조건은 무시한다.

1) A지점의 필요 최소압력[MPa]을 계산하시오.
2) 각 헤드에서의 방수량[ℓ/min]을 계산하시오.
3) B-A 구간에서의 유량[ℓ/min]을 계산하시오.
4) B-A 구간에서의 최소내경[mm]을 계산하시오.

풀 이

1. A지점의 필요 최소압력[MPa]

   P [MPa] = 0.1 + 0.02 + 0.02 + 0.02 + 0.02 + 0.03 = 0.21

   ∴ 0.21 [MPa]

2. 각 헤드에서의 방수량[ℓ/min]

   1) K-factor

   $$Q = K\sqrt{10P} \rightarrow K = \frac{Q}{\sqrt{10P}} = \frac{80}{\sqrt{10 \times 0.1}} = 80$$

2) 각 헤드에서의 방수량[Lpm]

 (1) H-1 : $Q_1 = 80\sqrt{10 \times 0.1} = 80$

 (2) H-2 : $Q_2 = 80\sqrt{10 \times 0.12} = 87.64$

 (3) H-3 : $Q_3 = 80\sqrt{10 \times 0.14} = 94.66$

 (4) H-4 : $Q_4 = 80\sqrt{10 \times 0.16} = 101.19$

 (5) H-5 : $Q_5 = 80\sqrt{10 \times 0.18} = 107.33$

3. B-A 구간에서의 유량[ℓ/min]

 Q = 80 + 87.64 + 94.66 + 101.19 + 107.33 = 470.82

 ∴ 470.82[ℓ/min]

4. B-A 구간에서의 최소내경[mm]

 1) 연속 방정식에 따른 배관경[mm]

$$Q = A \times v = \frac{\pi D^2}{4} \times v \rightarrow D = \sqrt{\frac{4Q}{\pi v}}$$

 2) 스프링클러설비 화재안전기준(수리계산 기준)

  ① 가지배관의 유속 : 6 [m/s] 이하

  ② 기타배관의 유속 : 10 [m/s] 이하

 3) 배관경[mm] = $\sqrt{\dfrac{4 \times 0.47082[m^3/60s]}{\pi \times 6[m/s]}} = 0.0408[m] = 40.8[mm]$

 ∴ 50 [mm] 선정

57 그림은 어느 배관 평면도이며 화살표의 방향으로 물이 흐르고 있다. 배관 ABCD 및 AEFD 간을 흐르는 유량을 각각 계산하시오. (단, 주어진 조건을 참조하시오)

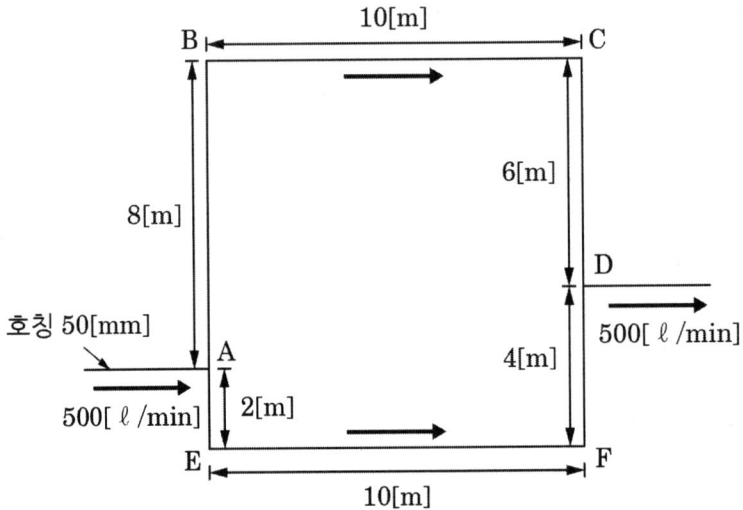

조건

① 하젠-윌리암스 공식은 다음과 같다.

$$\Delta p_m = 6.05 \times 10^4 \times \frac{Q^{1.85}}{100^{1.85} \times D^{4.87}}$$

단, ΔP_m : 배관1 [m]당 마찰손실압력[MPa]
② 배관의 안지름은 54 [mm]
③ 엘보 90°의 등가길이는 1개당 1.6 [m]으로 한다.
④ A 및 D점에 있는 티의 마찰손실은 무시한다.

풀이

1. 연속 방정식

$$Q = Q_1 + Q_2$$

$$Q_{ABCD} = Q_1, \ Q_{AEFD} = Q_2$$

$$500[\ell/\min] = Q_1 + Q_2 \cdots\cdots (1)식$$

2. 하젠 – 윌리암스 식

$\Delta P_1 = \Delta P_2$ ············ (2)식

$\Delta P_1 = 6.05 \times 10^4 \times \dfrac{Q_1^{1.85}}{100^{1.85} \times 54^{4.87}} \times (8 + 1.6 + 10 + 1.6 + 6)$

$\Delta P_2 = 6.05 \times 10^4 \times \dfrac{Q_2^{1.85}}{100^{1.85} \times 54^{4.87}} \times (2 + 1.6 + 10 + 1.6 + 4)$ ············ (2)식에 대입

$27.2 \times Q_1^{1.85} = 19.2 \times Q_2^{1.85}$

$Q_1 = 0.8283 Q_2$ ·· (1)식에 대입

$500[\ell/\min] = 0.8283 Q_2 + Q_2 = 1.8283 Q_2$

$Q_2 = 273.48 [L/\min]$

$Q_1 = 500 - 273.48 = 226.52 \ [\ell/\min]$

$\therefore \ Q_1 = 226.52 \ [\ell/\min], \ Q_2 = 273.48 \ [\ell/\min]$

58

다음 그림과 같은 배관에 물이 흐를 경우 배관 ①, ②, ③에 흐르는 각각의 유량을 계산하시오. (단, A, B 사이의 배관 ①, ②, ③의 마찰손실수두는 모두 각각 10 m로 같고, 관경 및 유량은 그림을 참고하며, Hazen Williams식을 이용한다)

풀이

1. 하젠 윌리엄스 식

$$\triangle P = 6.174 \times 10^5 \times \frac{Q^{1.85}}{C^{1.85} \times D^{4.87}} \times L$$

$\triangle P$: 관의 마찰손실 압력[kgf/cm²]
Q : 유량[Lpm], C : 배관의 조도계수
D : 배관의 내경[mm], L : 배관의 길이[m]

2. 유량 산출

(1) $\triangle P_1 = \triangle P_2 = \triangle P_3$

(2) $Q_1 + Q_2 + Q_3 = 3{,}000$ [Lpm]

3. $\triangle P_1 = 6.174 \times \dfrac{Q_1^{1.85} \times 10^5}{C^{1.85} \times 50^{4.87}} \times 30$ - ①

  $\triangle P_2 = 6.174 \times \dfrac{Q_2^{1.85} \times 10^5}{C^{1.85} \times 80^{4.87}} \times 60$ - ②

  $\triangle P_3 = 6.174 \times \dfrac{Q_3^{1.85} \times 10^5}{C^{1.85} \times 100^{4.87}} \times 90$ - ③

① = ② = ③를 이용하여 정리하면

$Q_2 = 2.369\, Q_1$ - ④

$Q_3 = 3.42\, Q_1$ - ⑤

4. 유량을 구하면

$Q_1 + Q_2 + Q_3 = Q_1 + 2.369\, Q_1 + 3.42\, Q_1 = 3{,}000$

∴ $Q_1 = 442\,[\ell/\min]$, $Q_2 = 1047\,[\ell/\min]$, $Q_3 = 1{,}511\,[\ell/\min]$

59. 다음 배관 그림에서 A지점과 B지점의 통과 유속 및 유량을 산정하시오.

조건

200mm | A B | 100mm

가. A지점 B지점의 압력차 : 500mmAq, 마찰손실 100mmAq
나. A지점 직경 200mm, B지점 직경 100mm, 기타 손실 무시

풀이

1. 적용 공식

1) 베르누이 정리

$$\frac{P_1}{\gamma} + \frac{v_1^2}{2g} + z_1 = \frac{P_2}{\gamma} + \frac{v_2^2}{2g} + z_2 + h_L$$

P : 배관에 작용하는 유체의 압력[N/m²]
v : 단면을 통과하는 유체의 속도[m/s]
z : 기준위치에서 배관단면 중심까지의 거리[m]
γ : 비중량[kgf/m³]
g : 중력가속도[m/s²]
h_L : 마찰손실수두[m]

2) 연속 방정식

$$Q = A_1 v_1 = A_2 v_2$$

Q : 단면을 통과하는 체적유량[m³/s]
A_1, A_2 : 배관의 단면[m²]
v_1, v_2 : 단면에서의 유속[m/s]

2. 통과한 유속

1) 가정 : $z_1 = z_2$

$$\frac{P_1 - P_2}{\gamma} = \frac{v_2^2 - v_1^2}{2g} + h_L \quad \text{- ①식}$$

2) $v_2 = \frac{A_1}{A_2} v_1 \quad \text{- ②식}$

3) ②식을 ①식에 대입

$$\frac{P_1 - P_2}{\gamma} = \frac{\left[(\frac{A_1}{A_2})^2 - 1\right]v_1^2}{2g} + h_L$$

$$500[mmAq] = \frac{\left[(\frac{D_1}{D_2})^4 - 1\right]v_1^2}{2g} + 100[mmAq]$$

4) $v_1 = \sqrt{\dfrac{0.4 \times 2 \times 9.8}{(\dfrac{200}{100})^4 - 1}} = 0.72[m/s]$

5) $v_2 = \dfrac{A_1}{A_2}v_1 = (\dfrac{D_1}{D_2})^2 v_1 = 2^2 \times 0.72 = 2.88[m/s]$

3. 통과한 유량

$Q = A_1 v_1 = A_2 v_2$

$= \dfrac{\pi}{4} \times 0.2^2 \times 0.72 = 0.023[m^3/s] = 1,380[Lpm]$

60

기준층 바닥면적이 5,000 [m²]인 지상 4층 건물에서 상수도 소화전 대신 소화수조를 설치하고자 한다. 이 경우 소화수조의 저수량 [m³]과 흡수관투입구의 최소 설치개수를 구하시오.

풀이

1. 화재안전기준

    소화수조 또는 저수조의 저수량은 소방대상물의 연면적을 기준면적으로 나누어 얻은 수(소수점 이하는 절상)에 20 [m³]을 곱한 양 이상이 되도록 산정

소방대상물의 구분	기준면적
1. 1층 및 2층의 바닥면적 합계가 15,000 [m²] 이상인 소방대상물	7,500 [m²]
2. 제1호에 해당되지 않는 그 밖의 소방대상물	12,500 [m²]

2. 소화수조의 저수량 계산[m³]

    1) 1층 및 2층의 바닥면적 합계 : 5,000 + 5,000 = 10,000 [m²]
        따라서 기준면적은 12,500 [m²]를 적용해야 함
    2) 연면적 : 5,000 [m²] × 4층 = 20,000 [m²]
    3) $\dfrac{연면적}{기준면적} = \dfrac{20,000}{12,500} = 1.6$ ∴ 2
    4) 저수량 : 2 × 20 [m³] = 40 [m³]

3. 흡수관 투입구의 최소 설치개수

    1) 소요수량이 80 [m³] 미만일 경우 1개 이상, 80 [m³] 이상인 것은 2개 이상 설치
    2) 소화수조의 소요수량이 80 [m³] 미만이므로 흡수관 투입구의 최소 설치개수는 1개

61	정격토출압력 6 [kg/cm²], 정격토출량 0.05 [m³/sec]인 소화펌프의 성능을 측정하기 위한 성능시험배관의 구경을 산정하시오. 일반 배관경 산출공식 : $Q[Lpm] = K \cdot d^2 \sqrt{P}$ (단, $K = 0.6$이고, P의 단위는 kgf/cm²) [술 82회]

풀이

1. 소화펌프의 성능조건

   1) 체절운전 : 체절운전 시 정격토출압력의 140 [%]를 초과하지 않을 것
   2) 정격운전 : 소화펌프는 정격토출량으로 운전 시, 정격토출압력 이상일 것
   3) 최대운전 : 소화펌프는 정격토출량의 150 [%]로 운전 시, 정격토출압력의 65 [%] 이상일 것

2. 성능시험배관의 구경계산

   1) 성능조건

   $Q[Lpm] = K \cdot d^2 \sqrt{P}$ 에서

   $Q \rightarrow 1.5Q$ 및 $P \rightarrow 0.65P$를 적용

   2) 배관경 계산

   $1.5 \times (0.05 \times 1,000 \times 60) = 0.6 \times d^2 \sqrt{(0.65 \times 6)}$

   $\therefore d = 61.62 [mm]$

3. 배관경 선정

   호칭구경 $65[mm]$ 배관 선정

62. 옥내소화전설비의 방수량을 구하는 공식 Q = 0.653 d² $\sqrt{P}$ 임을 유도하시오. (단, Q : 노즐방사량[Lpm], d : 노즐내경[mm], P : 노즐방사압[kg/cm²])

풀이

1. 적용 공식

   1) 연속 방정식

   $$Q = Av$$

   Q : 유량[m³/s]
   A : 배관의 단면적[m²]
   v : 유속[m/s]

   2) 동압(소화전 호스에서 노즐을 통해 방사 시 적용)

   $$P = \frac{v^2}{20g}$$

   P : 동압
   v : 유속[m/s]
   g : 중력가속도[m/s²]

   3) 단면적

   $$A = \frac{\pi D^2}{4}$$

   A : 배관의 단면적[m²]
   D : 배관의 직경[m]

2. 유도

   1) 동압(소화전 호스에서 노즐을 통해 방사 시 동압 적용)

   $$P = \frac{v^2}{20g}$$
   $$v = \sqrt{20g \cdot P} = 14\sqrt{P} \quad \cdots\cdots ①$$

   2) 면적 A

   $$A = \frac{\pi D^2}{4} \quad \cdots\cdots ②$$

   3) ①, ②를 $Q = Av$에 대입하면

   $$Q = \frac{\pi D^2}{4} \times 14\sqrt{P} = 3.5\pi D^2 \sqrt{P} \quad \cdots\cdots ③$$

4) 단위변환

　(1) Q [m³/s] → q[Lpm]

　　1 [m³/s] = 1000 × 60[Lpm]

　　Q × 1000 × 60 = q

　　$Q = \dfrac{q}{1000 \times 60}$ ·· ④

　(2) D [m] → d [mm]

　　1 [m] = 1000 [mm]

　　D × 1000 = d

　　$D = \dfrac{d}{1000}$ ·· ⑤

　(3) ④, ⑤를 ③식에 대입하면

　　$\dfrac{q}{1000 \times 60} = 3.5\pi \times (\dfrac{d}{1000})^2 \sqrt{P}$

　　$q\,[Lpm] = 0.6597 \times d^2 \times \sqrt{P}$ ·· ⑥

　　오리피스 구조 및 재질에 따라 방출량에 차이가 발생하므로 유량계수 C를 도입

　　$q\,[Lpm] = 0.6597 \times C \times d^2 \times \sqrt{P} = K\sqrt{P}$

　(4) 옥내소화전 노즐에서 봉상주수의 경우 C값은 0.99를 적용하므로 이를 ⑥에 대입하면

　　$q\,[Lpm] ≒ 0.653 \times d^2 \times \sqrt{P} = K\sqrt{P}$

　(5) 옥내소화전의 경우 d = 13 [mm], 옥외소화전의 경우 d = 19 [mm]

63 배관비에서 상류 지점인 A지점의 배관을 조사해 보니 지름 100 [mm], 압력 0.45 [MPa], 평균 유속 1 [m/s]이었다. 또 하류의 B지점을 조사해 보니 지름 50 [mm], 압력 0.4 [MPa] 이었다면 두 지점 사이의 손실수두를 구하시오. (단, $(Z_1 - Z_2) = \triangle Z$는 0.6 가정)

풀이

1. 수정 베르누이 방정식

$$\frac{V_1^2}{2g} + \frac{P_1}{\gamma} + Z_1 = \frac{V_2^2}{2g} + \frac{P_2}{\gamma} + Z_2 + H_L$$

V_1, V_2 : 속도[m/s]
P_1, P_2 : 압력[N/m²]
γ : 비중량[N/m³]
Z_1, Z_2 : 위치수두[m]
H_L : 배관의 마찰손실수두[m]

2. 배관의 수정 베르누이 방정식

$(Z_1 - Z_2) = \triangle Z$는 0.6 가정

$$\frac{V_1^2}{2g} + \frac{P_1}{\gamma} + Z_1 = \frac{V_2^2}{2g} + \frac{P_2}{\gamma} + Z_2 + H_L$$

$$H_L = \frac{(V_1^2 - V_2^2)}{2g} + \frac{(P_1 - P_2)}{\gamma} + (Z_1 - Z_2)$$

1) V_2 계산

$$Q = A_1 \times V_1 = A_2 \times V_2$$

$$V_2 = \frac{D_1^2}{D_2^2} \times V_1 = \frac{0.1^2}{0.05^2} \times 1 = 4$$

2) H_L 계산

$$H_L = \frac{(1^2 - 4^2)}{19.6} + \frac{(450 - 400)}{9.8} + 0.6$$
$$= 4.936 [m]$$

64 층류 상태로 직경 5 [cm]인 원형관 내 흐를 수 있는 물의 최대 유량[m³/s]을 구하시오. (단, 물의 비중량은 9,800 N/m³, 물의 점성계수는 10 × 10⁻³ N · s/m², 층류의 상한계 레이놀드(Raeynolds) 수는 2,000, 중력가속도는 9.8 m/s², 원주율은 3.0이다)

풀이

1. 연속 방정식

$$Q = AV$$

Q : 체적유량[m³/s]
A : 단면적[m²]
V : 속도[m/s]

2. 레이놀드 수

$$Re = \frac{\rho VD}{\mu} \rightarrow V = \frac{Re \times \mu}{\rho \times D}$$

$$V = \frac{2000 \times 10 \times 10^{-3}}{1000 \times 0.05} = 0.4 \, [m/s]$$

3. 유량

$$Q = \frac{3}{4} \times 0.05^2 \times 0.4 = 7.5 \times 10^{-4} \, [m^3/s]$$

65

다음 조건의 창고건물에 옥외소화전이 4개 설치되어 있을 때 전동기 펌프의 설계동력[kW]을 구하시오. (단, 주어진 조건 이외의 다른 조건은 고려하지 않고, 계산결과값은 소수점 셋째자리에서 반올림함)

조건

- 펌프에서 최고위 방수구까지의 높이 : 10 [m]
- 배관의 마찰손실수두 : 40 [m]
- 호스의 마찰손실수두 : 5 [m]
- 펌프의 효율 : 65 [%]
- 전달계수 : 1.1

풀이

1. 옥외 소화전설비의 토출량

$$Q = 350[\ell/\min] \times N$$

Q : 토출량(유량)[ℓ/min]
N : 옥외소화전 설치 개수(최대 2개)

$Q = 350[\ell/\min] \times 2 = 700[\ell/\min] = 0.7[m^3/\min]$

2. 옥외소화전설비 전양정(펌프방식)

$$H = h_1 + h_2 + h_3 + 25$$

H : 전양정[m]
h_1 : 소방호스의 마찰손실수두[m]
h_2 : 배관 및 관부속품 마찰손실수두 [m]
h_3 : 실양정(흡입양정 + 토출양정)[m]
25 : 규정방수압력 환산수두[m]

$H = 5 + 40 + 10 + 25 = 80[m]$

3. 펌프의 전동기 용량

$$P = \frac{\gamma Q H}{\eta} K$$

P : 전동기 동력[kW] γ : 9.8 [kN/m³]
Q : 토출량[m³/s]   H : 전양정[m]
K : 전달계수 = 1.1
η : 전효율 = 65 [%] = 0.65

$\therefore P = \dfrac{9.8 \times 0.7 \times 80}{0.65 \times 60} \times 1.1 = 15.4789 \fallingdotseq 15.48[kW]$

66

옥외소화전설비 노즐선단의 방수압력이 0.26 [MPa]에서 310 [ℓ/min]으로 방수되었다. 350 [ℓ/min]을 방수하고자 할 경우 노즐선단의 방수압력[MPa]을 구하시오. (단, 계산결과값은 소수점 넷째자리에서 반올림함)

풀이

1. 관련 식

$$Q = K\sqrt{10P}$$

Q : 방수량[ℓ/min]
P : 방수압력[MPa]
K : 방출계수

2. 계산

   1) 방출계수 K 계산

   $$K = \frac{Q}{\sqrt{10P}} = \frac{310\ \ell/\min}{\sqrt{10 \times 0.26\ MPa}} = 192.2538$$

   2) 압력 계산

   350 [ℓ/min]을 방수할 경우 방수압력 P는

   $$\therefore P = \frac{\left(\frac{Q}{K}\right)^2}{10} = \frac{\left(\frac{350\ [\ell/\min]}{192.2538}\right)^2}{10} = 0.3314 ≒ 0.331\ [MPa]$$

67 스프링클러설비가 설치된 복합 건축물(판매 시설 포함)로서 배관 길이 80 [m], 관경 100 [mm], 마찰손실계수 0.03인 배관을 통해 높이 60 [m]까지 소화수를 공급할 경우 펌프의 이론 소요동력[kW]을 구하시오. (단, 펌프효율 : 0.8, 전달계수 : 1.15, 중력가속도 : 9.8 m/s², 헤드의 방수압 : 10 mAq, π : 3.14, 헤드는 표준형이다)

풀이

1. 스프링클러설비의 토출량

$$Q = 80 \, [\ell/\min] \times N$$

Q : 토출량(유량)[ℓ/min]
N : 기준개수, 복합(판매) ⇒ 30개

$Q = 80 \, [\ell/\min] \times 30 = 2400 \, [\ell/\min] = 2.4 \, [m^3/\min]$

2. 스프링클러설비 전양정

$$H = h_1 + h_2 + h_3 + 10$$

H : 전양정[m]
h_1 : 소방호스의 마찰손실수두[m]
h_2 : 배관·관부속품 마찰손실수두[m]
h_3 : 실양정(흡입양정 + 토출양정)[m]
10m : 규정방수압력 환산수두 [m]

3. 달시 방정식에 의한 마찰손실

　1) 유속(v)

$$v = \frac{4Q}{\pi D^2} = \frac{4 \times 2.4}{3.14 \times 0.1^2 \times 60} = 5.09 \, [m/s]$$

　2) 마찰손실(h_L)

$$h_L = f \times \frac{L}{D} \times \frac{v^2}{2g}$$

$$= 0.03 \times \frac{80}{0.1} \times \frac{5.09^2}{2 \times 9.8} = 31.72 \, [m]$$

　3) 전양정(H)

　　$H = 31.72 + 60 + 10 = 101.72 \, [m]$　　(실양정 : 60 m, 헤드 방사압 환산수두 : 10 m)

4. 전동기의 용량계산

$$P = \frac{\gamma Q H}{\eta} K$$

P : 전동기 동력[kW]
γ : 9.8 [kN/m³]
Q : 토출량[m³/s]
H : 전양정[m]
K : 전달계수(1.15)
η : 전효율(0.8)

$$\therefore P = \frac{9.8 \times 2.4 \times 101.72}{0.8 \times 60} \times 1.15 = 57.32 [kW]$$

68. 가로 40 [m], 세로 30 [m]의 특수가연물 저장소에 스프링클러설비를 하고자 한다. 정방형으로 헤드를 배치할 경우 필요한 헤드의 최소 설치 개수를 구하시오.

풀 이

1. 스프링클러 헤드 배치기준

설치 장소	수평거리(R)
• 무대부 • 특수가연물 저장·취급장소(랙식 창고 포함)	1.7 [m] 이하

2. 헤드 설치 개수

   1) 헤드의 정방향(정사각형) 배치

   $$S = 2R\cos 45°, \quad L = S$$

   S : 설치거리[m]
   R : 수평거리[m]

   2) 특수가연물 저장소이므로 R = 1.7[m]

   $S = 2 \times 1.7 \times \cos 45° = 2.404 [m]$

   3) 가로 설치 헤드 개수

   $= \dfrac{40}{2.404} = 16.6 = 17개$

   4) 세로 설치 헤드 개수

   $= \dfrac{30}{2.404} = 12.5 = 13개$

   5) 총 헤드 개수 $= 17 \times 13 = 221개$

69 미분무소화설비의 방수구역 내에 설치된 미분무헤드의 개수가 20개, 헤드 1개당 설계유량은 50 [ℓ/min], 방사시간 1시간, 배관의 총 체적 0.06 [m³]이며, 안전율이 1.2일 경우 본 소화설비에 필요한 최소 수원의 양[m³]을 구하시오.

풀이

1. 미분무소화설비 수원의 양

$$Q = N \times D \times T \times S + V$$

Q : 수원의 양[m³]
N : 방호구역(방수구역) 내 헤드의 개수
D : 설계유량[m³/min]
T : 설계방수시간[min]
S : 안전율(1.2 이상)
V : 배관의 총 체적[m³]

2. 수원의 양(Q)

Q = 20개 × 50 [ℓ/min] × 60 [min] × 1.2 × 10^{-3} + 0.06 [m³]
  = 72.06 [m³]

70. 경유 10,000 [ℓ]를 저장하는 옥외탱크저장소에 고정포방출구를 설치할 때 다음 조건에 의한 포소화약제의 최소 저장량[ℓ]을 구하시오

조건

(1) 탱크 액표면적 20 [m^2], 고정포방출구 1개
(2) 보조포소화전 수 2개(호스접결구 수 4개)
(3) 소화약제농도 3 [%]형
(4) 단위포소화수용액의 양 4 [ℓ/m^3·min]
(5) 방출시간 0.5시간

풀이

1. 고정포방출량

   Q = A × Q$_1$ × T × S
   = 20 [m^2] × 4 [ℓ/m^2·min] × 30 [min] × 0.03 = 72 [ℓ]

   Q : 포소화약제의 양[ℓ]
   A : 탱크의 액표면적[m^2]
   Q$_1$: 단위 포소화수용액의 양[ℓ/m^2·min]
   T : 방출시간[min]
   S : 포소화약제의 사용농도[%]

2. 보조포소화전 방출량

   Q = N × S × 8,000 [ℓ]
   = 3 × 0.03 × 8,000 [ℓ]
   = 720 [ℓ]

   Q : 포소화약제의 양[ℓ]
   N : 호스 접결구수(3개 이상인 경우는 3)
   S : 포소화약제의 사용농도[%]

3. 총 약제량 = 고정포방출량 + 보조포소화약제량 = 72 + 720 = 792 [ℓ]

71 소화수조 및 저수조의 화재안전기준에서 소화수조 및 저수조의 설치기준을 참조하여 다음 물음에 답하시오. [관 12회]

조건

① 특정소방대상물의 연면적 : 35,000 [m²]
② 각층별 바닥면적 : 지하 1층 11,000 [m²], 1층 8,000 [m²], 2층 8,000 [m²], 3층 8,000 [m²]
③ 지표면으로부터 저수조의 바닥까지의 높이는 5 [m]

1) 소화수조 또는 저수조를 설치하는 경우 저수량[m³]을 구하시오.
2) 지하에 저수조를 설치하는 경우 흡수관 투입구의 설치개수를 구하시오.
3) 가압송수장치를 설치할 경우 분당 양수량[ℓ/min]을 구하시오.

풀이

1. 소화수조 또는 저수조를 설치하는 경우 저수량[m³]

   1) 저수량[m³]의 산정기준

   특정소방대상물의 연면적을 표에 따른 기준면적으로 나누어 얻은 수(소수점 이하의 수는 1로 본다)에 20 [m³]를 곱한 양 이상일 것

소방대상물의 구분	기준면적
1층 및 2층의 바닥면적 합계가 15,000 [m²] 이상인 소방대상물	7,500 [m²]
그 밖의 소방대상물	12,500 [m²]

   2) 기준면적의 산출

   1, 2층의 바닥면적 합계는 16,000 [m²]이므로 기준면적 7,500 [m²]을 적용

   3) 저수량[m³]의 산출

   $$\text{저수량[m}^3\text{]} = \frac{35,000\,[\text{m}^2]}{7,500\,[\text{m}^2]} = 4.6 \rightarrow 5 \times 20\,[\text{m}^3] = 100$$

   ∴ 100 [m³]

2. 흡수관 투입구의 설치개수

1) 수원량에 따른 흡수관투입구, 채수구, 가압송수장치의 양수량 기준

수원량	20 [m³]	40 [m³], 60 [m³], 80 [m³]	100 [m³] 이상
흡수관 투입구의 수	1개	80 [m³] 미만 1개 80 [m³] 이상 2개	2개
채수구의 수	1개	2개	3개
가압송수장치의 양수량	1,100 [ℓ/min]	2,200 [ℓ/min]	3,300 [ℓ/min]

2) 흡수관 투입구의 설치개수
   저수량[m³]이 100 [m³]이므로 흡수관 투입구는
   ∴ 2개

3. 가압송수장치를 설치할 경우 분당 양수량[ℓ/min]

1) 가압송수장치의 설치대상
   소화수조 또는 저수조가 지표면으로부터의 깊이(수조 내부바닥까지의 길이)가 4.5 [m] 이상인 지하에 있는 경우 가압송수장치를 설치하여야 함

2) 저수량[m³]이 100 [m³]이므로 가압송수장치의 양수량[ℓ/min]은
   ∴ 3,300 [ℓ/min]

72 다음 조건을 이용하여 화재조기진압용 스프링클러설비의 수원의 양을 구하시오. [술 117회]

1) 랙(Rack)창고의 높이는 12 [m], 최상단 물품높이는 10 [m]
2) ESFR 헤드의 K-Factor는 320, 하향식으로 천장에 60개 설치
3) 옥상수조의 양 및 제시되지 않은 조건은 무시

풀이

1. 관련 식

$$Q = 12 \times 60 \times K\sqrt{10p}$$

Q : 수원의 양[ℓ]
K : 상수[ℓ/min/(MPa)$^{1/2}$]
p : 헤드선단의 압력[MPa]

2. 계산

$$\begin{aligned} Q &= 12 \times 60 \times K\sqrt{10p} \\ &= 12 \times 60 \times 320\sqrt{10 \times 0.28} \\ &= 385,532.9\,[ℓ] \\ &= 386\,[\text{m}^3] \end{aligned}$$

보충

1. 화재조기진압용 스프링클러헤드의 최소방사압력[MPa](제5조 제1항 관련)

최대층고	최대저장높이	K = 360 하향식	K = 320 하향식	K = 240 하향식	K = 240 상향식	K = 200 하향식
13.7 [m]	12.2 [m]	0.28	0.28	–	–	–
13.7 [m]	10.7 [m]	0.28	0.28	–	–	–
12.2 [m]	10.7 [m]	0.17	0.28	0.36	0.36	0.52
10.7 [m]	9.1 [m]	0.14	0.24	0.36	0.36	0.52
9.1 [m]	7.6 [m]	0.10	0.17	0.24	0.24	0.34

73 다음 그림과 같은 옥내소화전 펌프와 NPSHre 그래프가 있을 경우 NPSH 개념으로 보아 펌프의 사용 가능성 여부를 검토하시오. (단, 대기압 1.0 kg/cm², 수온 20 ℃, 포화증기압 0.025 kg/cm², 흡입배관의 마찰손실 0.03 kg/cm²이다)

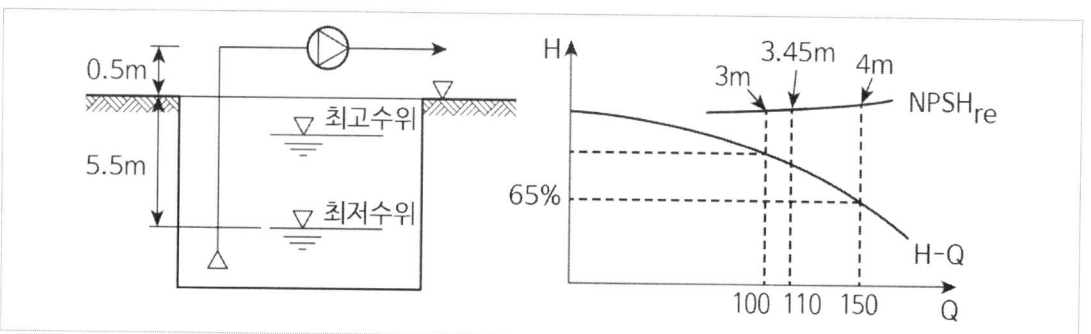

풀이

1. Cavitation 발생한계조건

    1) NPSHav = NPSHre : 발생한계

    2) NPSHav ≥ NPSHre : 발생안함

    3) NPSHav ≥ NPSHre × 1.3 : 설계 시 적용기준

2. 검토

    1) NPSHav = 대기압수두 - (흡입양정 + 배관 마찰손실수두 + 증기압수두)

    NPSHav = 10 - (6.0 + 0.3 + 0.25) = 3.45 [m]

    2) 정격(100 %) 운전 시 : NPSHav 3.45 > NPSHre 3.0

    3) 110 [%] 운전 시 : NPSHav 3.45 = NPSHre 3.45

    4) 150 [%] 운전 시 : NPSHav 3.45 < NPSHre 4

3. 펌프 사용가능성 여부

    1) 정격 운전 및 110 [%] 운전 시 NPSHav ≥ NPSHre이므로, 캐비테이션이 발생하지 않음

    2) 150 [%] 운전 시 NPSHav < NPSHre이므로 캐비테이션 발생

    ∴ 150 [%] 운전 시 캐비테이션이 발생하므로 펌프 운전은 불가함

| 74 | 습식스프링클러에서 요구되는 성능이 말단 헤드의 방수압력이 0.15 [MPa]일 때 방수량이 100 [Lpm] 이상 되는 것으로 수리계산에 의한 설계를 하는 경우 다음을 계산하시오. |

조건

가. ⓐ ~ ⓔ까지의 각 헤드마다 방수 압력 차이는 0.02 [MPa]
나. A ~ B 구간의 마찰손실은 0.05 [MPa]

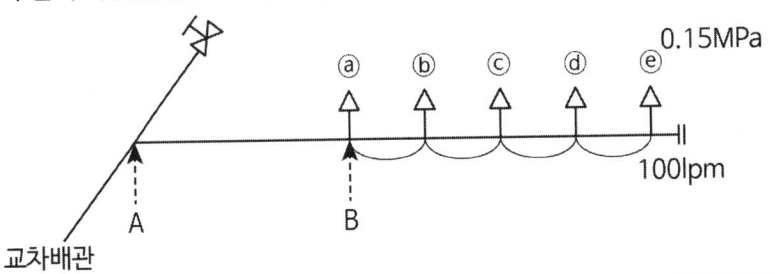

풀이

1. A지점의 필요 최소압력

    0.15 + 0.02 + 0.02 + 0.02 + 0.02 + 0.05 = 0.28 [MPa]

2. 각 헤드에서 방수량[Lpm]

    $1[kg/cm^2] = 0.1[MPa]$로 보고 계산하면

    $Q = K\sqrt{P}$, $K = \dfrac{Q}{\sqrt{P}} = \dfrac{100}{\sqrt{1.5}} = 81.65$

    ⓔ $Q = 81.65\sqrt{1.5} = 100 [Lpm]$
    ⓓ $Q = 81.65\sqrt{1.7} = 106.45 [Lpm]$
    ⓒ $Q = 81.65\sqrt{1.9} = 112.55 [Lpm]$
    ⓑ $Q = 81.65\sqrt{2.1} = 118.32 [Lpm]$
    ⓐ $Q = 81.65\sqrt{2.3} = 123.83 [Lpm]$

3. A ~ B 구간의 유량[Lpm]

    100 + 106.45 + 112.55 + 118.32 + 123.83 = 561.15 [Lpm]

4. A ~ B 구간의 최소 내경[mm]

   1) NFSC에서 수리계산 시 가지배관의 유속 6 [m/s]

   2) $Q = Av = \dfrac{\pi d^2}{4}v$

   $d = \sqrt{\dfrac{4Q}{\pi v}} = \sqrt{\dfrac{4 \times 561.15}{\pi \times 6 \times 1000 \times 60}} = 0.0445$ [m]

   ∴ $d = 44.5$ [mm]

   3) 배관호칭규격 50 [mm] 선정

75. 바닥면적이 가로 25 [m], 세로 15 [m] 되는 10층 사무실(내화구조, 반자높이 4 m)에 헤드를 정방형으로 설치할 경우 소요 헤드 수와 수원의 양은 얼마인지 구하시오.

풀이

1. 수평거리 및 헤드 기준 개수

   1) 수평거리

구분	수평거리
무대부, 특수가연물	1.7 [m]
일반구조	2.1 [m]
내화구조	2.3 [m]
랙식 창고	2.5 [m]
아파트	3.2 [m]

   2) 10층 사무실 용도(8 m 미만) 헤드 기준 개수 : 10개

2. 적용 공식

   $$S = 2r\cos\theta$$

   S : 헤드 간 거리[m]
   r : 수평거리[m]
   θ : 각도

3. 소요 헤드 수와 수원의 양

   1) $S = 2 \times 2.3 \times \cos 45° = 3.25$
   2) 가로의 헤드 개수 : $25 \div 3.25 = 7.69 \rightarrow 8$개
   3) 세로의 경우 : $15 \div 3.25 = 4.61 \rightarrow 5$개
   4) 총 헤드 수 : $8 \times 5 = 40$개
   5) 수원의 양 : 10개 × 80 [Lpm] × 20분 = 16000 [ℓ] = 16 [m^3]

76. 팽창비가 18인 포소화설비에서 6 [%] 포원액 저장량이 200 [ℓ]라면 방출 후 포의 체적 [m³]은 얼마인지 구하시오.

풀 이

1. 적용 공식

$$\text{팽창비} = \frac{\text{발포 후 포 체적}\,[\ell]}{\text{발포 전 포수용액 체적}\,[\ell]}$$

2. 발포 전 물의 체적

    0.06 : 0.94 = 200 : 물의 체적

    물의 체적 = 3133.3

3. 포의 체적

$$18 = \frac{\text{발포 후 포의 체적}}{200 + 3133.3}$$

    발포 후 포의 체적 = 59,999ℓ ≃ 60 [m³]

77

직관과 관부속류의 전체 상당길이 L은 30 [m], 배관내경 D는 65 [mm], 조도계수 C는 100, 유량 Q는 1,500 [Lpm]일 때 압력손실을 구하시오.

풀이

1. 적용공식 : 하젠 윌리엄스 계산식

$$P = 6.174 \times 10^5 \times \frac{Q^{1.85}}{C^{1.85} \times D^{4.87}} \times L$$

P : 관의 마찰손실 압력[kg_f/cm^2]
Q : 유량[Lpm]
C : 배관의 조도계수
D : 배관의 내경[mm]
L : 배관의 길이[m]

2. 압력 손실

   1) 배관의 조도계수

배관		조도계수(C)
흑관	건식, 준비 작동식	100
	습식	120
백관(아연도금 강관)		120
동관, CPVC, STS 304		150

   2) $P = 6.174 \times 10^5 \times \dfrac{1500^{1.85}}{100^{1.85} \times 65^{4.87}} \times 30 = 4.117 \ [kg_f/cm^2]$

78 길이 20 [m], 내경 80 [mm] 관에 물이 0.1[m³/s]로 흐를 때 Darcy Weisbach의 식을 사용하여 계산한 압력손실이 1.5 [MPa]이면 관 마찰계수는 얼마인지 구하시오. (단, 중력가속도는 9.8 m/s²이고 답은 소수점 둘째자리까지 표시한다)

풀이

1. 적용 공식

$$H = f \frac{l}{d} \frac{v^2}{2g}$$

H : 관의 마찰손실수두[m]
f : 관의 마찰손실계수
l : 관의 길이[m]
d : 배관의 내경[m]
v : 유속[m/s]
g : 중력가속도[m/s²]

2. 계산

   1) 유속

   $Q = Av$

   $v = \dfrac{Q}{A} = \dfrac{4Q}{\pi d^2} = \dfrac{4 \times 0.1}{\pi \times (0.08)^2} = 19.89$ [m/s]

   2) 마찰손실수두

   (1) 1 [atm] = 10.332 [mAq] = 0.101325 [MPa]

   (2) 배관의 마찰손실수두 : $1.5[MPa] \times \dfrac{10.332 mAq}{0.101325 MPa} = 152.95[m]$

   3) 관 마찰계수(f)

   $f = h \times \dfrac{d}{l} \times \dfrac{2g}{v^2} = 152.95 \times \dfrac{0.08}{20} \times \dfrac{2 \times 9.8}{19.89^2} = 0.03$

79 지름 30 [cm]인 주철관 속으로 유량 0.01539 [m³/s], 비중 0.85, 점성계수 μ = 0.103 [N·s/m²]의 유체가 흐르고 있다. 길이 3,000 [m]에 대한 손실수두[m]를 계산하시오.

풀이

1. 관계식

    1) Darcy Weisbach식

    $$H = f \frac{l}{d} \frac{v^2}{2g}$$

    H : 관의 마찰손실수두[m]
    f : 관의 마찰손실계수
    l : 관의 길이[m]
    d : 배관의 내경[m]
    v : 유속[m/s]
    g : 중력가속도[m/s²]

    2) 연속 방정식

    $$Q = A_1 v_1 = A_2 v_2$$

    Q : 단면을 통과하는 체적 유량[m³/s]
    A_1, A_2 : 배관의 단면적[m²]
    v_1, v_2 : 단면에서의 유속[m/s]

    3) 레이놀드의 수

    $$Re = \frac{\rho V d}{\mu} = \frac{V d}{\nu}$$

    Re : 레이놀드의 수
    ρ : 유체의 밀도[kg/m³]
    V : 유체의 평균속도[m/s]
    d : 배관의 직경[m]
    μ : 유체의 점성계수[kg/m·s]
    ν : 유체의 동점성계수[m²/s]

    4) Hagen-Poiseulle 법칙

    $$\Delta P = \gamma H = \frac{128 \mu l Q}{\pi d^4}$$

    μ : 유체의 점성계수[kg/m·s]
    Q : 단면을 통과하는 체적유량[m³/s]
    l : 관의 길이[m]
    d : 배관의 직경[m]
    γ : 유체의 비중량[N/m³]

2. Hagen-Poiseulle 법칙을 이용한 마찰손실

원형 관속을 점성 유체가 층류로 흐를 때의 압력 강하

1) 비중 $0.85 = \dfrac{\text{비교물질의 비중량}}{\text{물의 비중량}} = \dfrac{\text{비교물질의 비중량}}{9800 N/m^3}$

비교물질의 비중량 $= 0.85 \times 9800 \, [N/m^3]$

2) $H = \dfrac{128\mu l Q}{\pi D^4 \gamma} = \dfrac{128 \times 0.103 Ns/m^2 \times 3,000 m \times 0.01539 m^3/s}{\pi \times (0.3m)^4 \times 0.85 \times 9,800 N/m^3}$

$= 2.8716 \fallingdotseq 2.87 m H_2 O$

3. Dary-Weisbach식을 이용한 마찰손실

1) 유속 계산

$Q = Av, \; v = \dfrac{Q}{A} = \dfrac{0.01539}{\dfrac{\pi}{4} \times 0.3^2} = 0.2178 \, [m/s]$

2) 층류일 경우 마찰손실계수 f

(1) $Re = \dfrac{vD}{\nu} = \dfrac{\rho v D}{\mu} = \dfrac{64}{f}$

(2) 비중 $0.85 = \dfrac{\text{비교물질의 밀도}}{\text{물의 밀도}} = \dfrac{\text{비교물질의 밀도}}{1000 \, [kg/m^3]}$

비교물질의 밀도 $= 0.85 \times 1000 \, [kg/m^3]$

(3) $Re = \dfrac{0.85 \times 1,000 \times 0.2178 \times 0.3}{0.103} = \dfrac{64}{f}$

$\therefore f = 0.1186$

3) $H = f \dfrac{l}{d} \dfrac{v^2}{2g} = 0.1186 \times \dfrac{3000}{0.3} \times \dfrac{0.2178^2}{2 \times 9.8} = 2.87 \, [mH_2O]$

80 대형 화학공장에 설치된 소화설비 배관 중 내경이 400 [mm]에서 200 [mm]로 급격히 축소되는 부분이 있다. 돌연 축소부분으로 인한 손실수두를 구하는 식을 유도하고, 소화수 유량이 6 [m³/min]일 때 손실동력[kW]을 계산하시오. (단, 축소계수(Contraction Coefficient, CC)는 0.64를 적용하고 손실동력 계산 시 중력가속도는 9.8 [m/sec²]이다) [술 97회]

풀이

1. 베르누이 방정식

   1) ①지점과 ②지점에 베르누이 방정식을 적용하면

   $$\frac{P_c}{\gamma} + \frac{V_c^2}{2g} + Z_c = \frac{P_2}{\gamma} + \frac{V_2^2}{2g} + Z_2 + h_L$$

   여기서, $Z_c = Z_2$

   $$\therefore h_L = \frac{P_c - P_2}{\gamma} + \frac{V_c^2 - V_2^2}{2g} \quad \cdots\cdots ①식$$

   2) 수평관에서의 힘의 평형을 고려하면

   $$\sum F = P_c A_2 - P_2 A_2 = (P_c - P_2) A_2 \quad \cdots\cdots ②식$$

   3) 운동량 방정식

   $$\sum F = \rho Q (V_2 - V_c) = \rho A_2 V_2 (V_2 - V_c) \quad \cdots\cdots ③식$$

   4) ②식 = ③식이므로

   $$(P_c - P_2) A_2 = \rho A_2 V_2 (V_2 - V_c)$$

   $$\therefore P_c - P_2 = \rho V_2 (V_2 - V_c) \quad \cdots\cdots ④식$$

   5) ④식을 ①식에 대입하면

   $$h_L = \frac{\rho V_2 (V_2 - V_c)}{\rho g} + \frac{V_c^2 - V_2^2}{2g} = \frac{V_c^2 - 2V_c V_2 + V_2^2}{2g}$$

   $$\therefore h_L = \frac{(V_c - V_2)^2}{2g} \quad \cdots\cdots ⑤식$$

6) $Q = A_c V_c = A_2 V_2$, $V_c = \dfrac{A_2}{A_c} V_2$ 이므로

   이를 ⑤식에 대입하면

   $$h_L = \left(\dfrac{A_2}{A_c} - 1\right)^2 \dfrac{V_2^2}{2g} = \left(\dfrac{1}{C_c} - 1\right)^2 \dfrac{V_2^2}{2g}$$

   $$\therefore h_L = K \dfrac{V^2}{2g}, \quad K = \left(\dfrac{1}{C_c} - 1\right)^2, \quad C_c = \dfrac{A_c}{A_2}$$

2. 손실동력 계산[kW]

1) 축소계수가 0.64이고, 수축된 관 내경이 0.2 [m]이므로

   $$V_2 = \dfrac{Q}{A_2} = \dfrac{4Q}{\pi D_2^2} = \dfrac{4 \times \dfrac{6}{60}}{\pi \times 0.2^2} = 3.183 \,[m/s]$$

2) 손실수두

   $$h_L = \left(\dfrac{1}{C_c} - 1\right)^2 \dfrac{V_2^2}{2g} = \left(\dfrac{1}{0.64} - 1\right)^2 \times \dfrac{3.183^2}{2 \times 9.8} = 0.164 \,[m]$$

3) 손실동력

   $$P = 0.163 QH = 0.163 \times 6 \left[\dfrac{m^3}{\min}\right] \times 0.164 = 0.16 \,[kW]$$

81 수계 배관에서 돌연확대 및 돌연축소되는 관로에서의 부차적 손실계수(k)가 돌연확대는 $k = [1-(\frac{D_1}{D_2})^2]^2$, 돌연축소는 $k = (\frac{A_2}{A_0} - 1)^2$ 임을 증명하시오. [술 121회]

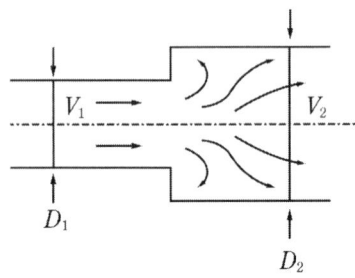
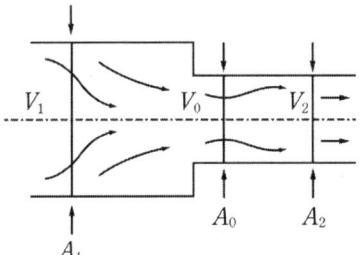

풀이

1. 돌연확대관 마찰손실

   1) 마찰손실수두

   $$\frac{P_1}{\gamma} + \frac{V_1^2}{2g} + Z_1 = \frac{P_2}{\gamma} + \frac{V_2^2}{2g} + Z_2 + h_L$$

   여기서, $Z_1 = Z_2$

   $$\therefore h_L = \frac{P_1 - P_2}{\gamma} + \frac{V_1^2 - V_2^2}{2g} \quad \cdots\cdots ①$$

   2) 수평관에서의 힘의 평형을 고려하면

   $$\sum F = P_1 A_2 - P_2 A_2 = (P_1 - P_2) A_2 \quad \cdots\cdots ②$$

   3) 운동량 방정식

   $$\sum F = \rho Q (V_2 - V_1) = \rho A_2 V_2 (V_2 - V_1) \quad \cdots\cdots ③$$

   4) ②식 = ③식이므로

   $$(P_1 - P_2) A_2 = \rho A_2 V_2 (V_2 - V_1) \quad \cdots\cdots ④$$

   5) ④식을 ①식에 대입하면

   $$h_L = \frac{\rho V_2 (V_2 - V_1)}{\gamma} + \frac{V_1^2 - V_2^2}{2g} = \frac{\rho V_2 (V_2 - V_1)}{\rho g} + \frac{V_1^2 - V_2^2}{2g}$$

   $$\therefore h_L = \frac{(V_1 - V_2)^2}{2g} \quad \cdots\cdots ⑤$$

6) $Q = A_1 V_1 = A_2 V_2$, $V_2 = (\dfrac{A_1}{A_2}) V_1$ 이므로

   이를 ⑤식에 대입하면

   $$h_L = \dfrac{(V_1 - \dfrac{A_1}{A_2} V_1)^2}{2g} = (1 - \dfrac{A_1}{A_2})^2 \times \dfrac{V_1^2}{2g} = [1 - (\dfrac{D_1}{D_2})^2]^2 \times \dfrac{V_1^2}{2g}$$

   $$\therefore k = [1 - (\dfrac{D_1}{D_2})^2]^2$$

2. 돌연축소관 마찰손실

1) 마찰손실수두

   $$\dfrac{P_0}{\gamma} + \dfrac{V_0^2}{2g} + Z_0 = \dfrac{P_2}{\gamma} + \dfrac{V_2^2}{2g} + Z_2 + h_L$$

   여기서, $Z_0 = Z_2$

   $$\therefore h_L = \dfrac{P_0 - P_2}{\gamma} + \dfrac{V_0^2 - V_2^2}{2g} \quad \cdots\cdots\cdots ①식$$

2) 수평관에서의 힘의 평형을 고려하면

   $$\sum F = P_0 A_2 - P_2 A_2 = (P_0 - P_2) A_2 \quad \cdots\cdots\cdots ②식$$

3) 운동량 방정식

   $$\sum F = \rho Q (V_2 - V_0) = \rho A_2 V_2 (V_2 - V_0) \quad \cdots\cdots\cdots ③식$$

4) ②식 = ③식이므로

   $$(P_0 - P_2) A_2 = \rho A_2 V_2 (V_2 - V_0)$$

   $$\therefore P_0 - P_2 = \rho V_2 (V_2 - V_0) \quad \cdots\cdots\cdots ④식$$

5) ④식을 ①식에 대입하면

   $$h_L = \dfrac{\rho V_2 (V_2 - V_0)}{\rho g} + \dfrac{V_0^2 - V_2^2}{2g} = \dfrac{V_0^2 - 2 V_0 V_2 + V_2^2}{2g}$$

   $$\therefore h_L = \dfrac{(V_0 - V_2)^2}{2g} \quad \cdots\cdots\cdots ⑤식$$

6) $Q = A_0 V_0 = A_2 V_2$, $V_0 = \dfrac{A_2}{A_0} V_2$ 이므로

   이를 ⑤식에 대입하면

   $$h_L = \left(\dfrac{A_2}{A_0} - 1\right)^2 \dfrac{V_2^2}{2g} = \left(\dfrac{1}{C_c} - 1\right)^2 \dfrac{V_2^2}{2g}$$

   $$\therefore k = (\dfrac{A_2}{A_0} - 1)^2$$

| 82 | 소화펌프 시스템에서 기동용 수압개폐장치를 이용한 기동 및 정지 압력을 설정하고자 한다. 다음과 같은 조건일 때 각 펌프별로 기동 및 정지 설정압력을 NFPA 20에서 제시된 기준에 의거하여 결정하시오. [술 84회] |

조건

1. 펌프 사양 : 용량(1,000 gpm), 정격압력(100 psi), 체절압력(115 psi)
2. 흡입 측 압력 : 최소 50 [psi], 최대 60 [psi]
   단, 펌프는 충압펌프 1대, 주펌프 1대, 예비펌프 1대(연차기동 설치 기준임)

풀이

1. NFPA 20 기준

   1) 충압펌프
      ① 정지점 : 주펌프 체절압력 + 최소 정수압
      ② 기동점 : 충압펌프 정지점 - 10 [psi]
   2) 주펌프
      ① 기동점 : 충압펌프 기동점 - 5 [psi]
      ② 정지점 : 수동정지
   3) 예비펌프
      ① 기동점 : 주펌프 기동점 - 10 [psi]
      ② 정지점 : 수동정지

2. 계산

   1) 충압펌프
      ① 정지점 : 115 + 50 = 165 [psi]
      ② 기동점 : 165 - 10 = 155 [psi]
   2) 주펌프
      ① 기동점 : 155 - 5 = 150 [psi]
      ② 정지점 : 수동정지
   3) 예비펌프
      ① 기동점 : 150 - 10 = 140 [psi]
      ② 정지점 : 수동정지

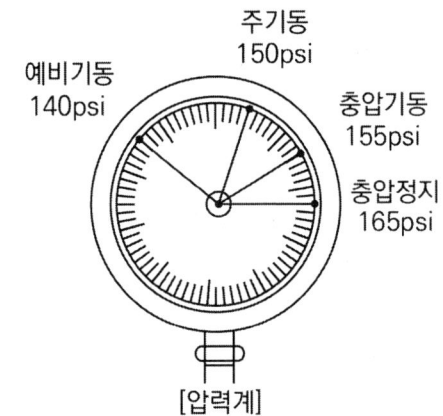
[압력계]

83 내용적 30 [m³]인 압력수조에 20 [m³]의 물이 0.75 [MPa]의 압력으로 유지되었으나, 화재로 인해 소화수가 방사되어 내부 압력이 0.35 [MPa]로 되었을 때 방사된 물의 양이 얼마인지 구하시오. (단, 대기압은 0.1 MPa, 물은 비압축성 유체로 추가 공급은 없는 것으로 가정한다)[술 101회]

풀이

1. 압력수조에서의 필요 압력[MPa]

$$P = P_1 + P_2 + P_3$$

P : 압력수조 공기압력[MPa]
P_1 : 낙차 손실압력[MPa]
P_2 : 배관 마찰손실압력[MPa]
P_3 : 방사압력[MPa]

2. 압력수조에서의 압력 및 체적 변화(보일의 법칙)

$$(P_0 + P_a)V_0 = (P_f + P_a)V$$

P_0 : 초기 탱크 공기압력[MPa]
P_a : 대기압력[MPa]
V_0 : 방출 전 탱크 내부 공기부피[m³]
P_f : 방출 후 공기압력[MPa]
V : 방출 후 탱크 내부 공기부피[m³]

3. 2식에 대입
   1) $(0.75 + 0.1) \times 10 = (0.35 + 0.1) \times V$
   2) V = 18.89 [m³]

   ∴ 공기의 체적변화 = 물의 방사량

   ∴ 물의 방사량 = 18.89 - 10 = 8.89 [m³]

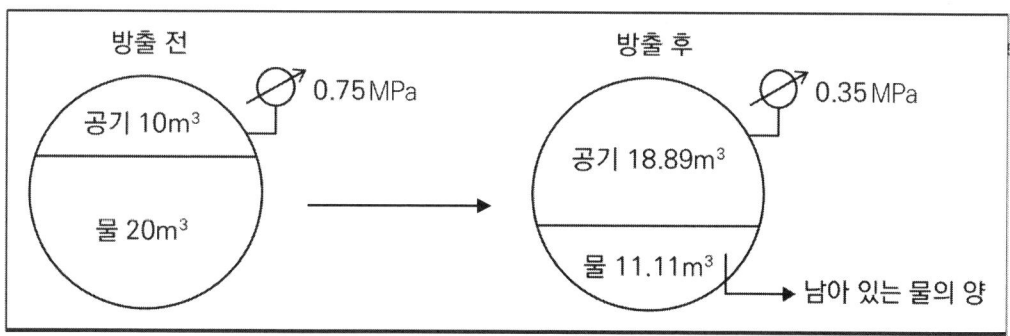

84 다음 그림과 같이 5층 건물에 스프링클러가 있다. 급수방식은 압력수조 방식, 압력수조(내용적 20 m³)에서 최고위 스프링클러 헤드까지 수직높이 30 [m], 수조 내에 내용적의 $\frac{1}{2}$ 만큼 물이 차 있다. 이 경우 수조 내 유지시켜야 할 최소공기압력(게이지압력)은 몇 [MPa]인지 구하시오. (단, 배관 내 마찰손실은 무시, 대기압은 0.1034 MPa이고, 최저 수위의 수량은 탱크 내용적의 15 % 이상 유지한다)

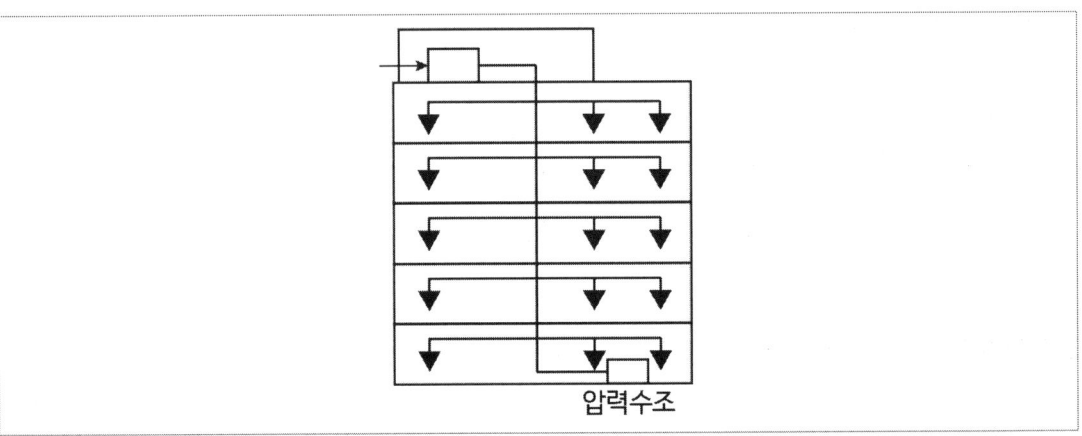

풀이

1. 압력수조에 필요한 압력(P)

    1) $P = P_1 + P_2 + P_3 [MPa]$

    (1) P_1 : 자연낙차 압력$[MPa]$

    (2) P_2 : 배관의 마찰손실 압력$[MPa]$

    (3) P_3 : 스프링클러 방사압력$[MPa]$

    2) $P = 0.3 + 0 + 0.1 = 0.4 [MPa]$

2. 수조 내 유지해야 할 공기압력(P_0)

    1) $(P_0 + P_a) V_0 = (P_f + P_a) V$

    2) $(P_0 + 0.1034) \times 10 = (0.4 + 0.1034) \times 20 \times (1 - 0.15)$

    $P_0 = 0.7524 [MPa]$

    ∴ $0.7524 [MPa]$

85

실내온도가 20 [℃]인 실험실에서 온도와 속도가 각각 197 [℃], 2.56 [m/s]인 열기류가 일정하게 흐르는 풍동 내에 아래 조건의 폐쇄형 스프링클러헤드를 투입(Plunge)했을 때 이 스프링클러헤드의 작동시간을 구하시오. (단, 복사열 전달효과는 무시한다) [술 107회]

조건

[스프링클러헤드]

RTI : $130[m \cdot s]^{0.5}$
Conductivity Factor(C : 열전도계수) : $0.5[m/s]^{0.5}$
0.5℃/min 수조에서의 평균작동온도 : 72.1℃
투입방향 : 표준방향

풀이

1. 관계식

$$RTI = \frac{-t_{op} \times \sqrt{U} \times (1 + \frac{C}{\sqrt{U}})}{\ln[1 - \frac{T_w - T_a}{T_g - T_a} \times (1 + \frac{C}{\sqrt{U}})]}$$

t_{op} : 플런지 응답시간(헤드 작동시간)[s]
U : 기류속도[m/s]
C : 열전도계수[m/s]
T_w : 수조에서의 평균 작동온도[℃]
T_g : 기류온도[℃]
T_a : 실내온도[℃]

2. 계산

$$RTI = \frac{-t_{op} \times \sqrt{U} \times (1 + \frac{C}{\sqrt{U}})}{\ln[1 - \frac{T_w - T_a}{T_g - T_a} \times (1 + \frac{C}{\sqrt{U}})]}$$

$$130 = \frac{-t_{op} \times \sqrt{2.56} \times (1 + \frac{0.5}{\sqrt{2.56}})}{\ln[1 - \frac{72.1 - 20}{197 - 20} \times (1 + \frac{0.5}{\sqrt{2.56}})]}$$

$t_{op} = 30.23 \ [s]$

| 86 | 다음 그림에서 펌프의 전 양정을 계산하시오. (단, 손실수두는 무시한다) |

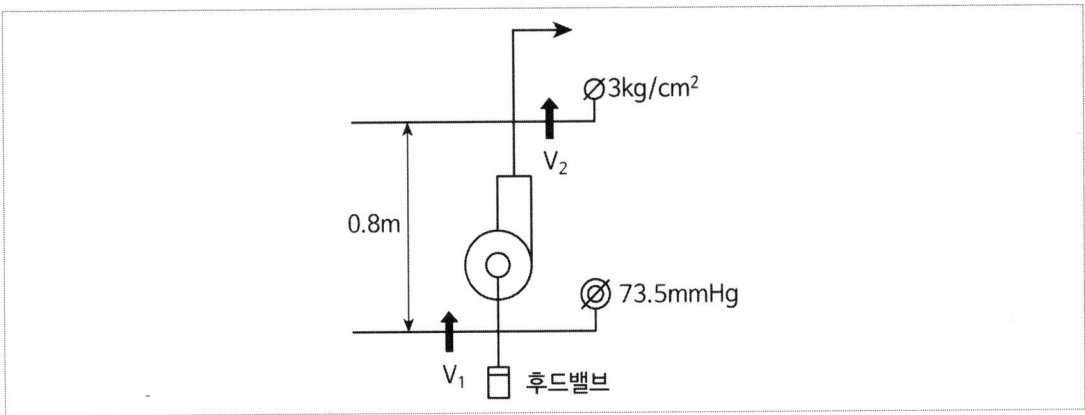

풀이

1. 수정 베르누이 방정식

$$\frac{P_1}{\gamma}+\frac{v_1^2}{2g}+z_1+h=\frac{P_2}{\gamma}+\frac{v_2^2}{2g}+z_2$$

P : 배관에 작용하는 유체의 압력[N/m²]
v : 단면을 통과하는 유체의 속도[m/s]
z : 기준위치에서 배관단면 중심까지의 거리[m]
γ : 비중량[kgf/m³]
g : 중력가속도[m/s²]
h : 펌프의 전수두[m]

1) 압력계 $\frac{P_2}{\gamma} = 30\,[m]$

2) 진공계

   (1) $\frac{P_1}{\gamma} = 73.5mmHg \times \frac{10.332mAq}{760mmHg} = 1\,[mAq]$

   (2) 즉 진공계는 $1\,[mAq]$에 해당

3) 압력계와 진공계와의 거리 = 0.8 [m]

2. 전 양정

  1) 전 양정 = 흡입양정 + 토출양정
  2) 전 양정 = 낙차 + 배관 마찰손실수두 + 방사압력
  3) 전 양정(H) = 진공계 + 진공계와 압력계의 높이차 + 압력계
                = 1.0 + 0.8 + 30 = 31.8 [m]

| **87** | 배관에서의 유량이 0.52 [m³/min]일 때 옥내 소화전설비의 주배관의 최소 관경을 구하시오. |

풀 이

1. 배관의 관경 수리계산

   펌프의 토출 측 주배관의 구경 : 유속 4[m/s] 이하가 될 수 있는 크기 이상

2. 연속 방정식

   $Q = AV$

3. 계산

   $Q = AV$

   여기서, $A = \dfrac{\pi}{4}D^2$

   $D = \sqrt{\dfrac{4Q}{\pi V}} = \sqrt{\dfrac{4 \times 0.52}{\pi \times 4 \times 60}} = 0.0525 [m]$

   ∴ 65 [mm]

보충

1. 수계설비에서의 유속

구분		유속
옥내소화전설비(토출 측 주배관)		4 [m/s] 이하
스프링클러설비	가지배관	6 [m/s] 이하
	기타배관	10 [m/s] 이하

88. 다음 물음에 답하시오. [관 20회]

1) 하디 크로스 방식의 유체역학적 기본원리 3가지를 쓰시오.
2) 하디 크로스 방식의 계산절차 중 4단계 ~ 8단계의 내용을 쓰시오.

조건

1단계 : 모든 루프의 각 경로와 관련 있는 배관길이, 관경, C factor(조도)와 같은 중요한 변수를 알아야 한다.
2단계 : 각 변수를 적절한 단위로 수치 변환한다. 부속류에 대한 국부손실은 등가배관길이로 변환하여야 한다. 각 구간별 유량을 제외한 모든 변수값을 계산하도록 한다.
3단계 : 루프에 의해 이어지는 연속성이 충족되도록 적절한 분배유량을 가정한다.
4단계 : (ㄱ)
5단계 : (ㄴ)
6단계 : (ㄷ)
7단계 : (ㄹ)
8단계 : (ㅁ)
9단계 : 새롭게 보정된 분배유량으로 dPf 값이 충분히 작아질 때까지 4 ~ 7단계까지를 반복한다.
10단계 : 마지막 확인사항으로 임의의 경로에 대한 유입점으로부터 유출점까지의 마찰손실압력을 계산한다. 다른 경로로 두 번째 계산된 마찰손실압력값은 예상되는 범위 내의 동일한 값이 되어야 한다.

풀이

1. 하디 크로스 방식의 유체역학적 기본원리 3가지를 쓰시오.

   1) 질량 보존의 법칙
      (1) 총 유입량 = 총 유출량
      (2) $Q_{IN} = Q_{OUT}$

   2) 에너지 보존의 법칙
      (1) 각 관로에서의 손실수두는 동일
         $h_{L1} = h_{L2}$
      (2) 배관이 만나는 지점에서의 압력 손실은 같고 방향은 반대이므로
         $\sum h_L = 0$

   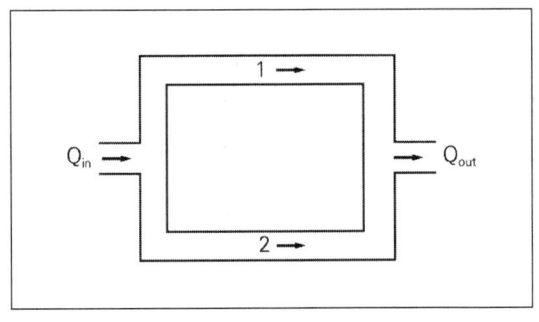

   3) 마찰손실 : 하젠 - 윌리암스 식(H-W) 사용

2. 하디 크로스 방식의 계산절차 중 4 ~ 8단계의 내용을 쓰시오.

   1) 4단계 : 마찰손실 계산

      $P_f = FLC \times Q^{1.85}$

   2) 5단계 : 마찰손실의 합계 $\sum P_f$ 계산

      $\sum P_f$ 값 : $0.035\,[kg/cm^2]$(0.5 psi) 이하가 될 때까지 계산

   3) 6단계 : $\dfrac{P_f}{Q}$의 계산

   4) 7단계 : 유량 보정계수(Δ) 계산

      $\Delta = \dfrac{-\Sigma P_f}{1.85 \times \Sigma\left(\dfrac{P_f}{Q}\right)}$

   5) 8단계 : 보정 유량 가감

      각 관로별 분배 유량을 가감한다.

> **보충**
>
> 1. FLC 의미
>
>   1) FLC : Friction Loss Coefficient
>
>   2) 마찰손실계수 K를 의미
>
>   3) 하젠 - 윌리암스 식 적용
>
> $P_f = 6.053 \times 10^4 \times \dfrac{Q^{1.85}}{C^{1.85} \times D^{4.87}} \times L = FLC \times Q^{1.85}$

| 89 | 물이 흐르고 있는 관로에서 a지점의 게이지 압력이 300 [kPa]이고 유량이 15 [kg/s] 일 때, a와 b 사이의 손실수두[m]를 계산하시오. |

조건

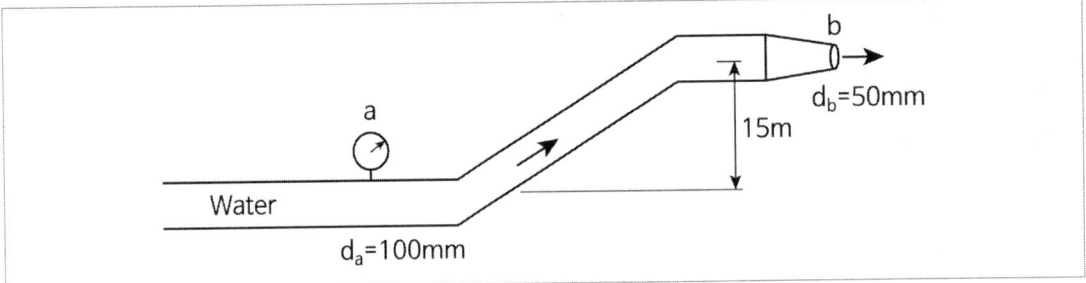

풀이

1. 개념

1) 질량보존의 법칙 적용 : 유입된 질량(In) = 유출된 질량(Out)

2) 베르누이 정리에 의해 a, b 두 지점에서의 압력수두, 속도수두, 위치수두의 합은 같다.

2. 수정베르누이 방정식

$$\frac{P_a}{\gamma} + \frac{v_a^2}{2g} + z_a = \frac{P_b}{\gamma} + \frac{v_b^2}{2g} + z_b + h_L$$

P : 배관에 작용하는 유체의 압력[N/m^2]
v : 단면을 통과하는 유체의 속도[m/s]
z : 기준위치에서 배관단면 중심까지의 거리[m]
γ : 비중량[kgf/m^3]
g : 중력가속도[m/s^2]
h_L : 마찰손실수두[m]

3. 계산

1) 조건

  (1) a지점의 게이지압력 300 [kPa], 유량 15 [kg/s], 관경 100 [mm]

  (2) b지점의 관경 50 [mm], 높이차 15 [m]

  (3) a지점을 기준으로 하면 $z_1 = 0$

   b지점은 대기압이므로 정압 $P_b = 0$

2) a지점의 유량 Q

　(1) 질량유량 $\rho Av = 15[kg/s]$

　(2) 체적유량 $Av = \dfrac{15[kg/s]}{1,000[kg/m^3]} = 0.015\ [m^3/s]$

3) 유속 v

　(1) $Q = Av$

　(2) a지점 유속 $v_a = \dfrac{Q}{A} = \dfrac{Q}{\dfrac{\pi D^2}{4}} = \dfrac{0.015}{\dfrac{\pi \times 0.1^2}{4}} = 1.91\ [m/s]$

　(3) b지점 유속 $v_b = \dfrac{Q}{A} = \dfrac{Q}{\dfrac{\pi D^2}{4}} = \dfrac{0.015}{\dfrac{\pi \times 0.05^2}{4}} = 7.64\ [m/s]$

4. 압력

$P_a = 300[kPa] = 300,000\ [N/m^2]$

5. 수정베르누이 방정식을 적용하면

1) $\dfrac{P_a}{\gamma} + \dfrac{v_a^2}{2g} + z_a = \dfrac{P_b}{\gamma} + \dfrac{v_b^2}{2g} + z_b + h_L$

2) $\dfrac{300,000}{9,800} + \dfrac{1.91^2}{2 \times 9.8} + 0 = \dfrac{0}{9,800} + \dfrac{7.64^2}{2 \times 9.8} + 15 + h_L$

3) h_L = 12.82 [m]

90. 다음 조건에서 소방펌프의 유효흡입양정(NPSH$_{av}$)을 구하시오.

조건

가. 흡입 측 배관의 후드 밸브에서 펌프까지 수직거리 : 4 [m]
나. 흡입 측 배관 마찰손실수두 : 2 [m]
다. 소화용수의 포화증기압 : 2.16 [kPa]
라. 대기압 : 101.3 [kPa]

풀이

1. 유효흡입수두

$$NPSH_{av} = \frac{P_a}{\gamma} - (\pm H_h + H_f + H_v)$$

P_a : 대기압[Pa]
γ : 물의 비중량[kg$_f$/m³]
H_h : 낙차[m]
H_f : 마찰손실수두[m]
H_v : 포화증기압수두[m]

2. 유효흡입양정

$$NPSH_{av} = \frac{101.3 \times 10^3 Pa}{9,800 N/m^3} - 4m - 2m - \frac{2.16 \times 10^3 Pa}{9,800 N/m^3} = 4.12 [m]$$

91. 다음 그림에서 안전계수를 고려한 소화 펌프의 최대 NPSH$_{re}$를 구하시오.

조건

가. 수온 10 [℃]
나. 흡입배관 마찰손실 0.5 [m]
다. 물탱크 상부 대기압
라. 10 [℃] 물의 비중량 998 [kgf/m³]
마. 10 [℃] 물의 포화증기압 125 [kgf/m²]

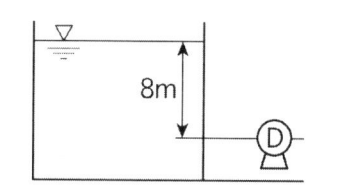

풀이

1. 적용공식

   1) 유효흡입수두

   $$NPSH_{av} = \frac{P_a}{\gamma} - (\pm H_h + H_f + H_v)$$

   P_a : 대기압[Pa]
   γ : 물의 비중량[kgf/m³]
   H_h : 낙차[m]
   H_f : 마찰손실수두[m]
   H_v : 포화증기압수두[m]

   2) 설계 시 공동현상의 한계

   $$NPSH_{av} \geq 1.3 \times NPSH_{re}$$

   $NPSH_{av}$: 유효흡입수두
   $NPSH_{re}$: 필요흡입수두

2. 최대 NPSH$_{re}$

   1) $NPSH_{av} = \dfrac{1.0332[kg_f/cm^2] \times 1[cm^2/10^{-4}m^2]}{998[kg_f/m^3]} + 8 - 0.5 - \dfrac{125[kg_f/m^2]}{998[kg_f/m^3]}$

   $= 17.73m$

   2) $NPSHav \geq 1.3 \times NPSH_{re}$

   $NPSH_{re} \leq \dfrac{NPSH_{av}}{1.3}$, $NPSH_{re} \leq \dfrac{17.73}{1.3}$

   ∴ $NPSH_{re} \leq 13.63[m]$

   ∴ 최대 $NPSH_{re}$는 약 13.6 [m]

92. 소화설비의 방수압력이 0.1 [kgf/mm²]일 때, 이를 [MPa]로 환산하시오.

풀이

1. 단위

    1) $1\,[Pa] = 1\,[N/m^2] = 1\,[kg_f/m^2]$

    2) $1\,[atm] = 760\,[mmHg] = 10.332\,[mAq] = 10332\,[mmAq] = 1.0332\,[kg_f/cm^2]$
    $= 1.013\,[bar] = 14.7\,[psi] = 101,325\,[Pa]$

2. 단위환산

    1) $(0.1[kg] \times 9.8[m/s^2])/(10^{-3})^2[m^2]$, $1[mm] = 10^{-3}[m]$

    2) $\dfrac{0.98}{10^{-6}}[Pa] = 9.8 \times 10^5 [Pa] = \dfrac{9.8 \times 10^5}{10^6}[MPa] = 0.98[MPa]$

| 93 | 다음 그림의 관경 10 [cm] 사이폰 출구의 체적 유량[m³/s]을 구하시오. (단, 관 지름은 일정하고 손실은 무시한다) |

조건

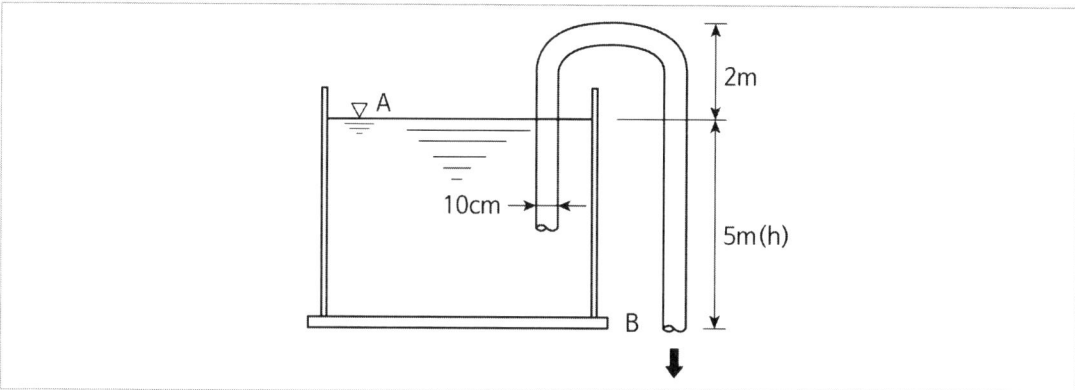

풀이

1. 사이폰 작용의 개념

   곡관 내에 물을 채우고, 그 곡관을 용기 내의 물속에 넣으면 용기 내의 물이 다른 부분으로 유출되는 현상

2. 사이폰 작용의 원리

   1) 초기에 펌핑을 가하면 이후 그대로 두어도 물이 계속 배출
   2) 이는 물이 흐름에 따라 곡관 내의 속도수두가 증가되며, 이에 따라 압력수두 감소
   3) 수면과 곡관 내의 압력차로 계속 물이 방출

3. 적용 공식

   $$\frac{P_A}{\gamma} + \frac{v_A^2}{2g} + z_A = \frac{P_B}{\gamma} + \frac{v_B^2}{2g} + z_B$$

   P : 배관에 작용하는 유체의 압력[N/m²]
   v : 단면을 통과하는 유체의 속도[m/s]
   z : 기준위치에서 배관단면 중심까지의 거리[m]
   γ : 비중량[kg_f/m³]
   g : 중력가속도[m/s²]

4. 조건

$P_A = P_B$, $v_A \fallingdotseq 0$

5. 사이폰 출구의 체적 유량[m³/s]

수면 상부 A와 사이펀 출구 B에서 베르누이 정리를 적용하면

$$\frac{P_A}{r} + \frac{v_A^2}{2g} + z_A = \frac{P_B}{r} + \frac{v_B^2}{2g} + z_B,$$

$$\frac{v_B^2}{2g} = z_A - z_B$$

$v_B = \sqrt{2g(z_A - z_B)}$, $z_A - z_B = 5$ 이므로

$v_B = \sqrt{2 \times 9.8 \times 5} = 9.9 [m/s]$

$\therefore Q = A_B \times v_B = \dfrac{\pi}{4} \times 0.1^2 \times 9.9 = 0.078 [m^3/s]$

94

펌프를 이용 옥내소화전으로 물을 배출하는 개략도이다. 열교환은 없으며 모든 손실을 무시할 때 펌프의 수동력[kW]을 계산하시오. (단, P_1은 게이지압, 물밀도 ρ는 998.2 kg/m³, g는 9.8 m/s², 대기압 0.1 MPa, 전달계수 K는 1.1, 효율 η는 75 %, 계산은 소수점 셋째자리에서 반올림하여 둘째자리까지 구하시오) [관 15회]

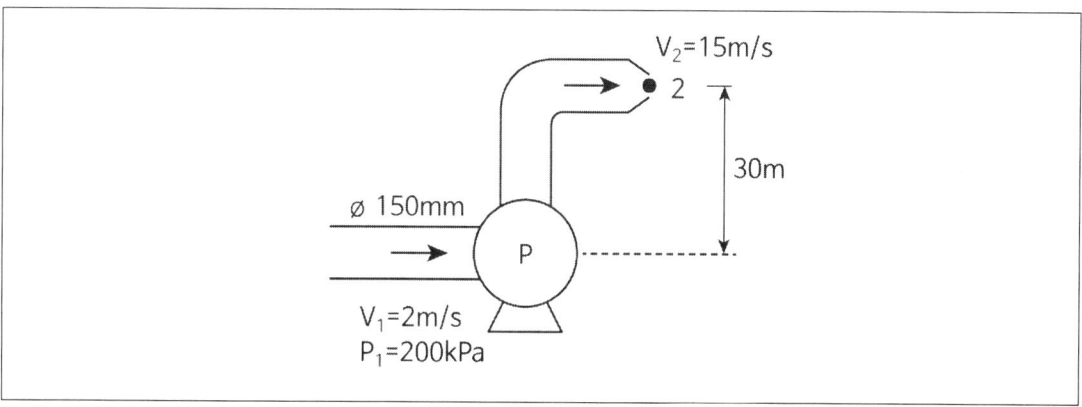

풀이

1. 동력

구분	적용 식	내용
수동력	P = γHQ	효율과 전달계수를 고려하지 않은 순수 동력
축동력	P = $\dfrac{\gamma HQ}{\eta}$	수동력에 효율(η)을 보정
전동력	P = $\dfrac{\gamma HQ}{\eta} \times K$	축동력에 전달계수(K)를 고려

2. 수정 베르누이 방정식

$$\frac{P_1}{\gamma} + \frac{v_1^2}{2g} + z_1 + h_p = \frac{P_2}{\gamma} + \frac{v_2^2}{2g} + z_2$$

P : 배관에 작용하는 유체의 압력[N/m²]
v : 단면을 통과하는 유체의 속도[m/s]
z : 기준위치에서 배관단면 중심까지의 거리[m]
γ : 비중량[kgf/m³]
g : 중력가속도[m/s²]
h_p : 펌프 전수두[m]

3. 펌프의 전수두(h_p)

$$h_p = \frac{P_2}{\gamma} + \frac{v_2^2}{2g} + z_2 - \frac{P_1}{\gamma} - \frac{v_1^2}{2g} - z_1$$

$$h_p = 0 + \frac{(15[m/s])^2}{2 \times 9.8[m/s^2]} + 30[m] - \frac{200 \times 1,000[N/m^2]}{998.2[kg/m^3] \times 9.8[m/s^2]} - \frac{(2[m/s])^2}{2 \times 9.8[m/s^2]} - 0 = 20.83[m]$$

※ $998.2[kg/m^3] \times 9.8[m/s^2] = 9.78[kN/m^2]$

4. 펌프의 토출량(Q) = $Av = \dfrac{\pi}{4} \times 0.15^2 [m^2] \times 2[m/s] = 0.035[m^3/s]$

5. 수동력 = $\gamma H Q = 9.78[kN/m^2] \times 20.83[m] \times 0.035[m^3/s]$
   $= 7.19[kN \cdot m/s] = 7.19[kJ/s] = 7.19[kW]$

95 내경이 200 [mm], 길이가 100 [m]인 강관에 0.07 [m³/s]로 층류상태의 물이 흐를 때 내부에 발생하는 마찰손실수두를 구하시오. (단, 달시 바이스바하 식을 이용, 동점성계수 ν = 0.75 × 10⁻³ m²/s, 중력가속도 g = 9.8 m/s², 소수점 둘째자리까지 계산) [술 106회]

풀이

1. 달시 바이스바하 실험식

$$\triangle H = f \frac{l}{d} \times \frac{v^2}{2g} [m]$$

2. 계산 관련 식

   1) 연속 방정식

   $$Q = \frac{\pi d^2 v}{4} \rightarrow v = \frac{4Q}{\pi d^2} = \frac{4 \times 0.07}{\pi \times 0.2^2} = 2.228$$

   2) 레이놀즈 수

   $$Re = \frac{\rho VD}{\mu} = \frac{VD}{\nu}$$

   μ : 절대점성계수[kg/m·s]
   ν : 동점성계수 $(\nu = \frac{\mu}{\rho})$[m²/s]

   $$\therefore Re = \frac{VD}{\nu} = \frac{2.228 \times 0.2}{0.75 \times 10^{-3}} = 594$$

   3) 마찰계수

   $$f = \frac{64}{Re} = \frac{64}{594} = 0.1077$$

3. 마찰손실수두

$$\triangle H = f \frac{l}{d} \times \frac{v^2}{2g} = 0.1077 \times \frac{100}{0.2} \times \frac{2.228^2}{2 \times 9.8} = 13.64 [m]$$

96 옥외탱크저장소에 고정형 Ⅱ형 방출구로 포소화설비를 설계 시 다음의 물음에 답하시오.

조건

1. 탱크용량 : 600,000 [Liter]
2. 탱크직경 : 15 [m]
3. 탱크높이 : 60 [m]
4. 액표면적 : 100 [m²]
5. 보조포소화전 : 1개
6. 배관경 : 100 [mm]
7. 배관길이 : 20 [m]
8. 폼 챔버 방사압력 : 3.5 [kgf/cm²]
9. 배관 및 부속류 마찰손실 : 10 [m]
10. 펌프효율 : 75 [%]
11. 전달계수 1.1
12. 안전율 10 [%]
13. 고정포 방출량 : 2.27 [ℓ/m²·min]
14. 방출시간 : 30분

1) 수성막포 6 [%] 사용 시 포원액량[ℓ]은?
2) 전동기의 용량[kW]은?

풀이

1. 적용 공식

$$Q = (AQ_1 TS) + (NS \times 400 Lpm \times 20\min) + (\frac{\pi}{4}d^2 \times 1{,}000 S)$$

Q : 포원액량[ℓ]
A : 탱크의 액표면적[m²]
Q_1 : 고정포방출량[ℓ/m²·min]
T : 방출시간[min]
S : 포의 비율[%]
N : 보조포소화전 수량(최대 3개)

2. 포원액량 계산

1) 방출구 소요량(AQ₁TS)

$100[m^2] \times 2.27[\ell/m^2 \cdot \min] \times 30[\min] \times 0.06 = 408.6[\ell]$

2) 보조포소화전 소요량(NS × 8,000)

$1 \times 0.06 \times 400[\ell/\min] \times 20[\min] = 480[\ell]$

3) 송액관 소요량($\frac{\pi}{4}d^2LS \times 1,000$)

$\frac{\pi}{4} \times 0.1^2[m^2] \times 20[m] \times 0.06 \times 1,000[\ell/m^3] = 9.43[\ell]$

4) 포원액량 = 408.6 + 480 + 9.43 = 898.03 [ℓ]

3. 전동기 용량

1) 적용공식

$$P = \frac{0.163 \times Q \times H}{\eta} \times S \times K$$

P : 전동기용량[kW]
Q : 유량[m³/min]
H : 수두[m]
η : 펌프효율
S : 안전율
K : 동력전달계수(1.1)

2) 용량계산

(1) 토출량(Q) = $AQ_1 + N \times 400[Lpm]$

= $(100[m^2] \times 2.27[l/m^2 \cdot \min]) + (1 \times 400[l/\min])$

= $627[Lpm] = 0.627[m^3/\min]$

(2) 양정(H)

$H = H_1 + H_2 + H_3$ (H_1 : 낙차수두, H_2 : 마찰손실수두, H_3 : 방사압력)

$H = 60 + 10 + 35 = 105[m]$

(3) 전동기용량

P[kW] = $(\frac{0.163 \times 0.627[m^3/\min] \times 105[m]}{0.75} \times 1.1) \times 1.1$ = 17.31 [kW]

97 바닥면적이 450 [m²]인 특수가연물 저장시설에 압축공기포소화설비를 설치하려고 할 때 다음 물음에 답하시오.

1) 압축공기포 설치 시 바닥면적에 따른 최소 분사헤드의 개수를 계산하시오.
2) 압축공기포 설치에 따른 수원량[m³]을 계산하시오.

> 풀이

1. 압축공기포 설치 시 바닥면적에 따른 최소 분사헤드의 개수

   1) 압축공기포소화설비의 분사헤드 및 수원량[ℓ]

방호 대상물	헤드개수	수원에 따른 방출량	방수 시간	수원의 설계방출밀도
특수가연물	9.3[m²/개]	2.3[ℓ/min·m²]	10분	알코올류, 케톤류의 설계방출밀도는 특수가연물의 방출량과 동일함
기타의 것	13.9[m²/개]	1.63[ℓ/min·m²]	10분	일반가연물, 탄화수소류의 설계방출밀도는 기타의 것의 방출량과 동일함

   2) 분사헤드의 수 = A ÷ 9.3 [m²/개] = 450 [m²] ÷ 9.3 [m²/개] = 48.38

      ∴ 49개

2. 압축공기포 설치에 따른 수원량[m³]

   1) 압축공기포의 수원량[ℓ]

   $$Q = A \times Q_1 \times T$$

   Q : 수원의 저수량[ℓ]
   A : 방호구역의 바닥면적[m²]
   Q_1 : 포소화약제 단위방출량[ℓ/min·m²]
   T : 방출시간[min]

   2) 수원량[m³] = $450 m^2 \times 2.3 \ell/m^2 \cdot \min \times 10 \min = 10,350 [\ell]$

      ∴ 10.35 [m³]

98 조건과 같은 차고에 호스릴포소화설비를 설치하려고 할 때 다음 물음에 답하시오. [관 15회]

조건

① 높이 3 [m], 바닥크기 10 [m] × 15 [m]인 차고에 호스릴포소화설비를 설치한다.
② 호스릴 접결구는 정방형으로 배치하며, 5 [%] 수성막포를 사용한다.
③ 주어진 조건 외의 것은 고려하지 않는다.

1) 호스릴포소화설비의 최소 포소화약제 저장량[ℓ]을 계산하시오.
2) 호스릴포소화설비의 1개당 최소 방출량[ℓ/min]을 계산하시오.

풀이

1. 호스릴포소화설비의 최소 포소화약제 저장량[ℓ]

   1) 호스릴포소화설비의 약제량[ℓ]

   $$Q = N \times S \times 6{,}000 [\ell]$$

   Q : 포소화약제의 양[ℓ]
   N : 호스 접결구수(5개 이상은 5개)
   S : 포소화약제의 사용농도[%]

   2) 200 [m²] 미만 : 75 [%] 적용
   3) 호스릴포방수구의 수
      (1) 호스릴포방수구의 설치거리

      $$S = 2r \times \cos 45°$$

      S : 헤드의 설치간격[m]
      r : 수평거리[15m]

      (2) 설치간격[m] = $2r \times \cos\theta$ = 2 × 15m × cos45° = 21.21   ∴ 21.21 [m]
      (3) 호스릴포방수구의 설치수량
         ① 가로 15 [m] ÷ 21.21 [m] = 0.7   ∴ 1개
         ② 세로 10 [m] ÷ 21.21 [m] = 0.4   ∴ 1개
      (4) 전체 호스릴포방수구의 설치수량 = 1개 × 1개 = 1개   ∴ 1개
   4) 약제량[ℓ] = 1개 × 6,000[ℓ] × 0.05 × 0.75 = 225   ∴ 225 [ℓ]

2. 차고 · 주차장에 설치하는 호스릴포소화설비의 1개당 최소 방출량[ℓ/min]

   1) 호스릴포방수구 또는 포소화전방수구(5개 이상은 5개)를 동시에 사용 시
      방사압력 0.35 [MPa] 이상, 300 [ℓ/min] 이상(200 m² 이하 시 230 ℓ/min의 포수용액을 수평거리 15 [m] 이상으로 방사
   2) 1개당 최소 방출량[ℓ/min] = 230 [ℓ/min /1개] = 230
      ∴ 230 [ℓ/min]

보충

1. 제4류 위험물의 인화점[℃] 구분

구분	위험물의 종류
제4류 위험물 인화점 21 [℃] 미만	특수인화물, 제1석유류(아세톤, 휘발유)
제4류 위험물 인화점 21 [℃] 이상 70 [℃] 미만	제2석유류(등유, 경유)
제4류 위험물 인화점 70 [℃] 이상	제3석유류(중유), 제4 석유류

99. 스프링클러의 작동시간 예측에 있어 감열체의 대류와 전도에 대해 열평형식을 이용하여 설명하시오. [술 119회]

풀이

1. 헤드의 작동시간의 유도

   1) 연기의 열대류식

   $$\dot{q} = hA(T_g - T)\,[\text{W}]$$

   h : 대류전열계수[W/m² · K]
   T_g : 연기의 온도[K]
   T : 감열체의 온도[K]

   2) 헤드의 열흡수식

   $$\dot{q} = mc\frac{dT}{dt}\,[\text{W}]$$

   m : 감열체의 질량[kg]
   c : 감열체의 비열[J/kg · K]
   T : 감열체의 온도[K]

   3) 헤드의 작동시간의 유도

   (1) 가정 : 열대류식 = 열흡수식

   (2) 유도

   $$\frac{dT}{dt} = \frac{\dot{q}}{mc}$$

   $$\frac{dT}{dt} = \frac{Ah(T_g - T)}{mc} = \frac{T_g - T}{\tau} \; (\because \tau = \frac{mc}{Ah})$$

   $$dt = \frac{\tau}{T_g - T}dT, \; \int dt = \int_{T_o}^{T_d} \frac{\tau}{T_g - T}dT$$

   $$t = -\tau[\ln(T_g - T)]_{T_o}^{T_d}$$

   $$t = -\tau[\ln(T_g - T_d) - \ln(T_g - T_o)] = \tau\ln\frac{T_g - T_o}{T_g - T_d}$$

   $$t = \frac{RTI}{\sqrt{u}}\ln\frac{T_g - T_o}{T_g - T_d} \; (\because RTI = \tau\sqrt{u})$$

(3) 헤드의 작동시간

$$t = \frac{RTI}{\sqrt{u}} \ln \frac{T_g - T_o}{T_g - T_d} \quad (\because RTI = \tau\sqrt{u})$$

RTI : 반응시간지수
T_g : 연기의 온도
T_o : 감열체의 초기 온도
T_d : 감열체의 작동 온도
τ : 반응예상지수 ($\frac{mc}{Ah}$)
u : 기류의 속도

2. 결론

1) 화재 시 연기, 화열 등의 연소생성물이 천장 부근에서의 빠른 속도의 천장 제트 흐름(Ceiling Jet Flow)이 발생한다.

2) 이때 열방출율 $\dot{Q}$ 와 천장까지의 높이 H를 알면, 화재 플룸의 중심축으로부터 거리 r 지점에서의 연기 온도와 속도를 통해서 헤드 작동시간을 알 수 있다.

100. 절대압력과 게이지압력의 관계에 대하여 설명하고, 진공압이 500 [mmHg]일 때 절대압력[Pa]을 계산하시오. (단, 대기압은 760 mmHg이다) [술 125회]

풀이

1. 압력의 정의

   1) 압력이란 단위면적당 수직으로 작용하는 힘
   2) 압력계란 액체나 기체의 압력을 측정할 수 있는 계측기
   3) 관련 식

   $$P = \frac{F}{A} = \frac{\rho g h A}{A} = \rho g h = \gamma h \, [N/m^2][Pa]$$

   4) 압력의 단위

   ① $Pa = N/m^2$

   ② 1 [atm] = 760 [mmHg] = 10.332 [mH$_2$O] = 1.0332 [kg_f/cm^2] = 101325 [Pa]
   = 14.7 [psi]

2. 절대압력과 게이지압력과의 관계

   1) 절대압력 : 완전 진공 상태의 압력을 0으로 하고, 이를 기준으로 측정한 압력
   2) 게이지압력

      (1) 일반적으로 압력게이지에 나타나는 압력
      (2) 게이지압력 = 절대압력 - 대기압

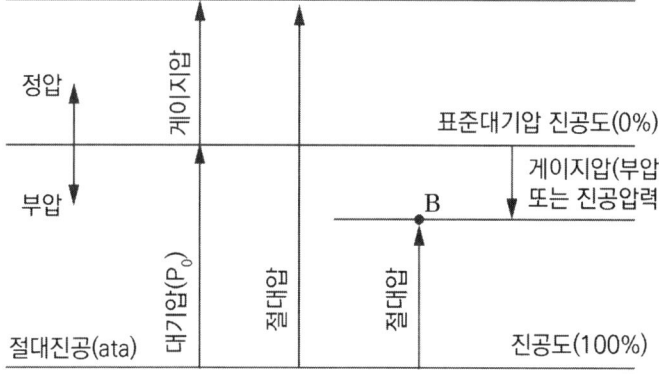

3. 진공압이 500 [mmHg]일 때 절대압력[Pa]

   1) 절대압력 = 대기압 - 진공압

      = 760 [mmHg] - 500 [mmHg] = 260 [mmHg]

   2) 절대압력 = $260 [mmHg] \times \dfrac{101,325 [Pa]}{760 [mmHg]} = 34,664 [Pa]$

101. $Q = 0.6597 d^2 \sqrt{p}$ 을 유도하고, 옥내소화전과 스프링클러설비의 K-factor에 대하여 설명하시오. [술 125회]

풀이

1. 적용 공식

1) 연속 방정식

$$Q = Av$$

Q : 유량[m³/s]
A : 배관의 단면적[m²]
v : 유속[m/s]

2) 동압(옥내소화전 노즐을 통한 방사 시 적용)

$$P = \frac{v^2}{20g}$$

P : 동압
v : 유속[m/s]
g : 중력가속도[m/s²]

3) 단면적

$$A = \frac{\pi d^2}{4}$$

A : 배관의 단면적[m²]
d : 배관의 직경[m]

2. 유도

1) 동압(소화전 호스에서 노즐을 통해 방사 시 동압 적용)

$$P = \frac{v^2}{20g}$$

$$v = \sqrt{20g \cdot P} = 14\sqrt{P} \quad \cdots\cdots ①$$

2) 면적 A

$$A = \frac{\pi D^2}{4} \quad \cdots\cdots ②$$

3) ①, ②를 $Q = Av$에 대입하면

$$Q = \frac{\pi D^2}{4} \times 14\sqrt{P} = 3.5\pi D^2 \sqrt{P} \quad \cdots\cdots ③$$

4) 단위변환

(1) Q [m³/s] → q [Lpm]

1 [m³/s] = 1000 × 60 [Lpm]

Q × 1000 × 60 = q

$Q = \dfrac{q}{1000 \times 60}$ ·· ④

(2) D [m] → d [mm]

1 [m] = 1000 [mm]

D × 1000 = d

$D = \dfrac{d}{1000}$ ·· ⑤

(3) ④, ⑤를 ③에 대입하면

$\dfrac{q}{1000 \times 60} = 3.5\pi \times (\dfrac{d}{1000})^2 \sqrt{P}$

$q\,[Lpm] = 0.6597 \times d^2 \times \sqrt{P}$

∴ $Q = 0.6597 d^2 \sqrt{P}$

3. 옥내소화전과 스프링클러설비의 K-factor

1) K-facor

(1) 오리피스 구조 등에 따라 방출량의 차이가 발생하므로 유량계수 C를 도입

(2) $Q = 0.6597 \times C d^2 \sqrt{P} = K\sqrt{P}$

(3) 여기서, $K = 0.6597 \times C d^2$ 이며, 이를 K-factor라고 함

2) 옥내소화전과 스프링클러설비의 K-facor

구분	옥내소화전설비	스프링클러설비
유량계수 C	0.99	0.75
내경	13 [mm]	12.7 [mm]
K-factor	$K = 0.6597 \times 0.99 \times 13^2 ≒ 110$	$K = 0.6597 \times 0.75 \times 12.7^2 ≒ 80$

102. 옥내소화전 펌프 토출 측 주배관의 유속을 4m/s 이하로 제한하는 이유를 서술하시오.
[술 126회]

풀이

1. 옥내소화전설비의 화재안전기준(NFSC 102) 제 6조 배관 등

  1) 펌프의 토출 측 주배관의 구경 : 4 [m/s] 이하일 것

  2) 옥내소화전방수구와 연결되는 가지배관 구경 : 40 [mm](호스릴 25 mm) 이상

  3) 주배관 중 수직배관의 구경 : 50 [mm](호스릴 32 mm) 이상

2. 유속을 4 [m/s] 이하로 제한하는 이유

  1) 제한 이유

   (1) 유속이 일정한 값 이상을 초과할 경우 배관 내의 흐름이 극심한 난류상태가 되어 소화수를 균일하게 공급할 수 없음

   (2) 관 벽에서의 마찰로 배관 손상이 발생하여 부식 우려가 있음

3. NFPA 20

  NFPA 20에서는 150 [%]의 유량에서 펌프 토출 측의 유속을 6.1 [m/s] 이하로 제한함

4. 유속 4m/s 이하일 경우 배관경 선정의 예시

  1) 관련 식

   $$Q = \frac{1}{4}\pi d^2 v \;\rightarrow\; v = \frac{4Q}{\pi d^2}$$

  2) 조건 적용

   (1) Q = 260 [Lpm]

   (2) v = 4 [m/s]

  3) 관경

   $$d = \sqrt{\frac{4Q}{\pi v}} \;\rightarrow\; d = \sqrt{\frac{4 \times 0.26 [m^3/60s]}{\pi \times 4 [m/s]}} = 37.14 [mm]$$

   ∴ 40 [mm]

| 103 | 화재가 발생한 건축물 지면으로부터 0.8 [m] 높이에 설치된 송수구에 호스연결작업을 하고 있다. 폭렬현상으로 지면에서 40 [m] 높이에 있는 질량 2 [kg]의 유리창 파편이 낙하하는 경우 다음을 구하시오. (단, 유리 파편은 자유낙하로 취급하고, 중력가속도는 9.8 m/s²) [술 110회] |

1) 위치에너지[kJ]
2) 낙하 3초 후의 속도[m/s]
3) 지면에 도달하기까지의 소요시간[s]

풀이

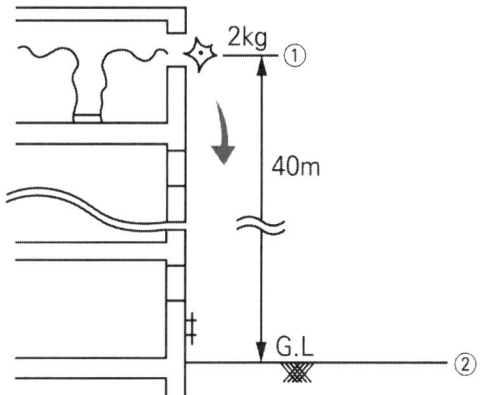

1. 위치 에너지[kJ]

    1) 자유낙하와 공기저항을 무시할 경우

    힘 $F = mg = 2[kg] \times 9.8[m/s^2] = 19.6[kg \cdot m/s^2] = 19.6[N]$

    일 $W = $ 힘 $\times$ 거리 $= 19.6 \times 40 = 784[kg \cdot m^2/s^2] = 784[N \cdot m] = 784[J]$

    2) 위치에너지 = 0.784 [kJ]

2. 낙하 3초 후의 속도[m/s]

$$g(중력\ 가속도) = \frac{v(속도)}{t(시간)}$$

$$v = g \cdot t = 9.8 \times 3 = 29.4[m/s]$$

3. 지면에 도달하기까지의 소요시간[s]

위치에너지 + 운동에너지 = 일정하므로(const)

$$mgH_1 + \frac{1}{2}mv_1^2 = mgH_2 + \frac{1}{2}mv_2^2$$

여기서, $v_1 = 0$, $H_2 = 0$, $m = const$ 이므로

$$gH_1 = \frac{1}{2}v_2^2$$

$$H = \frac{v_2^2}{2g} = \frac{(gt)^2}{2g} = \frac{1}{2}gt^2$$

$$t = \sqrt{\frac{2H}{g}} = \sqrt{\frac{2 \times 40}{9.8}} \fallingdotseq 2.86 \,[s]$$

4. 위치에너지와 속도와 소요시간

1) 위치에너지 = 0.784 [kJ]
2) 낙하 3초 후의 속도(m/s) : 29.4 [m/s]
3) 지면에 도달하기까지의 소요시간 : 2.86 [s]

104 표면장력의 정의를 설명하고, 표면장력의 관계식 $\sigma = \frac{1}{4}Pd$ [N/m]을 증명하시오.

풀이

1. 표면장력의 정의
    1) 같은 분자의 응집력과 부착력의 차이로 발생
    2) 액 표면적을 최소화하려는 힘으로 온도가 높을수록 응집력은 작아짐

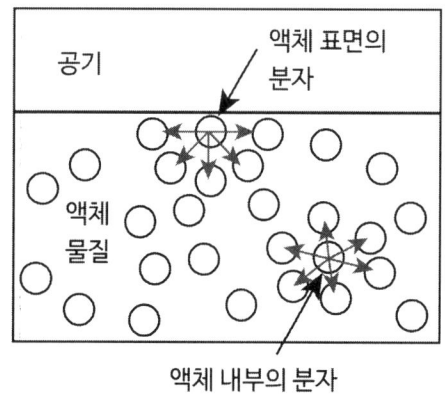
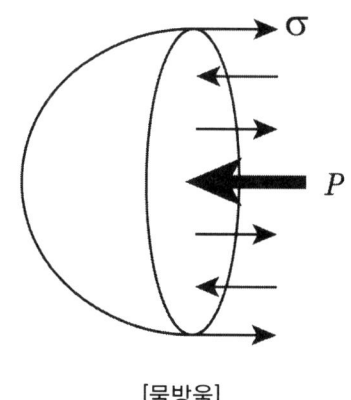

[물방울]

2. 표면장력의 관계식 증명
    1) 관계식

    $$\sigma = \frac{1}{4}Pd \, [N/m]$$

    σ : 표면장력[N/m]
    P : 물방울 내부와 외부의 압력차[N/m²] [Pa]
    d : 지름[m]

    2) 증명
        (1) 물방울 단면의 원주에 작용에 힘(F_1)

        $F_1 = \sigma \pi d$

        (2) 압력차에 의해 발생하는 힘(F_2)

        $F_2 = PA = P \times \frac{\pi}{4}d^2$

        (3) $F_1 = F_2$

        $\sigma \pi d = P \times \frac{\pi}{4}d^2 \qquad \therefore \sigma = \frac{1}{4}Pd$

3. 표면장력에 영향을 미치는 인자

   1) 온도 : 증가할수록 분자운동이 활발하여 표면장력 감소
   2) 계면활성제 : 비누, 합성세제 등은 표면장력을 감소
   3) 염분 : 염분 양이 증가할수록 표면장력 증가
   4) 알코올, 산 : 표면장력을 감소시킴

4. 표면장력

구분	표면장력[dyne/cm]
물	72
합성계면활성제	30

105 공기의 체적유량을 측정하기 위한 노즐이다. 공기의 체적유량을 구하는 공식을 유도하고 아래의 조건에 따른 체적유량을 구하시오. [술 129회]

조건

$P_1 - P_2 = 10 \,[\text{Pa}]$
$A_1 = 0.08 \,[\text{m}^2]$, $A_2 = 0.02 \,[\text{m}^2]$,
공기밀도 $= 1.2 \,[\text{kg/m}^3]$, $C_v = 1$

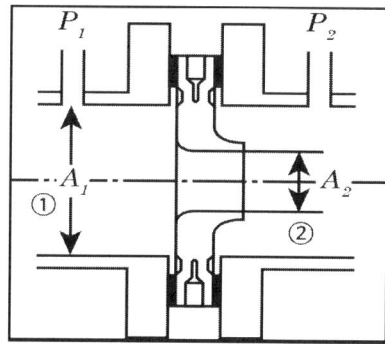

풀이

1. 차압에 의한 체적유량 유도

   1) 적용 공식

   (1) 베르누이 방정식

   $$P_1 + \frac{\rho v_1^2}{2} = P_2 + \frac{\rho v_2^2}{2} \,[\text{Pa}] \;(Z_1 = Z_2,\; \rho_1 = \rho_2 = \rho)$$

   (2) 연속의 법칙

   $$Q = A_1 v_1 = A_2 v_2 \;(\rho_1 = \rho_2)$$

   2) 유도

   (1) $P_1 + \dfrac{\rho v_1^2}{2} = P_2 + \dfrac{\rho v_2^2}{2}$ 이므로, $\dfrac{2(P_1 - P_2)}{\rho} = v_2^2 - v_1^2$ ······ ①

   (2) $v_1 = \dfrac{A_2}{A_1} v_2$ 이므로 이를 ① 식에 대입하면

   $$\frac{2(P_1 - P_2)}{\rho} = v_2^2 - \left(\frac{A_2}{A_1}\right)^2 \cdot v_2^2$$

   $$\frac{2(P_1 - P_2)}{\rho} = \left(1 - \left(\frac{A_2}{A_1}\right)^2\right) \cdot v_2^2 \;\cdots\cdots\; ②$$

(3) ② 식을 v_2로 정리하면 $v_2 = \sqrt{\dfrac{2(P_1-P_2)}{\rho[1-(\dfrac{A_2}{A_1})^2]}}$ ······ ③

(4) ③ 식에 속도계수를 적용할 경우 유량 Q

$$Q = C_v A_2 \sqrt{\dfrac{2(P_1-P_2)}{\rho(1-(\dfrac{A_2}{A_1})^2)}}$$

2. 조건에 따른 체적유량 계산

1) 조건

 (1) 차압 ΔP = 10 [Pa]

 (2) $A_1 = 0.08\ [m^2]$, $A_2 = 0.02\ [m^2]$

 (3) 공기밀도 $\rho = 1.2\ [kg/m^3]$

 (4) 속도계수 $C_v = 1$

2) 계산

$$Q = C_v A_2 \sqrt{\dfrac{2(P_1-P_2)}{\rho(1-(\dfrac{A_2}{A_1})^2)}} = 1 \times 0.02 \times \sqrt{\dfrac{2(10)}{1.2(1-(\dfrac{0.02}{0.08})^2)}} = 0.082\ [m^3/s]$$

∴ 체적유량 Q = 0.082 [m³/s]

106. 다음 조건에 따른 스프링클러 헤드의 RTI 값을 구하고, 해당 헤드가 공동주택의 거실에 설치 가능 여부를 판단하시오. [술 129회]

조 건

평균 작동온도 72 [℃], 주위온도 20 [℃], 열기류온도 141 [℃]
열기류 속도 1.85 [m/s], 헤드 작동시간 40초

풀 이

1. RTI(반응시간지수)

 1) RTI 개념

  기류의 온도·속도 및 작동시간에 대하여 스프링클러헤드의 반응을 예상한 지수

 2) RTI 계산식

$$RTI = \tau\sqrt{v} = \frac{mc}{Ah}\sqrt{v} \ [\sqrt{m \cdot s}]$$

 여기서, τ : 감열체의 시간상수(s)
  v : 열기류속도(m/s)
  m : 감열체의 질량(g)
  c : 감열체의 비열(J/g·℃)
  h : 대류열전달계수(W/m²·℃)
  A : 감열체의 면적(m²)

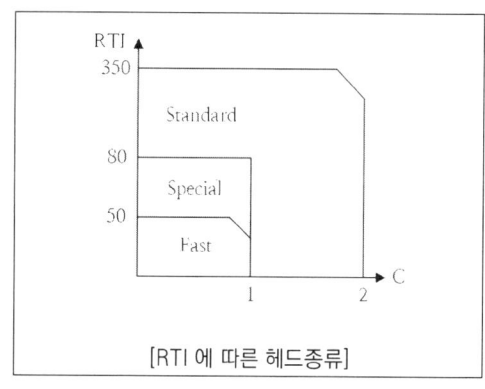

[RTI에 따른 헤드종류]

 3) 「스프링클러헤드의 형식승인 및 제품검사의 기술기준」에서의 RTI에 따른 헤드 분류

RTI	헤드의 종류
50 이하	Quick Response(조기반응형)
51 초과 ~ 80 이하	Special Response(특수반응형)
80 초과 ~ 350 이하	Standard Response(표준반응형)

2. 헤드 작동시간과 RTI

1) 연기의 열대류식 : $\dot{q} = h \times A \times (T_g - T)$ [W]

2) 헤드의 열흡수식 : $\dot{q} = m \times c \dfrac{dT}{dt}$ → $\dfrac{dT}{dt} = \dfrac{\dot{q}}{mc}$ [W]

3) 헤드의 작동시간의 유도[수계설비 99번 문제 참조]

   (1) 가정 : 열대류식 = 열흡수식

   (2) 유도

   $$t = \dfrac{RTI}{\sqrt{v}} \ln\left(\dfrac{T_g - T_0}{T_g - T_d}\right)$$

4) 이 식을 RTI로 표현하면

$$RTI = \dfrac{t\sqrt{v}}{\ln\left(\dfrac{T_g - T_0}{T_g - T_d}\right)}$$

t : 헤드 작동시간[s] RTI : 헤드 반응시간지수
v : 열기류 속도[m/s] T_g : 열기류온도[℃]
T_d : 평균 작동온도[℃] T_0 : 초기온도[℃]

3. 공동주택 거실에 설치 가능 여부 확인

1) RTI의 계산

$$RTI = \dfrac{t\sqrt{v}}{\ln\left(\dfrac{T_g - T_0}{T_g - T_d}\right)} = \dfrac{40\sqrt{1.85}}{\ln\left(\dfrac{141 - 20}{141 - 72}\right)} = 96.86$$

2) 조기반응형헤드의 설치장소

   ① 공동주택 · 노유자시설의 거실

   ② 오피스텔 · 숙박시설의 침실

   ③ 병원 · 의원의 입원실

3) 적합 여부

   ① 공동주택에는 RTI가 50 이하인 조기반응형 헤드를 설치해야 한다.

   ② 하지만 RTI = 96.86은 표준형 헤드이므로 부적합하다.

107

화재조기진압용 스프링클러설비에서 수리학적으로 가장 먼 가지배관 4개에 각각 4개의 스프링클러헤드가 하향식으로 설치되어 있다. 이 경우 스프링클러헤드가 동시에 개방되었을 때 헤드선단의 최소방사압력 0.28 [MPa], K(L/min·MPa1/2) = 320일 때 수원의 양 [m³]을 구하시오. (단, 소수점 셋째자리에서 반올림하여 소수점 둘째자리까지 구하시오)

[관 23회]

풀이

1. 관련 식

$$Q = 12 \times 60 \times K\sqrt{10p}$$

Q : 수원의 양[ℓ]
K : 상수[ℓ/min/(MPa)$^{1/2}$]
p : 헤드선단의 압력[MPa]

2. 계산

1) 수원량

$$Q = 12 \times 60 \times 320\sqrt{10 \times 0.28} = 385,532.94[l]$$

∴ 385.53 [m^3]

2) 옥상 수원량 : 385.53 × 1/3 = 128.51 [m^3]

∴ 수원량 + 옥상 수원량 = 385.53 + 128.51 = 514.04 [m^3]

108. 배관 내 유체에서 층류 흐름의 마찰계수 $f = \dfrac{64}{Re}$ 와 Darcy Weisbach 방정식을 이용하여 하겐 포아젤(Hagen Poiseulle) 법칙 $\triangle P = \dfrac{128\mu l Q}{\pi d^4}$ 를 유도하시오.

풀이

1. $\triangle P = \dfrac{128\mu l Q}{\pi d^4}$ 유도

   1) 층류 흐름의 마찰계수식 $f = \dfrac{64}{Re}$

   $$f = \dfrac{64}{Re} \quad \cdots\cdots\cdots ①$$

   f : 층류 흐름의 마찰계수
   Re : 레이놀즈 수

   2) 레이놀즈 수

   $$Re = \dfrac{\rho v d}{\mu} \quad \cdots\cdots\cdots ②$$

   Re : 레이놀즈 수
   μ : 점성계수[kg/m·s]
   ρ : 밀도[kg/m³]
   v : 유속[m/s]
   d : 배관의 내경[m]

   3) 달시 바이스바하(Darcy Weisbach) 방정식

   $$H = f \dfrac{l}{d} \dfrac{v^2}{2g} \quad \cdots\cdots\cdots ③$$

   H : 관의 마찰손실수두[m]
   f : 관의 마찰손실계수
   l : 관의 길이[m]
   d : 배관의 내경[m]
   v : 유속[m/s]
   g : 중력가속도[m/s²]

   4) 연속 방정식

   $$Q = Av = \dfrac{\pi}{4} d^2 v$$
   $$v = \dfrac{4Q}{\pi d^2} \quad \cdots\cdots\cdots ④$$

   Q : 유량[m³/s]
   A : 단면적[m²]
   v : 유속[m/s]

5) $\triangle P = \gamma H = \rho g H$ 이므로

이 식에 ①, ②, ③식을 대입하면

$$\triangle P = \rho g H \left(\because H = f \frac{l}{d} \frac{v^2}{2g} \right)$$

$$\triangle P = \rho g \times \frac{64}{\frac{\rho v d}{\mu}} \times \frac{l}{d} \times \frac{v^2}{2g}$$

$$\triangle P = \frac{32 \mu l v}{d^2} \cdots\cdots ⑤$$

6) ④식 $v = \frac{4Q}{\pi d^2}$ 을 ⑤식에 대입하면

$$\triangle P = \frac{32 \mu l \left(\frac{4Q}{\pi d^2} \right)}{d^2} = \frac{128 u l Q}{\pi d^4}$$

$$\therefore \triangle P = \frac{128 \mu l Q}{\pi d^4}$$

PART
03

뇌풀림 소방기술사·관리사 수리계산 핸드북

가스계

01 25℃, 0.85[atm]에서 산소의 밀도[g/ℓ]는 얼마인지 구하시오. (단, 산소는 이상기체)
[술 101회]

풀이

1. 이상기체상태방정식

$$PV = nRT = \frac{W}{M}RT$$

$$\rho = \frac{W}{V} = \frac{PM}{RT}$$

P : 기압[atm]
V : 방출가스량[m³]
M : 분자량[kg]
R : 0.082 [atm·m³/kg·mol·K]
T : 절대온도[K]

2. 기체상수 R

1) $R = \dfrac{PV}{nT}$에서 $1[atm]$, $22.4[l]$, $273[K]$, $1[mol]$을 대입

$$R = \frac{1 \times 22.4}{1 \times 273} = 0.082 [atm \cdot l/mol \cdot K]$$

2) $R = \dfrac{PV}{nT}$에서 $101,325 Pa$, $22.4 \times 10^{-3}[m^3]$, $273[K]$, $1[mol]$을 대입

$$R = \frac{101,325 \times 22.4 \times 10^{-3}}{1 \times 273} = 8.314 [N \cdot m/mol \cdot K]$$

3. 산소의 밀도

$$\rho = \frac{W}{V} = \frac{PM}{RT} = \frac{0.85 \times 32}{0.082 \times (273 + 25)} = 1.113 [g/l]$$

$$\therefore 1.113 [g/l]$$

02 어떤 기체가 이상기체 거동을 위한 조건(가정)을 설명하고, 이상기체상태방정식 $PV = nRT$를 유도하라. [술 108회]

풀이

1. 이상기체 거동을 위한 조건
   1) 부피가 제로
   2) 분자가 상호작용이 없어 위치에너지는 중요하지 않음
   3) 완전탄성충돌인 가상의 기체
   4) 분자의 평균 운동에너지는 절대온도에 비례
   5) 보일 - 샤를의 법칙, 이상기체상태방정식을 만족

2. 이상기체상태방정식 유도
   1) 보일의 법칙
      (1) $V \propto \dfrac{1}{P}$
      (2) 기체의 부피는 압력에 반비례
   2) 샤를의 법칙
      (1) $V \propto T$
      (2) 기체의 부피는 절대온도(K)에 비례
   3) 아보가드로의 법칙
      (1) $V \propto n$
      (2) 기체의 부피는 몰수(n)에 비례
   4) 위의 3가지 법칙을 결합하면
      $V \propto \dfrac{nT}{P}$
   5) 여기에 비례상수 R을 대입하면
      $PV = nRT$
   6) 비례상수 R
      $R = \dfrac{PV}{nT} = \dfrac{1 \times 22.4}{1 \times 273} = 0.082 [atm \cdot m/mol \cdot K]$

3. 이상기체와 실제기체의 비교

구분	이상기체	실제기체
상호작용	없음	있음
부피	없음	있음
온도, 압력 변화 시	기체로 존재	상태가 변화
절대 0도	부피 = 0	부피 ≠ 0

| 03 | 체적이 400 [m³]인 방호구역에 전역방출방식으로 이산화탄소를 방사하였다. 다음 조건을 참고하여 물음에 답하시오. |

조건

1) 실내의 온도 : 50 [℃]
2) 산소의 농도 : 14 [%]
3) 내부의 압력 : 1.2 [atm](절대압력)

1) 방출된 이산화탄소의 양[m³]을 계산하시오.
2) 이때 방사된 이산화탄소의 양[kg]을 계산하시오.

풀이

1. 방출된 이산화탄소의 양[m³]

   1) 산소농도 : 방사 전 ≠ 방사 후(체적변화 ○)
      산소량 : 방사 전 = 방사 후(질량변화 ×)
      즉, $(V \times 21\%) = (V+x) \times O_2[\%]$

   $$CO_2\ x(m^3) = \frac{(21-O_2)}{O_2} \times V$$

   2) $CO_2(m^3) = \dfrac{(21-14)}{14} \times 400 = 200\,[m^3]$

2. 방사된 이산화탄소의 양[kg]

   1) 이상기체상태 방정식

   $$PV = nRT = \frac{W}{M}RT \Rightarrow 밀도 : \rho = \frac{W}{V} = \frac{PM}{RT}$$

   2) $W = \dfrac{PVM}{RT} = \dfrac{1.2\,[atm] \times 200\,[m^3] \times 44\,[g]}{0.082\,[atm \cdot L/mol \cdot K] \times (50+273)\,[K]} ≒ 398.7\,[kg]$

04 | 25 [℃]에서 용량 68 [L] 이너젠 20 [kg]을 충전하는 경우 아래 조건을 사용하여 압력을 구하시오.

조건

1) 0 [℃]에서 절대온도는 273.16 [K]
2) STP 상태를 가정한다.
3) IG-541의 조성(N_2 : 52 %, Ar : 40 %, CO_2 : 8 %)

풀이

1. 이상기체상태방정식

$$PV = nRT = \frac{W}{M}RT \Rightarrow 압력 : P = \frac{WRT}{VM}$$

2. 계산

   1) 각 기체의 mol수 비율

   $$N_2 : Ar : CO_2 = 0.52 \times 28\,[g/mol] : 0.4 \times 40\,[g/mol] : 0.08 \times 44\,[g/mol]$$
   $$= 14.56 : 16 : 3.52$$

   2) 이너젠 가스 mol 질량

   $$M = 14.56 + 16 + 3.52 = 34.08\,[g/mol]$$

   3) 기체상수

   $$R = 0.082\,[atm \cdot L/mol \cdot K]$$

   4) 압력

   $$P = \frac{WRT}{VM} = \frac{20{,}000\,[g] \times 0.082\,[atm \cdot L/mol \cdot K] \times (273.16 + 25)\,[K]}{68\,[L] \times 34.08\,[g]}$$

   $$P \fallingdotseq 211\,[atm \cdot abs]$$

05 방호구역의 체적이 500 [m³]인 소방대상물에 CO_2 소화설비를 하였다. 이곳에 CO_2 100 [kg]을 방사하였을 때 CO_2의 농도[%]를 구하시오. (단, 실내기압은 1.2 atm, 온도는 25 ℃이다.)

풀 이

1. 이상기체상태방정식

$$PV = nRT = \frac{W}{M}RT \rightarrow 체적 : V = \frac{WRT}{PM}$$

$$V = \frac{WRT}{PM} = \frac{100\,[kg] \times 0.082\,[atm \cdot m^3/kmol \cdot K] \times (273+25)\,[K]}{1.2\,[atm] \times 44\,[kg/kmol]}$$

$$V = 46.2803\,[m^3]$$

2. CO_2의 농도[%]

$$C = \frac{방사된\ CO_2의\ 양\,[m^3]}{방호구역\ 체적\,[m^3] + 방사된\ CO_2의\ 양\,[m^3]} \times 100$$

$$C = \frac{46.2803\,[m^3]}{500\,[m^3] + 46.2803\,[m^3]} \times 100\% = 8.47\,[\%]$$

06 CO_2 가스계 무유출을 가정한 CO_2 농도식을 유도하시오.

풀이

1. 무유출을 가정한 방사된 CO_2량

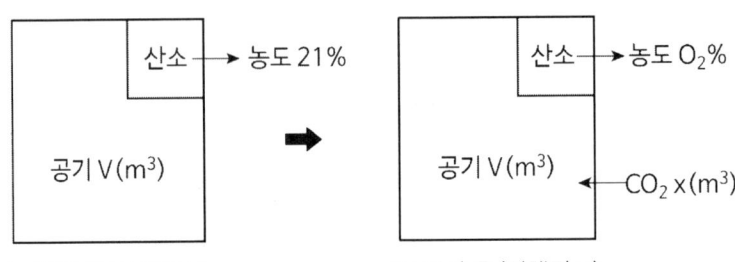

A : 방사 전(실체적 V)   B : 방사 후(실체적 V)

1) 산소량은 방사 전 = 방사 후 같다.
   방사 전·후 밀도(ρ)가 같다고 가정

2) $V \times 21\% = (V+x) \times O_2 \%$

   $\therefore CO_2 \ x \ [m^3] = \dfrac{21 - O_2}{O_2} \times V$

2. CO_2 농도(방사 후)

$$CO_2 \text{농도} \ [\%] = \dfrac{\text{방사된} \ CO_2 \text{량}}{\text{방호구역 체적} + \text{방사된} \ CO_2 \text{량}} \times 100$$

$$CO_2 = \dfrac{\dfrac{21-O_2}{O_2} \times V}{V + \dfrac{21-O_2}{O_2} \times V} \times 100 = \dfrac{21-O_2}{21} \times 100 \ [\%]$$

3. CO_2 설계농도 = 불꽃소화농도 × 1.2

   1) 일반적으로 O_2 농도 15 [%]에서 탄화수소계 가연물은 소화된다.

   2) $C = \dfrac{21-15}{21} \times 100 = 28 [\%]$, 여기에 안전율 1.2를 적용하면 34 [%]

07 약제량 산정식 $W = \dfrac{V}{S} \times \dfrac{C}{100-C}$ 을 유도하시오.

풀 이

1. 약제량 산정식

$$W = \dfrac{V}{S} \times \left(\dfrac{C}{100-C}\right)$$

W : 소화약제의 무게[kg]
V : 방호구역의 체적[m³]
C : 체적에 따른 소화약제의 설계농도[%]
S : 소화약제별 선형상수 $[K_1 + K_2 \times t]$ [m³/kg]
t : 방호구역의 최소예상온도[℃]

2. 선형상수

1) 0 [℃]의 기체비체적 $K_1 = \dfrac{22.4\,[m^3]}{분자량\,[kg]}$

2) 임의온도 t[℃]에서 비체적 $S = K_1 + K_1 \times \left(\dfrac{t}{273}\right)$

$$K_1 + \left(\dfrac{K_1}{273}\right) \times t = K_1 + K_2 t$$

3. 식 유도

1) 소화약제 = 부피 × 농도 [m³]

2) 위 식을 비체적으로 나누어 kg 단위로 한다.

3) 농도 $C = \dfrac{방출량}{방호구역\ 체적 + 방출량} \times 100$

농도 $C = \dfrac{v}{V+v} \times 100$

$v = W \times S$ (질량 × 비체적)를 농도식에 대입하면

$C = \dfrac{WS}{V+WS} \times 100$

$C \times (V + WS) = WS \times 100$

$\therefore W = \dfrac{V}{S} \times \dfrac{C}{100-C}$

08

NFPA 12에서 제시한 이산화탄소소화설비의 소화약제 방출과 관련한 "Free Efflux"에 대해 설명하고, 이산화탄소소화약제 방출 후 "Free Efflux" 조건에서의 방호구역 단위체적당 약제량[kg/m³]과 방출 후 농도[vol %]를 유도하시오. [술 117회]

풀이

1. 자유유출(Free Efflux)의 개념
   1) 이산화탄소는 헤드방사압이 높고, 방사 체적이 매우 크므로 개구부 등의 누설 틈새를 통해 공기와 함께 자유롭게 외부로 유출된다.
   2) 이를 "자유유출"이라 한다.

2. 단위체적당 약제량[kg/m³] 관계식 유도
   1) 방호구역 체적당 방사된 CO_2 체적을 x [m³/m³]라고 하면
   $$e^x = \frac{100}{100-C} \text{ [m}^3\text{/m}^3\text{]}$$
   2) 위 식을 자연로그로 변환하면
   $$x = \log_e \left(\frac{100}{100-C}\right)$$
   3) 위 식을 상용로그로 변환하면
   $$x = 2.303 \log \frac{100}{100-C}$$
   4) CO_2의 비체적은 S [m³/kg], 비체적의 역수인 밀도는 $\frac{1}{S}$ [kg/m³]이므로

   위 식에 $\frac{1}{S}$ [kg/m³]을 적용하면
   $$W = x \times \frac{1}{S} = 2.303 \log \frac{100}{100-C} \times \frac{1}{S} \text{ [kg/m}^3\text{]}$$ 이 된다.

   $$\therefore W = 2.303 \times \log \frac{100}{100-C} \times \frac{1}{S}$$

   W : 단위체적당 약제량[kg/m³]
   S : 비체적[m³/kg]
   C : 체적에 따른 CO_2 설계농도[%]

3. 방출 후 농도[vol %] 유도

1) 약제량

$$W = 2.303 \log \frac{100}{100-C} \times \frac{1}{S} \times V$$

W : 소화약제량[kg]
S : 최소설계온도에서 비체적[m³/kg]
C : 소화약제의 설계농도[vol %]
V : 방호구역의 체적[m³]

2) 약제농도

$$W = 2.303 \left(\frac{V}{S}\right) \log \left(\frac{100}{100-C}\right) [\text{kg}]$$

$$SW = 2.303\, V \times \log_{10} \left(\frac{100}{100-C}\right)$$

$$\log_{10}\left(\frac{100}{100-C}\right) = \frac{SW}{2.303\,V}$$

$$10^{\frac{SW}{2.303\,V}} = \frac{100}{100-C}$$

$$100 - C = \frac{100}{10^{\frac{SW}{2.303\,V}}}$$

$$C = 100 - \frac{100}{10^{\frac{SW}{2.303\,V}}}$$

$$\therefore\ C = 100\left(1 - \frac{1}{10^{\frac{SW}{2.303\,V}}}\right) [\text{vol \%}]$$

> 보충

1. 아보가드로법칙

    모든 이상기체는 0 [℃], 1 [atm]에서 1 [g·mol]의 부피는 22.4 [ℓ]

2. 샤를의 법칙

    모든 이상기체는 온도가 1 [℃] 상승할 때마다 그 부피가 0℃일 때 부피의 $\frac{1}{273}$ 배씩 증가한다.

3. 선형상수(S)

    $S = k_1 + k_2\, t$

4. k_1 : 0 [℃]에서의 약제 비체적

    $k_1 = \dfrac{22.4[l]}{분자량}$

5. k_2 : 임의의 온도 t [℃]에서의 비체적

    $k_2 = \dfrac{1}{273} k_1$

09 실내에서 CO_2 방사 시 CO_2 농도 34 [%]일 경우 산소농도와 CO_2 부피는 실부피의 몇 [%]인지 계산하시오.

풀 이

1. 공식

$$CO_2[\%] = \frac{21 - O_2}{21} \times 100 \text{ 에서 } CO_2 \text{농도가 } 34 \text{ [\%]이므로}$$

$$O_2[\%] = 21 - \left(\frac{21 \times 34}{100}\right) = 13.86[\%]$$

∴ 산소농도는 13.86 [%]

2. 설계농도 방사 시 실체적에 대한 약제량비

$$x\,[m^3] = \frac{21 - O_2}{O_2} \times V = \frac{21 - 13.86}{13.86} \times V ≒ 0.515\,V$$

∴ 51.5 [%]

10 바닥면적 320 [m²], 높이 3.5 [m]의 발전기실에 할로겐화합물 및 불활성기체소화설비를 설치하려 한다. 다음 조건을 이용하여 물음에 답하시오.

조건

가. HCFC Blend A의 설계농도 8.6 [%]
나. IG 541의 설계농도 37.5 [%]
다. 방사 시 온도 20 [℃]
라. 선형상수 이용(HCFC Blend A K_1 : 0.2413, K_2 : 0.00088)
마. HCFC Blend A 용기는 68 [*l*]용 50 [kg]으로 하며, IG 541 용기는 80 [ℓ], 12.4 [m³]으로 적용

1) 필요한 HCFC Blend A의 최소 용기 수를 구하시오.
2) 필요한 IG 541의 최소 용기 수를 구하시오.

풀이

1. 필요한 HCFC Blend A의 최소 용기 수
   1) 공식

   $$W = \frac{V}{S} \times \left(\frac{C}{100-C}\right)$$

   W : 소화약제의 무게[kg]
   V : 방호구역의 체적[m³]
   C : 체적에 따른 소화약제의 설계농도[%]
   S : 소화약제별 선형상수$[K_1 + K_2 \times t]$[m³/kg]
   t : 방호구역의 최소예상온도[℃]

   2) 방호구역의 체적(V) = 320 × 3.5 = 1,120 [m³]
      비체적(S) = 0.2413 + (0.00088 × 20) = 0.2589 [m³/kg]

   3) $W = \frac{1120}{0.2589} \times \frac{8.6}{100 - 8.6} = 407.04 [kg]$

   $\frac{407.04}{50} = 8.14$ ∴ 9병

2. 필요한 IG 541의 최소 용기 수
   1) 공식

   $$x = 2.303 \left(\frac{V_S}{S}\right) \times \log_{10}\left[\frac{100}{100-C}\right] \times V$$

   x : 공간체적당 더해진 소화약제의 부피[m³/m³]
   S : 소화약제별 선형상수$[K_1 + K_2 \times t]$[m³/kg]
   C : 체적에 따른 소화약제의 설계농도[%]
   V_S : 20 [℃]에서 소화약제의 비체적[m³/kg]
   t : 방호구역의 최소예상온도[℃]

   2) $x = 2.303 \times \log\left(\frac{100}{100-37.5}\right) \times 1120 = 526.49 [m^3]$

   $\frac{526.49}{12.4} = 42.4$ ∴ 43병

11 할로겐화합물소화설비가 10초 동안 방사되는 최소 약제량[kg]을 다음 조건에 따라 구하시오.
[관 9회]

조건

① 방호구역의 체적[m³] : 가로 5 [m], 세로 4 [m], 높이 4 [m]
② 약제방사는 10초 동안 방사되는 것으로 하고, 최소설계농도의 95 [%] 이상 방출되는 것으로 가정한다.
③ K_1 = 0.2413, K_2 = 0.00088, 온도 20 [℃]
④ A, C급이고 소화농도는 8.5 [%]

풀이

1. 할로겐화합물소화설비의 약제량[kg] 계산식

$$W = \frac{V}{S}\left(\frac{C}{100-C}\right)$$

W : 소화약제의 무게[kg]
V : 방호구역의 체적[m³]
C : 체적에 따른 소화약제의 설계농도[%]
S : 소화약제별 선형상수[$K_1 + K_2 \times t$][m³/kg]
t : 방호구역의 최소예상온도[℃]

2. 설계농도(최소설계농도의 95 % 적용)

$8.5[\%] \times 1.2 \times 0.95 = 9.69[\%]$

3. 선형상수[m³/kg]

0.2413 + 0.00088 × 20 [℃] = 0.2589 ∴ 0.26 [m³/kg]

4. 약제량[kg]

$$\frac{20[\text{m}^2] \times 4[\text{m}]}{0.26[\text{m}^3/\text{kg}]} \times \left(\frac{9.69[\%]}{100-9.69[\%]}\right) = 33.014 \qquad \therefore 33.01 [\text{kg}]$$

12

특정소방대상물의 전기실에 CO_2 설비가 설치되어 있고, 개구부는 자동폐쇄장치가 설치되어 있다. 여기에 화재로 인해 CO_2 설비가 작동하여 화재진압 시 다음에 답하시오.

조건

가. 실내온도 : 20 [℃]
나. CO_2 방출 후 실내기압 : 770 [mmHg]
다. 실내용적 : 가로 10 [m], 세로 15 [m], 높이 4 [m]

1) CO_2 방출 후 산소농도는 14[vol %]일 때 CO_2 농도[vol %]를 구하시오.
2) 방출 후 CO_2의 양[kg]을 구하시오.
3) 내용적 68 [ℓ], 충전비 1.7인 CO_2 저장용기의 병 수를 구하시오.

풀이

1. 공식

   1) CO_2의 농도

   $$CO_2[vol\%] = \frac{21 - O_2[\%]}{21} \times 100$$

   2) 방출 후 CO_2의 양[kg]

   $$PV = nRT = \frac{W}{M}RT, \quad W = \frac{PMV}{RT}$$

   P : 기압[atm]
   V : 방출가스량[m³]
   M : 분자량[kg]
   R : 0.082 [atm·m³/kg·mol·K]
   T : 절대온도[K]

   3) 충전비

   $$충전비 = \frac{내용적[\ell]}{약제량[kg]}$$

2. CO_2 방출 후 산소농도는 14 [vol %]일 때 CO_2 농도[vol %]

$$CO_2[\%] = \frac{21 - O_2}{21} \times 100 = \frac{21 - 14}{21} \times 100 = 33.33[\%]$$

∴ $C = 33.33 [\%]$

3. 방출 후 CO_2의 양[kg]

   1) CO_2 약제의 체적

   $$33.33\% = \frac{V}{600+V} \times 100 \qquad \therefore V = 300[m^3]$$

   2) 이상기체상태방정식에서

   $$W = \frac{PVM}{RT} = \frac{(770/760) \times 300 \times 44}{0.082 \times 293} = 556.63[kg] \qquad \therefore 556.63[kg]$$

4. 내용적 68[ℓ], 충전비 1.7인 CO_2 저장용기의 병수

   1) 충전비 = $\dfrac{\text{내용적}[\ell]}{\text{약제량}[kg/\text{병}]}$

   $1.7 = \dfrac{68}{x} \rightarrow x = 40[kg/\text{병}]$

   2) 병 수 = $\dfrac{556.63[kg]}{40[kg/\text{병}]} = 13.9 ≒ 14$병

13. Halon 1301 설계에서 다음 조건을 가지고 답하시오.

조건

가. 바닥면적 A실 = 6 [m] × 5 [m], B실 = 12 [m] × 7 [m], C실 = 6 [m] × 6 [m], D실 = 10 [m] × 5 [m]
나. 실의 높이 = 5 [m]
다. 충전비 1.36(용기 내용적 68 ℓ)
라. 방출계수 A실 = 0.33 [kg/m³], B실 = 0.52 [kg/m³], C실 = 0.33 [kg/m³], D실 = 0.52 [kg/m³]
마. 방사 시 온도 20 [℃], 할론 체적은 비체적식 사용(k_1 = 0.14781, k_2 = 0.000567)

1) A, B, C, D실에 필요한 용기 수를 구하시오.
2) Halon 방사 시 B실 및 C실의 농도[%]를 구하시오.

풀이

1. A, B, C, D실에 필요한 용기 수

실	실체적	약제량	저장용기 수
A실	6 × 5 × 5 = 150 [m³]	150 [m³] × 0.33 [kg/m³] = 49.5 [kg]	49.5/50 = 0.99(1병)
B실	12 × 7 × 5 = 420 [m³]	420 [m³] × 0.52 [kg/m³] = 218.4 [kg]	218.4/50 = 4.368(5병)
C실	6 × 6 × 5 = 180 [m³]	180 [m³] × 0.33 [kg/m³] = 59.4 [kg]	59.4/50 = 1.188(2병)
D실	10 × 5 × 5 = 250 [m³]	250 [m³] × 0.52 [kg/m³] = 130 [kg]	130/50 = 2.6(3병)

2. Halon 방사 시 B실 및 C실의 농도[%]

  1) B실

    (1) Halon 중량 = 5병 × 50 [kg] = 250 [kg]
    (2) 비체적(S) = 0.14781 + 0.000567 × 20 [℃] = 0.16 [m³/kg]
    (3) 체적 = 250 [kg] × 0.16 [m³/kg] = 40 [m³]
    (4) 농도 = $\dfrac{40}{420+40} \times 100 = 8.7$ [%]

  2) C실

    (1) Halon 중량 = 2병 × 50 [kg] = 100 [kg]
    (2) 비체적(S) = 0.16 [m³/kg]
    (3) 체적 = 100 [kg] × 0.16 [m³/kg] = 16 [m³]
    (4) 농도 = $\dfrac{16}{180+16} \times 100 = 8.16$ [%]

14 45 [kg] 액화 CO_2가 20 [℃]의 대기 중(표준대기압)으로 방출 시 CO_2 부피 및 농도는 얼마인지 구하시오. (단, 방호구역의 체적은 90 m³)

풀이

1. CO_2의 부피

   1) 이상기체상태 방정식

   $$PV = nRT = \frac{W}{M}RT$$

   P : 기압[atm]
   V : 방출 가스량[m³]
   M : 분자량[kg]
   R : 0.082[atm · m³/kg · mol · K]
   T : 절대온도[K]

   2) 풀이

   $$PV = \frac{W}{M}RT$$

   $$V = \frac{WRT}{PM} = \frac{45 \times 0.082 \times (273 + 20)}{1 \times 44} = 24.57\,[m^3]$$

2. CO_2의 농도

   $$농도[\%] = \frac{가스방출량[m^3]}{방호구역체적[m^3] + 가스방출량[m^3]} \times 100$$

   $$C[\%] = \frac{v}{V + v} \times 100$$

   $$C[\%] = \frac{24.57}{90 + 24.57} \times 100 = 21.4\,[\%]$$

   ∴ $C = 21.4\,[\%]$

15. 바닥면적 100 [m²], 높이 2.5 [m]인 통신기기실에 CO₂ 소화설비를 전역 방출방식으로 설치하려 한다. 다음과 같은 조건에 답하시오. [술 97회]

조건

가. 약제의 방출계수(Flooding Factor) K_1 = 1.3 [kg/m³]
나. 개구부는 약제 방출 전 자동폐쇄됨
다. 약제의 내용적 68 [ℓ], 충전비 1.6으로 저장
라. 비체적 계산은 1기압, 20 [℃] 기준
마. 약제는 자유유출(Free Efflux) 상태로 외부로 유출

1) 약제의 저장용기수를 구하시오.
2) 약제 방출 후 통신기기실의 이산화탄소의 가스농도를 구하시오.

풀이

1. 약제의 저장용기 수

$$Q = V \times K_1(\text{기본량}) + A \times K_2(\text{가산량})[kg]$$

V : 방호구역 체적[m³]
K_1 : Volume Factor[kg/m³]
A : 개구부 면적[m²]
K_2 : Opening Factor[kg/m²]

1) $Q = 100[m^2] \times 2.5[m] \times 1.3[kg/m^3] = 325[kg]$ (자동폐쇄장치 설치)

2) 충전비 $= \dfrac{\text{내용적}[\ell]}{\text{약제량}[kg]}$

   약제량$[kg] = \dfrac{68l}{1.6} = 42.5[kg]$

3) 저장용기 수 $= \dfrac{325[kg]}{42.5[kg/\text{병}]} = 7.647 ≒ 8\text{병}$

2. 약제 방출 후 통신기기실의 이산화탄소의 농도

$$W = 2.303 \log \frac{100}{100-C} \times \frac{1}{S} \times V \, [kg]$$

1) $W[kg] = 8병 \times 42.5[kg/병] = 340[kg]$

2) $S[m^3/kg] = K_1 + K_2 t = K_1 + K_1 \times \dfrac{1}{273} t[℃]$

$\qquad = \dfrac{22.4[m^3]}{44[kg]} + (\dfrac{22.4[m^3]}{44[kg]} \times \dfrac{1}{273}) \times 20[℃]$

$\qquad = 0.546[m^3/kg]$

3) $340[kg] = 2.303 \log \dfrac{100}{100-C} \times \dfrac{1}{0.546} \times 250[m^3]$

$\log \dfrac{100}{100-C} = \dfrac{340[kg] \times 0.546[m^3/kg]}{2.303 \times 250[m^3]} = 0.322$

$\log \dfrac{100}{100-C} = 0.322$

$\dfrac{100}{100-C} = 10^{0.322}$

$C = 100 - \dfrac{100}{10^{0.322}} = 52.356[\%]$

∴ $C = 52.36[\%]$

16. 조건과 같은 전산기기실에 HFC-125를 설치하고자 한다. 조건을 기준으로 다음 각 물음에 답하시오.

조건

① 전산기기실의 크기는 가로 15 [m], 세로 10 [m], 높이 4 [m]
② HFC-125의 소화농도는 A, C급 화재 시 7 [%], B급 화재 시 9 [%]로 적용한다.
③ 전산기기실의 최소예상온도는 20 [℃]
④ 약제 팽창 시 외부로의 누설을 고려한 공차를 포함하지 않는다.

1) HFC-125의 약제량 계산을 위한 K_1(표준상태에서의 비체적) 및 K_2(단위온도당 비제적 증가분)값을 계산하시오.
2) 소화설비의 규정된 방사시간 안에 방사하여야 하는 최소 약제량[kg]을 계산하시오.

풀 이

1. HFC-125의 약제량 계산을 위한 K_1 및 K_2

   1) HFC-125의 분자량[kg/kmol]
      분자량[kg/kmol] = $(12[kg] \times 2) + (1[kg] \times 1) + (19[kg] \times 5) = 120$
      ∴ 120 [kg/kmol]

   2) K_1의 개념
      아보가드로의 법칙으로 모든 기체는 0 [℃], 1 [atm], 1[kmol]은 22.4 [m³]이다.

      $$K_1(\text{표준상태에서의 비체적}) = \frac{22.4[m^3]}{\text{분자량}[kg]}$$

      (1) $K_1 = \dfrac{22.4[m^3]}{120[kg]} = 0.1867 [m^3/kg]$

   3) K_2의 개념
      (1) 0 [℃]에서 기체가 t [℃]까지의 비체적[m³/kg]의 변화량으로 샤를의 법칙에 의해 온도가 1 [℃] 올라갈 때마다 체적은 1/273씩 증가한다.
      (2) 임의의 온도 t [℃]에서의 비체적[m³/kg]

      $$K_2(\text{단위온도당 비체적 증가분}) = K_1 \times \frac{1}{273}$$

      (3) $K_2 = \dfrac{0.1867[m^3/kg]}{273} = 0.0007 [m^3/kg]$

2. 소화설비의 규정된 방사시간 안에 방사하여야 하는 최소 약제량[kg]

1) 할로겐화합물소화약제의 약제량 산출식

$$W = \frac{V}{S}\left(\frac{C}{100-C}\right)$$

W : 소화약제의 무게[kg]
V : 방호구역의 체적[m³]
C : 체적에 따른 소화약제의 설계농도[%]
S : 소화약제별 선형상수$[K_1 + K_2 \times t]$[m³/kg]
t : 방호구역의 최소예상온도[℃]

2) 할로겐화합물소화약제의 방사시간[s]

할로겐화합물소화약제는 10초, 불활성기체소화약제는 A·C급 화재 2분, B급 화재 1분 이내에 최소설계농도의 95% 이상 해당하는 약제량이 방출되도록 할 것

3) 방사시간에 따른 최소 약제량[kg]

  (1) 방호공간의 체적[m³] = 15[m] × 10[m] × 4[m] = 600　　　∴ 600 [m³]
  (2) 안전계수 적용
    ① A급 : 1.2　B급 : 1.3　C급 : 1.35 [개정 2024.8.1.]
    ② 전산기기실이므로 C급 1.35 적용
    ③ 설계농도(C) = 소화농도 × 안전계수 = 7 [%] × 1.35 = 9.45 [%]

설계농도	소화농도	안전계수
A급	A급	1.2
B급	B급	1.3
C급	A급	1.35

4) 20[℃]에서의 선형상수[m³/kg]

  (1) 선형상수[m³/kg]의 계산식

  $$S = K_1 + K_2 \times t = K_1 + K_1 \times \frac{t}{273}$$

  (2) 선형상수[m³/kg] = $0.1867 + 0.0007 \times 20[℃] = 0.2007$[m³/kg]

5) 방사시간(10초)에 따른 최소 약제량[kg]

$$W[kg] = \frac{V}{S}\left(\frac{C \times 0.95}{100 - C \times 0.95}\right) = \frac{600[m^3]}{0.2007[m^3/kg]} \times \left(\frac{9.45[\%] \times 0.95}{100 - 9.45[\%] \times 0.95}\right) = 294.856$$

∴ 294.86 [kg]

17 다음 각 물음에 답하시오. [관 13회]

1) 이산화탄소소화설비의 분사헤드 설치제외 장소기준 4가지를 쓰시오.
2) 모피창고, 서고 및 에탄올 저장창고에 전역방출방식의 고압식 이산화탄소소화설비를 설치하고자 할 경우 다음 각 물음에 답하시오.

조건

① 모피창고의 크기 8 [m] × 6 [m] × 3 [m], 개구부의 크기 2 [m] × 1 [m], 자동폐쇄장치가 설치되어 있으며, 설계농도는 75 [%]
② 서고의 크기 5 [m] × 6 [m] × 3 [m], 개구부의 크기 1 [m] × 1 [m]이고, 자동폐쇄장치가 설치되어 있지 않으며, 설계농도는 65 [%]
③ 에탄올 저장창고의 크기 5 [m] × 4 [m] × 2 [m], 개구부의 크기 1 [m] × 1.5 [m]이고, 자동폐쇄장치가 설치되어 있으며, 보정계수는 1.2
④ 충전비 1.511이며, 내용적 68 [ℓ]
⑤ 하나의 집합관에 3개의 선택밸브가 설치되어 있다.

 (1) 모피창고, 서고의 소화약제량[kg]을 산출하시오.
 (2) 에탄올 저장창고의 소화약제량[kg]을 산출하시오.
 (3) 약제 1병당 저장량[kg]을 산출하시오.
 (4) 각 실별 저장용기수와 저장용기실의 최소 저장용기수를 산출하시오.
 (5) 모피창고 및 에탄올 저장창고의 산소농도가 10 [%]일 때 이산화탄소 농도[%]와 모피창고 및 에탄올 저장창고의 이산화탄소 방출체적[m³]을 구하시오.

풀이

1. 이산화탄소소화설비의 분사헤드 설치제외 장소기준
   1) 방재실·제어실 등 사람이 상시 근무하는 장소
   2) 니트로셀룰로스·셀룰로이드제품 등 자기연소성물질을 저장·취급하는 장소
   3) 나트륨·칼륨·칼슘 등 활성금속물질을 저장·취급하는 장소
   4) 전시장 등의 관람을 위하여 다수인이 출입·통행하는 통로 및 전시실 등

2. 모피창고, 서고 및 에탄올 저장창고에 전역방출방식의 고압식 이산화탄소소화설비를 설치하고자 할 경우

　1) 모피창고, 서고의 소화약제량[kg]

구분	방호구역의 체적	약제량
모피고	8 [m] × 6 [m] × 3 [m] 144 [m³]	$= 144[m^3] \times 2.7[kg/m^3] = 388.8[kg]$
서고	5 [m] × 6 [m] × 3 [m] 90 [m³]	$= 90[m^3] \times 2[kg/m^3] + 1[m^2] \times 10[kg/m^2] = 190[kg]$

　2) 에탄올 저장창고의 소화약제량[kg]

구분	방호구역의 체적	약제량
에탄올	5 [m] × 4 [m] × 2 [m] = 40 [m³]	$= 40[m^3] \times 1.0[kg/m^3] = 40[kg]$
최소약제량을 적용 후 보정계수 계산		$=$ 최소약제량 $45kg \times 1.2 = 54kg$

　3) 약제 1병당 저장량[kg]

　　(1) 충전비 = $\dfrac{\text{저장용기의 내용적}[\ell]}{\text{약제저장량}[kg]}$

　　(2) 약제저장량[kg] = $\dfrac{68[\ell]}{1.511} = 45$

　　　∴ 45 [kg]

　4) 각 실별 저장용기수와 저장용기실의 최소 저장용기수

구분	저장용기의 수	
모피창고	$\dfrac{388.9[kg]}{45[kg/병]} = 8.64$	∴ 9병
서고	$\dfrac{190[kg]}{45[kg/병]} = 4.22$	∴ 5병
에탄올	$\dfrac{54[kg]}{45[kg/병]} = 1.2$	∴ 2병
최소 저장용기의 수	9병	

5) 모피창고 및 에탄올 저장창고의 산소농도가 10 [%]일 때 이산화탄소 농도[%]와 모피창고 및 에탄올 저장창고의 이산화탄소 방출체적[m³]

   (1) 산소농도가 10 [%]일 때 이산화탄소[%]농도

   $$이산화탄소[\%] = \frac{21-10}{21} \times 100 = 52.38 \qquad \therefore 52.38 \, [kg]$$

   (2) 자유유출(Free Efflux)상태에서 이산화탄소의 방출체적[m³] 계산식

   $$x = 2.303 \times \log\left(\frac{100}{100-C}\right) \times V$$

   x : 방출된 이산화탄소의 체적[m³]
   C : 체적에 따른 소화약제의 설계농도[%]
   V : 방호구역의 체적[m³]

   (3) 이산화탄소의 방출체적[m³]

구분	이산화탄소의 방출체적[m³]	
모피창고	$2.303\log\left(\frac{100}{100-52.38[\%]}\right) \times 144[m^3] = 106.855$	$\therefore 106.85 \, [m^3]$
에탄올	$2.303\log\left(\frac{100}{100-52.38[\%]}\right) \times 40[m^3] = 29.68$	$\therefore 29.68 \, [m^3]$

18 다음 각 물음에 답하시오. [관 14회]

1) 할로겐화합물소화약제 HCFC Blend-A 화학식과 조성비를 쓰시오.

풀이

화학식	중량비	분자량
HCFC-123($CHCl_2CF_3$)	4.75 [%]	$12g \times 2 + 1g \times 1 + 35.5g \times 2 + 19g \times 3 = 153[g]$
HCFC-22($CHClF_2$)	82 [%]	$12g \times 1 + 1g \times 1 + 35.5g \times 1 + 19g \times 2 = 86.5[g]$
HCFC-124($CHClFCF_3$)	9.5 [%]	$12g \times 2 + 1g \times 1 + 35.5g \times 1 + 19g \times 4 = 136.5[g]$
$C_{10}H_{16}$	3.75 [%]	$12g \times 10 + 1g \times 16 = 136g$
분자량		$\dfrac{100}{\dfrac{4.75}{153} + \dfrac{82}{86.5} + \dfrac{9.5}{136.5} + \dfrac{3.75}{136}} = 92.92[g]$

2) IG-541 불활성기체 소화약제에 관한 것이다. 다음 각 물음에 답하시오.

① 실면적 : 300 [m^2], 층고 : 3.5 [m], 소화농도 : 35.84 [%]
② 노즐에서 소화약제 방사 시 온도 : 20 [℃]
③ 전기실은 철근콘크리트벽으로 방호구역의 최소 예상온도 : 10 [℃]
④ 1병당 80 [ℓ], 충전압력 : 19,965 [KPa]

(1) 소화약제량 산출식을 쓰고, 각 기호를 설명하시오.
(2) IG-541의 선형상수 K_1과 K_2를 구하시오.
(3) IG-541의 소화약제량[m^3]을 구하시오.
(4) IG-541의 최소 저장용기수를 구하시오.
(5) 선택밸브 통과 시 방사시간에 따른 최소유량[m^3/min]을 구하시오.

풀이

1. 소화약제량 산출식을 쓰고, 각 기호를 설명

$$x = 2.303 \times \log\left(\frac{100}{100-C}\right) \times \frac{1}{S} \times V$$

x : 소화약제량[kg]
C : 체적에 따른 소화약제의 설계농도[%]
S : 소화약제별 선형상수[$K_1 + K_2 \times t$][m³/kg]
t : 방호구역의 최소예상온도[℃]
V : 방호구역의 체적[m³]

2. IG-541의 선형상수 K_1과 K_2

1) IG-541($N_2 : 52\%, Ar : 40\%, CO_2 : 8\%$)의 분자량
   분자량 = (28kg×0.52) + (40kg×0.4) + (44kg×0.08) = 34.08[kg/kmol]

2) $K_1 = \dfrac{22.4[m^3]}{34.08[kg]} = 0.65727[m^3/kg]$

3) $K_2 = \dfrac{0.65727[m^3/kg]}{273} = 0.00240\,[m^3/kg]$

4) 소화약제 선형상수
   S = $K_1 + K_2 \times t$ = 0.65727 + 0.00240×10 [℃] = 0.68127[m^3/kg]

5) 20 [℃] 소화약제 비체적
   $V_S = K_1 + K_2 \times t$ = 0.65727 + 0.00240×20 = 0.70527[m^3/kg]

3. IG-541의 소화약제량[m³]

(지문 조건, 면적 : 300 m², 층고 : 3.5 m, 소화농도 : 35.84 %)

1) 방호공간의 체적[m^3] = 300[m^2] × 3.5[m] = 1,05[0m^3]

2) 설계농도[%] = 소화농도×안전율 = 35.84[%]×1.2 = 43.008[%]

3) 약제량[m^3]
$$x = 2.303\left(\frac{0.70527[m^3/kg]}{0.68127[m^3/kg]}\right) \times \log\left[\frac{100}{100-43.008}\right] \times 1,050[m^3] = 611.28[m^3]$$

4. IG-541의 최소 저장용기수

1) 용기수 = $\dfrac{\text{약제량}[m^3]}{1\text{병 방사후 체적}[m^3]}$

2) 방사 후 체적의 계산식
   $P_1V_1(\text{충전압력} \times \text{용기체적}) = P_2V_2(\text{방사시압력} \times \text{방사후체적})$

3) 1병 방사 후 체적[m³]
   $(101.325[\text{kPa}] + 19{,}965[\text{kPa}]) \times 0.08[\text{m}^3] = (101.325 + 0) \times V_2$ ∴ $V_2 = 15.84\,[\text{m}^3]$

4) 용기수 = $\dfrac{611.28[m^3]}{15.84[m^3/1\text{병}]} = 38.59$ ∴ 39병

5. 선택밸브 통과 시 최소유량[m³/min]

할로겐화합물소화약제는 10초, 불활성기체소화약제는 A·C급 화재 2분, B급 화재 1분 이내에 최소설계농도의 95 [%] 이상 해당하는 약제량

$$x = 2.303\left(\dfrac{0.70527[m^3/kg]}{0.68127[m^3/kg]}\right) \times \log\left[\dfrac{100}{100 - 43.008 \times 0.95}\right] \times 1{,}050[m^3] = 571.013[m^3]$$

여기서, 2분 적용하면 $571.013[m^3/2\min] = 285.51[m^3/\min]$

19

화재안전기준(NFSC 107A) 및 아래 조건에 따라 HCFC BLEND A를 이용한 소화설비를 설치하였을 때, 전체 소화약제 저장용기에 저장되는 최소 소화약제의 저장량[kg]을 산출하시오.

조건

- 바닥면적 250 [m²], 높이 4 [m]의 발전실에 소화농도는 7.0 [%]로 한다.
- 방사 시 온도는 20 [℃], k_1 = 0.2413, k_2 = 0.00088
- 저장용기의 규격은 68 [ℓ], 50 [kg]

풀이

1. 관계식

   할로겐화합물소화설비의 약제량

   $$W = \frac{V}{S} \times \left(\frac{C}{100-C}\right)$$

   W : 소화약제의 무게[kg]
   V : 방호구역의 체적[m³]
   C : 체적에 따른 소화약제의 설계농도[%]
   S : 소화약제별 선형상수$[K_1 + K_2 \times t]$[m³/kg]
   t : 방호구역의 최소예상온도[℃]

2. 계산

   1) 설계농도(C) = 7.0 [%] × 1.2 = 8.4 [%]

   2) 선형상수(S) = 0.2413 + 0.00088 × 20 [℃] = 0.2589

   3) 약제량(kg) 계산

   $$W = \frac{250[m^2] \times 4[m]}{0.2589} \times \left(\frac{8.4}{100-8.4}\right) = 354.2[kg]$$

   4) 약제량에 따른 용기수

   저장용기수 = $\frac{354.2[kg]}{50[kg/병]}$ = 7.08병   ∴ 8병

   5) 용기에 저장되는 최소 소화약제의 저장량[kg]
      저장량[kg] = 8병 × 50 [kg] = 400 [kg]

20. 바닥면적이 400 [m²]인 전기실(층고 3 m)에 소화농도 7 [%]로 HFC-227ea를 설치 시 소요되는 최저 소화약제량[kg]을 구하시오.

조건

- 약제방사 시 방호구역 20 [℃]
- 소화약제별 선형상수를 구하기 위한 K_1 = 0.1269, K_2 = 0.0005
- 기타 조건은 할로겐화합물 및 불활성기체소화설비의 화재안전기준에 의한다.

풀이

1. 할로겐화합물 소화약제 약제량 산정식

$$W = \frac{V}{S} \times \left(\frac{C}{100-C}\right)$$

W : 소화약제의 무게 [kg]
V : 방호구역의 체적 [m³]
S : 소화약제별 선형상수 $(K_1 + K_2 \times t)$ [m³/kg]
C : 체적에 따른 소화약제의 설계농도 [%]
t : 방호구역의 최소예상온도 [℃]

2. 계산

   1) V(방호구역 체적)

      = 400 [m²] × 3 [m] = 1,200 [m³]

   2) S(소화약제별 선형상수)

      = 0.1269 + (0.0005 × 20) = 0.1369 [m³/kg]

   3) C(체적에 따른 소화약제의 설계농도 [%])

      = 소화농도 [%] × 안전계수

   4) 안전계수 적용

      ⑴ A급 : 1.2 B급 : 1.3 C급 : 1.35[개정 2024.8.1.]

      ⑵ 전기실이므로 C급 1.35 적용

         설계농도(C) = 7 [%] × 1.35 = 9.45 [%]

3. 소화약제량[kg]

$$W = \frac{1,200}{0.1369} \times \left(\frac{9.45}{100-9.45}\right) = 914.79$$

∴ 914.8[kg]

21

조건과 같은 가로 15 [m], 세로 10 [m], 높이 4 [m]인 전산기기실에 HFC-125를 설치하고자 한다. 아래 조건을 기준으로 다음 각 물음에 답하시오. (단, 약제팽창 시 외부로의 누설을 고려한 공차를 포함하지 않는다) [관15회]

조건

① 해당 약제의 소화농도는 A, C급 화재 시 7 [%], B급 화재 시 9 [%]로 적용
② 전산기기실의 최소예상온도는 20 [℃]

1) HFC-125의 K_1(표준상태에서의 비체적) 및 K_2(단위온도당 비제적 증가분)값을 계산하시오.
2) 할로겐화합물 및 불활성기체 소화설비의 화재안전기준(NFSC 107A)에 규정된 방출시간 안에 방출하여야 하는 최소 약제량[kg]을 구하시오.

풀이

1. HFC-125 K_1 및 K_2

1) HFC-125 분자량
  분자량 $= (12[kg] \times 2) + (1[kg] \times 1) + (19[kg] \times 5) = 120[kg/kmol]$

2) K_1은 표준상태의 비체적
$$K_1 = \frac{22.4 m^3}{120 kg} = 0.1867 [m^3/kg]$$

3) K_2은 단위온도 당 비체적 증가분
$$K_2 = \frac{0.1867 m^3/kg}{273} = 0.0007 [m^3/kg]$$

2. 할로겐화합물 및 불활성기체 소화설비의 화재안전기준(NFSC 107A)에 규정된 방출시간 안에 방출하여야 하는 최소 약제량[kg]

1) 방사시간의 정의
  할로겐화합물소화약제의 방사시간 : 10초, 불활성기체 소화약제는 A·C급 화재 2분, B급 화재 1분 이내에 최소설계농도의 95 [%] 이상 해당하는 약제량 방사 시간

2) 방호공간의 체적[m³] = 15 [m] × 10 [m] × 4 [m] = 600 [m³]

3) 설계농도
  ① A급 : 1.2 B급 : 1.3 C급 : 1.35[개정 2024.8.1.]
  ② 설계농도[%] = 소화농도 × 안전계수 = 7 [%] × 1.35 = 9.45 [%]

4) 20 [℃] 소화약제 비체적(S)
$$S = K_1 + K_2 \times t = 0.1867 + 0.0007 \times 20 [℃] = 0.2007 [m^3/kg]$$

5) 최소 약제량[kg] $= \dfrac{600[m^3]}{0.2007[m^3/kg]} \times \left(\dfrac{9.45[\%] \times 0.95}{100 - 9.45[\%] \times 0.95} \right) = 294.856$

∴ 294.86 [kg]

22. 할로겐화합물 및 불활성기체 소화설비의 화재안전기준(NFSC 107A)에 관한 다음 물음에 답하시오. (단, 계산과정을 쓰고, 소수점 셋째자리에서 반올림하여 둘째자리까지 구하시오)
[관 17회]

조건

① 최대허용압력 : 16,000 [kPa]
② 배관의 바깥지름 : 8.5 [cm]
③ 배관 재질 인장 강도 : 410 [N/mm^2]
④ 항복점 : 250 [N/mm^2]
⑤ 전기 저항 용접 배관방식이며, 용접이음을 한다.

1) 배관의 최대허용응력[kPa]을 구하시오.
2) 관의 두께[mm]를 구하시오.

풀이

1. 배관의 최대허용응력[kPa]

1) 할로겐화합물 및 불활성기체 소화설비의 배관의 두께[mm]계산식

$$t = \frac{PD}{2SE} + A$$

t : 관의 두께[mm], P : 최대허용압력[kPa], D : 배관의 바깥지름[mm]
SE : 최대허용응력[kPa][배관재질 인장강도의 1/4 값과 항복점의 2/3값 중 적은 값 × 배관이음효율 × 1.2)
A : 나사이음, 홈이음 등의 허용값[mm][헤드설치 부분 제외]
- 나사이음 : 나사의 높이
- 절단홈이음 : 홈의 깊이
- 용접이음 : 0

※ 배관이음효율
- 이음매 없는 배관 : 1.0, 전기저항 용접배관 : 0.85 , 가열맞대기 용접배관 : 0.60

2) 인장강도 1/4의 값 $= 410[N/mm^2](= MPa) \times \dfrac{1}{4} \times 1{,}000 = 102{,}500[kPa]$

3) 항복점의 2/3의 값 $= 250[N/mm^2](= MPa) \times \dfrac{2}{3} \times 1{,}000 = 166{,}666.67[kPa]$

4) 최대허용응력(kPa) $= 102{,}500[kPa] \times 0.85 \times 1.2 = 104{,}550$ ∴ 104,550 [kPa]

2. 관의 두께[mm]

$t = \dfrac{PD}{2SE} + A = \dfrac{16{,}000[kPa] \times 85[mm]}{2 \times 104{,}550[kPa]} + 0 = 6.5$ ∴ 6.5 [mm]

23 다음 조건을 참조하여 할로겐화합물 및 불활성기체소화설비에서 배관의 두께[mm]를 구하시오. [관 19회]

조건

- 가열맞대기 용접배관을 사용한다.
- 배관의 바깥지름은 84 [mm]
- 배관재질의 인장강도 440 [MPa], 항복점 300 [MPa]
- 배관 내 최대허용압력은 12,000 [kPa]
- 화재안전기준의 $t = \dfrac{PD}{2S_E} + A$ 식을 적용
- 소수점 셋째자리에서 반올림하여 둘째자리까지 구한다.
- 주어진 조건 외에는 고려하지 않는다.

풀이

1. 할로겐화합물 및 불활성기체 소화설비의 배관의 두께[mm] 계산식

$$t = \frac{PD}{2SE} + A$$

t : 관의 두께[mm], P : 최대허용압력[kPa], D : 배관의 바깥지름[mm]
SE : 최대허용응력[kPa][배관재질 인장강도의 1/4 값과 항복점의 2/3값 중 적은 값 × 배관이음효율 × 1.2)
A : 나사이음, 홈이음 등의 허용값[mm][헤드설치 부분 제외]
  - 나사이음 : 나사의 높이
  - 절단홈이음 : 홈의 깊이
  - 용접이음 : 0
※ 배관이음효율
  - 이음매 없는 배관 : 1.0, 전기저항 용접배관 : 0.85, 가열맞대기 용접배관 : 0.60

2. 배관의 최대허용응력[kPa]

   1) 인장강도 1/4의 값 $= 440[N/mm^2](= MPa) \times \dfrac{1}{4} \times 1{,}000 = 110{,}000[kPa]$

   2) 항복점의 2/3의 값 $= 300[N/mm^2](= MPa) \times \dfrac{2}{3} \times 1{,}000 = 200{,}000[kPa]$

   3) 최대허용응력[kPa] $= 110{,}000[kPa] \times 0.60 \times 1.2 = 79{,}200[kPa]$

3. 관의 두께[mm]

$$t = \frac{PD}{2SE} + A = \frac{12{,}000[kPa] \times 84[mm]}{2 \times 79{,}200[kPA]} + 0 = 6.363 \qquad \therefore 6.36\,[\text{mm}]$$

24 이산화탄소소화설비의 화재안전기준(NFSC 106) 및 아래 조건에 따라 이산화탄소소화설비를 설치하고자한다. 다음에 대하여 답하시오. [관 18회]

조건

- 방호구역은 2개 구역으로 한다.
  A 구역은 가로 20 [m] × 세로 25 [m] × 높이 5 [m]
  B 구역은 가로 6 [m] × 세로 5 [m] × 높이 5 [m]
- 개구부는 다음과 같다.

구분	개구부 면적	비고
A구역	이산화탄소소화설비의 화재안전기준에서 규정한 최댓값 적용	자동폐쇄장치 미설치
B구역	이산화탄소소화설비의 화재안전기준에서 규정한 최댓값 적용	자동폐쇄장치 미설치

- 전역방출설비이며, 방출시간은 60초 이내로 한다.
- 충전비는 1.5, 저장용기의 내용적은 68 [ℓ]이다.
- 각 구역 모두 아세틸렌저장창고이다.
- 개구부 면적 계산 시에 바닥면적을 포함하고, 주어진 조건 외에는 고려하지 않는다.
- 설계농도에 따른 보정계수는 아래의 표를 참고한다.

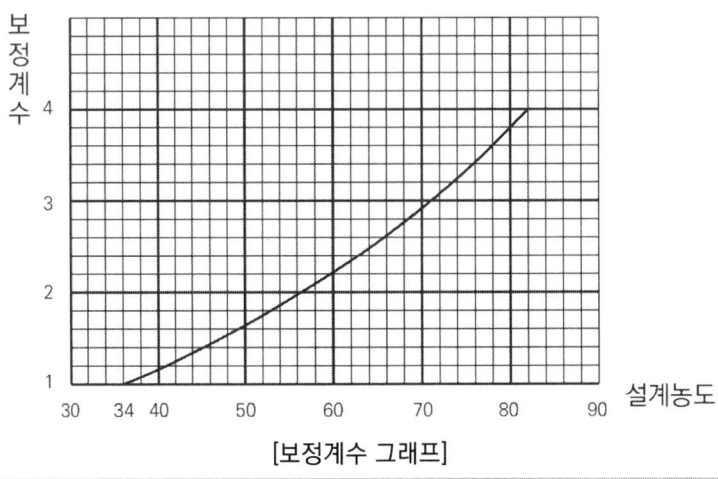

[보정계수 그래프]

1) 각 방호구역 내 개구부의 최대면적[m²]을 구하시오.
2) 각 방호구역의 최소 소화약제 산출량[kg]을 구하시오.
3) 저장용기실의 최소 저장용기 수 및 최소 소화약제 저장량[kg] 구하시오.
4) 이산화탄소소화설비의 화재안전기준 별표 1에서 정하는 가연성액체 또는 가연성가스의 소화에 필요한 설계농도[%] 기준 중 석탄가스와 에틸렌의 설계농도[%]를 쓰시오.

> 풀 이

1. 각 방호구역 내 개구부의 최대면적[m^2]의 계산

    1) 개구부의 면적기준

        개구부의 면적은 방호구역 전체 표면적의 3 [%] 이하 규정

    2) 최대면적[m^2]의 계산

구분	전체표면적	최대면적
A 구역	$(20\times25\times2)[m^2]+(20\times5\times2)[m^2]+(25\times5\times2)[m^2]$ $=1,450[m^2]$	$1,450[m^3]\times0.03=43.5[m^2]$
B 구역	$(6\times5\times4)[m^2]+(5\times5\times2)[m^2]=170[m^2]$	$170[m^3]\times0.03=5.1[m^2]$

2. 각 방호구역의 최소 소화약제 산출량[kg]

    1) 아세틸렌 66 [%]의 그래프상에서 보정계수는 2.6 적용

방호대상물	설계농도[%]
수소(Hydrogen)	75
아세틸렌(Acetylene)	66
일산화탄소(Carbon Monoxide)	64
산화에틸렌(Ethylene Oxide)	53
에틸렌(Ethylene)	49
에탄(Ethane)	40
석탄가스, 천연가스(Coal, Natural gas)	37
사이크로 프로판(Cyclo Propane)	37
이소부탄(Iso Butane)	36
프로판(Propane)	36
부탄(Butane)	34
메탄(Methane)	34

    2) 소화약제의 산출량[kg]

구분	약제량
A구역	$[(20\times25\times5)m^3\times0.75kg/m^3]\times2.6+(43.5m^2\times5kg/m^2)=5,092.5[kg]$
B구역	[135 kg(최소약제량) × 2.6] + (5.1 m^2 × 5 kg/m^2) = 376.5 [kg]

3. 저장용기실의 최소 저장용기 수 및 최소 소화약제 저장량[kg]

   1) 충전비에 따른 약제량

   $$충전비 = \frac{\ell}{kg}, \ kg = \frac{68}{1.5} ≒ 45.33$$

   2) 저장용기수와 최소약제량

구분	저장용기의 수	최소약제량
A구역	$5,092.5[kg] ÷ 45.33[kg/용기] = 112.34$ ∴ 113병	$113병 × 45.33[kg] = 5,122.29[kg]$
B구역	$376.5[kg] ÷ 45.33[kg/용기] = 8.3$ ∴ 9병	$9병 × 45.33[kg] = 407.97[kg]$

4. 이산화탄소소화설비에서 석탄가스와 에틸렌의 설계농도[%]

   1) 에틸렌(Ethylene) : 49 [%]

   2) 석탄가스, 천연가스(Coal, Natural Gas) : 37 [%]

25 가스계 소화설비에 대하여 답하시오. [관 18회]

1) 화재안전기준(NFSC 107A) 및 아래 조건에 따라 HCFC BLEND A를 이용한 소화설비를 설치하였을 때 전체 소화약제 저장용기에 저장되는 최소 소화약제의 저장량[kg]을 산출하시오.

조 건

- 바닥면적 300 [m²], 높이 4 [m]의 발전실에 소화농도는 7.0 [%]
- 방사 시 온도는 20 [℃], K_1 = 0.2413, K_2 = 0.00088
- 저장용기의 규격은 68 [ℓ], 50[kg]용

2) 위 "1)"의 저장용기에 대하여 화재안전기준(NFSC 107A)에서 요구하는 저장용기 교체 기준을 쓰시오.
3) 이산화탄소소화설비의 화재안전기준(NFSC 106)에 따라 이산화탄소소화설비의 설치장소에 대한 안전시설 설치기준 2가지를 쓰시오.

풀이

1. HCFC BLEND-A를 이용한 소화설비를 설치하였을 때 전체 소화약제 저장용기에 저장되는 최소 소화약제의 저장량[kg]을 산출

   1) 할로겐화합물소화설비의 약제량

   $$W = \frac{V}{S} \times \left(\frac{C}{100-C}\right)$$

   W : 소화약제의 무게[kg]
   V : 방호구역의 체적[m³]
   C : 체적에 따른 소화약제의 설계농도[%]
   S : 소화약제별 선형상수$[K_1 + K_2 \times t]$[m³/kg]
   t : 방호구역의 최소예상온도[℃]

   2) 설계농도[C] = 7.0 [%] × 1.2 = 8.4 [%]
   3) 선형상수[S] = 0.2413 + 0.00088 × 20 [℃] = 0.2589 [m³/kg]
   4) 약제량[kg]의 계산

   $$W = \frac{300[m^2] \times [4m]}{0.2589} \times \left(\frac{8.4}{100-8.4}\right) = 425.04[kg]$$

   5) 약제량에 따른 용기수

   $$저장용기수 = \frac{425.04[kg]}{50[kg/용기수]} = 8.5병 \qquad \therefore 9병$$

   6) 용기에 저장되는 최소 소화약제의 저장량[kg]
   저장량[kg] = 9병 × 50 [kg] = 450 $\qquad \therefore 450 [kg]$

2. 할로겐화합물 저장용기 교체기준

   저장용기의 약제량 손실이 5 [%]를 초과하거나 압력손실이 10 [%]를 초과 시 재충전하거나 저장용기를 교체. 단, 불활성기체소화약제 저장용기는 압력손실이 5 [%] 초과 시 재충전하거나 저장용기를 교체할 것

3. 이산화탄소소화설비의 설치장소에 대한 안전시설 설치기준

   1) 소화약제 방출 시 방호구역 내와 부근에 가스방출 시 영향을 미칠 수 있는 장소에 시각경보장치를 설치하여 소화약제가 방출되었음을 알도록 할 것
   2) 방호구역의 출입구 부근 잘 보이는 장소에 약제방출에 따른 위험경고표지를 부착할 것

26 경유탱크저장실(용기 5병, 체적 242 m³)에 전역방출방식의 고압식 이산화탄소소화설비를 설치하고자 한다. 이 경우 저장용기는 68 [ℓ/45kg]일 때 다음 물음에 답하시오.
[관 3회]

1) 방호구역에 약제 방출 후 가스농도[%]를 계산하시오. (다만 방호구역의 기압 및 실내온도는 각각 30 ℃, 1기압인 상태로 약제가 방출될 때 자유유출상태이다)
2) 가스압력식의 기동용기에 질소 0.45 [kg]이 충전되었을 때 기동용기에 작용하는 게이지압력[MPa]을 계산하시오. (다만 기동용 저장용기 안에 질소는 이상기체조건으로 본다)

풀이

1. 방호구역에 약제 방출 후 가스소화농도[%]
   1) 방호구역의 약제량[kg] = $45[kg] \times 5병 = 225$ ∴ 225 [kg]
   2) 자유유출(Free Efflux)의 이산화탄소
      (1) 소화약제량[kg]의 계산식

   $$x = 2.303 \times \log\left(\frac{100}{100-C}\right) \times \frac{1}{S} \times V$$

   x : 소화약제량[kg]
   C : 체적에 따른 소화약제의 설계농도[%]
   S : 소화약제별 선형상수
   $\quad [K_1 + K_2 \times t][m^3/kg]$
   t : 방호구역의 최소예상온도[℃]

   (2) 30 [℃]에서 이산화탄소의 선형상수[m³/kg]

   $$S = K_1 + K_1 \times \frac{t}{273} = \frac{22.4[m^3]}{44[kg]} + \frac{22.4[m^3]}{44[kg]} \times \frac{30[℃]}{273} = 0.565$$

   ∴ 0.565 [m³/kg]

   3) 이산화탄소의 농도[%]

   $$225[kg] = 2.303 \times \log\left(\frac{100}{100-C}\right) \times \frac{1}{0.565[m^3/kg]} \times 242[m^3] \rightarrow C = 40.86[\%]$$

2. 기동용기에 질소 0.45[kg]이 충전되었을 때 기동용기에 작용하는 게이지압력[MPa]
   1) 기동용 저장용기의 설치기준
      기동용 가스용기의 용적은 5 [L] 이상, 해당용기에 저장하는 질소 등의 비활성기체는 6.0 [MPa] 이상(21 ℃ 기준)의 압력으로 충전할 것

2) 이상기체상태 방정식

$$PV = \frac{W}{M}RT \quad \rightarrow \quad P = \frac{WRT}{VM}$$

P : 절대압력[Pa = N/m^2]
V : 기체의 부피[m^3]
T : 절대온도[K]
W : 기체의 중량[kg]
M : 기체의 분자량[kg]
R : 기체상수[8,313.85 N·m/kmol·K]

(1) 절대온도[K]의 적용
기동용기의 온도 21 [℃] 기준

(2) 질소의 분자량[kg/mol] = $14kg \times 2 = 28[kg]$

3) 기동용기에 작용하는 압력[MPa]

(1) 압력[MPa]의 계산

$$P = \frac{0.45[kg] \times 8,313.85[N \cdot m/kmol \cdot K] \times (273+21)[K]}{0.005[m^3] \times 28[kg/kmol]} = 7,856,588.25$$

∴ 7.86[MPa]

(2) 게이지압력[MPa] = $7.86[MPa] - 0.101325[MPa] = 7.758$

∴ 7.76[MPa]

27. 이산화탄소소화설비의 배관에 관한 다음 물음에 답하시오.

1) 배관에 적용하는 스케줄번호(Schedule Number)를 설명하시오.
2) 조건과 같은 압력배관용탄소강관(KS D 3562)으로 사용할 경우 배관의 스케줄번호(Schedule Number)를 계산하시오.

조건

① 압력배관용탄소강관(KS D 3562)의 최고사용 압력은 7 [MPa]
② 배관의 인장강도는 373 [N/mm²]이며, 안전율은 4
③ 배관의 스케줄번호(Schedule Number) : 10, 20, 30, 40, 60, 80 중에서 선정

풀이

1. 배관에 적용하는 스케줄번호(Schedule Number)
  1) 강관의 압력기준을 계열화해서 규격으로 사용하는 기준
  2) 배관 내의 압력과 재료의 허용응력의 비에 "대략" 1000배를 한 값으로 정의된 것

2. 스케줄번호(Schedule Number)의 계산
  1) 스케줄번호(Schedule Number)의 계산식

  $$Sch\,No = 1{,}000 \times \frac{P[MPa]}{S[N/mm^2]}$$

  P : 최고사용압력[MPa]
  S : 허용응력[MPa = N/mm²]

  2) 안전율의 계산식

  $$안전율 = \frac{인장강도[N/mm^2]}{재료의\ 허용응력[N/mm^2]}$$

  3) 허용응력[N/mm²] = $\dfrac{인장강도}{안전율} = \dfrac{373[N/mm^2]}{4} = 93.25$ ∴ 93.25 [N/mm²]

  4) 스케줄번호(Schedule Number)의 계산

  $Sch\,No = 1{,}000 \times \dfrac{P[MPa]}{S[N/mm^2]} = 1{,}000 \times \dfrac{7[MPa]}{93.25[N/mm^2]} = 75.07$

  5) 압력배관용탄소강관(KS D 3562)의 스케줄번호
  ∴ 75.07이므로 스케줄 80 선정

28 다음을 계산하시오. [관 19회]

1) 소방대상물(B급 화재)에 소화약제 HFC-23인 할로겐화합물소화설비를 설치한다. 다음 조건에 따라 답을 구하시오.

조건

- 소방대상물 크기 : 가로 20 [m] × 세로 8 [m] × 높이 6 [m]
- 소화농도 32 [%]
- 저장용기는 80 [ℓ]이며, 최대충전밀도 중 가장 큰 것을 사용
- 소화약제 선형상수 값($K_1 = 0.3164$, $K_2 = 0.0012$)
- 방호구역의 온도는 20 [℃]
- 화재안전기준의 $W = \dfrac{V}{S} \times \left(\dfrac{C}{100-C}\right)$ 식 적용
- 소수점 셋째자리에서 반올림하여 둘째자리까지 구한다.
- 주어진 조건 외에는 고려하지 않는다.

소화약제 항목	HFC-23				
최대충전밀도[kg/m³]	768.9	720.8	640.7	560.6	480.6
21 [℃] 충전압력[kPa]	4,198	4,198	4,198	4,198	4,198
최소사용설계압력[kPa]	9,453	8,605	7,626	6,943	6,392

(1) 소화약제 저장량[kg]

풀이

1. 할로겐화합물소화약제의 약제량[kg] 계산식

$$W = \dfrac{V}{S}\left(\dfrac{C}{100-C}\right)$$

W : 소화약제의 무게[kg]
V : 방호구역의 체적[m³]
C : 체적에 따른 소화약제의 설계농도[%]
S : 소화약제별 선형상수[$K_1 + K_2 \times t$][m³/kg]
t : 방호구역의 최소예상온도[℃]

2. 방호구역의 체적[m³]

체적[m³] = $20[m] \times 8[m] \times 6[m] = 960$ ∴ 960 [m³]

3. 설계농도(C) = 소화농도 × 안전율(A급 : 1.2 B급 : 1.3 C급 : 1.35)[개정 2024.8.1.]
   설계농도(C) = 32 [%] × 1.3 = 41.6 [%]

4. 20 [℃]에서의 선형상수[m³/kg]
   S = 0.3164 + 0.0012 × 20 [℃] = 0.3404 ∴ 0.34 [m³/kg]

5. 약제량[kg]
   $$\frac{V}{S}\left(\frac{C}{100-C}\right) = \frac{960[m^3]}{0.34[m^3/kg]} \times \left(\frac{41.6\%}{100-41.6\%}\right) = 2{,}011.28[kg]$$

6. 1병당 소화약제 저장량[kg]
   $768.9[kg/m^3] \times 0.08[m^3] = 61.512[kg]$

7. 저장용기수 계산
   $$\frac{2{,}011.28[kg]}{62.512[kg]/1병} = 32.174 \qquad ∴ 33병$$

8. 소화약제 저장량[kg]
   $61.512[kg]/병 \times 33병 = 2{,}029.896$ ∴ 2,029.90 [kg]

(2) 소화약제를 방사할 때 분사헤드에서의 유량[kg/s]

풀이

1. 할로겐화합물소화약제의 방사시간
   할로겐화합물소화약제는 10초, 불활성기체소화약제는 A·C급 화재 2분, B급 화재 1분 이내에 최소설계농도의 95 [%] 이상 해당하는 약제량 방출

2. 설계농도에 따른 방사량[kg]
   $$방사량[kg] = \frac{V}{S}\left(\frac{C}{100-C}\right) = \frac{960[m^3]}{0.34[m^3/kg]} \times \left(\frac{41.6[\%] \times 0.95}{100-41.6[\%] \times 0.95}\right) = 1{,}845.004[kg]$$

3. 방사시간(1분)에 따른 유량[kg/s]
   유량[kg/s] = $1{,}845.004[kg]/10[s] = 184.5$ ∴ 184.5 [kg/s]

2) 소방대상물(C급 화재)에 소화약제 IG-100 불활성기체소화설비를 설치한다. 다음 조건에 따라 답을 구하시오.

조건

- 소방대상물 크기 : 가로 20 [m] × 세로 8 [m] × 높이 6 [m]
- 소화농도 30 [%]
- 저장용기는 80 [ℓ]이며, 충전압력 중 가장 적은 것을 사용
- 소화약제 선형상수 값과 20 [℃]에서 소화약제의 비체적은 같다고 가정
- 화재안전기준의 $X = 2.303 \times \left(\dfrac{V_s}{S}\right) \times \log\left(\dfrac{100}{100-C}\right)$ 식 적용
- 소수점 셋째자리에서 반올림하여 둘째자리까지 구한다.
- 주어진 조건 외에는 고려하지 않는다.

항목 \ 소화약제		IG-541			IG-100		
21 [℃] 충전압력(kPa)		14,997	19,996	31,125	16,575	22,312	28,000
최소사용설계 압력(kPa)	1차 측	14,997	19,996	31,125	16,575	22,312	227.4
	2차 측	비고2 참조					

비고) 1. 1차 측과 2차 측은 감압장치를 기준으로 한다.
　　　2. 2차 측 최소사용설계압력은 제조사의 설계프로그램에 의한 압력값에 따른다.

(1) 소화약제 저장량[m³]

풀이

1. 불활성기체소화약제의 약제량[m³] 계산식

$$x = 2.303 \times \log_{10}\left(\dfrac{100}{100-C}\right) \times \dfrac{V_s}{S}$$

x : 공간 체적당 더해진 소화약제의 부피[m³/m³]
C : 체적에 따른 소화약제의 설계농도[%]
S : 소화약제별 선형상수[$K_1 + K_2 \times t$][m³/kg]
t : 방호구역의 최소예상온도[℃]
V_s : 20 ℃에서 소화약제의 비체적[m³/kg]

2. 방호구역의 체적[m³] 계산

체적[m³] = $20[m] \times 8[m] \times 6[m] = 960$　　　∴ 960 [m³]

3. 설계농도(C) = 소화농도 × 안전율(A급 : 1.2 B급 : 1.3 C급 : 1.35) [개정 2024.8.1.]

    설계농도(C) = 30 [%] × 1.35 = 40.5 [%]

4. 불활성기체소화약제의 약제량[m³] 계산

    $$x = 2.303 \times \log_{10}\left(\frac{100}{100-40.5[\%]}\right) \times 960[m^3] = 498.515$$

    ∴ 498.52 [m³]

5. 약제 저장용기의 수 = $\dfrac{\text{약제량}[m^3]}{1\text{병 당 방사 후 체적}[m^3]}$

6. 방사 후 체적[m³]의 계산식

    $$\frac{P_1 \times V_1}{T_1} = \frac{P_2 \times V_2}{T_2}$$

    P_1 : 저장용기의 충전압력[MPa]
    P_2 : 소화약제의 방사 후 압력[MPa]
    T_1 : 약제저장용기실의 온도[K]
    T_2 : 방호구역의 온도[K]
    V_1 : 저장용기의 부피[m³]
    V_2 : 소화약제의 부피[m³]

7. 저장용기 1병 방사 후 체적[m³]

    $$\frac{(101.325[kPa] + 16,575[kPa]) \times 0.08[m^3]}{(273+21)[K]} = \frac{(101.325[kPa]+0) \times V_2}{(273+20)[K]}, \; V_2 = 13.121[m^3]$$

8. 저장용기의 수

    $\dfrac{498.52[m^3]}{13.121[m^3]/1\text{병}} = 37.99$

    ∴ 38병

9. 불활성기체소화약제의 저장량[m³]

    저장량[m³] = 38병 × 13.121[m³] = 498.598

    ∴ 498.60 [m³]

(2) **소화약제 저장용기 수**

> 풀이

1. 약제 저장용기수의 계산식

$$\text{저장용기의 수} = \frac{\text{약제량}[m^3]}{1\text{병당 방사 후 체적}[m^3]}$$

2. 저장용기 1병 방사 후 체적[m³]

$$\frac{(101.325[kPa]+16,575[kPa])\times 0.08[m^3]}{(273+21)[K]} = \frac{(101.325[kPa]+0)\times V_2}{(273+20)[K]}, \quad V_2 = 13.121[m^3]$$

3. 저장용기의 수

$$\frac{498.52[m^3]}{13.121[m^3]/1\text{병}} = 37.99$$

∴ 38병

| 29 | 바닥면적 600 [m²], 높이 7 [m]인 전기실에 할론소화설비(Halon 1301)를 전역 방출방식으로 설치하고자 한다. 용기의 부피 72 [ℓ], 충전비는 최댓값을 적용하고, 가로 1.5 [m], 세로 2 [m]의 출입문에 자동폐쇄장치가 없을 경우 다음 물음에 답하시오. [관 21회] |

1) 할론소화설비의 화재안전기준(NFSC 107)에 따른 최소 약제량[kg] 및 저장용기 수를 구하시오.
2) 할론소화설비의 화재안전기준(NFSC 107)에 따라 계산된 최소 약제량이 방사될 때 실내의 약제농도가 6 [%]라면, Halon 1301 소화약제의 비체적[m³/kg]을 구하시오. (단, 비체적은 소수점 여섯째자리에서 반올림하여 다섯째자리까지 구하시오.
3) 저장용기에 저장된 실제 저장량이 모두 방사된 경우, 2)에서 구한 비체적 값을 사용하여 약제농도[%]를 계산하시오. (단, 계산값은 소수점 셋째자리에서 반올림하여 둘째자리까지 구하시오)

풀 이

1. 할론소화설비의 화재안전기준(NFSC 107)에 따른 최소 약제량[kg] 및 저장용기 수

   1) 최소약제량

      (1) 약제량[kg]의 산정공식

      W = 기본량 + 개구부 가산량
      $= (V \times \alpha)$보정계수 $+ (A \times \beta)$

      W : 약제량[kg]
      V : 방호구역의 체적[m³]
      A : 개구부의 면적[m²]
      α : 방호구역의 체적 당 약제량[kg/m³]
      β : 개구부의 면적 당 가산량[2.4kg/m²]

      (2) 전기실 체적 = 600 [m²] × 7 [m] = 4,200 [m³]

      (3) 할론소화설비의 화재안전기준(NFSC 107)
         ① 충전비가 0.9 이상 1.6 이하이므로 최댓값은 1.6
         ② 방호구역 체적 [m³]당 소화약제의 양 : 0.32 [kg] 이상 0.64 [kg] 이하
         ③ 개구부 가산량 : 2.4 [kg]

      (4) 최소 약제량[kg] $= (4,200[\text{m}^3] \times 0.32[\text{kg/m}^3]) + ([1.5 \times 2][\text{m}^2] \times 2.4[\text{kg/m}^2])$
      $= 1,351.2 [\text{kg}]$

2) 저장용기 수

 (1) 충전비에 따른 저장용기 1병당 약제량[kg]

$$\text{충전비} = \frac{\text{용기부피}}{1\text{병당 약제량}} = \frac{V[\text{m}^3]}{W[\text{kg}]}$$

 (2) 저장용기 1병당 약제량[kg] = 부피 ÷ 충전비 = 72 ÷ 1.6 = 45 [kg] / 병

 (3) 저장용기 수 = $\dfrac{1{,}351.2\,[kg]}{45\,[kg/\text{병}]} = 31$병

2. 할론소화설비의 화재안전기준에 따라 계산된 최소 약제량이 방사될 때 실내의 약제농도가 6 [%]라면 Halon 1301 소화약제의 비체적[m³/kg]

 1) 농도 관계식

$$C = \frac{\text{최소약제량}}{\text{방호구역 체적} + \text{최소약제량}} \times 100$$

 2) 소화약제 방출량(m³)

$$6\,[\%] = \frac{x\,[\text{m}^3]}{4{,}200\,[\text{m}^3] + x\,[\text{m}^3]} \times 100 \quad \rightarrow \quad x = 268.08510\,[\text{m}^3]$$

 3) 비체적 = $\dfrac{268.08510\,[\text{m}^3]}{1{,}351.2\,[kg]} = 0.1984$

 ∴ 0.1984 [m³/kg]

3. 저장용기에 저장된 실제 저장량이 모두 방사된 경우 (2)에서 구한 비체적 값을 사용하여 약제농도[%]

 1) 농도 관계식

$$C = \frac{\text{최소약제량}}{\text{방호구역 체적} + \text{최소약제량}} \times 100$$

 2) 농도[%] = $\dfrac{(45\,[kg] \times 31\text{병}) \times 0.1984\,[\text{m}^3/kg]}{4{,}200\,[\text{m}^3] + [(45\,[kg] \times 31\text{병}) \times 0.1984\,[\text{m}^3/kg]]} \times 100 = 6.18$

 ∴ 6.18 [%]

30 IG-541 불활성기체 소화약제에 관한 것이다. 다음 각 물음에 답하시오. [관 14회]

조건

① 전기실의 바닥면적은 300 [m²]이고, 층고는 3.5 [m]
② IG-541의 소화농도는 35.84 [%]
③ 약제저장실의 온도는 20 [℃]
④ 전기실은 철근콘크리트벽으로 방호구역의 최소 예상온도는 10 [℃]
⑤ 약제저장용기 1병당 부피는 80 [ℓ]이며, 충전압력은 19,965 [kPa]

1) IG-541의 선형상수 K_1과 K_2를 계산하시오.
2) IG-541의 소화약제량[m³]을 계산하시오.
3) IG-541의 최소 저장용기수를 계산하시오.
4) 선택밸브 통과 시 방사시간에 따른 최소유량[m³/min]을 계산하시오.
5) 소화약제 방사에 따른 과압배출구 최소면적[cm²]을 계산하시오.

풀이

1. IG-541의 선형상수 K_1과 K_2

   1) IG-541의 분자량($N_2 : 52\%,\ Ar : 40\%,\ CO_2 : 8\%$)

   분자량 $= (28[kg] \times 0.52) + (40[kg] \times 0.4) + (44[kg] \times 0.08) = 34.08 [\mathrm{kg/kmol}]$

   2) $K_1 = \dfrac{22.4[m^3]}{34.08[kg]} = 0.65727 [\mathrm{m^3/kg}]$

   3) $K_2 = \dfrac{0.65727[m^3/kg]}{273} = 0.0024 [\mathrm{m^3/kg}]$

2. IG-541의 소화약제량[m³]

   1) 소화약제량[m³]의 계산식

   $$x = 2.303 \times \log\left(\dfrac{100}{100-C}\right) \times \dfrac{Vs}{S} \times V$$

   x : 소화약제의 부피[m³]
   C : 체적에 따른 소화약제의 설계농도[%]
   S : 소화약제별 선형상수$[K_1 + K_2 \times t]$ [m³/kg]
   t : 방호구역의 최소예상온도[℃]
   Vs : 20 [℃]에서 소화약제의 비체적[m³/kg]
   V : 방호구역의 체적[m³]

2) 방호공간의 체적[m³] = $300[m^2] \times 3.5[m] = 1,050$

∴ 1,050 [m³]

3) 설계농도[%] = 소화농도 × 안전율 = $35.84[\%] \times 1.2 = 43.008$ 43.008[%]

4) 선형상수[m³/kg] = $K_1 + K_2 \times t = 0.65727 + 0.00240 \times 10[℃] = 0.68127[m^3/kg]$

5) 20 [℃] 소화약제 비체적 = $K_1 + K_2 \times t = 0.65727 + 0.00240 \times 20[℃] = 0.70527[m^3/kg]$

6) 소화약제량[m³]

$$x = 2.303 \left(\frac{0.70527[m^3/kg]}{0.68127[m^3/kg]} \right) \times \log \left[\frac{100}{100-43.008} \right] \times 1,050[m^3] = 611.28$$

∴ 611.28 [m³]

3. IG-541의 최소 저장용기수

1) 저장용기 방사에 따른 1병당 방사 후 체적[m³]

$$용기수 = \frac{약제량[m^3]}{1병\ 방사\ 후\ 체적[m^3]}$$

2) 방사 후 체적의 관계식

$$\frac{(P_1 + P_a) \times V_1}{T_1} = \frac{(P_2 + P_a) \times V_2}{T_2}$$

P_1 : 충전압력[kPa]
P_2 : 방사 후 압력[kPa]
P_a : 대기압[MPa]
V_1 : 저장용기의 체적[m³]
V_2 : 방사 후 가스의 체적[m³]
T_1 : 저장용기의 온도[K]
T_2 : 방호구역의 온도[K]

3) 저장용기 1병 방사 후 체적[m³]

$$\frac{(101.325[kPa] + 19,965[kPa]) \times 0.08[m^3]}{(273+20)[K]} = \frac{(101.325+0) \times V_2}{(273+10)[K]} \rightarrow V_2 = 15.30[m^3]$$

4) 저장용기수의 계산 = $\frac{611.28[m^3]}{15.30[m^3]/1병} = 39.95$

∴ 40병

4. 선택밸브 통과 시 방사시간에 따른 최소유량[m³/min]

1) 불활성기체소화약제의 방사시간[S]

할로겐화합물소화약제는 10초, 불활성기체소화약제는 A·C급 화재 2분, B급 화재 1분 이내 최소설계농도의 95 [%] 이상 해당하는 약제량 방출

2) 2분 이내 약제방사에 따른 최소유량[m³/min]

$$x = 2.303 \left(\frac{0.70527[m^3/kg]}{0.68127[m^3/kg]} \right) \times \log \left[\frac{100}{100 - (43.008 \times 0.95)} \right] \times 1,050[m^3]/2[\min]$$

$$= 285.51[m^3/\min]$$

5. 소화약제 방사에 따른 과압배출구 최소면적[cm²]

1) 과압배출구[cm²]의 계산식

이산화탄소소화설비	불활성기체소화설비(IG-541)
$A[mm^2] = \dfrac{239Q}{\sqrt{P(kPa)}}$	$A[cm^2] = \dfrac{42.9Q}{\sqrt{P[kg_f/m^2]}}$
Q : 이산화탄소의 유량[kg/min] P : 방호구역의 허용강도[kPa]	Q : 이너젠($Inergen$)유량[m³/min] P : 방호구역의 허용강도[kg_f/m^2]
경량구조물 1.2 [kPa] 일반구조물 2.4 [kPa] 둥근구조물 4.8 [kPa]	경량구조 10 [kg_f/m²] 블록마감 50 [kg_f/m²] 철근콘크리트벽 100 [kg_f/m²]

2) 과압배출구[cm²] = $\dfrac{42.9 \times 285.51\,[m^3/\min]}{\sqrt{100\,[kg_f/m^2]}}$ = 1,224.837

∴ 1,224.84 [cm²]

31

컴퓨터실(바닥면적이 1,000 m², 층고가 3 m)에 할론1301 소화설비를 전역방출방식으로 설치하려고 한다. 다음 물음에 답하시오. (다만 컴퓨터실은 내화구조이며, 3 m × 2 m의 자동폐쇄되지 않는 개구부 1개소가 있다) [관 6회]

1) 할론1301의 최소 약제량[kg]을 계산하시오.
2) 할론1301 소화약제 저장용기수를 계산하시오. (저장용기는 50 kg/1병 약제를 저장한다)
3) 방호구역에 차동식스포트형1종 감지기를 설치할 경우 감지기 수를 계산하시오.
4) 배관으로 강관을 사용할 경우 배관기준을 쓰시오.
5) 약제 방출률이 2 [kg/sec·cm²]이고, 방사 헤드수가 25개, 노즐 1개의 방사압이 20 [kg/cm²]일 경우 노즐의 최소 오리피스 분구면적[mm²]을 계산하시오.

풀이

1. 할론1301의 최소 약제량[kg]

1) 할론1301의 약제량 산정식

$$W = (V \times \alpha) + (A \times \beta)$$

V : 방호구역의 체적[m³]
A : 개구부의 면적[m²]
α : 방호구역 체적 당 약제량[kg/m³]
β : 개구부 면적 당 가산량[kg/m²]

2) 할론1301의 방호구역의 체적당 약제량[kg/m³] 및 개구부의 면적당 가산량[kg/m²]

소방대상물 또는 그 부분		소화약제	방호구역 소화약제의 양	개구부 가산량
차고·주차장·전기실·통신기기실·전산실기타 이와 유사한 전기설비가 설치되어 있는 부분		할론1301	0.32 [kg/m³] 이상 0.64 [kg/m³] 이하	2.4 [kg/m²]
특수가연물	가연성고체류·가연성액체류합성수지류를 저장·취급하는 것	할론1301	0.32 [kg/m³] 이상 0.64 [kg/m³] 이하	2.4 [kg/m²]
	면화류·나무껍질 및 대팻밥·넝마 및 종이부스러기·사류·볏짚·목재 가공품 및 나무부스러기를 저장·취급하는 것	할론1301	0.52 [kg/m³] 이상 0.64 [kg/m³] 이하	3.9 [kg/m²]

3) 약제량[kg] = (1,000 m² × 3 m × 0.32 kg/m³) + (6 m² × 2.4 kg/m²) = 974.4
  ∴ 974.4 [kg]

2. 할론1301 소화약제 저장용기수(약제량 50 kg 적용)

   저장용기의 수 = 974.4 [kg] ÷ 50 [kg/병] = 19.49

   ∴ 20병

3. 차동식스포트형1종 감지기를 설치할 경우 감지기 수

   1) 차동식스포트형 감지기의 1개당 감지면적[m²]

부착높이 및 소방대상물의 구조		차동식스포트형	
		1종[m²]	2종[m²]
4 [m] 미만	주요구조부를 내화구조	90	70
	기타구조의 소방대상물	50	40
4 [m] 이상 8 [m] 미만	주요구조부를 내화구조	45	35
	기타구조의 소방대상물	30	25

   2) 회로별 감지기의 수 = 1,000 [m]² ÷ 90 [m²/개] = 11.11   ∴ 12개

   3) 교차회로 방식에 따른 전체 감지기의 개수

   전체 감지기의 개수 = 12개 × 2개 회로 = 24개 감지기

4. 배관으로 강관을 사용할 경우 배관기준

   1) 배관은 전용으로 할 것

   2) 강관을 사용하는 경우의 배관은 압력배관용탄소강관(KS D 3562) 중 스케줄 40 이상의 것 또는 이와 동등 이상의 강도를 가진 것으로서 아연도금 등에 따라 방식처리된 것을 사용할 것

   3) 동관을 사용하는 경우에는 이음이 없는 동 및 동합금관(KS D 5301)의 것으로서 고압식은 16.5 [MPa] 이상, 저압식은 3.75 [MPa] 이상의 압력에 견딜 수 있는 것을 사용할 것

   4) 배관부속 및 밸브류는 강관 또는 동관과 동등 이상의 강도 및 내식성이 있는 것으로 할 것

5. 노즐의 최소 오리피스 분구면적[mm²]을 계산

   $$\text{분구면적}[mm^2] = \frac{\frac{20\text{병} \times 50[kg]}{10[s] \times 25\text{개}}}{2[kg/cm^2] \cdot [s] \cdot \text{개}} = 2[cm^2] \times \frac{(10[mm])^2}{1[cm^2]} = 200$$

   ∴ 200 [mm²]

32 내화구조의 벽과 출입문은 60분+방화문(자동폐쇄장치 있음)으로 구획된 전산기기실과 통신기기실이 있는 건물에서 해당실 별로 방호구역을 설정하고 전산기기실은 할로겐화합물, 통신기기실은 불활성기체 소화약제를 각각의 용기실을 설치하여 구분 설계하려 한다. 다음 조건에 맞게 물음에 답하시오.

조건

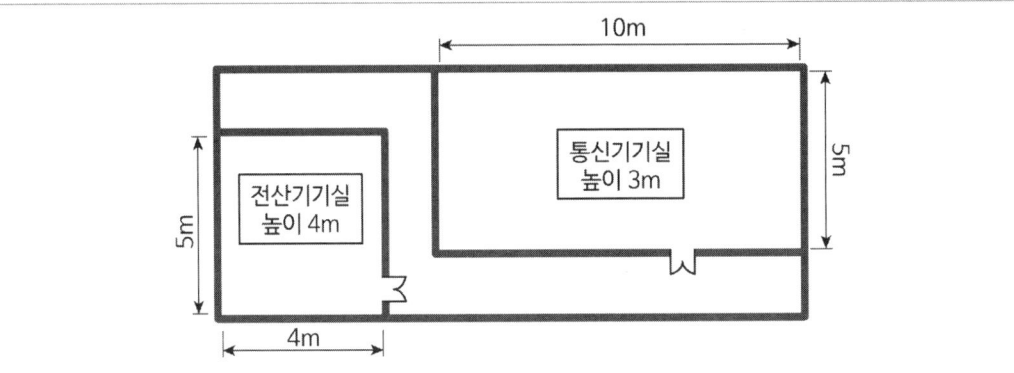

가. 전산기기실
  (1) 소화농도 A, C급 화재 8.5 [%], B급 화재 10 [%] 적용
  (2) 선형상수 K_1 = 0.2413, K_2 = 0.00088
  (3) 전산기기실 예상온도 = 20 [℃]
나. 통신기기실
  (1) 소화농도 A, C급 화재 32.5 [%], B급 화재 31 [%] 적용
  (2) 선형상수 K_1 = 0.65799, K_2 = 0.00239
  (3) 통신기기실 예상 최저온도 5 [℃]
  (4) 중력가속도 g = 9.8 [m/s²]
  (5) 용기 1병의 용적 = 12.5 [m³]

1) 화재안전기준에서 배관구경 선정조건(NFSC 107A 제10조 3항)에 의거, 전산기기실의 방호구역에 10초 이내에 방사해야 할 약제량[kg]을 구하시오.

2) 불활성기체 소화약제용 내용적 80 [ℓ] 용기를 사용하여 1병당 12.5 [m³] 충전하려 한다. 통신기기실용으로 저장해야 할 약제량[m³]을 구하시오.

3) 과압배출구(통신기기실) $X\,[cm^2] = \dfrac{43 \times Q[m^3/min]}{\sqrt{P[kg/m^2]}}$ 라 할 경우, Q [m³/min]는 방출되는 불활성 기체소화약제의 저장량이 방출, P [kg/m²]는 방호구역의 허용강도로 한다. 이때 SI단위로 허용 강도 P = 2.4 [kPa]이라면, 과압 배출구의 유효 개구부 면적[cm²]는? (단, 소수점 첫째자리까지 구함)

풀이

1. 전산기기실의 방호구역에 10초 이내에 방사해야 할 약제량[kg]

    1) 체적 : 5 × 4 × 4 = 80 [m³]
    2) C급 화재이므로 1.35를 적용
       설계농도 = 소화농도 × 1.35 = 8.5 × 1.35 = 11.475 [%]
    3) 비체적 S = 0.2413 + 0.00088 × 20 = 0.2589 [m³/kg]
    4) 관구경 선정 시 최소 소요약제량은 10초 이내 방사 시 설계농도의 95 [%]가 방사되는 값이므로 11.475 [%] × 0.95 = 10.9 [%]

    약제량 W[kg] = $\dfrac{V}{S} \times \dfrac{C}{(100-C)} = \dfrac{80}{0.2589} \times \dfrac{10.9}{(100-10.9)}$

    = 37.8 [kg]

2. 불활성기체 소화약제용 내용적 80 [ℓ], 1병당 12.5 [m³]로 충전 시, 통신기기실용으로 저장해야 할 약제량[m³]

    1) 실체적 : 10 × 5 × 3 = 150 [m³]
    2) C급 화재이므로 1.35를 적용
       설계농도 = 소화농도 × 1.35 = 32.5 × 1.35 = 43.875 [%]
    3) 비체적
       (1) 20 [℃] : V_s = 0.65799 + 0.00239 × 20 = 0.70579 [m³/kg]
       (2) 5 [℃] : S = 0.65799 + 0.00239 × 5 = 0.66994 [m³/kg]
    4) 약제량
       (1) 약제량 $X[m^3] = 2.303 \times \dfrac{V_s}{S} \times \log\dfrac{100}{100-C} \times V$
       (2) $X = 2.303 \times \dfrac{0.70579}{0.66994} \times \log\dfrac{100}{100-43.875} \times 150 ≒ 91.29$ [m³]
    5) 용기 수
       (1) 91.29 ÷ 12.5 = 7.3이므로 8병
       (2) 저장량 = 8병 × 12.5 [m³] = 100 [m³]

3. 허용강도 P = 2.4 [kPa]이라면 과압 배출구의 유효 개구면적[cm²] (단, 소수 첫째자리까지 구함)

1) 적용 공식

$$X\,[cm^2] = \frac{43 \times Q[m^3/\min]}{\sqrt{P[kg/m^2]}}$$

2) 허용강도 P

$1\,[kg_f] = 9.8\,[N]$

$1\,[kg_f/m^2] = 9.8\,[N/m]^2 = 9.8\,[Pa]$

$1\,[Pa] = \dfrac{1}{9.8}[kg_f/m^2]$

$2.4k\,[Pa] = \dfrac{1}{9.8} \times 2.4 \times 10^3\,[kg_f/m^2] = 244.898\,[kg_f/m^2]$

3) 불활성기체 소화약제의 방사시간이 2분이므로

Q = $100[m^3]/2[\min] = 50[m^3/\min]$

$\therefore X = \dfrac{43 \times Q}{\sqrt{P}} = \dfrac{43 \times 50}{\sqrt{244.898}} ≒ 137.4\,[cm^2]$

33 가로 2 [m], 세로 1 [m], 높이 1.5 [m]인 가연물에 국소방출방식의 고압식 이산화탄소소화설비를 설치하고자 한다. 다음 물음에 답하시오. (단, 저장용기는 68 ℓ/45 kg을 사용하며, 입면에 고정된 벽체는 없다)

1) 방호공간의 체적([m³]을 구하시오.
2) 방호공간 벽면적의 합계[m²]를 구하시오.
3) 방호대상물 주위에 설치된 벽면적[m²]의 합계를 구하시오.
4) 이산화탄소소화설비의 최소 약제량 및 용기수를 구하시오.

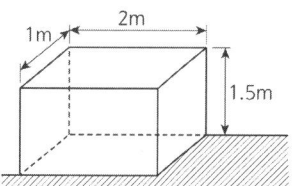

풀이

1. 적용 공식

구분		체적식(입면화재)일 경우의 약제량[kgf]	X, Y 값	방사압력 [MPa]
		V(방호공간체적) × (X − Y × $\frac{a}{A}$)(기본량) × h(할증계수)		
CO_2	저압식	방호공간체적[m³] × (X − Y × $\frac{a}{A}$) × 1.1	X : 8, Y : 6 X × 0.75 = Y	1.05
	고압식	방호공간체적[m³] × (X − Y × $\frac{a}{A}$) × 1.4		2.1

※ a : 방호대상물 주위에 설치된 벽의 면적 합계[m²], 즉 전후 좌우 4면의 면적을 의미함
※ A : 방호공간 면적(벽이 없을 시 벽이 있는 것으로 가정한 당해 부분 면적)

2. 방호공간의 체적[m³]

   1) 가로, 세로 좌우로 0.6 [m]씩, 높이는 위쪽으로 0.6 [m] 연장
   2) V = 가로 × 세로 × 높이
      = (2 + 0.6 × 2) × (1 + 0.6 × 2) × (1.5 + 0.6) = 14.78 [m³]

3. 방호 공간 벽면적의 합계[m²]

   1) 방호 공간 둘레 4면의 0.6 [m] 연장 시 벽 면적
   2) A = (3.2 × 2.1) × 2 + (2.2 × 2.1) × 2 = 22.68 [m²]

4. 방호대상물 주위에 설치된 벽 면적[m²]

   방호대상물 주위에 설치된 벽 면적 a는 실제 설치된 고정 측벽이 없으므로 $a = 0$

5. 이산화탄소소화설비의 최소 약제량 및 용기수

   1) 최소 약제량

   $$Q = 14.78 \times (8 - 6 \times \frac{0}{22.68}) \times 1.4 = 165.536[kg]$$

   2) 용기수

   $$\frac{165.536[kg]}{45[kg/병]} = 3.68$$

   ∴ 4병

34 다음 물음에 답하시오. [관 16회]

1) 가로 2 [m], 세로 1.8 [m], 높이 1.4 [m]인 가연물에 국소방출방식의 고압식 이산화탄소소화설비를 설치하고자 한다. 다음 물음에 답하시오. (단, 저장용기는 68 ℓ /45 kg을 사용하며, 입면에 고정된 벽체는 없다)
   (1) 방호공간의 체적[m³]을 구하시오.
   (2) 방호공간 벽면적의 합계[m²]를 구하시오.
   (3) 방호대상물 주위에 설치된 벽면적의 합계[m²]을 구하시오.
   (4) 이산화탄소소화설비의 최소 약제량[kg] 및 용기수를 구하시오.

풀이

1. 방호공간의 체적[m³]

   체적[m³] = (2 + 0.6 × 2) × (1.8 + 0.6 × 2) × (1.4 + 0.6) = 3.2 × 3 × 2 = 19.2 [m³]

2. 방호공간 벽면적의 합계[m²]

   벽면적[m²] = (3.2 × 2) × 2 + (3 × 2) × 2 = 24.8 [m²]

3. 방호대상물 주위에 설치된 벽면적은 방호대상물 주위에 고정된 벽체가 없으므로 0

4. 이산화탄소소화설비의 최소 약제량[kg] 및 용기수

   1) 이산화탄소소화설비의 국소방출방식 약제량

   $W = V \times Q \text{(방출계수)} \times 할증계수$
   $Q = 8 - 6\dfrac{a}{A}$

   W : 약제량[kg]
   Q : 방호공간 1m³에 대한 소화약제량[kg/m³]
   a : 방호대상물 주위에 설치된 벽 면적의 합계[m²]
   A : 방호공간의 벽면적[m²]
   · 할증계수(고압식 1.4, 저압식 1.1)

   2) 최소 약제량[kg] 및 용기수

구분	계산식
최소약제량[kg]	$19.2[m^3] \times \left(8 - 6\dfrac{0}{24.8}\right)[kg/m^3] \times 1.4 = 215.04$　　∴ 215.04[kg]
용기수	용기수 = $\dfrac{약제량}{1병당 저장량} = \dfrac{215.04kg}{45kg/1병} = 4.78$ ∴ 5병

2) 체적 55 [m³] 미만인 전기설비에서 심부화재 발생 시 다음 물음에 답하시오.
   (1) 이산화탄소의 비체적[m³/kg]을 구하시오. (단, 심부화재이므로 온도는 10 ℃를 기준으로 하며 답은 소수점 셋째자리에서 반올림하여 둘째자리까지 구한다)
   (2) 자유유출(Free Efflux)상태에서 이산화탄소소화설비의 방호구역 체적당 소화약제량 산정식을 쓰시오.
   (3) 이산화탄소소화설비의 화재안전기준에 따라 전역방출방식에 있어서 심부화재의 경우 방호대상물별 소화약제의 양과 설계농도를 쓰시오.
   (4) 전역방출방식에서 체적 55 [m³] 미만인 전기설비 방호대상물의 설계농도를 구하시오. (단, 계산된 소수점 셋째자리에서 반올림하여 둘째자리까지 구하고, 설계농도는 반올림 하여 정수로 한다)

풀이

1. 이산화탄소의 비체적[m³/kg]

   1) 이산화탄소의 분자량

   이산화탄소의 분자량 = $(12[kg] \times 1) + (16[kg] \times 2) = 44[kg/kmol]$

   2) K_1은 표준상태의 비체적[m³/kg]

   $$K_1 = \frac{22.4[m^3]}{44[kg]} = 0.509[m^3/kg]$$

   3) K_2은 단위온도당 비체적 증가분[m³/kg]

   $$K_2 = \frac{0.509[m^3/kg]}{273} = 0.00186[m^3/kg]$$

   4) 소화약제 선형상수[m³/kg]

   $S = K_1 + K_2 \times t = 0.509 + 0.00186 \times 10 \,[℃] = 0.527$

   ∴ 0.53 [m³/kg]

2. 자유유출상태에서 이산화탄소소화설비의 방호구역 체적당 소화약제량[kg]

$$x = 2.303 \times \log\left(\frac{100}{100-C}\right) \times \frac{1}{S}$$

x : 방호구역 체적당 소화약제량[kg/m³]
C : 체적에 따른 소화약제의 설계농도[%]
S : 소화약제별 선형상수$[K_1 + K_2 \times t]$[m³/kg]
t : 방호구역의 최소예상온도[℃]

3. 전역방출방식에 있어서 심부화재의 경우 방호대상물별 소화약제의 양과 설계농도

방호대상물	방호구역의 체적 1 [m³]에 대한 소화약제의 양	설계농도[%]
체적 55 [m³] 미만의 전기설비	1.6 [kg]	50

4. 체적 55 [m³] 미만인 전기설비 방호대상물의 설계농도[%]

   1) 설계농도[%] 계산을 위한 관계식

   $$1.6 kg/m^3 = 2.303 \times \log\left(\frac{100}{100-C}\right) \times \frac{1}{S}$$

   2) 설계농도[%]

   $$1.6[kg/m^3] = 2.303 \times \log\left(\frac{100}{100-C}\right) \times \frac{1}{0.53[m^3/kg]}$$

   $$\frac{1.6 \times 0.53}{2.303} = \log\left(\frac{100}{100-C}\right)$$

   ∴ $C = 57[\%]$ (화재안전기준의 경우 설계농도 : 50 %)

35	전기실에 제1종 분말소화약제를 사용한 분말소화설비를 가압식의 전역방출방식으로 설치하려고 한다. 다음의 조건을 참조하여 각 물음에 답하시오.

조건

① 전기실의 크기는 가로 11 [m], 세로 9 [m], 높이 4.5 [m]인 내화구조로 되어 있다.
② 전기실에는 0.7 [m] × 1.0 [m], 1.2 [m] × 0.8 [m]인 개구부가 각각 1개씩 설치되어 있으며, 1.2 [m] × 0.8 [m]인 개구부에는 자동폐쇄장치가 설치되어 있다.
③ 약제저장용기의 수 1개
④ 약제저장실의 온도는 20 [℃]
⑤ 가압용용기의 내용적은 68 [ℓ], 가압용질소의 충전압력은 130 [atm]
⑥ 소화약제 산정 및 기타 사항은 국가화재안전기준에 따라 산정할 것

1) 전기실에 설치하여야 할 최소 소화약제량[kg]을 계산하시오.
2) 약제 저장용기의 최소 내용적[m³]을 계산하시오.
3) 가압용가스로 질소가스를 사용할 경우 가스량[m³]을 계산하시오.
4) 가압용질소용기수 최소 병수를 계산하시오.
5) 기동용가스로 이산화탄소를 사용할 경우 기동용기에 작용하는 계기압[MPa]을 계산하시오. (다만 용기안의 이산화탄소는 이상기체상태로 본다)

풀이

1. 전기실에 설치하여야 할 최소 소화약제량[kg]

   1) 약제량([kg]의 산정공식

   $$W = (V \times \alpha) + (A \times \beta)$$

   V : 방호구역의 체적[m³]
   A : 개구부의 면적[m²]
   α : 방호구역 체적당 약제량[kg/m³]
   β : 개구부 면적당 가산량[kg/m²]

   2) 전역방출방식의 방호구역 체적당 약제량 및 개구부 면적당 가산량

소화약제의 종별	방호구역의 체적 1 [m³]에 대한 소화약제의 양	자동폐쇄장치가 없는 개구부 1 [m²]당 가산량
제 1종 분말	0.6 [kg]	4.5 [kg]
제 2종, 3종 분말	0.36 [kg]	2.7 [kg]
제 4종 분말	0.24 [kg]	1.8 [kg]

   3) 소화약제량[kg] = $445.5[m^3] \times 0.6[kg/m^3] + 0.7[m^2] \times 4.5[kg/m^2] = 270.45$

   ∴ 270.45 [kg]

2. 약제 저장용기의 최소 내용적[m³]

   1) 분말소화설비의 약제 저장용기 내용적[ℓ] 기준

소화약제의 종별	소화약제 1 [kg]당 저장용기 내용적[ℓ]
제1종 분말	0.8
제2종 분말, 제3종 분말	1
제4종 분말	1.25

   2) 약제 저장용기[m³] = 270.45[kg] × 0.8[ℓ/kg] = 216.36[ℓ]
   ∴ 0.216 [m³]

3. 가압용가스로 질소가스를 사용할 경우 가스량[m³]

   1) 가압용 가스의 저장량 산정기준

사용가스	가스량
이산화탄소	분말소화약제 1 [kg]에 20 [g] + 배관의 청소에 필요한 가산량 이상
질소	분말소화약제 1 [kg]마다 40 [ℓ](35 ℃, 1 atm으로 환산한 것) 이상

   ■ 배관 청소에 필요한 가스양은 별도 용기에 저장

   2) 가압용 질소의 저장량[m³] = 270.45[kg] × 40[ℓ/kg] = 10,818[ℓ]
   ∴ 10.82 [m³]

4. 가압용질소용기수 최소 병수

   1) 온도에 따른 압력[atm] 계산

      (1) 가스온도[K], 압력[atm]의 관계식

      $$\frac{(P_1 + P_a) \times V_1}{T_1} = \frac{(P_2 + P_a) \times V_2}{T_2}$$

      P_1 : 충전압력[atm]
      P_2 : 방사 후 압력[atm]
      P_a : 대기압[MPa]
      V_1 : 저장용기의 체적[m³]
      V_2 : 방사 후 가스의 체적[m³]
      T_1 : 저장용기의 온도[K]
      T_2 : 방호구역의 온도[K]

(2) 가압용 가스 1병의 방사 후 부피[m³]

$$\text{방사 후 부피}[m^3] = \frac{(130+1)[atm] \times 0.068[m^3]}{(273+20)} = \frac{1[atm] \times V_2}{(273+35)}$$

→ $V_2 = 9.364[m^3]$

2) 용기수 = $\dfrac{\text{필요한 가스부피}(m^3)}{\text{가스용기 방사부피}(m^3/1\text{병})} = \dfrac{10.82[m^3]}{9.364[m^3/1\text{병}]} = 1.15$

∴ 2병

5. 기동용가스로 이산화탄소를 사용할 경우 기동용기에 작용하는 계기압[MPa]

1) 분말소화설비에서 가스 압력식 기동장치의 설치기준

　기동용 가스용기의 용적은 1 [ℓ] 이상으로 하고, 해당 용기에 저장하는 이산화탄소의 양은 0.6 [kg] 이상, 충전비는 1.5 이상

2) 기동용기에 작용하는 절대압[MPa]

$$P = \frac{WRT}{VM} = \frac{0.6[kg] \times 8,313.85[N \cdot m/kmol \cdot K] \times (273+20)[K]}{0.001[m^3] \times 44[kg]} = 33.217[MPa]$$

3) 기동용기 안에 작용하는 계기압(MPa)의 계산

　계기압[MPa] = $33.217[MPa] - 0.101325[MPa] = 33.12$

∴ 33.12 [MPa]

36 가로 10 [m], 세로 8 [m], 높이 12 [m]인 주차장에 분말소화설비를 전역방출방식으로 설치하는 경우 사용할 수 있는 약제의 종류와 약제량[kg] 및 용기수를 계산하시오.

조건

1) 약제저장량 : 45 [kg/병]
2) 개구부 면적은 7 [m²]이고, 자동폐쇄장치 미설치

풀이

1. 사용할 수 있는 소화약제 : 제3종 분말소화약제

2. 약제량[kg]

   1) 방호공간 체적

   V = 10 [m] × 8 [m] × 12 [m] = 960 [m³]

   2) 개구부 면적

   A = 7 [m²]

   3) 약제량

   $Q = V \times K_1(\text{기본량}) + A \times K_2(\text{가산량})$

   = 960 [m³] × 0.36 [kg/m³] + 7 [m²] × 2.7 [kg/m²] = 364.5 [kg]

3. 용기수

   1) 용기수 = $\dfrac{364.5\,[kg]}{45\,[kg/\text{병}]}$ = 8.1

   ∴ 9병

37 방호구역의 체적이 800 [m³]인 소방대상물에 CO_2 소화설비(전역방출방식)를 설계하려 할 경우 CO_2의 설계농도를 40%로 할 때 필요한 CO_2의 양[kg]을 계산하시오. (단, CO_2의 순도 : 99.5 %, CO_2의 비체적 : 0.51 m³/kg)

풀이

1. CO_2의 농도 [%] = $\dfrac{\text{방사된 } CO_2 \text{의 양}[m^3]}{\text{실부피}[m^3] + \text{방사된 } CO_2 \text{의 양}[m^3]} \times 100$

   $= \dfrac{CO_2 \text{가스량}[kg] \times \text{비체적}[m^3/kg]}{\text{실부피}[m^3] + CO_2 \text{가스량}[kg] \times \text{비체적}[m^3/kg]}$

2. $40 = \dfrac{x \times 0.51}{800 + (x \times 0.51)} \times 100$

   $30.6x = 32{,}000$

   $\therefore x = 1{,}045.75 \,[kg]$ (순도 100 % 기준)

   $\therefore$ 순도 99.5 [%]인 경우 $x = \dfrac{1{,}045.75}{0.995} = 1{,}051\,[kg]$

38 방호구역의 체적이 10 [m] × 8 [m] × 5 [m]인 소방대상물에 할론 1301을 전역방출하고 산소의 농도를 측정하니 15 [%]였다. 방출된 할론 1301의 무게[kg]를 계산하시오.

조건

1) 압력 : 1 [atm] 기준, 온도 15 [℃]
2) 물질의 원자량 : 탄소 12, 플루오르 19, 브로민 79.9
3) 온도 : 15 [℃]

풀이

1. 할론 1301의 분자량

$$M = 12 + (19 \times 3) + 79.9 = 148.9\,[kg/kmol]$$

2. 체적

$$V = 10[m] \times 8[m] \times 5[m] = 400[m^3]$$

3. 방출된 가스량[m³]

$$가스량[m^3] = \frac{(21-O_2)}{O_2} \times V = \frac{(21-15)}{15} \times 400 m^3 = 160\,[m^3]$$

4. 할론 1301의 무게[kg]

이상기체상태 방정식

$$PV = nRT = \frac{W}{M}RT \;\rightarrow\; W = \frac{PVM}{RT}$$

$$W = \frac{PVM}{RT} = \frac{1\,[atm] \times 160\,[m^3] \times 148.9\,[kg/kmol]}{0.082\,[atm \cdot m^3/kmol \cdot K] \times (273+15)\,[K]} \fallingdotseq 1{,}009\,[kg]$$

| 39 | 실의 크기가 5 [m] × 5 [m] × 9 [m]인 전자제품 창고에 고정식의 고압식 CO_2소화설비를 전역방출방식으로 설치하고자 한다. 개구부(2 m × 1 m)는 화재와 동시에 닫히는 구조이다. 다음 물음에 답하시오. [술 55회] |

1) 요구되는 CO_2 소요량은 얼마인가?
2) 배관 내 최소유량은 얼마인가?
3) 배관 내 최소유량이 흐를 경우 방출시간은 얼마인가?

풀이

1. CO_2 소요량

    1) 전역방출방식(심부화재 방호대상물의 경우)

    $$Q = V \times \alpha (기본량) + A \times \beta (가산량)$$

    2) 방호공간 체적

    $V = 5[m] \times 5[m] \times 9[m] = 225[m^3]$

    3) 화재안전기준

    전역방출방식의 심부화재(종이 · 목재 · 석탄 · 섬유류 · 합성수지류 등)

방호대상물	방호구역의 체적 1 [m³]에 대한 소화약제의 양	설계농도[%]
유압기를 제외한 전기설비, 케이블실	1.3 [kg]	50
체적 55 [m³] 미만의 전기설비	1.6 [kg]	50
서고, 전자제품창고, 목재가공품창고, 박물관	2.0 [kg]	65
고무류 · 면화류창고, 모피창고, 석탄창고, 집진설비	2.7 [kg]	75

    4) 소요량

    $Q = V \times \alpha (기본량) + A \times \beta (가산량)$
    $= 225[m^3] \times 2[kg/m^3] + 0(자동폐쇄장치 설치) = 450[kg]$

2. 배관 내 최소유량

   1) 기준

   심부화재의 경우 7분. 이 경우 설계농도가 2분 이내에 30 [%] 도달

   2) 7분 이내 설계농도 배관 내의 최소유량 $= \dfrac{225\,[m^3] \times 2\,[kg/m^3]}{7\,[\min]} ≒ 64.28\,[\text{kg/min}]$

   3) 2분 이내 30 [%] 설계농도

   (1) 심부화재 시 농도(10 ℃ 기준)

   $$K_1 = \dfrac{22.4\,[m^3]}{\text{분자량}\,[kg]} = \dfrac{22.4\,[m^3]}{44\,[kg]} = 0.509\,[m^3/kg]$$

   $$K_2 = K_1 \times \dfrac{1}{273} = 0.509 \times \dfrac{1}{273} = 0.00186\,[m^3/kg]$$

   $$S = K_1 + K_2 \times t = 0.509 + (0.00186 \times 10) = 0.527 \quad \therefore\ 0.53\,[m^3/kg]$$

   (2) $X = 2.303 \log_{10}\left[\dfrac{100}{100-C}\right] \times \dfrac{1}{S}\,[kg/m^3]$

   $\quad\quad = 2.303 \log_{10}\left[\dfrac{100}{100-30}\right] \times \dfrac{1}{0.53} ≒ 0.673\,[kg/m^3]$

   배관 내 최소유량 $= \dfrac{225\,[m^3] \times 0.673\,[kg/m^3]}{2\,[\min]} = 75.71\,[kg/\min]$

   4) 64.28과 75.71 중 큰 값인 75.71 [kg/min] 선정

3. 배관 내 최소유량이 흐를 경우 방출시간

   방출시간 $= \dfrac{450\,[kg]}{75.71\,[kg/\min]} = 5.94\,[\min] ≒ 6\,[\min]$

40. 전기실의 크기가 가로 35 [m], 세로 30 [m], 높이 7 [m]인 방호공간에 할로겐화합물 및 불활성기체소화설비를 아래 조건에 따라 설치할 경우 다음 물음에 답하시오. [술 81회]

조건

1) HCFC Blend A의 설계농도는 8.5 [%]
2) HCFC Blend A 용기는 68 [ℓ]용 50 [kg]
3) IG-541 용기는 80 [ℓ]용 12 [m³]
4) IG-541의 설계 농도는 37 [%]
5) HCFC Blend A의 K_1 = 0.2413, K_2 = 0.00088
6) 방사 시 온도는 상온 20 [℃]
7) 기타 조건은 무시

1) HCFC Blend A의 약제량[kg]과 최소 약제 저장용기수는 몇 병인가?
2) IG-541의 최소 약제용기수는 몇 병인가?

풀이

1. HCFC Blend A의 약제량[kg]

$$W = \frac{V}{S} \times \left(\frac{C}{100-C}\right)$$

W : 소화약제의 무게[kg]
V : 방호구역의 체적[m³]
C : 체적에 따른 소화약제의 설계농도[%]
S : 소화약제별 선형상수$[K_1 + K_2 \times t]$ [m³/kg]
t : 방호구역의 최소예상온도[℃]

1) 방호공간 체적

$$V = 35 \times 30 \times 7 = 7,350 \, [m^3]$$

2) 비체적(선형상수)

$$S = K_1 + K_2 \times t = 0.2413 + (0.00088 \times 20) = 0.2589 \, [m^3/kg]$$

3) 약제량

$$W = \frac{V}{S} \times \frac{C}{100-C} = \frac{7,350}{0.2589} \times \left(\frac{8.5}{100-8.5}\right) = 2,637.26 \, [kg]$$

2. HCFC Blend A의 최소 약제 저장용기수

   최소약제 용기 수 $= \dfrac{2,637.26\,[kg]}{50\,[kg/병]} = 52.745$

   ∴ 53병

3. IG-541의 약제량[kg]

   1) 계산식

   $$X = 2.303\left(\dfrac{V_S}{S}\right) \times \log_{10}\left[\dfrac{100}{100-C}\right] \times V$$

   2) 계산

   $$X = 2.303\left(\dfrac{V_S}{S}\right) \times \log_{10}\left[\dfrac{100}{100-C}\right] \times V$$

   $$= 2.303 \times 1 \times \log_{10}\left[\dfrac{100}{100-37}\right] \times 7,350\,m^3 = 3,396.57\,[m^3]$$

   (상온 기준이므로 $\dfrac{V_s}{S} \fallingdotseq 1$)

4. IG-541의 최소 약제용기수

   최소약제 용기 수 $= \dfrac{3,396.57\,[m^3]}{12\,[m^3]/병} = 283.0475$

   ∴ 284병

41

n-heptane을 저장하는 100 [m³]인 저장창고에 전역방출방식의 할로겐화합물소화약제 FC-3-1-10을 설치할 경우 소요약제량을 계산하시오. [술 79회]

조건

설계기준 온도는 20 [℃], 최소설계농도는 8.6 [%], 소화약제의 비체적 상수는 K_1 = 0.0941, K_2 = 0.0003

풀이

1. 할로겐화합물소화약제의 약제량 산정식

$$W = \frac{V}{S} \times \left(\frac{C}{100-C}\right)$$

W : 소화약제의 무게[kg]
V : 방호구역의 체적[m³]
C : 체적에 따른 소화약제의 설계농도[%]
S : 소화약제별 선형상수[$K_1 + K_2 \times t$][m³/kg]
t : 방호구역의 최소예상온도[℃]

2. 방호공간 체적 $V = 100 \, [m^3]$

3. 비체적(선형상수)

$S = K_1 + K_2 \times t = 0.0941 + (0.0003 \times 20) = 0.1001 \, [m^3/kg]$

4. 설계농도 C = 8.6 [%]

5. 약제량

$$W = \frac{V}{S} \times \frac{C}{100-C} = \frac{100}{0.1001} \times \left(\frac{8.6}{100-8.6}\right) = 94 \, [kg]$$

42 다음 조건을 참조하여 방호구역 내 소화를 위한 고체에어로졸화합물의 최소 질량[g]을 구하시오.

조건

1. 소화밀도 : 20 [g/m³]
2. 방호체적 : 250 [m³]

풀이

1. 고체에어로졸화합물의 최소 질량 계산식

    $m = d \times V$

    m : 필수소화약제량[g]

    d : 설계밀도[g/m³] = 소화밀도[g/m³] × 1.3(안전계수)
       소화밀도 : 형식승인 받은 제조사의 설계 매뉴얼에 제시된 소화밀도

    V : 방호체적[m³]

2. 최소 질량[g]

    $m = d \times V$

    m : 필수소화약제량[g]

    d : 설계밀도[g/m³] = 소화밀도[g/m³] × 1.3(안전계수)이므로

    $m = d \times V$ = 20 [g/m³] × 1.3 × 250 [m³] = 6,500 [g]

43

방호구역의 체적이 500 [m³]인 소방대상물에 이산화탄소소화설비를 설치하였다. 이 방호구역에 CO₂ 100 [kg]을 방사하였을 때 아래와 같은 방식으로 CO₂의 농도[%]를 구하시오. (단, 실내 기압은 1.2 atm, 온도는 25 ℃, 소화약제별 선형상수는 이상기체상태방정식을 이용하여 구하도록 한다)

(1) 무유출을 가정한 CO₂의 농도[%]
(2) 자유유출을 가정한 CO₂의 농도[%]

풀이

1. 무유출을 가정한 CO_2의 농도[%]

   1) 공식

   $$W = \frac{V}{S} \times \left(\frac{C}{100 - C}\right)$$

   W : 소화약제의 무게[kg]
   V : 방호구역의 체적[m³]
   C : 체적에 따른 소화약제의 설계농도[%]
   S : 소화약제별 선형상수[m³/kg]
   t : 방호구역의 최소예상온도[℃]

   2) 소화약제별 선형상수

   ① 이상기체 상태방정식 $PV = \dfrac{WRT}{M}$

   ② $S = \dfrac{1}{\rho} = \dfrac{RT}{PM} = \dfrac{0.082 \times (273 + 25)}{1.2 \times 44} = 0.4628 \, [m^3/kg]$

   3) 계산

   $$W = \frac{V}{S} \times \left(\frac{C}{100 - C}\right)$$

   $$100 = \frac{500}{0.4628} \times \left(\frac{C}{100 - C}\right)$$

   $$\frac{C}{100 - C} = 0.09256$$

   $$\therefore C = 8.47 \, [\%]$$

2. 자유유출을 가정한 CO_2의 농도[%]

   1) 공식

   $$W = 2.303 \log \frac{100}{100-C} \times \frac{1}{S} \times V$$

   W : 소화약제량[kg]
   S : 소화약제별 선형상수[m^3/kg]
   C : 체적에 따른 소화약제의 설계농도[vol %]
   V : 방호구역의 체적[m^3]

   $$x[kg] = 2.303 \log \frac{100}{100-C} \times \frac{V}{S}$$

   $$100[kg] = 2.303 \log \frac{100}{100-C} \times \frac{500[m^3]}{0.4628[m^3/kg]}$$

   $$\log \frac{100}{100-C} = \frac{0.4628}{500} \times \frac{100}{2.303} \quad (\because \frac{0.4628}{500} \times \frac{100}{2.303} = 0.04019)$$

   $$\frac{100}{100-C} = 10^{0.04019}$$

   $$\frac{100}{100-C} = 1.0969$$

   $$\therefore C \fallingdotseq 8.83[\%]$$

3. 결론

   1) 무유출을 가정한 CO_2의 농도[%] : 8.47 [%]
   2) 자유유출을 가정한 CO_2의 농도[%] : 8.83 [%]
   3) 따라서 자유유출을 가정한 CO_2의 농도[%]가 무유출을 가정한 CO_2의 농도[%]보다 높게 나타남을 알 수 있다.

PART 04

뇌풀림 소방기술사 · 관리사 수리계산 핸드북

제연

01 틈새로부터의 누설풍량식 $Q = 0.827 A \sqrt{\triangle P}$를 유도하시오.

조건

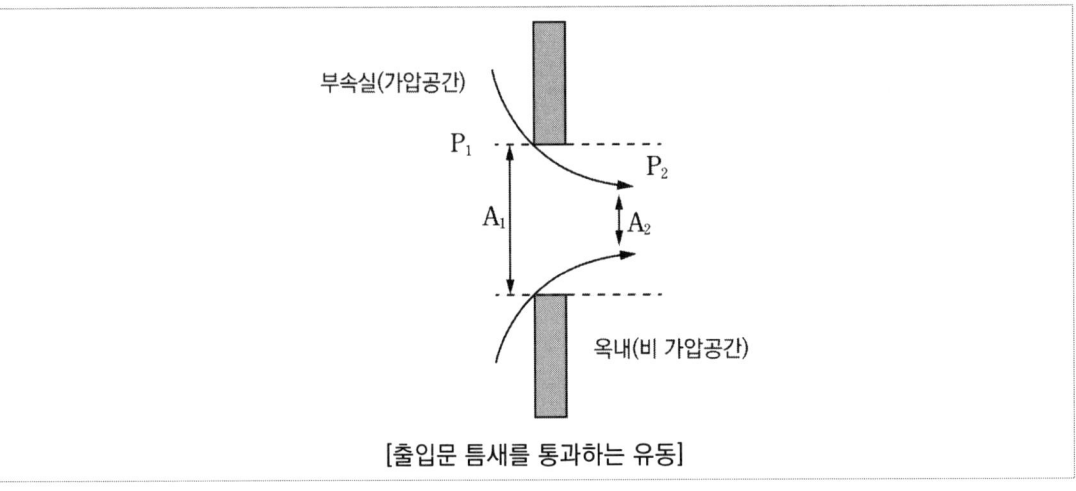

[출입문 틈새를 통과하는 유동]

풀이

1. 공식

1) 베르누이 방정식

$$\frac{P}{\gamma} + \frac{v^2}{2g} + z = Const$$

- P : 배관에 작용하는 유체의 압력[N/m²]
- v : 단면을 통과하는 유체의 속도[m/s]
- z : 기준위치에서 배관단면 중심까지의 거리[m]
- γ : 비중량[kgf/m²]
- g : 중력가속도[m/s²]

2) 연속 방정식

$$Q = Av$$

- Q : 유량[m³/s]
- A : 틈새의 단면적[m²]
- v : 유속[m/s]

2. 조건

1) 거실과 제연구역의 위치수두는 동일

   $z_1 = z_2$

2) 제연구역 내의 풍속은 거의 없으므로 $v_1 ≒ 0$

3. 유도

1) $\dfrac{P_1}{\gamma} + \dfrac{v_1^2}{2g} + z_1 = \dfrac{P_2}{\gamma} + \dfrac{v_2^2}{2g} + z_2$

   조건에서 $z_1 = z_2$, $v_1 ≒ 0$을 적용하면

   $\dfrac{P_1}{\gamma} = \dfrac{P_2}{\gamma} + \dfrac{v_2^2}{2g}$

   $\dfrac{P_1 - P_2}{\gamma} = \dfrac{v_2^2}{2g}$

2) $P_1 - P_2 = \dfrac{v_2^2}{2g} \times \gamma$

   $\triangle P = \dfrac{v_2^2}{2g} \times \gamma$

   $v_2 = \sqrt{2g\dfrac{\triangle P}{\gamma}} = \sqrt{\dfrac{2\triangle P}{\rho}}$ ($\gamma = \rho g$)

3) 2)식을 연속 방정식에 대입하면

   (1) $Q = A_2 v_2 = A_2 \sqrt{2g\dfrac{\triangle P}{\gamma}} = A_2 \sqrt{2g\dfrac{\triangle P}{\rho g}} = A_2 \sqrt{\dfrac{2\triangle P}{\rho}}$

   (2) $\rho = \dfrac{PM}{RT} = \dfrac{1 \times 28.96}{0.082 \times (273 + 21)} = 1.2$

   (3) 유량계수 $C = 0.64$

   $\therefore Q = 0.64 \times A \sqrt{\dfrac{2\triangle P}{1.2}} = 0.827 A \sqrt{\triangle P}$

02

호텔 거실 4 [m] × 6 [m] × 2.5 [m]인 공간에 화재가 발생했다. 화원의 크기가 0.5 [m] × 0.5 [m]이고 연소가스 밀도가 0.456 [kg/m³]이며, 화재실 온도는 500 [℃]이다. 이때 침대의 높이가 0.7 [m]이면 침대까지 연기가 도달하는 데 걸린 시간과 배기하려는 이론적 연기발생량[kg]은 얼마인지 구하시오. (단, Hinkley공식을 이용하고 압력의 변화는 무시)

풀이

1. 힝클리 계산식

   1) 계산식

   $$t = \frac{20A}{P\sqrt{g}}\left(\frac{1}{\sqrt{y}} - \frac{1}{\sqrt{h}}\right)$$

   t : 청결층 높이 y가 될 때까지의 시간[s]
   A : 실의 바닥면적[m²]
   P : 불의 둘레[m]
   g : 중력가속도 9.8[m/s²]
   h : 실의 높이[m]

   2) 연기 배출량

   $$\frac{dv}{dt} = -\frac{P\sqrt{g}}{10}y^{\frac{3}{2}}$$

   v : 연기배출량[m³]
   t : 청결층 높이 y가 될 때까지의 시간[s]
   P : 불의 둘레[m]
   g : 중력가속도 9.8[m/s²]
   y : 청결층의 높이[m]

   3) 샤를의 법칙

   $$\frac{V_0}{T_0} = \frac{V_1}{T_1}$$

   V_0, V_1 : 부피[m³]
   T_0, T_1 : 온도[K]

2. 청결층까지 연기 도달 시간[t]

   1) 불의 둘레(P) : 0.5 [m] × 4 = 2 [m], 실의 바닥면적[A] : 4 [m] × 6 [m] = 24 [m²]

   2) $t = \frac{20 \times 24}{2\sqrt{9.8}}\left(\frac{1}{\sqrt{0.7}} - \frac{1}{\sqrt{2.5}}\right) = 43.13[s]$

3. 이론적 연기발생량[kg]

1) 20 [℃]에서의 연기발생량

    (1) $dv = -\dfrac{P\sqrt{g}}{10} y^{\frac{3}{2}} dt$

    (2) $v = \displaystyle\int_0^{43.13} \dfrac{P\sqrt{g}}{10} y^{\frac{3}{2}} dt = \left[\dfrac{P\sqrt{g}}{10} y^{\frac{3}{2}} t\right]_0^{43.13} = \left[\dfrac{2\sqrt{9.8}}{10} \times 0.7^{\frac{3}{2}}\right]_0^{43.13}$ = 15.82 [m³]

2) 500 [℃]에서의 연기발생량[m³]

    $V = \dfrac{T_1}{T_0} \times V_0 = \dfrac{273+500}{273+20} \times 15.82 = 41.737 [m^3]$

3) 연기의 질량[kg] = 41.737 [m³] × 0.456 [kg/m³] ≒ 19 [kg]

03 $K = 0.188 P y^{\frac{3}{2}}$ [kg/s]을 유도하시오.

풀이

1. 가스밀도는 가스의 온도에 반비례

   1) $\dfrac{\rho_f}{\rho_a} = \dfrac{T_a}{T_f}$, $\rho_f = \dfrac{\rho_a \times T_a}{T_f}$

   ρ_f : 가스밀도
   ρ_a : 공기밀도
   T_a : 주변공기온도
   T_f : 화염의 온도

   2) 1)식을 토마스 이론식에 대입

   $$m = 0.096 P y^{\frac{3}{2}} \sqrt{g \rho_a \frac{\rho_a \times T_a}{T_f}} \ [kg/s]$$

   $$m = 0.096 P y^{\frac{3}{2}} \rho_a \sqrt{\frac{g T_a}{T_f}} \ [kg/s] \ \cdots\cdots \ ⓐ$$

2. 주변 공기온도 T_a = 290K(17 ℃), 화염의 온도 T_f = 1100K(827 ℃)

   1) $\rho_a = \dfrac{PM}{RT} = \dfrac{1 \times 29}{0.082 \times 290} = 1.22 \ [kg/m^3]$

   2) $\rho_f = \dfrac{PM}{RT} = \dfrac{1 \times 29}{0.082 \times 1100} = 0.32 [kg/m^3]$

3. ⓐ식에 ρ_a = 1.22, T_a = 290, T_f = 1100를 대입하면

   $$m = 0.096 P y^{\frac{3}{2}} \times 1.22 \sqrt{\frac{g \times 290}{1100}} = 0.06 P \sqrt{g} \ y^{\frac{3}{2}}$$

   $\therefore \ m = 0.188 P y^{\frac{3}{2}}$

04

어떤 구획실의 면적이 24 [m²], 높이가 3 [m]일 때 구획실 내부에서 화원둘레가 6 [m]인 화재가 발생하였다. 이때 화재 초기의 연기 발생량 [kg/s]을 구하고, 바닥에서 1.5 [m] 높이까지 연기층이 하강하는 데 걸리는 시간[s]과 연기배출량[m³/s]을 계산하시오. (단, 연기의 밀도 ρ_s = 0.4 kg/m³, 기타 조건은 무시) [술 119회]

풀이

1. 화재 초기의 연기 발생량[kg/s]

   1) Thomas 이론식

   $$\dot{m} = 0.096 P y^{\frac{3}{2}} \sqrt{g\rho_a\rho_f} \ [kg/s]$$

   P : 화염의 둘레
   y : 청결층 높이
   ρ_a : 주변 공기의 밀도
   ρ_f : 화염의 가스 밀도

   2) 토마스 식에 의한 연기발생량

   $$\dot{m} = 0.096 P y^{\frac{3}{2}} = 0.188 \times 6 \times 1.5^{\frac{3}{2}} = 2.07 [kg/s]$$

2. 연기층이 하강하는 데 걸리는 시간[s]

   $$t = \frac{20A}{P\sqrt{g}}\left(\frac{1}{\sqrt{y}} - \frac{1}{\sqrt{h}}\right)$$

   $$t = \frac{20 \times 24}{6\sqrt{9.8}}\left(\frac{1}{\sqrt{1.5}} - \frac{1}{\sqrt{3}}\right) = 6.11 \ [s]$$

3. 연기 배출량[m³/s]

   $$\frac{\dot{m}}{\rho} = \frac{2.07}{0.4} = 5.18 [m^3/s]$$

05 방호 대상공간의 바닥면적이 1,000 [m²]인 내부공간에 둘레가 5 [m]인 가연물을 연소시켜 30초 후 연기층이 바닥으로부터 2 [m] 높이까지 하강하였다. 이 연기층이 더 이상 하강하지 않도록 유지하기 위해 필요한 분당 연기배출량[m³/min]은 얼마인지 구하시오. (단, 방호공간 천장높이 4 m, 불의 둘레는 가연물 둘레와 동일, 힝클리 공식 사용, 기타 조건은 무시)

풀이

1. 힝클리 계산식

   1) 공식

   $$t = \frac{20A}{P\sqrt{g}}\left(\frac{1}{\sqrt{y}} - \frac{1}{\sqrt{h}}\right)$$

   t : 청결층 깊이 y가 될 때까지의 시간[s]
   A : 실의 바닥면적[m²]
   P : 불의 둘레[m]
   g : 중력가속도 9.8 [m/s²]
   h : 실의 높이[m]

   2) 연기발생량

   $$Q = A \times V, \quad V = \frac{H-y}{t}$$

   Q : 연기발생량[m³/s]
   H : 천장높이[m]
   y : 청결층 높이[m]
   t : 청결층 높이 y가 될 때까지의 시간[s]

2. 연기발생량

   $$Q = A \times \frac{H-y}{t} \times 60 \, [m^3/\min]$$

   $$= \frac{A \times (H-y) \times 60}{\frac{20A}{P\sqrt{g}}\left(\frac{1}{\sqrt{y}} - \frac{1}{\sqrt{h}}\right)} = \frac{1,000 \times (4-2) \times 60}{\frac{20 \times 1,000}{5\sqrt{9.8}} \times \left(\frac{1}{\sqrt{2}} - \frac{1}{\sqrt{4}}\right)} = 453.46 \, m^3/\min$$

   ∴ 453.46 [m³/min]

06
직렬로 연결된 2개의 실 A_1, A_2는 출입문이며, 각 실은 출입문 이외의 틈새가 없다고 한다. 다음 물음에 답하시오.

조건

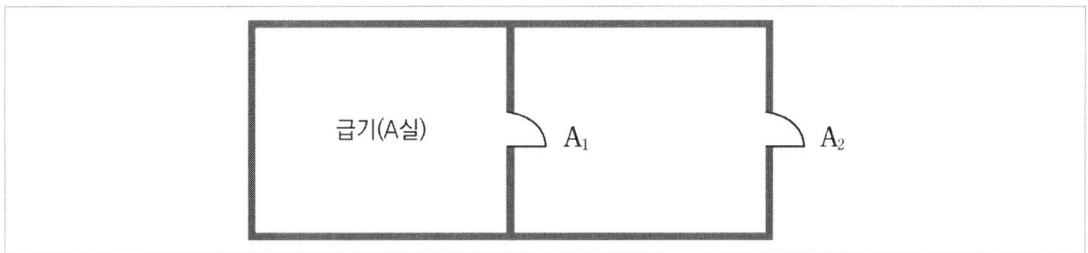

1) 출입문 틈새로부터의 누설량($Q = 0.827 \times A \times \sqrt{\Delta P}$)식을 유도하시오. (다만 출입문 틈새의 유출계수는 0.64, 온도는 21 ℃)
2) 출입문의 설치에 따른 출입문 틈새면적[m²]을 계산하시오. (다만 닫힌 문 A_1, A_2에 의해 공기가 유통될 수 있는 틈새의 면적은 각각 0.01 m²)
3) 출입문이 닫힌 상태에서 A실을 가압하여 A실과 외부 간에 50 [Pa]의 기압차를 얻기 위하여 A실에 급기해야 할 풍량[m³/s]을 계산하시오. (다만 주위온도 조건은 21 ℃)

풀이

1. 출입문 틈새로부터의 누설량 계산식

   1) 연속 방정식에 의한 누설량[m³/s]

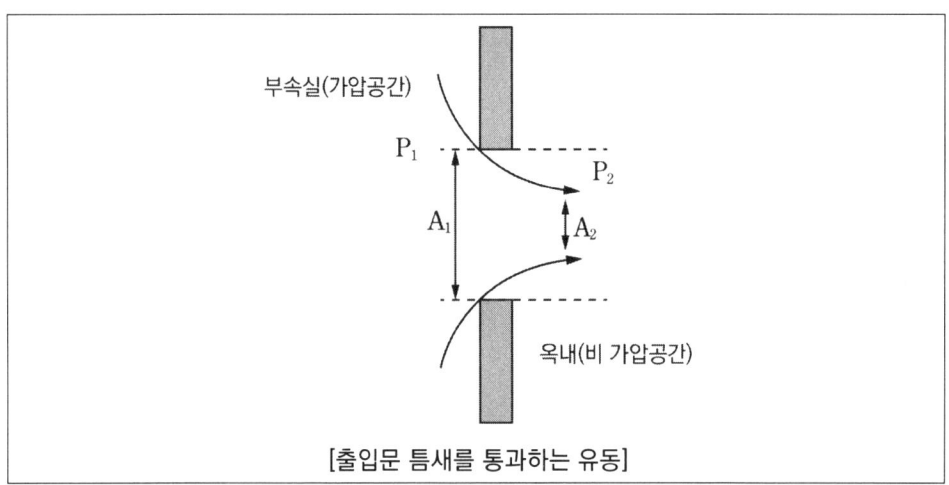

[출입문 틈새를 통과하는 유동]

$$Q = C \times A \times v = 0.827 \times A \times \sqrt{\Delta P}$$

Q : 누설량[m³/s]
C : 유동계수(0.64)
A : 틈새 면적[m²]
v : 속도[m/s]

2) 틈새를 통한 공기 유출의 속도

(1) $\dfrac{P_1}{\gamma} + \dfrac{v_1^2}{2g} + z_1 = \dfrac{P_2}{\gamma} + \dfrac{v_2^2}{2g} + z_2$ 여기서, $A_1 \gg A_2$일 때 $v_1 \simeq 0$, $z_1 = z_2$

(2) $\dfrac{P_1}{\gamma} = \dfrac{P_2}{\gamma} + \dfrac{v_2^2}{2g} \rightarrow \dfrac{P_1 - P_2}{\gamma} = \dfrac{v_2^2}{2g}$

(3) $P_1 - P_2 = \dfrac{v_2^2}{2g} \times \gamma$, 여기서 $\Delta P = P_1 - P_2$

(4) $\Delta P = \dfrac{v_2^2}{2g} \times \gamma \rightarrow v = \sqrt{2g \dfrac{\Delta P}{\gamma}} = \sqrt{2g \dfrac{\Delta P}{\rho g}} = \sqrt{\dfrac{2}{\rho} \Delta P}$ ----- ⓐ식

3) 유출되는 공기의 밀도

(1) 공기(ρ)는 21 [℃]를 기준으로 이상기체상태 방정식을 적용하여 계산

$$공기(\rho) = \dfrac{PM}{RT} = \dfrac{101{,}325[N/m^2] \times 29[kg]}{8{,}313.85[Nm/K] \times (273+21)[K]} = 1.202 \quad \therefore 1.2\,[kg/m^3]$$

(2) "ⓐ식"의 속도공식에 공기밀도 대입

$$v = \sqrt{\dfrac{2}{1.2} \Delta P} = 1.29\sqrt{\Delta P}$$

4) 틈새를 통한 누출량[m³/s]

$$Q = 0.64 \times A \times \sqrt{\dfrac{2\,\Delta P}{1.2}} \qquad \therefore Q = 0.827 \times A \times \sqrt{\Delta P}$$

2. 출입문 틈새면적[m²]

1) 직렬 계산식

$$\dfrac{1}{A_t^2} = \dfrac{1}{A_1^2} + \dfrac{1}{A_2^2} \rightarrow A_t^2 = \sqrt{\dfrac{A_1^2 \times A_2^2}{A_1^2 + A_2^2}}$$

2) 직렬의 틈새면적[m²] $= \left(\dfrac{1}{(0.01)^2} + \dfrac{1}{(0.01)^2}\right)^{-\frac{1}{2}} = 0.007$ $\qquad \therefore 0.007\,[m^2]$

3) 출입문이 닫힌 상태에서 A실을 가압하여 A실과 외부 간에 50 [Pa]의 기압차를 얻기 위하여 A실에 급기해야 할 풍량[m³/s]

급기량[m³/s] $= 0.827 \times 0.007[m^2] \times \sqrt{50[Pa]} = 0.040$ $\qquad \therefore 0.04\,[m^3/s]$

07 누설면적이 0.02 [m²]의 출입문이 있는 실 A와 누설면적이 0.005 [m²]의 창문이 있는 실 B가 아래와 같이 직렬로 연결되었을 때 실 A에 0.1 [m³/s]의 급기를 가할 시 A와 외부와의 차압을 구하시오.

조건

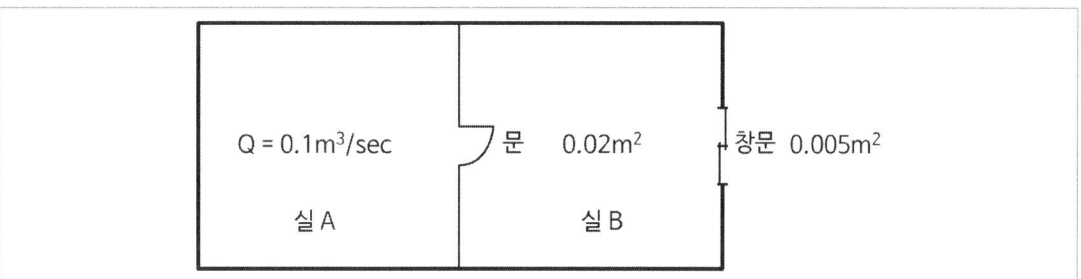

풀이

1. 공식

$$\frac{1}{A_T^n} = \frac{1}{A_1^n} + \frac{1}{A_2^n} + \cdots + \frac{1}{A_n^n} \ (m^2)$$

A_T : 개구부 누설면적의 합[m²]
A_1, A_2, A_n : 각 개구부 누설면적[m²]
출입문 : N = 2
창문 : N = 1.6

2. 계산

1) 조건

실 A와 실 B에서 압력을 각각 P_1, P_2 외부의 압력을 P_3, 누설면적을 A_1. A_2라 하면

2) 급기량 Q는 동일하므로

(1) $Q = K \times A_1 \times (P_1 - P_2)^{\frac{1}{n}} = K \times A_2 \times (P_2 - P_3)^{\frac{1}{n}}$

(2) $0.1 = 0.827 \times 0.02 \times (P_1 - P_2)^{\frac{1}{2}}$

양변을 각각 2승하면 $P_1 - P_2 = 36.55$

(3) $0.1 = 0.827 \times 0.005 \times (P_2 - P_3)^{\frac{1}{1.6}}$

양변에 1.6 승하면 $P_2 - P_3 = 163.55$

(4) (2)와 (3)을 합하면 $P_1 - P_3 = 200.1 [Pa]$ ∴ $200.1 [Pa]$

| 08 | 누설면적이 0.03 [m²]이 되는 문과 0.4 [m²]가 되는 문이 직렬로 연결되었을 때 유효누설면적을 계산하시오. (단, 누설문의 N의 값은 2) |

풀이

1. 공식

$$\frac{1}{A_T^n} = \frac{1}{A_1^n} + \frac{1}{A_2^n} + \cdots + \frac{1}{A_n^n} \ [m^2]$$

A_T : 개구부 누설면적의 합[m²]
A_1, A_2, A_n : 각 개구부 누설면적[m²]
출입문 : N = 2
창문 : N = 1.6

2. 유효 누설면적

(1) $\dfrac{1}{A_t^n} = \dfrac{1}{A_1^n} + \dfrac{1}{A_2^n}$

$A_t^n = \dfrac{1}{\dfrac{1}{A_1^n} + \dfrac{1}{A_2^n}}$

출입문이므로 n = 2 적용

(2) $A_t = \dfrac{1}{\sqrt{\dfrac{1}{0.03^2} + \dfrac{1}{0.4^2}}}$

$= 0.0299 [m^2]$

보충

1. 누설틈새면적 계산(직렬인 경우)

구분	계산
A_1 = 0.01, A_2 = 0.01	$A_t = \dfrac{1}{\sqrt{\dfrac{1}{0.01^2} + \dfrac{1}{0.01^2}}} = 0.00707$
A_1 = 0.02, A_2 = 0.02	$A_t = \dfrac{1}{\sqrt{\dfrac{1}{0.02^2} + \dfrac{1}{0.02^2}}} = 0.01414$
A_1 = 0.03, A_2 = 0.03	$A_t = \dfrac{1}{\sqrt{\dfrac{1}{0.03^2} + \dfrac{1}{0.03^2}}} = 0.02121$

09

출입문을 부속실 쪽으로 개방 시 소요되는 힘을 Push Pull Scale로 측정한 결과는 110 [N]이다. 출입문의 크기가 높이 2.0 [m], 폭 1.0 [m]라 하면 부속실과 거실 사이의 차압은 얼마인지 구하시오. (단, 도어체크 마찰손실 30 [N], 출입문 상수는 1, 손잡이와 출입문 끝단 사이의 거리는 0.1 m이다)

풀이

1. 관련 식

$$F = F_d + \frac{PAW}{2(W-d)} \ [N]$$

F : 출입문 개방에 필요한 힘[N]
F_d : 도어체크 마찰손실[N)]
A : 출입문 면적[m²]
P : 출입문에 작용하는 압력[Pa]
W : 문의 폭[m]
d : 손잡이와 문 끝단의 거리[m]

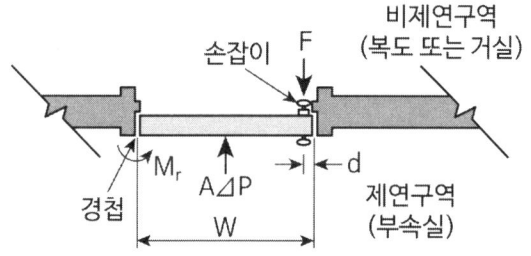

2. 계산

$$P = \frac{2(F - F_d)(W - d)}{AW} = \frac{2 \times (110 - 30) \times (1 - 0.1)}{(2 \times 1) \times 1} = 72 \ [Pa]$$

∴ 72 [Pa]

10. 특별피난계단의 부속실에 제연설비가 작동되었을 경우 출입문 개방에 필요한 힘[N]을 아래의 조건을 이용하여 산출하고, 화재안전기준에 적합여부를 판단하시오. [술 97회]

조건

① 출입문 규격 : 폭 0.9 [m], 높이 2.1 [m]
② 제연구역과 옥내 사이에 유지하는 차압 : 50 [Pa]
③ 문의 끝부분에서 문의 손잡이까지의 거리 : 80 [mm]
④ 자동폐쇄장치(Door Closer)의 저항 : 30 [N]

풀이

1. 기본 개념
1) 압력 $P = F/A \, [\text{N/m}^2]$
2) 힘 모멘트 = 힘[N] × 거리[m]

2. 계산
1)
$$F = F_1 + F_2 + F_3$$

F : 출입문 개방력[N]
F_1 : 차압에 의한 힘[N]
F_2 : 자동폐쇄장치의 폐쇄력[N]
F_3 : 경첩에 의한 폐쇄력[N]

2) 차압에 의한 힘(F_1)

$$\triangle P \times A \times \frac{W}{2} = F_1 (W-d)$$

$$F_1 = \frac{\triangle P \times A \times W}{2(W-d)}$$

$$= \frac{50[N/m^2] \times (0.9[m] \times 2.1[m]) \times 0.9[m]}{2(0.9[m] - 0.08[m])} \fallingdotseq 51.86 \, [N]$$

3) 개방 시 소요되는 힘(F)

$$F = F_1 + F_2 + F_3$$
$$F = 51.86[N] + 30[N] = 81.86[N]$$

3. 판정
1) 화재안전기준상 출입문 개방에 필요한 힘 110 [N] 이하
2) 따라서 81.86 [N]이므로 화재안전기준을 만족함

11. 특피계단 급기가압 제연중인 부속실 문을 열려고 한다. 얼마의 힘[N] 이 필요한지 식으로 설명하고, 계산하시오. (단, 문의 크기는 높이 1.8 m × 폭 1.2 m, 차압 50 Pa, 경첩과 자동폐쇄장치 등에 작용되는 힘은 40 N, 손잡이와 끝단 사이 거리는 10 cm) [술 102회]

풀 이

1. 기본 개념

   1) 압력 $P = F/A \, [\text{N/m}^2]$
   2) 힘 모멘트 = 힘 $F\,[\text{N}] \times$ 거리 $S\,[\text{m}]$

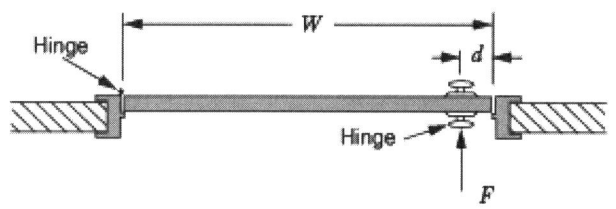 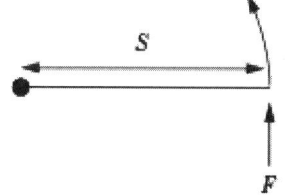

2. 계산

   1) F_1(차압에 의한 힘)

   $$\triangle P \times A \times \frac{W}{2} = F_1 \times (W-d)$$

   $$F_1 = \frac{\triangle P \times A \times W}{2(W-d)} = \frac{50 \times (1.8 \times 1.2) \times 1.2}{2(1.2-0.1)} \fallingdotseq 58.9\,[\text{N}]$$

   2) 개방시 소요되는 힘 (F_t)

   $$F_t = F_1 + (F_2 + F_3)$$

   F_1 : 차압에 의한 힘
   F_2 : 폐쇄장치 폐쇄력
   F_3 : 경첩 폐쇄력

   $\therefore F_t = 58.9 + 40 = 98.9\,[\text{N}]$

3. 판정

   1) 화재안전기준상 출입문 개방에 필요한 힘 110 [N] 이하
   2) 따라서 98.9 [N]이므로 화재안전기준을 만족함

12

화재실에서 발생한 연기가 거실에서 특별피난계단 부속실로 유입되는 것을 방지하기 위하여 부속실에 55 [Pa]의 압력을 가하려고 한다. 다음 조건을 참고하여 설명하시오. [술 127회]

조건

- 출입문 크기 : 2.1 [m] × 1 [m]
- 손잡이 위치 : 장변 모서리로부터 10 [cm]
- 문의 마찰력 : 5 [N]

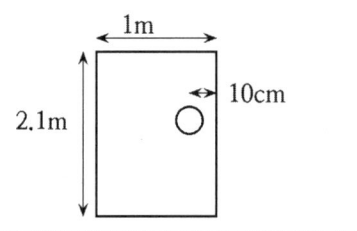

1) 국내 화재안전기준을 적용하여 부속실과 거실 사이에 출입문의 자동폐쇄장치가 허용하는 힘[N]
2) 동일조건에서 자동폐쇄장치의 폐쇄력이 45 [N]인 제품을 사용할 경우 부속실의 압력한계[Pa]

풀이

1. 기본 개념

   1) 힘 모멘트 = 힘 F [N] × 거리 S [m]

   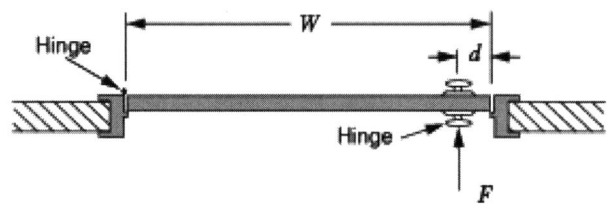 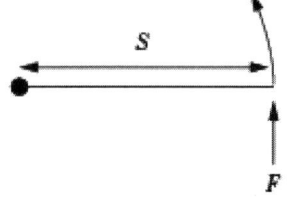

   $$F_1 \times (w - d) = P \times A \times \frac{w}{2}$$

   2) 개방 시 소요되는 힘 (F_t)

   $$F_t = F_1 + F_2 + F_3$$

   F_1 : 차압에 의한 힘
   F_2 : 문의 마찰력
   F_3 : 폐쇄장치 폐쇄력

3) 차압에 의한 힘 (F_1)

$$F_1 \times (w-d) = P \times A \times \frac{w}{2}$$

w : 출입문 폭[m]
d : 손잡이와 출입문 끝단 사이의 거리
P : 차압[Pa]
A : 출입문 면적

2. 국내 화재안전기준을 적용하여 부속실과 거실 사이에 출입문의 자동폐쇄장치가 허용하는 힘[N]

   1) 차압에 의한 힘

   $$F_1 \times (w-d) = P \times A \times \frac{w}{2}$$

   $$F_1 = \frac{55 \times (2.1 \times 1) \times 1}{2 \times (1-0.1)} = 64.17\,[N]$$

   2) 자동폐쇄장치가 허용하는 힘[N]

   $110 = 64.17 + 5 + F_3$

   답 : $40.83\,[N]$

3. 동일조건에서 자동폐쇄장치의 폐쇄력이 45 [N]인 제품을 사용할 경우 부속실의 압력한계[Pa]

   1) 차압에 의한 힘

   $110 = F_1 + 5 + 45$

   $F_1 = 60\,[N]$

   2) 압력한계[Pa]

   $$P = \frac{60 \times (1-0.1) \times 2}{(2.1 \times 1) \times 1} = 51.428$$

   ∴ $51.43\,[Pa]$

   3) 따라서, 자동폐쇄장치의 폐쇄력이 45 [N]인 제품은 사용할 수 없다.

13. 다음의 조건을 이용하여 부속실과 거실 사이의 차압[Pa]을 구하고 화재안전기준에 의한 최소차압 40 [Pa]과 비교하여 설명하시오. [관 10회]

조건

1) 거실과 부속실의 출입문 개방에 필요한 힘 F_1 = 50 [N]이다.
2) 화재 시 거실과 부속실의 출입문 개방에 필요한 힘 F_2 = 90 [N]이다.
3) 출입문 폭(W) : 0.9 [m], 높이(h) : 2 [m]
4) 손잡이는 출입문 끝에 있다고 가정한다.
5) 스프링클러설비 미설치

풀이

1. 부속실 출입문 개방력 관련 식

$$F = F_{dc} + F_p \text{ 여기서, } F_p = \frac{K_d(PAW)}{2(W-d)}$$

- F_{dc} : 도어체크의 개방력[N]
- A : 출입문의 크기[m²]
- d : 출입문에서 손잡이까지의 거리[m]
- K_d : 출입문의 마찰계수
- W : 출입문의 폭[m]
- P : 부속실과의 차압[Pa]
- F_p : 차압이 작용할 때 방화문을 개방하기 위한 힘[N]

2. 부속실과 거실 사이의 차압[Pa]

1) 차압이 작용할 때 방화문을 개방하기 위한 힘[N]

$$F_p = F - F_{dc} = 90[N] - 50[N] = 40[N] \qquad \therefore 40 \ [N]$$

2) 부속실과 거실 사이의 차압[Pa]

$$F_p = \frac{K_d(PAW)}{2(W-d)}$$

$$40[N] = \frac{1 \times (P \times 2[m] \times 0.9[m] \times 0.9[m])}{2(0.9[m] - 0[m])} \qquad \therefore P = 44.44[Pa]$$

3. 화재안전기준상 적합 여부

1) 최소차압은 40 [Pa] 이상
2) 부속실과 거실 사이의 차압이 44.44 [Pa]이므로 적합

14 다음 그림과 같은 유동경로를 갖는 제연구역의 누설면적 계산방법을 설명하고, 누설면적이 각각 A₁ = A₂ = A₃ = 0.04 [m²], A₄ = A₅ = A₆ = 0.02 [m²]일 때 총 누설면적[m²]을 계산하시오. (단, 소수점 다섯째 자리에서 반올림한다) [술 90회]

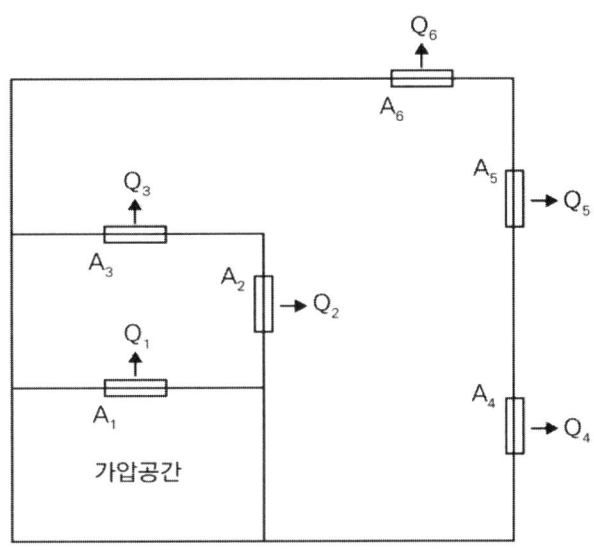

풀이

1. A_4, A_5, A_6 병렬연결이므로

   $A_4 + A_5 + A_6$ = 0.02 + 0.02 + 0.02 = 0.06

2. A_2, A_3 병렬연결이므로

   $A_2 + A_3$ = 0.04 + 0.04 = 0.08

3. A_1 = 0.04

4. 직렬연결 시 누설틈새의 면적 합

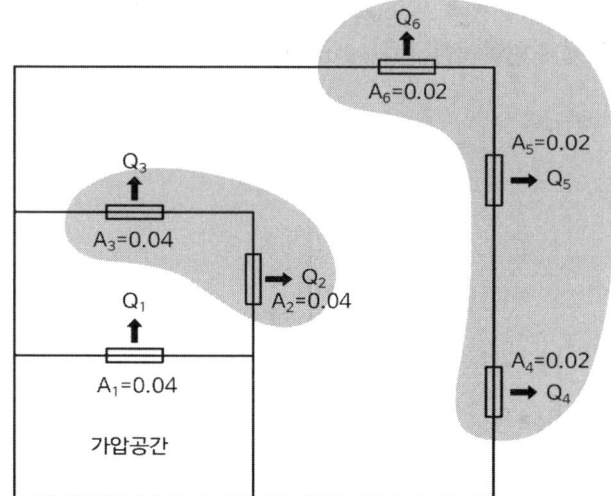

$$\frac{1}{A_T^n} = \frac{1}{A_1^n} + \frac{1}{A_2^n} + \cdots + \frac{1}{A_n^n} \ [m^2]$$

A_T : 개구부 누설틈새 면적의 합[m^2]
A_1, A_2, A_n : 각 개구부 누설면적[m^2]
출입문 : N = 2
창문 : N = 1.6

5. 1, 2, 3이 직렬연결이므로

$$A_T = \sqrt{\frac{1}{\frac{1}{0.06^2} + \frac{1}{0.08^2} + \frac{1}{0.04^2}}} = 0.0307$$

∴ 소수점 다섯째자리에서 반올림하면 0.0307 [m^2]

보충

1. 누설틈새면적 계산(직렬인 경우)

구분	계산
$A_1 = 0.01, A_2 = 0.01$	$A_t = \dfrac{1}{\sqrt{\dfrac{1}{0.01^2} + \dfrac{1}{0.01^2}}} = 0.00707$
$A_1 = 0.02, A_2 = 0.02$	$A_t = \dfrac{1}{\sqrt{\dfrac{1}{0.02^2} + \dfrac{1}{0.02^2}}} = 0.01414$
$A_1 = 0.03, A_2 = 0.03$	$A_t = \dfrac{1}{\sqrt{\dfrac{1}{0.03^2} + \dfrac{1}{0.03^2}}} = 0.02121$

15

제연설비의 화재안전기준(NFSC 501)에서 제연경계의 수직거리가 2 [m] 이하 시 최소 배출풍량이 40,000 [m³/hr] 이상으로 규정된 이유를 Hinkley 공식을 이용하여 설명하시오. (단, 실의 높이는 3 m이고, 중력가속도는 9.8 m/s², 화염둘레길이는 12 m) [술 101회]

풀이

1. 힝클리 공식

$$t = \frac{20A}{P\sqrt{g}} \times \left(\frac{1}{\sqrt{y}} - \frac{1}{\sqrt{h}}\right)$$

t : 연기층이 청결층까지 도달시간[s]
A : 실의 바닥면적[m²]
P : 화염의 둘레길이[m]
g : 중력가속도[m/s²]
y : 청결층 높이[m]
h : 실내높이[m]

2. 풀이

1) 배출량 $(Q) = \dfrac{dV}{dt}$ $(dV = Ady)$

2) $t = \dfrac{20A}{P\sqrt{g}} \times \left(\dfrac{1}{\sqrt{y}} - \dfrac{1}{\sqrt{h}}\right) = \dfrac{20A}{P\sqrt{g}} \times (y^{-\frac{1}{2}} - h^{-\frac{1}{2}})$

3) $dt = \dfrac{20A}{P\sqrt{g}} \times \left(-\dfrac{1}{2} y^{-\frac{3}{2}} dy\right)$

4) $dy = -\dfrac{P\sqrt{g}}{10A \times y^{-\frac{3}{2}}} dt = -\dfrac{P\sqrt{g}}{10A} y^{\frac{3}{2}} dt$

5) $dV = A\,dy = -\dfrac{P\sqrt{g}}{10A} \times y^{\frac{3}{2}} dt \times A = -\dfrac{P\sqrt{g}}{10} \times y^{\frac{3}{2}} dt$

6) P = 12m, y = 2m이고, 순간 연기발생량을 적분하여 총 연기 발생량을 구함

$$V = -\dfrac{P\sqrt{g}}{10} \times y^{\frac{3}{2}} \times \int_0^{3,600} dt = -\dfrac{12 \times \sqrt{9.8}}{10} \times 2^{\frac{3}{2}} \times 3,600 \fallingdotseq 38,251\ [m^3]$$

3. 화재안전기준

수직거리 2 [m]일 경우 배출량을 40,000 [m³/hr]로 규정

| 16 | 바닥면적이 750 [m²]인 거실에 다음과 같이 제연설비를 설치하려 할 때 배기팬 구동에 필요한 전동기 용량[kW]을 구하시오. (단, 계산 결과 값은 소수점 넷째자리에서 반올림) |

조건

- 예상제연구역은 직경 45 [m]이고, 제연경계벽의 수직거리는 3.2 [m]이다.
- 직관덕트의 길이는 180 [m]
- 직관덕트의 손실저항은 0.2[mmAq/m]
- 기타 부속류 저항의 합계는 직관덕트 손실합계의 55 [%]로 하고, 전동기의 효율은 60 [%], 전달계수 K값은 1.1로 한다.

풀이

1. 전압

   P_t : 전압[mmAq]

   P_t = 덕트저항 + 배기구저항 + 그릴저항 + 부속류저항

   = 36 + 19.8 = 55.8 [mmAq]

   - 덕트저항(직관덕트 손실저항)
     180 [m] × 0.2 [mmAq/m] = 36 [mmAq]
   - 배기구저항, 그릴저항 : 무시(조건 ×)
   - 부속류저항 : 직관덕트 손실의 55 [%] = $(180 \times 0.2 [mmAq]) \times 0.55 = 19.8 [mmAq]$

2. 풍량 [m³/min]

   거실의 바닥면적 400 [m²] 이상, 직경 40 [m] 원의 범위 초과일 경우(최저 45,000 m³/h 이상일 것)(예상제연구역이 제연경계로 구획된 경우)

수직거리	배출량
2 [m] 이하	45,000 [m³/min]
2 [m] 초과 ~ 2.5 [m] 이하	50,000 [m³/min]
2.5 초과 ~ 3 [m] 이하	55,000 [m³/min]
3 [m] 초과	65,000 [m³/min]

문제의 조건에서 거실의 바닥면적 400 [m²] 이상, 직경 40 [m] 원의 범위 초과, 제연경계벽의 수직거리가 3 [m]를 초과하므로 위 표에서 배출량(풍량)을 구하면

$$Q = 65,000[m^3/h] \times \frac{1h}{60\min}$$

$$= 1,083.33[m^3/\min]$$

3. 송풍기의 전동기 용량

$$P = \frac{P_T \cdot Q}{102 \times 60\,\eta} K$$

P : 송풍기 동력[kW]
P_T : 전압[mmAq]
Q : 풍량[m³/min]
η : 효율 60 [%] = 0.6
K : 전달계수 : 1.1

$$P = \frac{55.8[mmAq] \times 1,083.33[m^3/\min]}{102 \times 60 \times 0.6} \times 1.1 \fallingdotseq 18.1086[kW]$$

| 17 | 대형마트의 지하 2층(무창층)에 거실 제연 전용설비를 설계 시 제연팬의 전동기 용량 [kVA]을 계산하시오. [술 100회] |

조건

가로 80 [m], 세로 50 [m], 높이 10 [m], 제연팬의 배출공기 온도 : 130 [℃], 외기온도 15 [℃], 동력 여유율 15 [%], 전동기 역률 0.9, 팬효율 50 [%], 덕트의 전체 마찰손실 120 [mmAq], 표준공기의 비중량 1.203 [kg/m³]

풀이

1. 제연구역 설치기준

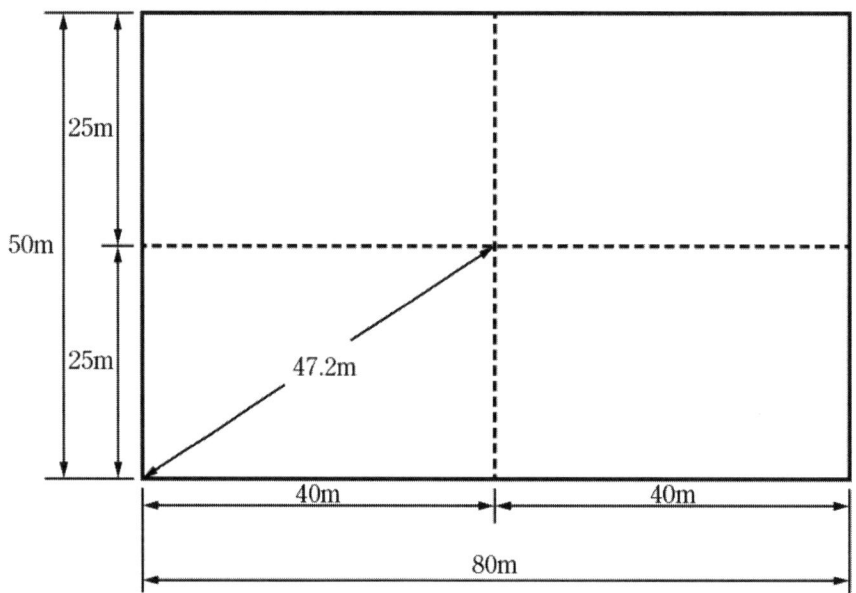

1) 면적 : 1,000 [m²] 이내
2) 직경 : 60 [m] 원 내 들어갈 것

2. 계산 요소

   1) 덕트의 전체 마찰손실 120 [mmAq]

   2) 바닥면적 : 400 [m²] 이상 (40 m × 25 m = 1,000 m²)

   3) 직경 : $\sqrt{40^2 + 25^2}$ = 47.2 [m]

   4) 제연경계 수직거리 : 3 [m] 초과

   5) 직경 40 [m] 원의 범위 초과 시 수직거리에 따른 배출량 : 65,000 [m³/hr]

수직거리	배출량
2 [m] 이하	45,000 [m³/hr]
2 [m] 초과 2.5 [m] 이하	50,000 [m³/hr]
2.5 [m] 초과 3 [m] 이하	55,000 [m³/hr]
3 [m] 초과	65,000 [m³/hr]

3. 전동기 용량

$$P_{kW} = \frac{P_t \times Q}{102\eta}K = \frac{120 mmAq \times 65,000 m^3/Hr}{102 \times 0.5 \times 3600} \times 1.15 \times 1.1 = 53.74 [kW]$$

$$P[kVA] = \frac{P_{kW}}{\cos\theta} = \frac{53.74}{0.9} = 59.71 [kVA]$$

18 특정소방대상물의 바닥면적이 380 [m²]인 경유거실 구조에 다음과 같이 제연설비를 설치하려고 한다. 다음 물음에 답하시오.

1) 소요 배출량(CMH)을 산출하시오.
2) 제연설비의 흡입 측 풍도의 한 변 높이를 600 [mm]로 할 때 풍도의 최소 폭[mm]을 계산하시오. (다만 풍도 내 풍속은 화재안전기준을 근거로 한다.)
3) 송풍기의 전압이 50 [mmAq]이고 효율이 55 [%]인 다익송풍기 사용 시 축동력[kW]을 구하시오. (다만 회전수는 1,200 rpm, 여유율은 20 %)
4) 제연설비의 회전차 크기를 변경하지 않고 배출량을 20 [%] 증가시키고자 할 때 회전수[rpm]를 구하시오.
5) "4)"항의 회전수[rpm]로 운전할 경우 전압[mmAq]을 구하시오.
6) "3)"항에서의 계산결과를 근거로 15 [kW]전동기를 설치 후 풍량의 20 [%]를 증가시켰을 경우 전동기 사용 가능 여부를 설명하시오.

[풀이]

1. 소요 배출량(CMH)

1) 소규모 거실(400 m² 미만)의 배출량 기준

거실의 바닥면적이 400 [m²] 미만으로 구획된 예상제연구역에 대한 배출량은 바닥면적 1 [m²]당 1 [m³/min] 이상으로 하되, 예상제연구역 전체에 대한 최저 배출량은 5,000 [m³/hr] 이상으로 할 것

2) 배출량(CMH)의 계산

배출량(CMH) = $380[m^2] \times 1[m^3/\min \cdot m^2] \times 60[\min] = 22,800$

∴ 22,800 [CMH]

2. 흡입 측 풍도의 높이를 600[mm]로 할 때 풍도의 최소 폭[mm]

1) 풍도의 폭[mm]을 위한 계산식

$$Q = A \times v \rightarrow A = \frac{Q}{v} \rightarrow 폭[m] = \frac{Q}{0.6[m] \times v}$$

2) 풍도의 최소 폭[mm]계산

$$최소 폭 = \frac{Q}{0.6 \times v} = \frac{22,800[m^3/hr]}{0.6[m] \times 15[m/s] \times 3,600[s]} = 0.7037[m]$$

∴ 703.7 [mm]

3. 송풍기의 전압이 50 [mmAq]이고, 효율이 55 [%]인 다익송풍기 사용 시 축동력[kW]

   1) 송풍기의 동력[kW] 계산식

   $$P[kW] = \frac{P_t \times Q}{102 \times 60 \times \eta} \times K$$

   P_t : 전압[mmAq]
   Q : 유량[m³/min]
   K : 전동기의 전달계수
   η : 효율

   2) 축동력[kW]의 계산

   $$축동력[kW] = \frac{P_t \cdot Q}{102\eta} = \frac{50[mmAq] \times 22,800[m^3/hr]}{102 \times 0.55 \times 3,600[s]} \times 1.2 = 6.77$$

   ∴ 6.77 [kW]

4. 제연설비의 배출량을 20 [%] 증가시키고자 할 때 회전수[rpm]

   1) 송풍기의 상사법칙

구분	상사의 법칙
풍량(Q)	$\frac{Q_2}{Q_1} = \left(\frac{D_2}{D_1}\right)^3 \times \left(\frac{N_2}{N_1}\right)^1$
전압(P)	$\frac{P_2}{P_1} = \left(\frac{D_2}{D_1}\right)^2 \times \left(\frac{N_2}{N_1}\right)^2$
동력(L)	$\frac{L_2}{L_1} = \left(\frac{D_2}{D_1}\right)^5 \times \left(\frac{N_2}{N_1}\right)^3$

   2) 풍량의 상사법칙

   $$\frac{Q_2}{Q_1} = \left(\frac{N_2}{N_1}\right)^1$$

   3) 배출량을 20 [%] 증가시킨 후 배출량[m³/hr]

   배출량[m³/hr] = 22,800[m³/hr] × 1.2 = 27,360[m³/hr]

   4) 풍량의 증가에 따른 회전수(rpm) 계산

   $$회전수[rpm] = \frac{Q_2}{Q_1} \times N_1 = \frac{27,360[m^3/hr]}{22,800[m^3/hr]} \times 1,200[rpm] = 1,440$$

   ∴ 1,440 [rpm]

5. "4"항의 회전수[rpm]로 운전할 경우 전압[mmAq]

   1) 전압의 상사법칙

   $$\frac{P_2}{P_1} = \left(\frac{N_2}{N_1}\right)^2$$

   2) 전압의 계산

   전압$(P_2) = \left(\dfrac{N_2}{N_1}\right)^2 \times P_1 = \left(\dfrac{1,440rpm}{1,200rpm}\right)^2 \times 50[mmAq] = 72$

   ∴ 72 [mmAq]

6. "3"항에서의 계산결과를 근거로 15 [kW] 전동기를 설치 후 풍량의 20 [%]를 증가시켰을 경우 전동기 사용 가능 여부

   전동기의 용량[kW] = $\dfrac{72[mmAq] \times 27,360[m^3/hr]}{102 \times 0.55 \times 3,600[s]} \times 1.2(여유율) = 11.7$

   ∴ 11.7 [kW]

   따라서 15 [kW] 전동기를 사용할 수 있다.

19 다음 조건과 같은 거실에 제연설비를 설치할 경우 배기 팬의 구동에 필요한 전동기 용량은 얼마인지 구하시오.

조건

가. 바닥면적 850 [m²] 인 거실, 예상제연구역의 직경 50 [m] 경계벽의 수직거리 2.5 [m]
나. 덕트길이 170 [m], 덕트저항 8 [mmAq], 배기구(그릴) 저항 4 [mmAq], 기타 부속류 저항은 덕트저항의 60 [%], 효율 55 [%], 전달계수 1.1

풀이

1. 공식

$$P = \frac{P_T[mmAq] \times Q[m^3/\min]}{102 \times 60 \times \eta} \times K$$

P : 송풍기 동력[kW]
P_T : 전압[mmAq]
Q : 풍량[m³/min]
η : 송풍기효율
K : 동력전달계수

2. 풀이

   1) 풍량
      (1) 예상제연구역 직경 40 [m] 초과, 제연경계 수직거리 2 [m] 초과, 2.5 [m] 이하 시 유량
      (2) Q = 50,000 [m³/h] = 833.33 [m³/min]

   2) 압력(P_T) = 8 + (8 × 0.6) + 4 = 16.8 [mmAq]

   3) 전동기 용량

   $$P = \frac{16.8[mmAq] \times 833.33[m^3/\min]}{102 \times 60 \times 0.55} \times 1.1 = 4.58[kW] = 6.13[HP]$$

> 📝 보충

1. 바닥면적 400 [m²] 이상인 예상제연구역의 배출량

    1) 직경 40 [m] 원의 범위 내

수직거리	배출량
2 [m] 이하	40,000 [m³/hr]
2 [m] 초과 2.5 [m] 이하	45,000 [m³/hr]
2.5 [m] 초과 3 [m] 이하	50,000 [m³/hr]
3 [m] 초과	60,000 [m³/hr]

    2) 직경 40 [m] 원의 범위 초과 시

수직거리	배출량
2 [m] 이하	45,000 [m³/hr]
2 [m] 초과 2.5 [m] 이하	50,000 [m³/hr]
2.5 [m] 초과 3 [m] 이하	55,000 [m³/hr]
3 [m] 초과	65,000 [m³/hr]

20 다음 조건의 거실제연설비에서 바닥면적 350 [m²], 높이 5 [m], 전압 75 [mmAq], 효율 65 [%], 전달계수 1.1인 경우 송풍기의 동력[kW]은 얼마인지 구하시오.

풀이

1. 공식

$$P = \frac{P_T[mmAq] \times Q[m^3/\min]}{102 \times 60 \times \eta} \times K$$

P : 송풍기 동력[kW]
P_T : 전압[mmAq]
Q : 풍량[m³/min]
η : 송풍기효율
K : 동력전달계수

2. 풀이

1) 풍량 계산
   (1) Q = 350 [m²] × 1 [m³/min·m²] = 350 [m³/min]
   (2) 풍량이 5,000 [m³/Hr]보다 작을 때 5,000 [m³/Hr] 적용

2) 송풍기 동력

$$P = \frac{75 \times 350}{102 \times 60 \times 0.65} \times 1.1 = 7.26 \text{ [kW]}$$

21. 부속실 제연에서 직렬 개구부의 누설면적 산출식을 유도하시오. [술 105회]

풀이

1. 공식

   1) 누설량

   $$Q = 0.827 \times A \times P^{\frac{1}{n}}$$

   - Q : 급기량[m³/s]
   - A : 누설틈새의 면적[m²]
   - P : 차압[Pa]
   - n : 적용상수(출입문 = 2, 창문 = 1.6)

   2) 직렬개구부 누설면적

   $$A_t = \frac{1}{\sqrt{\left(\frac{1}{A_1^2} + \frac{1}{A_2^2} + \cdots + \frac{1}{A_n^2}\right)}} \; [\text{m}^2]$$

   - A_t : 개구부 누설면적의 합[m²]
   - A_1, A_2, A_n : 각 개구부 누설면적[m²]
   - 출입문 : N = 2, 창문 : N = 1.6

2. 직렬 개구부의 누설면적

   1) $Q = Q_1 = Q_2 = \cdots = Q_n$

   2) 가압공간과 외기 사이의 총 압력차 $\Delta P_T = \Delta P_{12} + \Delta P_{23} + \cdots + \Delta P_{no}$

   3) 풀이

   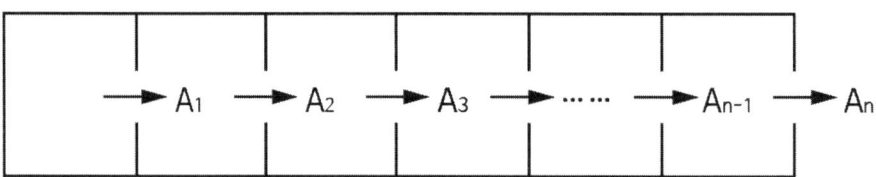

   (1) 각각의 공간에서 누설되는 풍량은 오리피스 유량방정식으로 계산

   (2) $Q = 1.29 CA_t \sqrt{\Delta P_T}$

   $Q_1 = 1.29 CA_1 \sqrt{\Delta P_{12}}$

   $Q_2 = 1.29 CA_2 \sqrt{\Delta P_{23}}$

   … … … … …

   $Q_n = 1.29 CA_n \sqrt{\Delta P_{no}}$

(3) $\Delta P_T = (\dfrac{Q}{1.29CA_t})^2$

$\Delta P_{12} = (\dfrac{Q}{1.29CA_1})^2$

$\Delta P_{23} = \left(\dfrac{Q}{1.29CA_2}\right)^2$

$\Delta P_{no} = (\dfrac{Q}{1.29CA_n})^2$

(4) (3)을 (2)에 대입하면

$(\dfrac{Q}{1.29CA_t})^2 = (\dfrac{Q}{1.29CA_1})^2 + (\dfrac{Q}{1.29CA_2})^2 + \cdots + (\dfrac{Q}{1.29CA_n})^2$

$(\dfrac{1}{A_t})^2 = (\dfrac{1}{A_1})^2 + (\dfrac{1}{A_2})^2 + \cdots + (\dfrac{1}{A_n})^2$

$\dfrac{1}{A_t} = \sqrt{(\dfrac{1}{A_1})^2 + (\dfrac{1}{A_2})^2 + \cdots + (\dfrac{1}{A_n})^2}$

$A_t = \dfrac{1}{\sqrt{(\dfrac{1}{A_1^2} + \dfrac{1}{A_2^2} + \cdots + \dfrac{1}{A_n^2})}}$

> 보충

$\dfrac{1}{(A_t)^n} = \dfrac{1}{(A_1)^n} + \dfrac{1}{(A_2)^n} + \cdots \dfrac{1}{(A_n)^n}$을 증명하시오.

풀이

1. 누설량 $Q = 0.827 \times A \times P^{\frac{1}{n}}$에서 0.827을 상수 K라고 간주하면

$$Q = KA_1(P_1 - P_2)^{\frac{1}{n}} = KA_2(P_2 - P_3)^{\frac{1}{n}} = KA_3(P_3 - P_4)^{\frac{1}{n}}$$
$$= KA_n(P_n - P_{n+1})^{\frac{1}{n}} = KA_t(P_1 - P_{n+1})^{\frac{1}{n}}$$

2. 위 식에서 K를 소거하고 양변에 n승을 하면

$A_1^n(P_1 - P_2) = A_t^n(P_1 - P_{n+1})$ ····················①

$A_2^n(P_2 - P_3) = A_t^n(P_1 - P_{n+1})$ ····················②

$A_3^n(P_3 - P_4) = A_t^n(P_1 - P_{n+1})$ ····················③

　　　　　　　　⋮

$A_n^n(P_n - P_{n+1}) = A_t^n(P_1 - P_{n+1})$ ·············ⓝ

3. ①의 식에서

$\dfrac{A_t^n}{A_1^n} = \dfrac{P_1 - P_2}{P_1 - P_{n+1}}$ ····························ⓐ

　　　　⋮

$\dfrac{A_t^n}{A_1^n} = \dfrac{P_n - P_{n+1}}{P_1 - P_{n+1}}$ ····························ⓑ

4. ⓐ에서 ⓑ까지 모두 합하면

$(A_t)^n \left(\dfrac{1}{(A_1)^n} + \dfrac{1}{(A_2)^n} \cdots \dfrac{1}{(A_n)^n} \right) = \dfrac{P_1 - P_2 + P_2 - P_3 \cdots P_{n+1}}{P_1 - P_{n+1}}$

$= \dfrac{P_1 - P_{n+1}}{P_1 - P_{n+1}} = 1$

∴ $\dfrac{1}{(A_t)^n} = \dfrac{1}{(A_1)^n} + \dfrac{1}{(A_2)^n} + \cdots \dfrac{1}{(A_n)^n}$

22. 다음 그림의 조건에서 유효누설면적(A_e)을 구하시오. [술 117회]

조건

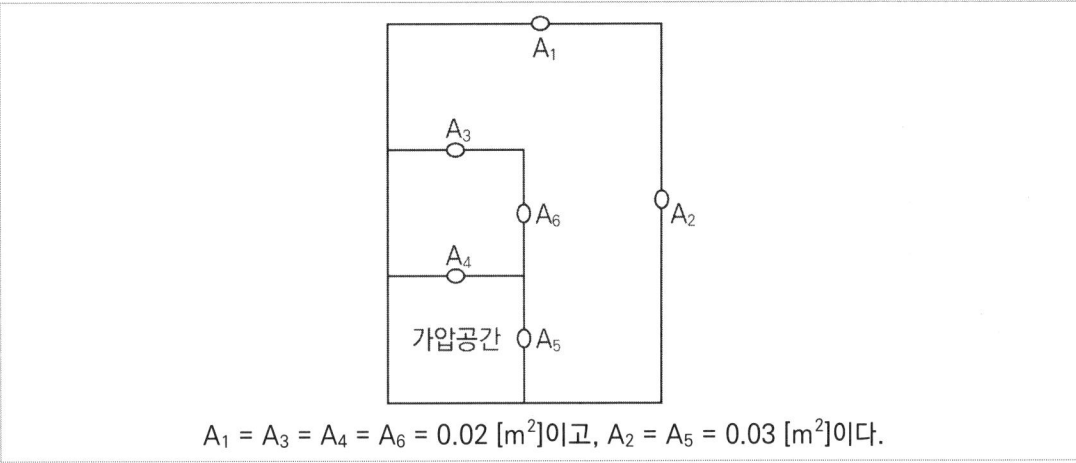

$A_1 = A_3 = A_4 = A_6 = 0.02\,[\text{m}^2]$이고, $A_2 = A_5 = 0.03\,[\text{m}^2]$이다.

풀 이

1. 유효면적

1) 병렬 흐름

$$A_e = A_1 + A_2 + A_3 + \cdots + A_n$$
$$A_e = \sum_{i=1}^{n} A_i$$

A_e = 유효면적[m²]
A_i = 경로 i의 흐름면적[m²]

2) 직렬 흐름경로에서 유효면적

$$A_e = \left(\frac{1}{A_1^2} + \frac{1}{A_2^2} + \cdots + \frac{1}{A_n^2}\right)^{-1/2}$$
$$A_e = \left(\sum_{i=1}^{n} \frac{1}{A_i^2}\right)^{-1/2}$$

A_e = 유효면적[m²]
A_i = 경로 i의 흐름면적[m²]

2. 계산

1) 병렬흐름경로(A_{12}와 A_{36})

    (1) $A_{12} = A_1 + A_2 = 0.02 + 0.03 = 0.05$

    (2) $A_{36} = A_3 + A_6 = 0.02 + 0.02 = 0.04$

2) 직렬흐름경로($A_4 = A_{36}$)

$$A_{436} = (\frac{1}{A_4^2} + \frac{1}{A_{36}^2})^{-1/2} = (\frac{1}{0.02^2} + \frac{1}{0.04^2})^{-1/2} = 0.0179$$

3) 병렬흐름경로(A_{436}과 A_5)

$$A_{4365} = A_{436} + A_5 = 0.0179 + 0.03 = 0.0479$$

4) 직렬흐름경로($A_{4365} = A_{12}$)

$$A_e = (\frac{1}{A_{4365}^2} + \frac{1}{A_{12}^2})^{-1/2} = (\frac{1}{0.0479^2} + \frac{1}{0.05^2})^{-1/2} \fallingdotseq 0.0345$$

∴ 0.0345 [m²]

23. 어떤 지하상가에 거실제연설비를 화재안전기준과 다음 조건에 따라 설치한다. 다음 물음에 답하시오.

조건

가. 주덕트 높이 제한 : 600 [mm]
나. 배출기 : 원심다익형
다. 예상제연구역 설계 배출량 : 45,000 [m³/h](효율은 무시)

1) 배출기의 흡입 측 주덕트 최소폭을 구하시오.
2) 토출 측 주덕트 최소폭을 구하시오.
3) 완공 후 풍량 시험 결과 36,000 [m³/h], 회전수 600 [rpm], 축동력 7.5 [kW]로 측정, 배출량 45,000 [m³/h] 만족 시 축동력[kW]을 구하시오.

풀이

1. 설치기준
   1) 흡입 측 허용 최대풍속 = 15 [m/s]
   2) 토출 측 허용 최대풍속 = 20 [m/s]

2. 적용 공식
   1) 연속의 법칙

   $$Q = Av$$

   Q : 유량[m³/s]
   A : 배관의 단면적[m²]
   v : 유속[m/s]

   2) 상사의 법칙
   (1) 비속도가 같으면 펌프의 크기가 다른 경우에도 상사하다고 함
   (2) 상사의 법칙(두 펌프의 지름 D가 동일할 경우)

토출량비	양정비	축동력비
$\dfrac{Q_1}{Q_2} = \dfrac{N_1}{N_2}$	$\dfrac{H_1}{H_2} = \left(\dfrac{N_1}{N_2}\right)^2$	$\dfrac{P_1}{P_2} = \left(\dfrac{N_1}{N_2}\right)^3$

3. 배출기의 흡입 측 주덕트 최소폭

   1) 흡입 측 허용최대풍속 : $15[m/s]$

   2) 주덕트의 최소폭을 구하면

   $$45,000[m^3/h] \times \frac{1[h]}{3,600[s]} = A \times 15[m/s]$$

   $$A = 0.833[m^2], \ D = \frac{0.833m^2}{0.6m} = 1.39[m]$$

4. 토출 측 주덕트 최소폭

   1) 토출 측 허용최대풍속 : $20[m/s]$

   2) 주덕트의 최소폭을 구하면

   $$45,000[m^3/h] \times \frac{1[h]}{3,600[s]} = A \times 20[m/s]$$

   $$A = 0.625[m^2], \ D = \frac{0.625[m^2]}{0.6[m]} = 1.04[m]$$

5. 완공 후 풍량시험 결과 36,000 [m³/h], 회전수 600 [rpm], 축동력 7.5 [kW]로 측정, 배출량 45,000 [m³/h] 만족 시 축동력[kW]

   1) 토출량

   $$\frac{Q_2}{Q_1} = \frac{N_2}{N_1}, \ N_2 = \frac{Q_2}{Q_1} \times N_1 = \frac{45,000}{36,000} \times 600 = 750[rpm]$$

   2) 축동력

   $$\frac{P_2}{P_1} = (\frac{N_2}{N_1})^3 \text{에서} \ P_2 = (\frac{N_2}{N_1})^3 \times P_1 = (\frac{750}{600})^3 \times 7.5 = 14.65[kW]$$

24 예상제연구역인 거실 바닥면적 500 [m²], 직경 50 [m], 수직거리 3.2 [m], 효율 50 [%], 전압 65 [mmAq], 배출기 흡입 측 풍도높이 600 [mm], 전달계수 1.2이다. 다음 각 물음에 답하시오. [관 13회]

1) 제연구역의 배출량[m³/min]을 계산하시오.
2) 송풍기의 동력[kW]을 계산하시오.
3) 흡입 측 풍도의 한 변의 최소폭[mm]을 구하시오.
4) 흡입 측 풍도의 강판두께[mm]를 구하시오.

풀이

1. 제연구역의 배출량[m³/min]의 계산

1) 바닥면적이 400 [m²] 이상, 직경 40 [m]인 원을 초과 시 배출량 기준

제연구역	수직거리	배출량
직경 40 [m] 초과 60 [m] 이하인 경우	2 [m] 이하	45,000 [m³/hr] 이상
	2 [m] 초과 2.5 [m] 이하	50,000 [m³/hr] 이상
	2.5 [m] 초과 3 [m] 이하	55,000 [m³/hr] 이상
	3 [m] 초과	65,000 [m³/hr] 이상

2) 거실의 바닥면적 500 [m²], 직경 50 [m], 수직거리 3.2 [m]

3) 배출량[m³/min] = $\dfrac{65{,}000\,[m^3/hr]}{60\,[min]} = 1{,}083.33$

∴ $1{,}083.33\,[m^3/min]$

2. 송풍기의 동력[kW]

1) 계산식

$$P[kW] = \dfrac{P_t \times Q}{102 \times 60 \times \eta} \times K$$

$$= \dfrac{P_t \times Q}{6{,}120 \times \eta} \times K$$

P_t : 전압[mmAq]
Q : 유량[m³/min]
K : 전동기의 전달계수
η : 효율

2) 송풍기의 동력[kW] = $\dfrac{65\,[mmAq] \times 1{,}083.33\,[m^3/min]}{102 \times 60 \times 0.5} \times 1.2 = 27.614$

∴ 27.61 [kW]

3. 흡입 측 풍도의 한 변의 최소폭[mm]

1) 유입풍도 및 배출풍도의 풍속[m/s]기준

구분	풍속의 기준	
유입풍도	유입풍도안의 풍속은 20 [m/s](유입구 순간 풍속 5 [m/s]) 이하	
배출풍도	배출기의 흡입 측 15 [m/s] 이하	배출기의 배출 측 20 [m/s] 이하

2) 풍도의 폭[mm]을 위한 계산식

$$Q = A \times v \rightarrow A = \frac{Q}{v} \text{ 폭을 b로 가정하여 } \rightarrow b = \frac{Q}{0.6m \times v}$$

3) 풍도의 최소 폭[mm] = $\dfrac{1,083.33 [m^3/\min]}{0.6[m] \times 15[m/s] \times 60[s]}$ = 2.0061[m]

∴ 2,006.1 [mm]

4. 흡입 측 풍도의 강판두께[mm]

1) 풍도의 크기에 따른 강판두께[mm] 기준

풍도단면의 긴 변 또는 직경의 크기	450 [mm] 이하	450 [mm] 초과 750 [mm] 이하	750 [mm] 초과 1,500 [mm] 이하	1,500 [mm] 초과 2,250 [mm] 이하	2,250 [mm] 초과
강판두께	0.5 [mm]	0.6 [mm]	0.8 [mm]	1.0 [mm]	1.2 [mm]

2) 강판두께[mm]는   ∴ 1.0 [mm] 이상

| 25 | 특별피난계단의 계단실 및 제연설비의 방호공간으로 구성되어 있는 아래 그림과 같은 장소에 제연설비를 설치하고자 한다. 각 출입문 면적[m²], 전체 유효누설면적[m²], 다음 각 조건에서의 차압을 유지하기 위한 누설량[m²/min]을 구하라. (단, 스프링클러헤드 미설치) [술 95회] |

조 건

쌍여닫이문으로 틈새가 10 [m]인 경우
외여닫이문으로 틈새가 5 [m]인 경우(문 열리는 방향은 실외측임)

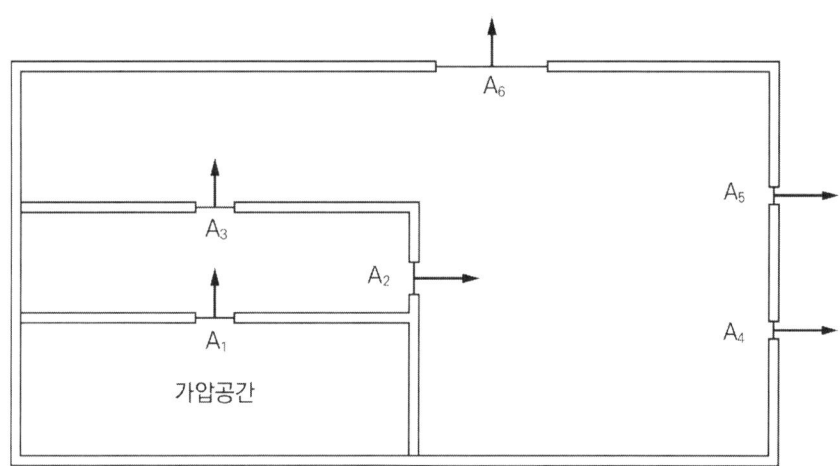

1. 쌍여닫이문으로 틈새가 10 [m]인 경우

   1) 출입문의 누설틈새면적

      (1) $A_1 = \dfrac{10}{9.2} \times 0.03 = 0.0326\,[m^2]$

      (2) A_{23} : 병렬이므로 $0.0326 + 0.0326 = 0.0652\,[m^2]$

      (3) A_{456} : 병렬이므로 $0.0326 + 0.0326 + 0.0326 = 0.0978\,[m^2]$

   2) 전체 유효누설면적

      (1) A_{1-6} : 직렬

      (2) 계산 : $A_{1-6} = \dfrac{1}{\sqrt{\dfrac{1}{0.0326^2} + \dfrac{1}{0.0652^2} + \dfrac{1}{0.0978^2}}} = 0.028\,[m^2]$

   3) 외부와 차압을 유지하기 위한 누설량

      (1) 관련 식
      $$Q = 0.827 \times A\sqrt{P}$$

(2) 계산

$$Q = 0.827 \times 0.028 \sqrt{40} = 0.1464 m^3/s = 8.784 [m^3/\min]$$

2. 외여닫이문으로 틈새가 5m인 경우

1) 출입문 누설틈새면적

   (1) $A_1 = \dfrac{5.6}{5.6} \times 0.02 = 0.02 [m^2]$

   (2) A_{23} : 병렬이므로 $0.02 + 0.02 = 0.04 [m^2]$

   (3) A_{456} : 병렬이므로 $0.02 + 0.02 + 0.02 = 0.06 [m^2]$

2) 전체 유효누설면적

   (1) A_{1-6} : 직렬

   (2) 계산

   $$A_{1-6} = \dfrac{1}{\sqrt{\dfrac{1}{0.02^2} + \dfrac{1}{0.04^2} + \dfrac{1}{0.06^2}}} = 0.017 [m^2]$$

3) 외부와 차압을 유지하기 위한 누설량

   (1) 관련 식

   $$Q = 0.827 \times A \sqrt{P}$$

   (2) 계산

   $$Q = 0.827 \times 0.017 \sqrt{40} = 0.08892 m^3/s = 5.335 [m^3/\min]$$

보충

A = (L / ℓ) × Ad

A : 출입문의 틈새[m²]
L : 출입문 틈새의 길이[m]. 다만, L의 수치가 ℓ의 수치 이하인 경우에는 ℓ의 수치로 할 것
ℓ : 외여닫이문이 설치되어 있는 경우에는 5.6, 쌍여닫이문이 설치되어 있는 경우에는 9.2, 승강기의 출입문이 설치되어 있는 경우에는 8.0으로 할 것
Ad : 외여닫이문으로 제연구역의 실내 쪽으로 열리도록 설치하는 경우에는 0.01, 제연구역의 실외 쪽으로 열리도록 설치하는 경우에는 0.02, 쌍여닫이문의 경우에는 0.03, 승강기의 출입문에 대하여는 0.06으로 할 것

26. 제연설비의 측정풍압 10 [Pa]는 몇 [mmAq]인지를 계산하고 그 과정을 유도하시오.
[술 86회]

풀이

1. 압력단위 환산

    1 [atm] = 760 [mmHg]
    　　　 = 10332 [mmAq]
    　　　 = 14.7 [psi]
    　　　 = 1.0332 [kgf/cm^2]
    　　　 = 101325 [Pa]

2. 압력단위 계산

    1) 1 [atm] = 101,325 [Pa]
       1 [atm] = 10,332 [mmAq]
       101,325 [Pa] = 10,332 [mmAq]

    2) 101,325 [Pa] = 10.33 [mmAq]

    $$1 \, [Pa] = \frac{10,332}{101,325} \, [mmAq]$$

    $$10 \, [Pa] = \frac{10,332}{101,325} \times 10 \fallingdotseq 1.01968 \, [mmAq] \fallingdotseq 1.02 \, [mmAq]$$

27. 2중 원형관의 수력 반경을 구하시오. (단, 이중관 바깥관이 내경 D, 안쪽관 외경 d이다)

조건

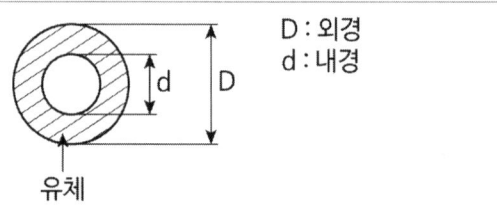
D : 외경
d : 내경
유체

풀이

1. 수력반경 관련 식

$$R_h = \frac{단면적(A)}{접수길이(P)}$$

R_h : 수력반경[m]
A : 단면적[m²]
P : 접수길이[m]

2. 계산

$$R_h = \frac{\frac{\pi}{4}(D^2 - d^2)}{\pi D + \pi d} = \frac{\frac{\pi}{4}(D+d)(D-d)}{\pi(D+d)} = \frac{D-d}{4}$$

$$\therefore R_h = \frac{D-d}{4}$$

3. 적용

1) 사각 덕트를 원형 덕트로의 환산지름은 수력지름의 산출공식을 이용한다.
2) 달시 바이스바하 식을 이용할 경우에는 사각 덕트를 원형 덕트로 변경하여 적용한다.
3) 수력직경 $D_h = 4R_h$(수력반경)

28. 특정소방대상물에 스프링클러설비가 설치되지 않은 경우 NFSC 501A에 의한 부속실 제연설비의 최소 차압은 40 [Pa] 이상으로 정하고 있으나, NFPA 92의 경우는 천장 높이에 따라 최소(설계)차압의 기준이 다르게 적용된다. 천장 높이가 4.6 [m]일 때를 기준으로 하여 NFPA 92에 따른 차압 선정의 이론적 배경을 설명하시오. [술 121회]

풀 이

1. NFSC 501A 기준

1) 부속실 제연설비의 최소 차압은 40 [Pa] 이상
2) 스프링클러설비 설치 시 최소 차압은 12.5 [Pa] 이상

2. NFPA 92 기준

1) 화재 발생 시 실 내부는 부력에 의해 압력이 상승
2) 따라서 NFPA에서는 층고에 따라 차압을 차등 적용
3) 최소 차압 기준

천장고	스프링클러 설치	스프링클러 미설치		
		9 [ft](2.7 m)	15 [ft](4.6 m)	21 [ft](6.4 m)
최소 차압	12.5 [Pa] 이상	25 [Pa] 이상	35 [Pa]이상	45 [Pa] 이상

3. 화재실과 부속실과의 압력차

1) 개념
    (1) 온도차가 클수록 압력차는 커짐
    (2) 중성대로부터의 높이(h)가 클수록 압력차는 커짐

2) 관련 식

$$\triangle P = 3{,}460 h \left(\frac{1}{T_o} - \frac{1}{T_i} \right) [Pa]$$

h : 중성대로부터 높이[m]
T_0 : 제연구역의 온도[K]
T_i : 화재실의 온도[K]

3) 중성대 높이(h_1)

$$h_1 = H \times \frac{T_0}{T_0 + T_i} [m]$$

H : 샤프트의 높이[m]
T_0 : 제연구역의 온도[K]
T_i : 화재실의 온도[K]

4. 천장고가 4.6 [m]일 경우 NFPA 92에 따른 차압선정의 이론적 배경

1) 온도 가정
  (1) 제연구역의 온도 : 20 [℃](293 K)
  (2) 화재실의 온도 : 927 [℃](1,200 K)

2) 이론적 배경
  (1) 중성대 높이(h_1)

  $$4.6[m] \times \left(\frac{293}{293 + 1,200}\right) = 0.9[m]$$

  (2) 화재실과 부속실과의 압력차($\triangle P$)

  $$\triangle P = 3,460h\left(\frac{1}{T_o} - \frac{1}{T_i}\right)$$

  $$\triangle P = 3,460(4.6 - 0.9)\left(\frac{1}{293} - \frac{1}{1,200}\right) = 33[Pa]$$

  (3) 층고가 4.6 [m]인 경우 차압을 35 [Pa]로 선정함

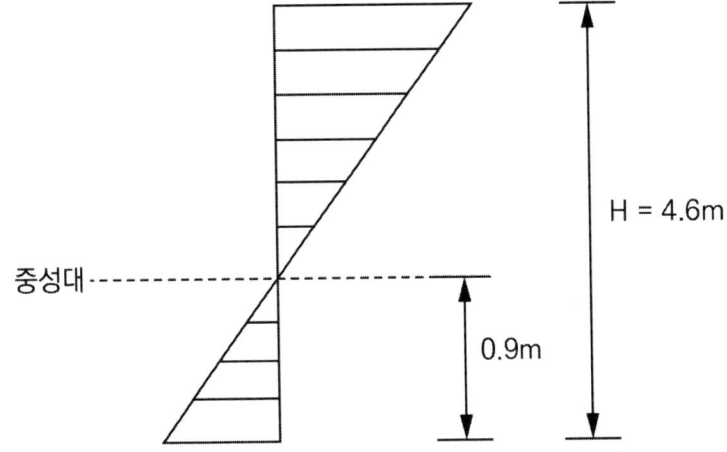

5. 개선 방안

1) NFSC 501A 기준
  층고에 관계없이 일괄적으로 40 [Pa] 이상 적용

2) NFPA 92 기준
  층고에 따라 25 [Pa], 35 [Pa], 45 [Pa] 이상 적용

3) 개선 방안
  (1) 화재 시 층고에 따라 화재실과 부속실과의 압력차가 달라진다.
  (2) 따라서 국내도 NFPA 기준과 같은 차압 적용이 필요하다.

📋 **보충** 천장고에 따른 화재실과 부속실의 압력차

1) 온도 가정
   (1) 제연구역의 온도 : 20 [℃](293 K)
   (2) 화재실의 온도 : 927 [℃](1,200 K)
2) 천장고에 따른 화재실과 부속실의 압력차

천장고	중성대 높이(m)	화재실과 부속실의 압력차($\triangle P$)
2.7 [m]	$2.7[m] \times (\dfrac{293}{293+1,200}) = 0.53[m]$	$\triangle P = 3,460(2.7-0.53)(\dfrac{1}{293} - \dfrac{1}{1,200}) = 19.4[Pa]$
4.6 [m]	$4.6[m] \times (\dfrac{293}{293+1,200}) = 0.90[m]$	$\triangle P = 3,460(4.6-0.90)(\dfrac{1}{293} - \dfrac{1}{1,200}) = 33[Pa]$
6.4 [m]	$6.4[m] \times (\dfrac{293}{293+1,200}) = 1.25[m]$	$\triangle P = 3,460(6.4-1.25)(\dfrac{1}{293} - \dfrac{1}{1,200}) = 45[Pa]$

※ 천장고가 2.7 [m]인 경우 화재실과 부속실의 압력차는 19.4 [Pa]이지만, 최솟값 25 [Pa]로 산정함

29 화재로부터 방출된 에너지에 의해 연소가스가 팽창하여 압력이 상승한다. 다음 조건에서 압력상승 값을 계산하시오.

1) 바닥면적 100 [m²], 높이가 10 [m]인 화재실의 개구부와 누설 틈새를 포함한 전체 누설 면적이 5 [m²]이다.
2) 이 공간에서 화재가 발생하여 평균 온도가 대기온도 27 [℃] 보다 200 [K] 높게 형성되었고, 온도 상승률이 4 [K/s]라고 한다. (단, 유출계수는 10.24이다) [술 133회]

풀이

1. 열팽창에 의한 압력차

$$\Delta P = \frac{180(BHA)^2}{C_d A_V^2 (T_o + \Delta T)^3}$$

ΔP : 화재공간의 압력차[Pa]
B : 온도 상승률[K/s]
H : 구획실 높이[m]
A : 구획실 면적[m²]
C_d : 유출계수
A_V : 누설면적[m²]
T_o : 구획실 온도[K]
ΔT : 상승 온도[K]

2. 계산

1) 조건
   (1) B = 4 [K/s], H = 10 [m], A = 100 [m²]
   (2) C_d = 10.24 , A_V = 5 [m²]
   (3) T_o = 27 + 273 = 300 [K] , ΔT = 200 [K]

2) 계산

$$\Delta P = \frac{180(BHA)^2}{C_d A_V^2 (T_o + \Delta T)^3} = \frac{180\,(4 \times 10 \times 100)^2}{10.24 \times 5^2 \times (300+200)^3} = 0.09\,[Pa]$$

모아바 www.moa-ba.com
모아소방전기학원 www.moate.co.kr

PART 05

뇌풀림 소방기술사·관리사 수리계산 핸드북

소방전기

01 전기의 본질

1. 물질의 구성

1) 전자 1개가 갖고 있는 전기량 : e = 1.602 × 10^{-19} [C]

2) 전자의 질량 : m = 9.109 × 10^{-31} [kg]

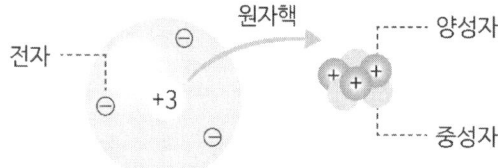

3) 원자의 구성 : 원자핵(+)과 전자(-)

2. 자유전자(Free Electron)

1) 물질 내에서 자유로이 움직일 수 있는 전자

2) 자유 전자에 의해 전기적인 현상 발생

3. 전기의 발생

1) 양전기 : 자유전자가 물질의 바깥쪽으로 나감으로써 띠는 전기

2) 음전기 : 자유전자가 물질의 안쪽으로 들어옴으로써 띠는 전기

3) 대전 : 자유전자에 의해 양전기나 음전기를 띠는 현상

4. 전하와 전하량

1) 전하 : 물체가 대전되었을 때 가지고 있는 전기의 양

2) 전하량 : Q(C)

  (1) 전하가 가지고 있는 전기의 양

  (2) 관계식 : $Q = I \cdot t$

02 옴의 법칙

1. 전류 : I[A]

1) 도체에 단위시간 동안에 이동한 전하의 흐름
2) 관계식

$$I[A] = \frac{Q}{t}[C/sec]$$

3) 전류의 흐름과 전자의 흐름
   (1) 전류의 흐름 : + 에서 - 로 흐름
   (2) 전자의 흐름 : - 에서 + 로 흐름

2. 전압 : V[V]

1) 정의 : 두 점 사이의 전기적인 위치에너지의 차이
2) 전압 기호
   (1) E[V] : 기전력, 즉 전기를 공급해주는 것(건전지·발전기 등)
   (2) e[V] : 전압강하

3. 저항 : R[Ω]

1) 전류의 흐름을 방해하는 소자
2) 관계식

$$R = \rho \frac{l}{A} = \rho \frac{l}{\pi r^2} = \rho \frac{4l}{\pi D^2} [\Omega]$$

※ 각 도체의 고유저항
- 연동선 : $\rho = \frac{1}{58} \times 10^{-6} = 1.7241 \times 10^{-8} [\Omega \cdot m]$
- 경동선 : $\rho = \frac{1}{55} \times 10^{-6} [\Omega \cdot m]$

3) 컨덕턴스 : 저항의 역수
   (1) 저항이 가지고 있는 특성의 반대
   (2) $G = \frac{1}{R} [S = \Omega^{-1} = \mho]$ 단위 : 지멘스[S] 또는 모우[$\mho$]

4) 도전율
   (1) 고유저항의 역수
   (2) $\sigma = \frac{1}{\rho} = \frac{l}{RA} [\mho/m]$

03 전류, 전압, 저항 측정 및 전력과 전력량

1. 저항 측정 : 휘스톤 브릿지

1) 브릿지의 평형조건이 성립되면 검류계 G에는 전류가 흐르지 않는다.

2) 브릿지 평형조건 : $PR = XQ$

3) 미지저항 X : $X = \dfrac{PR}{Q}$

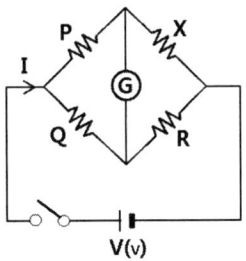

2. 전력과 전력량

1) 전력 : P [W]

   (1) 1초 동안에 전기가 하는 일의 양

   (2) 관계식 : $P = \dfrac{W}{t}[J/s] = VI = I^2R = \dfrac{V^2}{R}$

   (3) 1[HP] = 746 [W] = 0.746 [kW]

2) 전력량 : W [J]

   (1) 전기기구가 일정시간 동안 사용한 전기 에너지의 양

   (2) 관계식 $W = P \cdot t [W \cdot \sec = J] = VIt = I^2Rt = \dfrac{V^2}{R}t$

   (3) $1[kWh] = 10^3[Wh] = 3.6 \times 10^6[J] = 860[kcal]$

04 법칙과 열전기 현상

1. 키르히호프 법칙

1) 제1법칙

   (1) 유입되는 전류와 유출되는 전류의 합은 0

   (2) 관계식 표현

   $I_1 + I_2 + I_3 - I_4 = 0$

   $\sum I = 0$

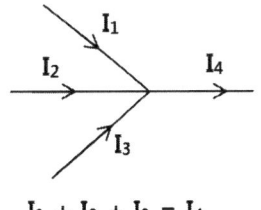

$I_1 + I_2 + I_3 = I_4$

2) 제2법칙

   (1) 기전력의 합 = 전압강하의 합

   (2) 관계식 표현

   $V_1 + V_2 + \cdots + V_n \rightarrow R_1 I_1 + R_2 I_2 + \cdots + R_n I_n$

   $\therefore \sum V = \sum IR = E$

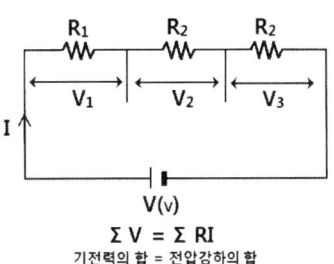

$\Sigma V = \Sigma RI$
기전력의 합 = 전압강하의 합

2. 패러데이 법칙

1) 전기분해에 의해서 석출되는 물질의 양은 전기량과 전기 화학당량에 비례함

2) 관계식 : $W = KQ = KIt [g]$ (K : 전기화학당량 = $\dfrac{원자량}{원자가}$)

3. 열전기 현상

구분	개념	설명
제어벡 효과 (Seeback Effect)	열접점 A / 냉접점 B	서로 다른 두 금속 A와 B를 접합하고, 온도차를 주면 기전력이 발생하여 전류가 흐르는 현상
펠티어 효과 (Peliter Effect)	안티몬 / 열의 발생 정점 / 열의 흡수 정점 / 비스무트	서로 다른 두 금속 A와 B를 접합하고, 전류를 흘리면 접합부에서 열의 흡수 또는 발생이 일어나는 현상
톰슨 효과 (Thomson Effect)	$T_1 \quad I \rightarrow \quad T_2$	동일금속에 전류를 흘려주면 열의 흡수 또는 발생이 일어나는 현상 $Q = \mu I \Delta T$, μ : 톰슨계수

4. 줄의 법칙

1) 도체에 전류가 흐를 때 발생되는 열에너지는 도체의 저항과 전류의 제곱을 곱한 값에 비례한다는 법칙

2) 관계식 : $H = I^2 Rt \, [J] = 0.24 I^2 Rt \, [cal]$

$$H = 0.24Pt = 0.24VIt = 0.24I^2Rt = 0.24\frac{V^2}{R}t$$

3) 열량의 환산 $1[J] = 0.24[cal] \leftrightarrow 1[cal] = 4.2[J]$

5. 전열기 용량

$$860P\eta H = cm(T_2 - T_1)$$

P : 전열기 용량$[kW]$
η : 효율
H : 소요시간$[hour]$
m : 질량(kg)
T_1 : 상승 전 온도
T_2 : 상승 후 온도

05 전지

1. 연축전지와 알카리 축전지

구분	연(납) 축전지	알카리 축전지
구조	(음극판(페이스트식), 양극판(글러스터식), 격리판)	((+)극 단자, 외장제, (-)극(분말아연), 혼합물, (+)극(이산화망간), 격리판, (-)극 단자)
특징	• 양극(+) : 이산화납(PbO_2) • 음극(-) : 납(Pb) • 전해액 : 묽은 황산(H_2SO_4) • 비중 : 1.2 ~ 1.24 • 공칭전압 : 2 [V/cell] • 공칭용량 : 10 [Ah]	• 양극(+) : 수산화니켈($Ni(OH)_2$) • 음극(-) : 카드뮴(Cd) • 전해액 : KOH • 비중 : 1.2 ~ 1.25 • 공칭전압 : 1.2 [V/cell] • 공칭용량 : 5 [Ah]
화학 반응식	(양극) (전해액) (음극) PbO_2 + $2H_2SO_4$ + Pb 이산화납 황산 납 방전 (양극) (전해액) (음극) ⇌ $PbSO_4$ + $2H_2O$ + $PbSO_4$ 충전 황산납 물 황산납	(양극) (음극) 2NiOOH + Cd + $2H_2O$ 옥시수산화니켈 카드뮴 물 방전 (양극) (음극) ⇌ + $2Ni(OH)_2$ + $Cd(OH)_2$ 충전 수산화니켈 카드뮴

2. 전지에서 발생하는 이상현상

구분	내용
분극현상	(1) 전지에 부하를 걸면 양극에 수소기체가 발생하여 전류의 흐름을 방해하여 기전력이 감소하는 현상 (2) 방지대책 : 감극제 사용, 염다리 사용
국부작용	(1) 전지 내부에서 불순물에 의해 단락전류가 흐르면 자기방전이 발생하여 기전력이 감소하는 현상 (2) 방지대책 : 순수 아연판 사용, 아연판에 수은 도금
자기방전	전지를 미사용, 그대로 방치해 두면 자연히 방전을 일으키는 현상
설페이션 현상	극판 표면에 유백색의 결정이 발생하는 현상

3. 전지의 충전 방식

구분	내용
세류충전	축전지의 자기방전을 보충하기 위해 부하를 제거한 상태로 늘 미소전류로 충전하는 방식
균등충전	부동충전 방식 사용 시 Cell에서 발생하는 전위차를 균등하게 하기 위해 축전지 공칭전압의 125 [%]의 전압으로 12시간 충전하는 방식
보통충전	필요할 때마다 표준 시간율로 충전하는 방식
급속충전	단시간에 2~3배의 전류로 충전하는 방식
부동충전	① 축전지의 자기방전을 보충함과 동시에 상용부하에 대한 전력공급은 충전기가 부담하되, 충전기가 부담하기 어려운 일시적인 대전류 부하는 축전지가 부담하게 하는 충전 방식 ② 회로 계통

4. 축전지 용량

1) 축전지 용량 : $C = \dfrac{1}{L} KI \text{[Ah]}$

$$C = \dfrac{1}{L} KI \text{[Ah]}$$

L : 보수율
K : 환산시간계수
I : 방전전류

2) 충전기 2차 충전전류 = $\dfrac{\text{축전지 정격전류}}{\text{축전지 공칭용량}} + \dfrac{\text{상시부하}}{\text{표준전압}}$

06 정전기

1. 정전기력

1) 정전기력 : 정지해 있는 전하 사이에 작용하는 힘
   (1) 같은 종류의 전하 : 반발력
   (2) 다른 종류의 전하 : 흡인력

2) 쿨롱의 법칙
   (1) 두 전하 Q_1, Q_2에 작용하는 힘은 전하량의 곱에 비례하고, 거리의 제곱에 반비례

$$F = \frac{1}{4\pi r^2} \times \frac{Q_1 Q_2}{\varepsilon} [N]$$
$$= \frac{1}{4\pi \varepsilon_0 \varepsilon_s} \times \frac{Q_1 Q_2}{r^2}$$
$$= 9 \times 10^9 \times \frac{Q_1 Q_2}{r^2} [N]$$

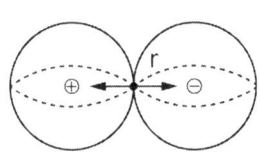

구의 표면적 = $4\pi r^2$

   (2) 유전율
   ① 유전체가 전하를 축적하는 성질
   ② 공식

$$\varepsilon = \varepsilon_0 \cdot \varepsilon_s$$

ε_0 : 진공의 유전율($8.855 \times 10^{-12} [F/m]$)
ε_s : 비유전율(진공 = 1, 공기 ≒ 1)

2. 전기장

1) 전기력선의 성질
   (1) 전기력선은 양전하의 표면에서 나와 음전하의 표면에서 끝난다.
   (2) 전기력선의 밀도는 전장의 세기를 의미한다.
   (3) 도체 내부에는 전기력선이 없다.
   (4) 전기력선은 등전위면과 직교한다.

2) 가우스 정리
   (1) 임의의 폐곡면을 통해 나오는 전기력선의 총수를 가우스 정리에 의해 정의한다.
   (2) 전기력선의 총수 $N = \dfrac{Q}{\varepsilon} = \dfrac{Q}{\varepsilon_0 \varepsilon_s}$ [개]

3) 전계의 세기 : 전기력선이 작용하는 공간

$$E = \frac{1}{4\pi r^2} \times \frac{Q}{\varepsilon} [V/m]$$

$$= \frac{1}{4\pi \varepsilon_0 \varepsilon_s} \times \frac{Q}{r^2} [V/m]$$

$$= 9 \times 10^9 \times \frac{Q}{r^2} [V/m]$$

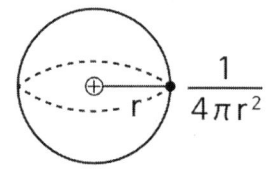

3. 전위

1) 전기장 내에서 단위 전하가 갖는 위치 에너지
2) 관계식

  (1) 전위

$$V = \frac{1}{4\pi r} \times \frac{Q}{\varepsilon} [V]$$

$$= \frac{1}{4\pi \varepsilon_0 \varepsilon_s} \times \frac{Q}{r} [V]$$

$$= 9 \times 10^9 \times \frac{Q}{r} [V]$$

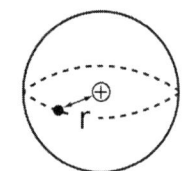

  (2) 전위와 전기장과의 관계

$$V = E \cdot r$$

4. 전속밀도

1) 단위 면을 지나는 전속선의 양으로서, 전기력선의 분포도를 나타냄
2) 관계식

  (1) 전속밀도 : $D = \dfrac{Q}{A} = \dfrac{Q}{4\pi r^2} [C/m^2]$

  (2) 전속밀도와 전기장과의 관계 $D = \varepsilon E = \varepsilon_0 \varepsilon_s E$

07 콘덴서(Condenser)

1. 콘덴서

1) 개념 : 전하를 축적하는 장치

2) 콘덴서의 종류 : 전해 콘덴서, 세라믹 콘덴서 등

2. 정전용량

1) 정전용량 $C[F]$

   (1) 콘덴서가 전하를 축적할 수 있는 능력을 말함

   (2) 관계식 $Q = C \cdot V[C]$, $C = \dfrac{Q}{V}[F]$

2) 정전용량의 계산

   평판도체의 정전용량 $C = \varepsilon \dfrac{A}{d}[F]$

   d : 극판의 간격 $[m]$
   A : 면적 $[m^2]$

3. 콘덴서의 접속

1) 직렬접속

   (1) 전기량(Q)은 일정, 전압(V)는 분배

   $V_1 = \dfrac{Q}{C_1}$, $V_2 = \dfrac{Q}{C_2}$

   $V = V_1 + V_2 = \dfrac{Q}{C_1} + \dfrac{Q}{C_2} = \left(\dfrac{1}{C_1} + \dfrac{1}{C_2}\right)Q$

   (2) 합성정전용량(C_0)

   $C_0 = \dfrac{Q}{V} = \dfrac{Q}{\left(\dfrac{1}{C_1} + \dfrac{1}{C_2}\right)Q} = \dfrac{C_1 \times C_2}{C_1 + C_2}$

2) 병렬접속

   (1) 전압(V) 일정, 전기량(Q)는 분배

   $Q_1 = C_1 V$, $Q_2 = C_2 V$

   $Q = Q_1 + Q_2 = (C_1 + C_2)V$

   (2) 합성정전용량(C_0) $C_0 = \dfrac{Q}{V} = C_1 + C_2$

4. 에너지와 흡입력

1) 정전 에너지

$$W = \frac{1}{2}QV = \frac{1}{2}CV^2 = \frac{Q^2}{2C}[J]$$

C : 정전용량$[F]$
V : 전압$[V]$
Q : 전하$[C]$

2) 절연체 내부에서의 전계의 세기

$$E = \frac{V}{l}[V/m]$$

l : 전극 간 간격$[m]$

3) 단위 체적당 축적되는 에너지

$$W_0 = \frac{1}{2}ED = \frac{1}{2}\varepsilon E^2 = \frac{D^2}{2\varepsilon}[J/m^3]$$

E : 전계의 세기$[V/m]$
D : 전속밀도$[C/m^2]$

08 교류의 발생

1. 정현파 교류

1) 정현파 교류의 발생

   (1) 자기장 내에서 도체가 회전운동을 하면 플레밍의 오른손법칙에 의해 유도기전력이 발생하는 원리를 이용한다.

   (2) 관계식

   $e = 2Blv\sin\theta\,[\text{V}]$, $\theta = wt$ 이므로 $e = 2Blv\sin\theta = 2Blv\sin wt\,[\text{V}]$

   $2Blv$를 E_m으로 두면 $e = E_m \sin wt\,[\text{V}]$

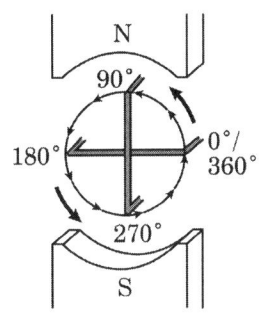

[자기장 내의 도체]   [도체 회전에 따른 전압 곡선]

2) 주파수와 주기

   (1) 주파수 $f\,[\text{Hz}]$

   1초 동안에 반복되는 사이클의 수

   (2) 주기 $T\,[\text{sec}]$

   1사이클에 걸리는 시간

   (3) 주기와 주파수와의 관계 $T = \dfrac{1}{f}\,[\text{sec}]$

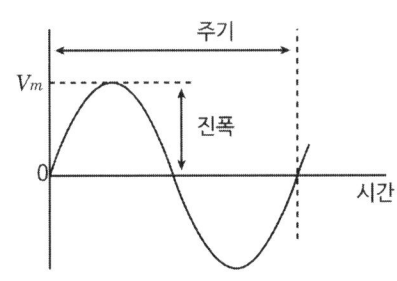

3) 각속도(w)

   (1) Δt시간 동안에 $\Delta \theta$만큼 회전하였을 때를 각속도라 함

   (2) 관계식

   $w = \dfrac{\theta}{t} = \dfrac{2\pi}{T} = 2\pi f\,[\text{rad/s}]$

   $\theta = wt\,[\text{rad}]$
   T : 주기[s]
   f : 주파수[Hz]
   w : 각 주파수[rad/s]

4) 위상과 위상차

　(1) 위상 : 주파수가 같은 2개 이상의 교류 파형 간의 차이를 표현하는 데 사용

　(2) 위상차 : 두 파형 간의 시간적인 차이

　(3) 표시

$$v_1 = V_m \sin wt\,[V]$$
$$v_2 = V_m \sin(wt - \theta)\,[V]$$
$$v_1 > v_2 : 진상,\ v_1 < v_2 : 지상$$

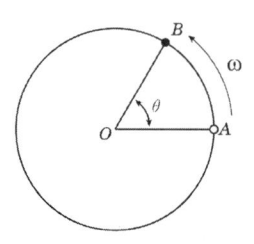

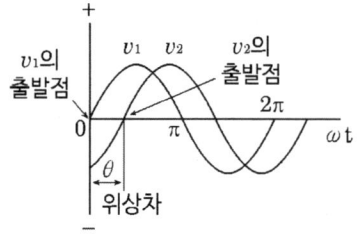

(a) 위상차가 있는 두 파형

2. 정현파 교류의 표시

구분	내용
순싯값	(1) 임의의 순간에서 전압·전류의 크기를 표시 (2) 표현 : $v_1 = V_m \sin wt\,[V]$, $i = I_m \sin wt\,[A]$
최댓값	(1) 교류의 순싯값에서 가장 큰 값 (2) 표현 : $V_m[V]$, $I_m[A]$
실횻값	(1) 교류크기 = 동일한 일을 하는 직류 크기로 환산한 값 (2) 표현 　실횻값과 최댓값과의 관계 $V = \dfrac{V_m}{\sqrt{2}} = 0.707\,V_m\,[A]$
평균값	(1) 한 주기 동안의 면적을 주기로 나누어 구한 산술적인 평균값 (2) 표현 　$V_a = V_{av} = \dfrac{2}{\pi}V_m = 0.637\,V_m\,[V]$

3. 각 파형의 파고율과 파형률

파형	최댓값	실횻값	평균값	파고율	파형률
정현파	V_m	$\dfrac{1}{\sqrt{2}}V_m$	$\dfrac{2}{\pi}V_m$	$\sqrt{2}$	$\dfrac{\pi}{2\sqrt{2}}$ = (1.11)
반파정현파	V_m	$\dfrac{1}{2}V_m$	$\dfrac{1}{\pi}V_m$	2	$\dfrac{\pi}{2}$ = (1.57)
구형파	V_m	V_m	V_m	1	1
반파구형파	V_m	$\dfrac{1}{\sqrt{2}}V_m$	$\dfrac{1}{2}V_m$	$\sqrt{2}$	$\dfrac{2}{\sqrt{2}}$ = (1.414)
삼각파	V_m	$\dfrac{1}{\sqrt{3}}V_m$	$\dfrac{1}{2}V_m$	$\sqrt{3}$	$\dfrac{2}{\sqrt{3}}$ = (1.15)

09 교류회로의 R · L · C

1. 저항(R)만의 회로

1) 입력전압 : $v = V_m \sin wt [V] = V_m \angle 0°$

2) 임피던스 $Z = R$

3) 전류 $i = \dfrac{V}{Z} = \dfrac{V_m \angle 0°}{R} = \dfrac{V_m}{R} \sin \omega t [A]$

4) 전압과 전류의 위상차가 없으므로 동상이다($I = V$).

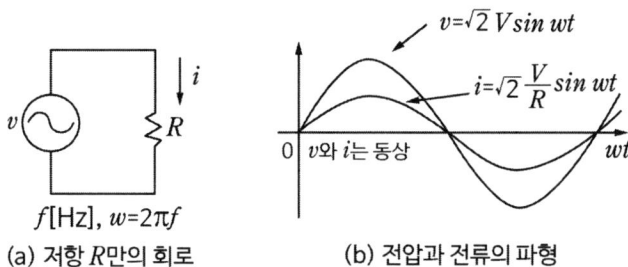

(a) 저항 R만의 회로   (b) 전압과 전류의 파형

[저항만의 회로]

2. 인덕턴스(L)만의 회로

1) 입력전압 : $v = V_m \sin wt [V] = V_m \angle 0°$

2) 임피던스 $Z = X_L = j\omega L = \omega L \angle \dfrac{\pi}{2} = 2\pi f L [\Omega]$

3) 전류 $i = \dfrac{V}{Z} = \dfrac{V_m \angle 0°}{\omega L \angle \dfrac{\pi}{2}} = \dfrac{V_m}{\omega L} \angle -\dfrac{\pi}{2} = \dfrac{V_m}{\omega L} \sin\left(\omega t - \dfrac{\pi}{2}\right)[A]$

4) 전류가 전압보다 90° 뒤진다($V > I$ = 지상전류, 유도성 회로).

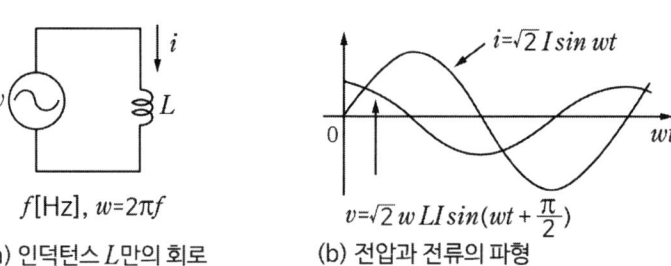

(a) 인덕턴스 L만의 회로   (b) 전압과 전류의 파형

[L 만의 회로]

3. 콘덴서(C)만의 회로

1) 입력전압 : $v = V_m \sin wt [V] = V_m \angle 0°$

2) 임피던스 $Z = X_C = \dfrac{1}{j\omega C} = -j\dfrac{1}{\omega C} = \dfrac{1}{\omega C} \angle -\dfrac{\pi}{2} = \dfrac{1}{2\pi f C}[\Omega]$

3) 전류 $i = \dfrac{V}{Z} = \dfrac{V_m \angle 0°}{\dfrac{1}{\omega C} \angle -\dfrac{\pi}{2}} = \omega C V_m \angle \dfrac{\pi}{2} = \omega C V_m \sin(\omega t + \dfrac{\pi}{2})[A]$

4) 전류가 전압보다 90° 앞선다($V < I$ = 진상전류, 용량성 회로).

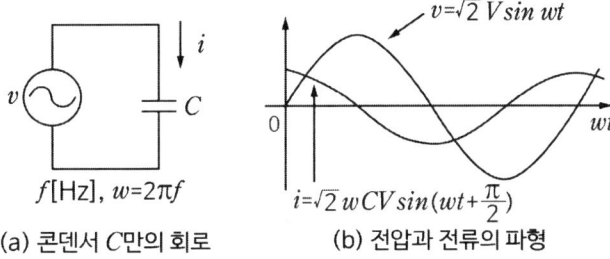

(a) 콘덴서 C만의 회로   (b) 전압과 전류의 파형

[C만의 회로]

10. 교류전력

1. 유효전력, 무효전력, 피상전력

1) 유효전력(P)

　(1) 저항에서 소비되는 전력으로서 단위는 [W], [kW]

　(2) 관계식 : $P = VI\cos\theta = P_a \cos\theta = I^2 R = \dfrac{V^2}{R}$ [W]

2) 무효전력(P_r)

　(1) 리액턴스와 콘덴서의 위상차로 인해 발생되는 전력

　(2) 실제 일을 할 수 있는 전력은 아니며, 단위는 [Var]

　(3) 관계식 : $P_r = VI\sin\theta = P_a \sin\theta = I^2 X = \dfrac{V^2}{X}$ [Var]

3) 피상전력(P_a)

　(1) 유효전력과 무효전력의 벡터 합, 단위는 [VA]

　(2) 관계식 : $P_a = VI = \sqrt{P^2 + P_r^2} = I^2|Z| = \dfrac{V^2}{|Z|}$ [VA]

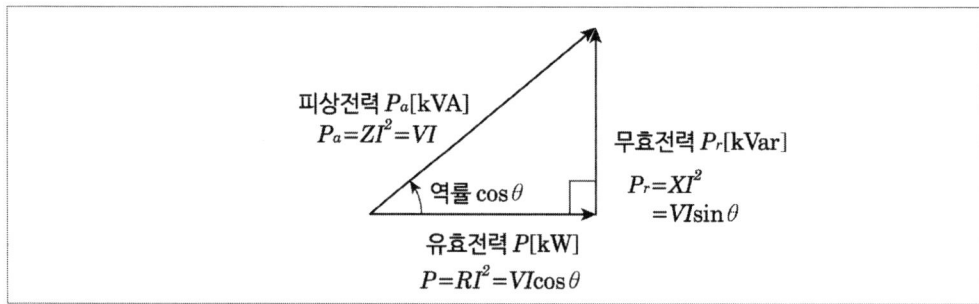

2. 역률과 무효율

1) 역률(Power Factor)

　(1) 교류 회로에서 유효전력과 피상전력과의 비

　(2) 관계식 $\cos\theta = \dfrac{P}{P_a}$,　$\cos\theta = \dfrac{P}{VI} \times 100(\%)$,　$\cos\theta = \sqrt{1 - \sin^2\theta}$

2) 무효율

　(1) 교류 부하에서의 전압과 전류의 위상차 각을 θ로 했을 때 $\sin\theta$를 무효율이라 함

　(2) 관계식 $\sin\theta = \dfrac{P_r}{P_a}$,　$\sin\theta = \dfrac{P_r}{VI} \times 100[\%]$,　$\sin\theta = \sqrt{1 - \cos^2\theta}$

3. 전력용 콘덴서(Electric Power Condenser)

1) 전력용 콘덴서

   (1) 변압기 및 부하의 역률을 개선하기 위한 진상용 콘덴서

   (2) 효과 : 역률 개선, 손실 감소, 전압강하 감소

   (3) 설치위치 : 부하 말단에 병렬로 설치함

2) 관계식

$$Q_C = P(\tan\theta_1 - \tan\theta_2)$$
$$= P\left(\frac{\sin\theta_1}{\cos\theta_1} - \frac{\sin\theta_2}{\cos\theta_2}\right)$$
$$= P\left(\frac{\sqrt{1-\cos^2\theta_1}}{\cos\theta_1} - \frac{\sqrt{1-\cos^2\theta_2}}{\cos\theta_2}\right)$$

Q_C : 콘덴서용량[Var]
P : 유효전력[kW]
$\cos\theta_1$: 개선 전 역률
$\sin\theta_1$: 개선 전 무효율
$\cos\theta_2$: 개선 후 역률
$\sin\theta_2$: 개선 후 무효율
Q_1, Q_2 : 역률 개선 전후 무효전력[Var]
P_{a1}, P_{a2} : 역률 개선 전후 피상전력[kVA]

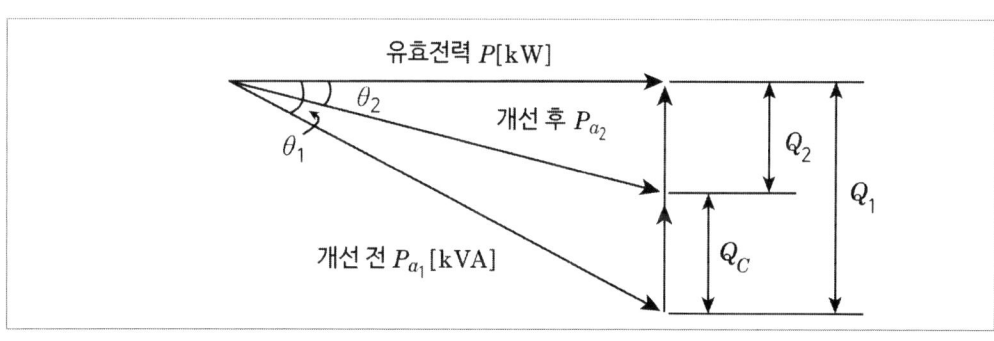

11 다상교류

1. 대칭 3상 교류의 발생

1) 개념

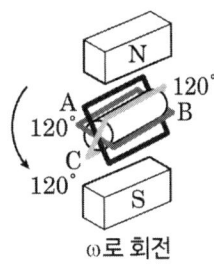 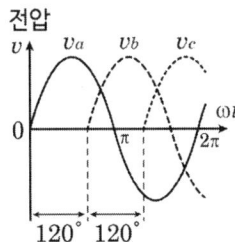 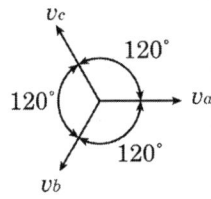

자석 N극과 S극 사이에 3개의 도체를 $\dfrac{2\pi}{3}$ 만큼의 간격을 두고 회전시키면 주파수는 같지만, 120°의 위상차에 의한 기전력이 생기는 교류방식

2) 대칭 3상 교류

(1) 기전력의 크기가 같고, $\dfrac{2\pi}{3}$ (120°)만큼 위상차가 있는 교류

(2) 대칭 3상 교류의 조건
   ① 기전력의 크기가 같을 것
   ② 주파수가 같을 것
   ③ 파형이 같을 것
   ④ 위상차가 $\dfrac{2\pi}{3}$ 일 것

2. 3상 회로의 결선

1) Y결선과 △결선

구분	Y결선	△결선
결선도	(Y결선 회로도)	(△결선 회로도)
상 전압(V_p)	$V_p = \dfrac{V_l}{\sqrt{3}}$	$V_p = V_l$
선간전압(V_l)	$V_l = \sqrt{3}\,V_p \angle \dfrac{\pi}{6}$	$V_l = V_p$
상 전류(I_p)	$I_p = I_l$	$I_l = \sqrt{3}\,I_p \angle -\dfrac{\pi}{6}$
선간전류(I_l)	$I_l = I_p$	$I_p = \dfrac{I_l}{\sqrt{3}}$
특징	• 상전압보다 선간전압이 $\sqrt{3}$ 배 크고, 위상차는 $\dfrac{\pi}{6}$ 앞선다. • 평형 3상 회로의 중성선에는 전류가 흐르지 않는다.	• 선간전류가 상전류보다 $\sqrt{3}$ 배 크고, 위상차는 $-\dfrac{\pi}{6}$ 뒤진다. • 제3고조파는 내부에서 순환한다.

2) V 결선

(1) △-△ 결선 방식으로 운전 중 변압기의 고장 발생 시 두 대의 변압기로 3상 전압을 공급하는 방식

(2) 출력 $P_V = \sqrt{3}\,P_1 = \sqrt{3}\,V_l I_l \cos\theta$

(3) 출력비 : 57.7[%]

$$\dfrac{P_V}{P_\triangle} = \dfrac{V결선\ 시\ 출력}{\triangle결선\ 시\ 출력} = \dfrac{\sqrt{3}\,VI\cos\theta}{3\,VI\cos\theta}$$

$$= \dfrac{\sqrt{3}}{3} = \dfrac{1}{\sqrt{3}} = 57.7[\%]$$

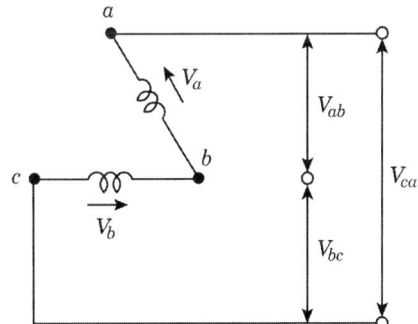

(4) 이용율 : 86.6 [%]

$$\dfrac{P_V}{P_2} = \dfrac{V결선\ 시\ 용량}{변압기\ 2대\ 용량} = \dfrac{\sqrt{3}\,VI\cos\theta}{2\,VI\cos\theta} = \dfrac{\sqrt{3}}{2} = 0.866 = 86.6[\%]$$

3) Y결선 △결선 V결선의 비교

결선법	선간전압	선전류	출력	
Y 결선	$\sqrt{3}\,V_p$	I_p	$\sqrt{3}\,V_l I_l$	$3V_p I_p$
△ 결선	V_p	$\sqrt{3}\,I_p$	$\sqrt{3}\,V_l I_l$	$3V_p I_p$
V 결선	V_p	I_p	$\sqrt{3}\,V_l I_l$	$\sqrt{3}\,V_p I_p$

3. 3상 교류의 전력

1) 유효전력 $P = 3V_P I_P \cos\theta = 3\dfrac{V_l}{\sqrt{3}}I_l \cos\theta\ = \sqrt{3}\,V_l I_l \cos\theta = 3I_p^2 R$

2) 무효전력 $P_r = 3V_p I_p \sin\theta\ = \sqrt{3}\,V_l I_l \sin\theta\ = 3I_p^2 X$

3) 피상전력 $P_a = 3V_p I_p\ = \sqrt{3}\,V_l I_l\ = \sqrt{P^2 + p_r^2}$

12 과도현상

1. 개념

1) 일반적으로 하나의 정상상태에서 다른 정상상태로 옮겨가는 현상이다.

2) R-C직렬회로에서 스위치를 개방된 상태에서 투입된 상태로 옮겨지는 과정이다.

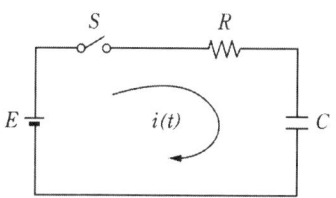

2. 특성

1) R만의 회로에서는 과도현상이 발생하지 않음

2) L과 C소자에서 과도현상이 발생함

3) 과도현상은 시정수가 클수록 오래 지속됨

3. 시정수

1) 정의

   (1) 정상 상태의 63.2 [%]에 도달하는 시간

   (2) 과도현상이 지속되는 시간

2) 시정수가 클수록 과도현상은 오래 지속되며, 천천히 사라짐

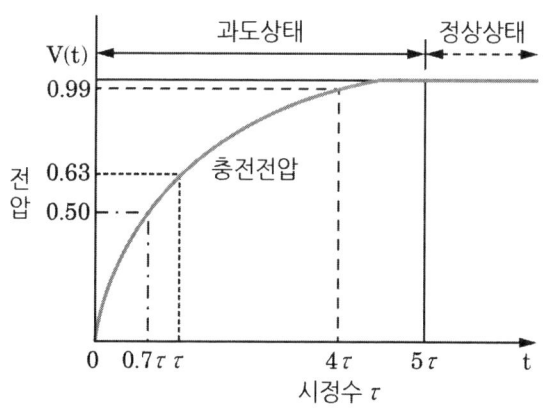

13 시퀀스 제어(Sequency Control)

1. 자기유지 회로

1) 릴레이 계전기를 조작하는 다른 스위치의 접점에 병렬로 전자 계전기의 a접점이 접속된 회로

2) 동작

　(1) 누름단추 스위치를 ON 했을 때 스위치가 닫혀 전자 계전기가 여자가 된다.

　(2) 그러면 a접점이 닫혀 누름단추 스위치를 떼어도 전자 계전기는 여자를 계속한다.

　(3) 이를 자기유지라고 하며, 전동기 운전에 이용된다.

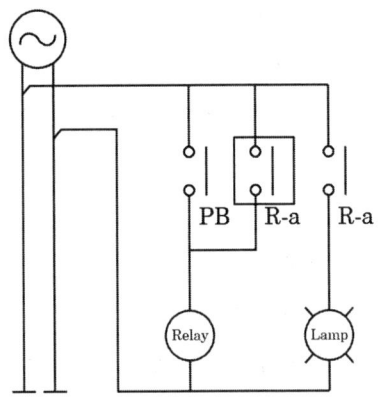

2. 인터록 회로

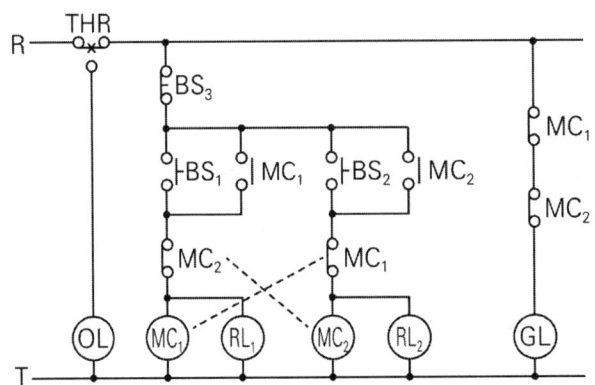

1) 그림은 인터록 회로이다. (MC_1 : 정회전, MC_2 : 역회전)

2) 모터 하나로 정회전·역회전을 하는 경우, 정회전하는 동안에 역회전 전압이 걸리면 단락사고가 발생하므로 동시투입을 방지하기 위해 b접점을 삽입한다.

3) 이러한 회로를 인터록 회로라 한다.

14 논리회로

1. 논리회로

1) 0과 1을 가지고 연산을 수행하도록 꾸며진 전자 회로
2) 논리기호 및 진리표

명칭, 논리기호	논리회로	진리표
AND회로 $(A \cdot B)$ A, B ─⫭─ X	입력신호 A, B가 모두 1일 때 X가 1이 된다.	입력 | 출력 A | B | $X = A \cdot B$ 0 | 0 | 0 0 | 1 | 0 1 | 0 | 0 1 | 1 | 1
OR회로 $(A + B)$ A, B ─⫭─ X	입력신호 A, B 중 어느 하나라도 1이면 출력신호 X가 1이 된다.	입력 | 출력 A | B | $X = A + B$ 0 | 0 | 0 0 | 1 | 1 1 | 0 | 1 1 | 1 | 1
NOT회로 (반전) A ─▷○─ B	입력신호 A가 0일 때만 출력신호 X가 1이 된다.	입력 | 출력 A | $X = \overline{A}$ 0 | 1 1 | 0
NAND회로 (Not + AND) A, B ─⫭○─ X	입력신호 A, B가 동시에 1일 때만 출력신호 X가 0이 된다. (AND의 반대)	입력 | 출력 A | B | $X = \overline{A \cdot B}$ 0 | 0 | 1 0 | 1 | 1 1 | 0 | 1 1 | 1 | 0

명칭, 논리기호	논리회로	진리표		
NOR회로 (Not + OR) A ─┐ B ─┘⊃o─ X	입력신호 A, B가 동시에 0일 때만 출력신호 X가 1이 된다. (OR의 반대)	입력		출력
^^	^^	A	B	$X = \overline{A+B}$
^^	^^	0	0	1
^^	^^	0	1	0
^^	^^	1	0	0
^^	^^	1	1	0
XOR회로 (배타적 논리회로) A ─┐ B ─┘⊃─ X	입력신호 A, B 중 입력값 1이 홀수로 입력되면 출력값이 1이 된다.	입력		출력
^^	^^	A	B	$X = A \oplus B$
^^	^^	0	0	0
^^	^^	0	1	1
^^	^^	1	0	1
^^	^^	1	1	0
Flip-Flop회로 (일시적인 기억 장치)	입력 같을 때 전 상태 및 부정이 발생하는 회로	입력		출력
^^	^^	S	R	Q
^^	^^	0	0	Q(보존상태)
^^	^^	0	1	0(Reset)
^^	^^	1	0	1(Set)
^^	^^	1	1	$\overline{Q}$(부정)

※ 배타적 논리회로에서는 입력값, 즉 1이 홀수일 때 출력값 1이 나온다. 그 이외는 모두 0이 나온다.

15 전동기

1. 유도 전동기

1) 동기속도
   (1) 회전자계의 회전수를 동기속도라 하며, 주파수와 극수에 의해 정해짐
   (2) 관계식

   $$N_s = \frac{120f}{P}[rpm]$$

   f : 주파수
   P : 극수

2) 슬립(Slip)
   (1) 3상 유도 전동기는 동기속도와 회전자의 속도 사이에 차이가 생기게 되며, 이 차이 ($N_s - N$)와 동기속도와의 비를 말한다.
   (2) 관계식

   $$s = \frac{동기속도 - 회전속도}{동기속도} = \frac{N_s - N}{N_s}$$

   • 슬립이 커지면 회전자 속도는 감소
   • 슬립이 작아지면 회전자 속도는 증가

   ① f : 주파수, p : 극수, N : 회전 속도$[rpm]$, $N = (1-s)N_s\,[rpm]$
   ② 동기속도(자석의 속도), 회전자의 속도(아라고 원판의 속도)

3) 유도 전동기 속도제어
   (1) 권선형 유도 전동기 속도제어 : 저항 제어법, 종속법, 2차 여자법
   (2) 농형 유도 전동기 속도제어 : 주파수 제어, 극수 제어, 전압 제어법

4) 단상 유도 전동기의 기동 토오크 순서
   (1) 반발기동형 > 반발 유도형 > 콘덴서 기동형 > 분상형 > 세이딩 코일형
   (2) 구분

구분	내용
반발 기동형	① 고정자에는 단상의 주권선이 감겨져 있음 ② 회전자에는 권선과 정류자가 있음
콘덴서 기동형	① 기동권선 회로에 직렬로 콘덴서를 연결 ② 분상 기동형보다 더 큰 기동토크를 얻을 수 있도록 한 것
분상 기동형	분상 기동형은 권선을 주권선과 기동권선으로 나누어 기동 시에만 기동권선이 연결되도록 한 것

구분	내용
세이딩 코일형	① 1차 권선에 전압이 가해지면 자극철심 내의 자속에 의해 쉐이딩 코일에 단락전류가 흐름 ② 이 전류는 한쪽부분의 자속을 방해하므로 다른 부분의 자속보다 시간적으로 늦어져서 이동자계가 형성됨

5) 3상 전동기 기동

(1) 3상 농형 유도 전동기 기동방법

기동방식		용량	내용
전전압 기동	직입 기동	5.5 [kW] 미만	전동기에 별도의 기동 장치 없이 직접 정격 전압을 인가하는 방식. 5 [kW] 이하 소용량
감전압 기동	$Y-\Delta$ 기동	5.5 ~ 15 [kW]	기동 시 고정자 권선을 Y로 기동하고 Δ로 운전하는 방식
	기동 보상기	15 [kW] 이상	3상 단권변압기를 이용하여 기동 전류를 감소시키는 기동 방식
	리액터 기동		전동기의 1차 측에 직렬로 리액터를 설치하여 전동기에 인가되는 전압을 제어하는 방식
	콘돌파 기동		기동 보상기법과 리액터 기동 방식을 혼합한 방식

(2) 3상 권선형 유도 전동기 기동방법

2차 저항 기동법 : 2차 회로에 가변저항기를 접속하고, 비례추이 원리에 의하여 큰 기동토크를 얻으며, 기동전류도 억제함

6) 펌프의 동력계산

구분	관계식	비고
수동력	$P = \gamma Q H$	P : 펌프동력[kW] K : 전달계수 H : 전양정[m] η : 효율[%] γ : 비중량[kg$_f$/m^3] Q : 유량 [m^3/s]
축동력	$P = \dfrac{\gamma Q H}{\eta}$	
전동기 동력	$P = \dfrac{\gamma Q H}{\eta} \times K$	

16 절연저항

1. 절연저항

전로의 사용전압[V]	DC 시험전압[V]	절연저항[MΩ]
SELV 및 PELV	250	0.5 이상
FELV, 500 [V] 이하	500	1.0 이상
500 [V] 초과	1000	1.0 이상

[주] 특별저압(2차 전압이 AC 50 V, DC 120 V 이하)으로 SELV(비접지 회로 구성) 및 PELV(접지회로 구성)은 1차와 2차가 전기적으로 절연된 회로, FELV는 1차와 2차가 전기적으로 절연되지 않은 회로

2. SELV와 PELV 및 FELV

1) ELV : Extra Low Voltage

   SELV : Safety ELV

   PELV : Protected ELV,

   FELV : Functional ELV

2) 사용전압이 저압인 전로의 절연성능은 위의 기준을 충족해야 함

3) 저압 전로에서 정전이 어려운 경우 등 절연저항 측정 곤란 시 저항성분의 누설전류 1 [mA] 이하이면 그 전로의 절연성능은 적합한 것으로 봄

01 P형 1급 수신기와 감지기의 배선회로에 대하여 다음 조건을 참고하여 물음에 답하시오.
[관 11회]

조건

배선회로저항 100 [Ω], 릴레이저항 800 [Ω], 회로전압 DC 24 [V], 상시감시전류 2 [mA] 이외의 조건은 무시할 것

1) 감지기의 종단 저항값은 몇 [Ω]인지 계산하시오.
2) 감지기 동작 시 회로에 흐르는 전류는 몇 [mA]인지 계산하시오.

풀이

1. 감지기 회로의 감시전류와 동작전류

$$감시전류 = \frac{회로전압(24[V])}{종단저항(R_1) + 배선저항(R_2) + 릴레이저항(R_3)}$$

$$동작전류 = \frac{회로전압(24[V])}{배선저항(R_2) + 릴레이저항(R_3)}$$

2. 종단저항 계산

   1) 감시전류는 전체저항을 통하여 흐르며 이때 회로전압이 24 [V]
   2) $V = I \times R = I \times (R_1 + R_2 + R_3) = 24\,[V]$

   $24 = (2 \times 10^{-3}) \times (R_1 + 800 + 100)$

   $\therefore R_1 = 11,100\,[\Omega] = 11.1\,[k\Omega]$

3. 감지기 동작전류 계산

   감지기가 동작될 경우 감시전류는 종단저항을 경유하지 않는다.

   $$I = \frac{E}{R} = \frac{E}{(R_2 + R_3)} = \frac{24}{(100 + 800)} = 0.02666\,[A] \fallingdotseq 26.67\,[mA]$$

02 자동화재탐지설비에서 수신기와 배선회로에서의 감시전류가 2 [mA], 릴레이저항이 200 [Ω], 배선회로의 저항이 50 [Ω], 선로전압이 24 [V]일 때 다음 물음에 답하시오.

1) 감지기회로의 도통시험을 위한 종단저항
2) 화재 시 감지기가 동작할 때의 전류

풀이

1. 감지기 회로의 감시전류와 동작전류

$$감시전류 = \frac{회로전압(24[V])}{종단저항(R_1) + 배선저항(R_2) + 릴레이저항(R_3)}$$

$$동작전류 = \frac{회로전압(24[V])}{배선저항(R_2) + 릴레이저항(R_3)}$$

2. 종단저항 계산

   1) 감시전류는 전체저항을 통하여 흐르며, 이때 회로전압이 24 [V]
   2) $V = I \times R = I \times (R_1 + R_2 + R_3) = 24[V]$

   $24 = (2 \times 10^{-3}) \times (R_1 + 200 + 50)$

   $\therefore R_1 = 11750[\Omega] = 11.75[k\Omega]$

3. 감지기 동작전류 계산

   감지기가 동작될 경우 감시전류는 종단저항을 경유하지 않는다.

   $I = \dfrac{E}{R} = \dfrac{E}{(R_2 + R_3)} = \dfrac{24}{(50 + 200)} = 0.096[A] = 96[mA]$

| 03 | P형 수신기와 감지기 사이의 배선회로에서 종단저항 10 [kΩ], 릴레이저항 85 [Ω], 배선회로저항 50 [Ω]이며, 회로전압이 DC 24 [V]일 때 다음 각 전류를 구하시오. [술 125회] |

1) 평상시 감시전류[mA]
2) 감지기가 동작할 때의 전류[mA]

풀이

1. 평상시 감시전류[mA]

$$감시전류 = \frac{회로\ 전압[V]}{배선저항 + 릴레이\ 저항 + 종단저항}$$

$$= \frac{24[V]}{50 + 85 + 10,000} = 2.37[mA]$$

2. 감지기가 동작할 때의 전류[mA]

$$동작전류 = \frac{회로\ 전압[V]}{배선저항 + 릴레이\ 저항}$$

$$\therefore 동작전류 = \frac{24[V]}{50 + 85} = 177.78[mA]$$

04 조건의 회로에서 벨, 표시등 공통선의 소요전류[A]와 KS IEC 규격에 의한 전선의 단면적 [mm²]을 구하시오. [술 107회]

조건

① 수신기는 P형 1급 25회로, DC24 [V]이며, 경보방식은 전층 경보방식
② 벨의 동작전류는 0.06 [A]
③ 표시등의 동작전류는 0.05 [A]
④ 수신기의 선로 길이는 500 [m]이며, 선로의 전압강하율은 20 [%]
⑤ KS IEC 규격[mm²]은 4, 6, 10, 16, 25, 35, 50, 70, 95, 120, 150

풀이

1. 전압강하[V]의 계산식

$$e = \frac{35.6LI}{1000A} \rightarrow A = \frac{35.6LI}{1000e}$$

R : 저항[Ω]
I : 전류[A]
A : 전선의 단면적[mm²]
L : 전선의 길이[m]
ρ : 고유저항[$\Omega \cdot $mm²/m]

2. 전 부하전류 [A] 계산

부하전류[A] = (0.06 A + 0.05 A) × 25회로 = 2.75

∴ 2.75 [A]

3. 전압강하[V] 계산

전압강하[V] = DC 24 [V] × 0.2 = 4.8

∴ 4.8 [V]

4. 전선의 단면적[mm²] 계산

$$A = \frac{35.6LI}{1,000e} = \frac{35.6 \times 500[m] \times 2.75[A]}{1,000 \times 4.8[V]} = 10.197$$

∴ KS IEC 16 [mm²]

05 자동화재탐지설비 수신기의 부하전류가 다음과 같을 때 필요한 예비전원의 용량을 계산하고 결과에 따른 적합한 축전지의 용량을 제시하시오.

조건

가. 평상시 수신기 감지전류 : 3.5 [A]
나. 화재 시 수신기가 화재신호를 수신하여 정상 작동 시 부하전류 : 5.5 [A]

풀이

1. 축전지의 용량 기준

    1) 일반건축물 : 60분 감시 10분 경보
    2) 고층건축물 : 60분 감시 30분 경보

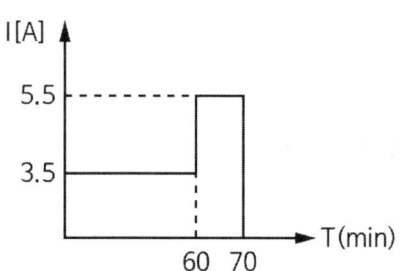

2. 적용 공식

$$C = \frac{1}{L}[K_1 I_1 + K_2(I_2 - I_1) + \cdots + K_n(I_n - I_{n-1})]$$

C : 축전지 용량[Ah]
L : 축전지 보수율
K : 용량환산시간계수
I : 방전전류[A]

3. 축전지 용량

    1) 방법 1 : 보수율[L]과 용량환산계수(K_1, K_2)를 무시
        C = 3.5 + (5.5 - 3.5) = 5.5 [Ah]
    2) 방법 2 : 보수율 0.8, 용량환산계수를 각각 1.2로 가정
        C = $\frac{1}{0.8}$ [(1.2 × 3.5) + 1.2 × (5.5 - 3.5)] = 8.25 [Ah]

06

층수가 30층인 아파트에 옥내소화전설비의 감시제어반과 겸용으로 사용되는 복합형수신기의 비상전원으로 연축전지를 사용할 때 요구되는 축전지의 용량[Ah]을 계산하시오.
[술 97회]

조건

NO	기기명	작동수량[개]	소비전류/개[mA]
1	수신기	1	2,000
2	발신기 위치표시등	40	50
3	경종	40	80
4	옥내소화전 펌프기동표시등	40	50
5	시각경보기	20	140

풀이

1. 축전지용량[Ah]의 계산식

$$C(Ah) = \frac{1}{L}[K_1 I_1 + K_2(I_2 - I_1) + \cdots\cdots K_n(I_n - I_{(n-1)})]$$

C : 축전지용량[Ah]
L : 보수율(경년변화에 따른 효율저하에 대한 여유율)
K : 용량환산시간[h]
I : 방전전류[A]

2. 각 부하별 소비전류의 합계

NO	기기명	감시전류	작동전류	감시시간	작동시간	총 작동시간
1	수신기	2 [A]	-	60분	40분	100분
2	발신기 위치표시등	2 [A]	-	60분	40분	100분
3	경종	-	3.2 [A]	-	30분	30분
4	옥내소화전 펌프기동표시등	-	2 [A]	-	40분	40분
5	시각경보기	-	2.8 [A]	-	30분	30분

3. 축전지용량 C[Ah]

$$C = \frac{1}{0.8}\left[\left(\frac{100}{60} \times 2 \times 2[A]\right) + \left(\frac{30}{60} \times 3.2[A]\right) + \left(\frac{40}{60} \times 2[A]\right) + \left(\frac{30}{60} \times 2.8[A]\right)\right] = 13.75$$

∴ 13.75 [Ah]

07

정문안내실로부터 150 [m]에 위치한 공장동 건물(지상 2층/ 지하 1층, 연면적 15,000 m²)에 각 층별로 발신기를 6회로씩 설치하였다. 경종의 동작전류는 50 [mA]/1개, 표시램프의 경우 30 [mA]/1개의 전류가 소모된다. 다음 물음에 답하시오. [관 21회]

1) 표시램프의 소요전류[A]를 계산하시오.
2) 공장동 건물의 지상 1층에서 화재발생 시 경종의 소요전류[A]를 계산하시오.
3) 정문안내실에서 공장동 건물까지의 전압강하[V]를 계산하시오. (다만 전선굵기는 2.5 mm² 전선의 고유저항은 0.0178 Ω · mm²/m)

풀이

1. 표시램프의 소요전류[A]
    1) 표시램프의 점등 개수(상시 점등조건) = 3개 층 × 6개 회로 = 18 ∴ 18개
    2) 표시램프의 부하전류[A] = 18개 × 30 [mA] = 540 [mA] ∴ 0.54 [A]

2. 공장동 건물의 지상 1층에서 화재발생 시 경종의 소요전류[A]
    1) 화재 시 경보방식
        (1) 전층 경보방식
        (2) 화재 시 경종 동작 개수 = 3개 층 × 6개 회로 = 18 ∴ 18개
    2) 경종의 부하전류[A] = 18개 × 50 [mA] = 900 [mA] ∴ 0.9 [A]

3. 정문안내실에서 공장동 건물까지의 전압강하[V]
    1) 전압강하[V]의 계산식

    $$전압강하\ e = I \times R = I \times \rho \frac{L}{A}$$

    R : 저항[Ω]
    I : 전류[A]
    A : 전선의 단면적[mm²]
    L : 전선의 길이[m]
    ρ : 고유저항[Ω · mm²/m]

    2) 부하전류[A]의 계산
        (1) 부하전류[A] = 표시램프전류[mA] + 경종전류[mA]
        (2) 부하전류[A] = 0.54 [A] + 0.9 [A] = 1.44 ∴ 1.44 [A]
    3) 전압강하[V]의 계산

    $$전압강하[V] = 2 \times I \times \rho \frac{L}{A} = 2 \times 1.44[A] \times 0.0178[\Omega \cdot mm^2/m] \times \frac{150[m]}{2.5[mm^2]} = 3.075$$

    ∴ 3.08 [V]

08 35층 고층건축물에 설치하는 자동화재탐지설비 수신기의 부하 특성이 다음과 같을 경우 수신기에 내장하는 축전지 용량을 산정하시오. [술 107회]

조건

가. 수신기가 감당하는 부하 전류
  ① 평상시 수신기 감시전류 I_1 = 2.5 [A]
  ② 화재 시 수신기가 소비하는 전류의 합 I_2 = 9.5 [A]

나. 사용할 축전지의 사양과 환경 조건
  ① 사용 축전지 : HS형 연축전지   ② 최저 전지온도 : 25 [℃]
  ③ 허용 최저전압 : 1.7 [V]   ④ 보수율 : 0.8

다. 제조사에서 제공한 방전 시간에 따른 용량환산 시간계수

방전시간	10	20	30	40	50	60	70	80	90	100
용량환산계수	0.6	0.8	1.0	1.2	1.4	1.6	1.8	1.9	2.0	2.1

풀이

1. 적용 공식

$$C = \frac{1}{L}[K_1 I_1 + K_2(I_2 - I_1) + \cdots + K_n(I_n - I_{n-1})]$$

C : 축전지 용량[Ah]
L : 축전지 보수율
K : 용량환산시간계수
I : 방전전류[A]

2. 화재안전기준

  1) 일반 건축물 : 60분 감시, 10분 경보   2) 고층 건축물 : 60분 감시, 30분 경보

3. I-t 곡선

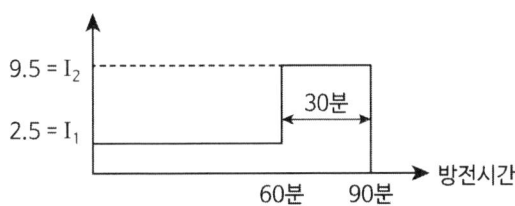

4. 축전지 용량

$$C = \frac{1}{0.8}[(2 \times 2.5) + 1 \times (9.5 - 2.5)] = 15 [Ah]$$

09 조건과 같은 비상조명등의 비상전원을 축전지설비로 적용하는 경우 축전지용량[Ah]을 계산하시오.

조건

① 비상조명등의 등기구 조건
  ㉠ 40W 형광등 120개
  ㉡ 60W 백열구등 50개
  ㉢ 방전시간은 30분
② 사용할 축전지의 사양과 환경조건
  ㉠ 사용 축전지 HS 연축전지 54 [Cell]
  ㉡ 최저 전지온도 : 5 [℃]
  ㉢ 허용 최저전압 : 90 [V]
  ㉣ 보수율 : 0.8
  ㉤ 정격 전압 : 100 [V]
③ 제조사에서 제공한 방전시간에 따른 용량환산시간계수

형식	온도 [℃]	10분			30분		
		1.6 [V]	1.7 [V]	1.8 [V]	1.6 [V]	1.7 [V]	1.8 [V]
CS	25	0.9	1.15	1.6	1.41	1.6	2.0
	5	1.15	1.35	2.0	1.75	1.85	2.45
	-5	1.35	1.6	2.65	2.05	2.2	3.1
HS	25	0.58	0.7	0.93	1.03	1.14	1.38
	5	0.62	0.74	1.05	1.11	1.22	1.54
	-5	0.68	0.82	1.15	1.2	1.35	1.68

풀이

1. 방전전류[A]의 계산

   1) 계산식

   $$P = V \cdot I \rightarrow I = \frac{P}{V}$$

   P : 부하용량[W]
   V : 정격전압[V]
   I : 방전전류[A]

   2) 방전전류[A] = $\dfrac{40[W] \times 120개 + 60[W] \times 50개}{100[V]} = 78$ ∴ 78 [A]

2. 방전종지전압[V]의 계산

1) 방전종지전압 : 축전지에서 최저로 허용되는 전압

2) 방전종지전압[V] = $\dfrac{허용최저전압[V]}{셀수[cell]}$ = $\dfrac{90[V]}{54[cell]}$ = 1.666

∴ 1.7 [V]

3. 용량환산시간(K)의 결정

1) 방전시간, 축전지 온도, 허용최저전압, 축전지 종류에 따라 산정
2) 방전종지전압 1.7 [V], 방전시간 30분일 경우 용량환산시간은 1.22

4. 축전지용량[Ah]의 계산

1) 계산식

$$C[Ah] = \dfrac{1}{L}[K_1 I_1 + K_2(I_2 - I_1)]$$

C : 축전지용량[Ah]
L : 보수율(경년변화에 따른 여유율)
K : 용량환산시간[h]
I : 방전전류[A]

2) 축전지의 용량[Ah]

$C = \dfrac{1}{L}KI = \dfrac{1}{0.8} \times 1.22 \times 78[A]$ = 118.95

∴ 118.95 [Ah]

10 감시제어반(가로 15 m , 세로 10 m, 높이 3.6 m)전용실에 형광등을 비상조명등으로 설치하고자 한다. 감시제어반의 조도 400 [lx]를 기준으로 필요로 하는 형광등의 개수를 계산하시오. (다만 형광등의 조명률 50 %, 광속 2,400 lm, 조명유지율은 80 %)

풀이

1. 계산식

$$FUN = DAE \rightarrow N = \frac{DAE}{FU} = \frac{AE}{FUM}$$

N : 등기구의 수[개]
D : 감광보상률 ($D = \frac{1}{M}$)
A : 바닥면적[m²]
E : 조도[lx]
F : 조명광속[lm]
U : 조명률[%]
M : 조명 유지율[%]

2. 비상조명등 개수 $= \dfrac{15[\text{m}] \times 10[\text{m}] \times 400[\text{lx}]}{2,400[\text{lm}] \times 0.5 \times 0.8} = 62.5$

∴ 63개

| 11 | 전압강하식 e = 35.6LI / 1,000A [V]의 식을 유도하시오. [술 121, 125회] |

풀이

1. 전압강하 기본식

    $e = E_s - E_r$

2. 오옴의 법칙 $e = IR = I \times \rho \dfrac{L}{A}$

3. 여기서, 전선의 도전율 97 [%], 연동선의 고유저항 $\rho = \dfrac{1}{58} [\Omega \cdot mm^2/m]$

4. 단상 2선식은 전선이 2가닥이므로

    $e = E_s - E_r = IR \times 2 = \dfrac{1}{58} \times \dfrac{100}{97} \times \dfrac{LI}{A} \times 2 = \dfrac{35.6LI}{1,000A}$

보충

전기방식	전압강하	전선 단면적
단상 3선식 직류 3선식 3상 4선식	$e = \dfrac{17.8LI}{1000A} [V]$	$A = \dfrac{17.8LI}{1000e}$
단상 2선식 직류 2선식	$e = \dfrac{35.6LI}{1000A} [V]$	$A = \dfrac{35.6LI}{1000e}$
3상 3선식	$e = \dfrac{30.8LI}{1000A} [V]$	$A = \dfrac{30.8LI}{1000e}$

| 12 | 수신기로부터 100 [m] 위치에 다음 조건으로 사이렌이 접속되었다. 사이렌이 작동될 때의 단자전압은 얼마인지 구하시오. |

조건

가. 수신기는 정전압 출력 24 [V]
나. 전선은 1.6 [mm]의 HFIX 전선 사용
다. 사이렌 정격출력은 48 [W]
라. 1.6 [mm] 동선의 전기저항 8.75 [Ω/km]

풀이

1. 공식(단상 2선식)

$$e = IR$$

e : 전압강하[V]
I : 도선에 흐르는 전류[A]
R : 도선의 저항[Ω]

2. 사이렌이 작동 시 전압강하

 (1) $P = VI, \quad I = \dfrac{P}{V}$

 $I = \dfrac{48\,W}{24\,V} = 2[A]$

 $R = 8.75 \times 0.1 \times 2선식 = 1.75[\Omega]$

 (2) $e = IR = 2 \times 1.75 = 3.5[V]$

3. 사이렌 작동 시 단자전압 : 24 [V] - 3.5 [V] = 20.5 [V]

13 조건과 같은 특정소방대상물에 대한 최소 경계구역을 설정하시오. [술 104회]

조건

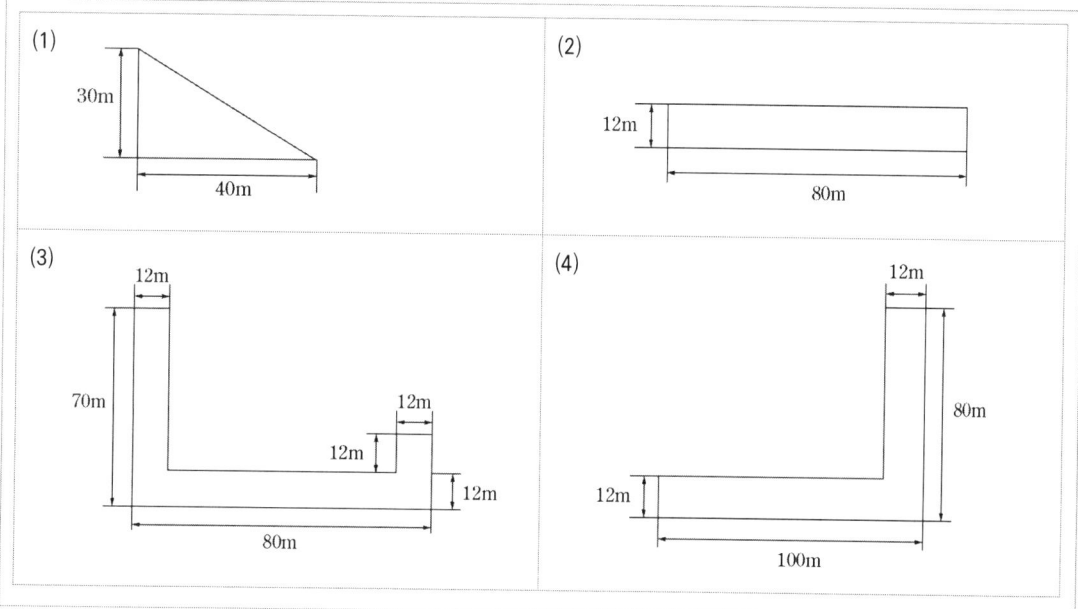

풀이

1. 경계구역의 설정기준

   면적 : 600 [m²] 이하, 한 변의 길이 : 50 [m] 이하

2. 최소 경계구역을 설정

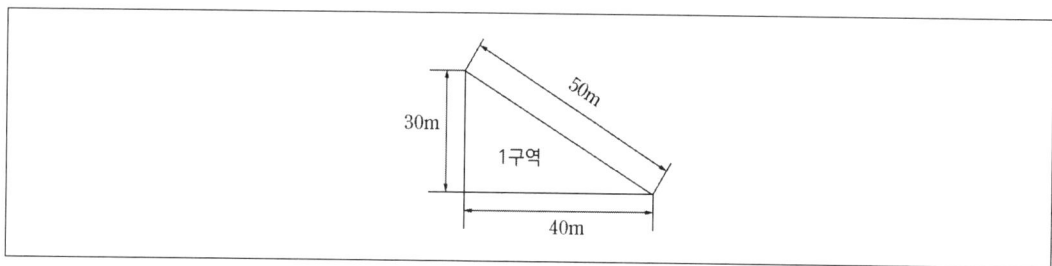

1) 경계구역의 수 : 1 개

   (1) 경계구역의 면적 = $\dfrac{30[m] \times 40[m]}{2} = 600[m^2]$ 기준 만족

   (2) 한 변의 길이 50 [m] 이하 기준 만족

2) 경계구역의 수 : 2개

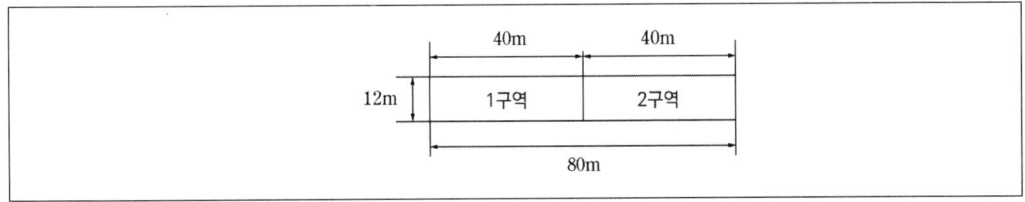

(1) 한 변의 길이 : 50 [m] 이하 기준 만족

(2) 경계구역의 면적 $= 12[m] \times 40[m] = 480[m^2]$

3) 경계구역의 수 : 3개

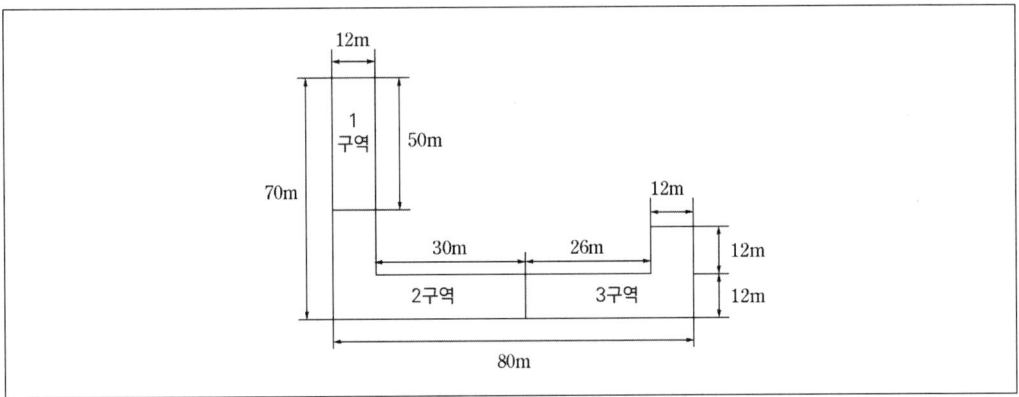

(1) 1번 경계구역 $= 12[m] \times 50[m] = 600[m^2]$

(2) 2번 경계구역 $= (12[m] \times 8[m]) + (42[m] \times 12[m]) = 600[m^2]$

(3) 3번 경계구역 $= (38[m] \times 12[m]) + (12[m] \times 12[m]) = 600[m^2]$

4) 경계구역의 수 : 4개

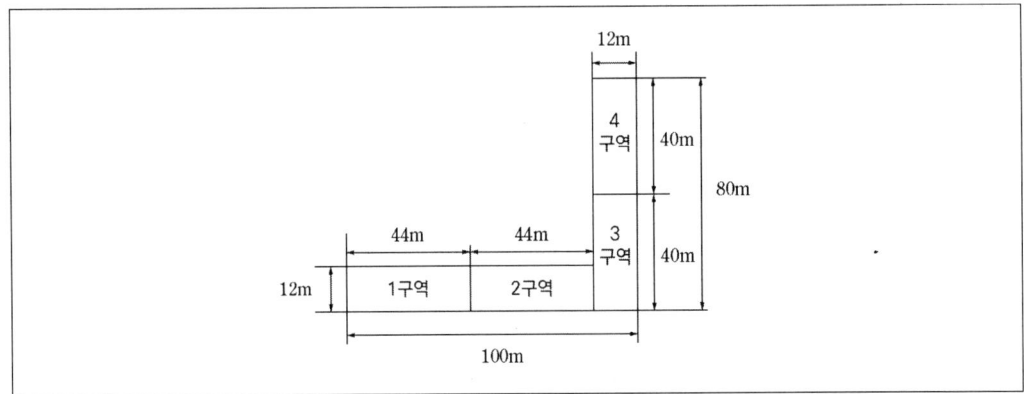

(1) 1번 경계구역 = $(44[m] \times 12[m]) = 528[m^2]$

(2) 2번 경계구역 = $(44[m] \times 12[m]) = 528[m^2]$

(3) 3번 경계구역 = $(40[m] \times 12[m]) = 480[m^2]$

(4) 4번 경계구역 = $(40[m] \times 12[m]) = 480[m^2]$

14. 조건을 참고하여 경계구역 등에 관한 다음 물음에 답하시오. [관 4회]

조건

계단	8F		4.5m
	7F	계단	3.5m
	6F		3.5m
	5F		3.5m
	4F		3.5m
	3F		3.5m
	2F		3.5m
	1F		3.5m
	B1		4.5m
	B2		4.5m

① 지하 2층에서 지상 7층의 바닥면적은 800 [m²]
   (한 변의 길이는 50 m)
② 지상 8층의 바닥면적은 400 [m²]
③ 계단은 2개소 설치되어 있고, 별도의 경계구역으로 함
④ 거실부분에는 차동식스포트형 1종 설치
⑤ 주요구조부는 내화구조
⑥ 계단에는 연기감지기 2종 설치
⑦ 지하 2층에서 지상 7층에는 화장실(바닥면적 30 m²)이 설치되어 있음
⑧ 주어진 조건 외의 것은 고려하지 않음

1) 경계구역의 수를 계산하시오.
2) 감지기의 개수를 계산하시오.

풀이

1. 경계구역 수

   1) 수평적 경계구역

      (1) 기준
         면적 : 600 [m²] 이하, 한 변의 길이 : 50 [m] 이하

      (2) 산출

구분	바닥면적	경계구역의 산출	
지하 2층 ~ 지상 7층	800 [m²]	$\dfrac{800\,[\text{m}^2]}{600\,[\text{m}^2]/구역} = 1.33$	∴ 2개 × 9개 층 = 18개
지상 8층	400 [m²]	$\dfrac{400\,[\text{m}^2]}{600\,[\text{m}^2]/구역} = 0.66$	∴ 1개

2) 수직적 경계구역

　(1) 기준

　　1 경계구역 : 높이 45 [m] 이하(계단 및 경사로)

　　지하층 계단 및 경사로(지하층 층수가 1일 경우 제외)는 별도 설정

　(2) 산출 : 오른쪽 계단

구분	계단의 높이	경계구역의 산출
지상부분	3.5 [m] × 7개 층 = 24.5 [m]	$\dfrac{24.5[m]}{45[m]/구역} = 0.54$　∴ 1개
지하부분	4.5 [m] × 2개 층 = 9 [m]	$\dfrac{9[m]}{45[m]/구역} = 0.2$　∴ 1개

　(3) 산출 : 왼쪽 계단

구분	계단의 높이	경계구역의 산출
지상부분	4.5 [m] + (3.5 m × 7개 층) = 29 [m]	$\dfrac{29[m]}{45[m]/구역} = 0.64$　∴ 1개
지하부분	4.5 [m] × 2개 층 = 9 [m]	$\dfrac{9[m]}{45[m]/구역} = 0.2$　∴ 1개

3) 전체 경계구역의 수

　경계구역의 수 = 19(수평적) + 4(수직적) = 23　　　　　　　　　∴ 23개

2. 감지기의 개수

1) 차동식스포트형 1종 감지면적[m²]

부착높이 및 소방대상물의 구분		차동식 스포트형		보상식 스포트형		정온식 스포트형		
		1종	2종	1종	2종	특종	1종	2종
4 [m] 미만	내화구조	90	70	90	70	70	60	20
	기타구조	50	40	50	40	40	30	15
4 [m] 이상 8 [m] 미만	내화구조	45	35	45	35	35	30	-
	기타구조	30	25	30	25	25	15	-

　(1) 지하 1층, 2층(높이 4.5 m의 경우 45 m²)

$$= \dfrac{800[m^2] - 30[m^2]}{45[m^2]} = 17.11, \quad \dfrac{30[m^2](화장실)}{45[m^2]} = 0.66 \qquad ∴ 19개 × 2개 층 = 38개$$

　(2) 지상 1 ~ 7층(높이 3.5 m → 90 m²)

$$= \dfrac{800[m^2] - [30m^2]}{[90m^2]} = 8.55, \quad \dfrac{30[m^2](화장실)}{[90m^2]} = 0.33 \qquad ∴ 10개 × 7개 층 = 70개$$

⑶ 8층(높이 4.5 m → 45 m²)

$$= \frac{400[m^2]}{45[m^2]} = 8.88 \qquad \therefore 9개 \times 1개 층 = 9개$$

⑷ 1종 차동식스포트형 개수 = 38 + 70 + 9 = 117 　　　　∴ 117개

2) 2종 연기감지기 개수

　• 복도 및 통로 : 보행거리 30 [m](3종 20 m)

　• 계단 및 경사로 : 수직거리 15 [m](3종 10 m)

⑴ 오른쪽 지하층의 계단 감지기 $= \dfrac{(4.5+4.5)[m]}{15[m]} = 0.5$ 　　　　∴ 1개

⑵ 오른쪽 지상층의 계단 감지기 $= \dfrac{(3.5 \times 7)[m]}{15[m]} = 1.63$ 　　　　∴ 2개

⑶ 왼쪽 지하층의 계단 감지기 $= \dfrac{(4.5+4.5)[m]}{15[m]} = 0.5$ 　　　　∴ 1개

⑷ 왼쪽 지상층의 계단 $= \dfrac{[4.5+(3.5 \times 7)][m]}{15[m]} = 1.93$ 　　　　∴ 2개

　∴ 2종 연기감지기 개수 = 1 + 2 + 1 + 2 = 6 　　　　∴ 6개

| 15 | 주요구조부가 내화구조인 건축물에 자동화재탐지설비를 설치하고자 한다. 다음 조건을 참조하여 물음에 답하시오. (다만 조건에 없는 내용은 고려하지 않는다) [관 17회] |

조건

① 특정소방대상물의 규모는 지하 2층, 지상 9층
② 층별 바닥면적은 1,050 [m^2](가로 35 m, 세로 30 m)
③ 전체 연면적은 11,550 [m^2]
④ 각층의 높이는 지하 2층 4.5 [m], 지하 1층 4.5 [m], 1 ~ 9층 3.5 [m], 옥탑층 3.5 [m]
⑤ 직통계단은 건물 좌, 우측에 1개씩 설치
⑥ 옥탑층은 엘리베이터 권상기실로만 사용되며 건물 좌, 우측에 1개씩 설치
⑦ 각층 거실과 지하주차장에는 차동식스포트형감지기 2종 설치
⑧ 연기감지기 설치장소에는 광전식스포트형 2종 설치
⑨ 지하 2개 층은 주차장 용도로 준비작동식유수검지장치(교차회로방식) 설치
⑩ 지상 9개 층은 사무실 용도로 습식유수검지장치를 설치
⑪ 화재감지기는 스프링클러설비와 겸용으로 설치

1) 전체 경계구역의 수를 계산하시오.
2) 특정소방대상물에 설치해야 하는 감지기의 종류별 수량을 계산하시오.

풀이

1. 전체 경계구역의 수

   1) 수평적 경계구역의 기준

      면적 : 600 [m^2] 이하, 한 변의 길이 : 50 [m] 이하

   2) 수평적 경계구역의 산출

구분	바닥면적	경계구역의 산출	
지상1층 ~ 지상9층	1,050 [m^2]	$\dfrac{1,050[\mathrm{m}^2]}{600[\mathrm{m}^2]/구역} = 1.75$ → 층당 2개의 경계구역	
	9개 층 × 2개 경계구역 = 18	∴ 18개	
지하1층 ~ 지하2층	1,050 [m^2]	1개의 방호구역 3,000 [m^2] → 층당 1개 경계구역	
	2개 층 × 1개 경계구역 = 2	∴ 2개	
경계구역	18 + 2 = 20	∴ 20개	

3) 수직적 경계구역의 설치기준
   (1) 1경계구역 : 높이 45 [m] 이하(계단 및 경사로)
   (2) 지하층 계단 및 경사로(지하층 층수가 1일 경우 제외)는 별도 설정

4) 수직적 경계구역의 산출

구분		계단의 높이	경계구역의 산출	
계단실 2개	지상	3.5 [m] × 9개 + 3.5 [m] = 35[m]	$\dfrac{35[m]}{45[m]/구역} = 0.778$	∴ 1개
	지하	4.5 [m] × 2개 층 = 9 [m]	$\dfrac{9[m]}{45[m]/구역} = 0.2$	∴ 1개
승강로 2개		승강로 별 1개 경계구역		∴ 2개
경계구역		2개 × 2계단실 + 승강로 2개 = 6		∴ 6개

5) 총 경계구역의 수
   경계구역 = 20 (수평적) + 6 (수직적) = 26   ∴ 26개

2. 감지기의 종류별 수량

1) 차동식 스포트형 2종

   (1) 차동식스포트형의 감지면적[m²]

부착높이 및 소방대상물의 구분		차동식 스포트형		보상식 스포트형		정온식 스포트형		
		1종	2종	1종	2종	특종	1종	2종
4 [m] 미만	내화구조	90	70	90	70	70	60	20
	기타구조	50	40	50	40	40	30	15

   (2) 차동식 스포트형 2종 산출

구분	바닥면적	감지기의 산출	
지상 1층 ~ 지상 9층	1,050 [m²]	$\dfrac{1,050[m^2]}{70[m^2]/개} = 15$ → 층당 15개	
	9개 층 × 15개 감지기 = 135		∴ 135개
지하 1층 ~ 지하 2층	1,050 [m²]	$\dfrac{1,050[m^2]}{35[m^2]/개} = 30$ → 층당 30개	
	2개 층 × 30개 감지기 × 2(교차회로) = 120		∴ 120개

차동식 스포트형 수 = 135 + 120 = 255   ∴ 255개

2) 연기감지기(광전식 스포트형 2종)
   (1) 연기감지기 설치기준
   - 복도 및 통로 : 보행거리 30 [m](3종 20 m)
   - 계단 및 경사로 : 수직거리 15 [m](3종 10 m)

구분		계단의 높이	경계구역의 산출
계단실 2개	지상	3.5 [m] × 9개 층 + 3.5 [m] = 35 [m]	$\dfrac{35\,[m]}{15\,[m]/개} = 2.3$ ∴ 3개
		2개 계단실 × 3개 감지기 = 6개	
	지하	4.5 [m] × 2개 층 = 9 [m]	$\dfrac{9\,[m]}{15\,[m]/개} = 0.6$ ∴ 1개
		2개 계단실 × 1개 감지기 = 2개	
승강로 2개	승강로 별 1개 감지기		∴ 2개

   (2) 연기감지기의 수 = 6 + 2 + 2 = 10   ∴ 10개

16 건축물 실내 천장 면에 설치된 불꽃감지기의 부착 높이가 8.66 [m] 공칭감시거리 10 [m], 공칭시야각 60°이다. 감지기가 바닥면까지 원뿔의 형태로 감지할 경우 물음에 답하시오. [술 90회]

1) 감지기 1개가 감지하는 바닥면의 원 면적[m²]
2) 설계 적용 시 불꽃감지기 1개당 실제 감지면적을 바닥면의 원에 내접한 정사각형으로 적용할 경우 정사각형의 면적[m²]을 구하시오.

풀이

1. 조건

   부착높이 $H = 8.66$[m]

   공칭감시거리 $D = 10$[m]

   공칭시야각 $2\theta = 60°\ \rightarrow\ \theta = 30°$

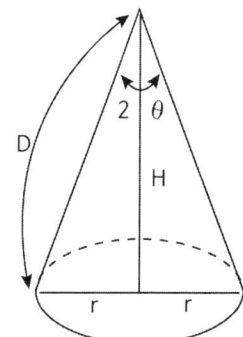

2. 계산

   1) 원의 면적

      $S = \pi r^2$

      $\sin\theta = \dfrac{r}{D} \rightarrow r = \sin\theta \times D$

      $S = \pi r^2 = \pi \times (\sin\theta \times D)^2 = \pi \times (0.5 \times 10)^2 ≒ 78.54\ [\text{m}^2]$

   2) 사각형의 면적

      $x^2 + x^2 = (2r)^2$이므로

      $x = \sqrt{\dfrac{(2r)^2}{2}} = \sqrt{\dfrac{100}{2}} = 7.07$[m]

      $S = x^2 = 7.07^2 ≒ 50\ [\text{m}^2]$

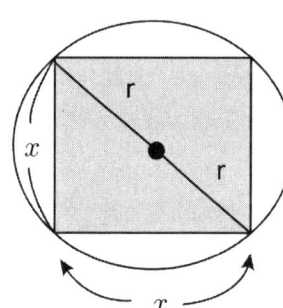

17

공칭시야각 90°, 공칭감시거리 20 [m]인 불꽃감지기를 다음 조건과 같은 실내의 천장 면에서 바닥면을 향하여 균등하게 배치하여 화재를 감시하고자 한다. 불꽃감지기 1개가 방호하는 면적을 계산하여 최소 설치 수량을 산출하시오. [술 107회]

조건

가. 바닥면적 392 [m²](14 m × 28 m)
나. 천장높이 5 [m]

풀이

1. 감지기 1개가 방호하는 면적 [m²]

   1) 관계식 $A = \dfrac{\pi}{4}D^2 = \dfrac{\pi}{4}(2r)^2$

   2) 계산

      (1) $r = 5 \times \tan 45° = 5$ [m]

      (2) $A = \dfrac{\pi}{4}(2 \times 5)^2 = 78.54$ [m²]

      (3) 감지면적을 바닥면의 원에 내접한 정사각형으로 적용
      $A = 7.071 \times 7.071 ≒ 50$ [m²]

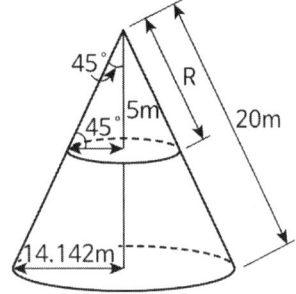

2. 감지기 최소 설치 수량

   1) 가로방향 : $\dfrac{14}{7.071} = 1.98 ≒ 2$개

   2) 세로방향 : $\dfrac{28}{7.071} = 3.96 ≒ 4$개

   3) 최소감지기 설치수량 = 8개

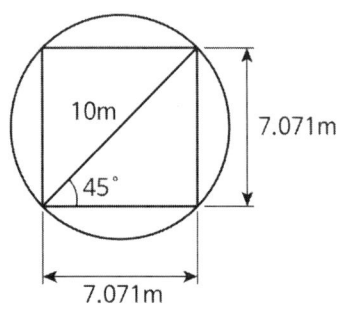

18 3상 380 [V] 30 [kW] 옥내소화전 펌프용 유도전동기가 지금 역률 60 [%]로 운전 중이다. 이 전동기의 역률을 90 [%]로 개선하려고 한다. 이때 콘덴서의 용량은 몇 [kVar]인지 계산하시오.

풀이

1. 관련 식

$$Q_C = P(\tan\theta_1 - \tan\theta_2)$$
$$= P\left(\frac{\sin\theta_1}{\cos\theta_1} - \frac{\sin\theta_2}{\cos\theta_2}\right)$$
$$= P\left(\frac{\sqrt{1-\cos^2\theta_1}}{\cos\theta_1} - \frac{\sqrt{1-\cos^2\theta_2}}{\cos\theta_2}\right)[kVar]$$

($\cos\theta_1$: 개선 전 역률, $\cos\theta_2$: 개선 후 역률)

2. 콘덴서용량 계산

$$Q_C = P(\tan\theta_1 - \tan\theta_2)$$
$$= P\left(\frac{\sin\theta_1}{\cos\theta_1} - \frac{\sin\theta_2}{\cos\theta_2}\right)$$
$$= P\left(\frac{\sqrt{1-\cos^2\theta_1}}{\cos\theta_1} - \frac{\sqrt{1-\cos^2\theta_2}}{\cos\theta_2}\right)$$
$$= 30\left(\frac{\sqrt{1-0.6^2}}{0.6} - \frac{\sqrt{1-0.9^2}}{0.9}\right) = 25.47\,[kVar]$$

19 출력 15 [kW], 역률 85 [%]인 3상 380 [V] 유도전동기가 연결된 회로를 역률 95 [%]로 개선시키기 위해 사용되는 콘덴서의 용량[μF]을 구하시오. (단, 전원의 주파수는 60 Hz이다)

풀이

1. 전력용 콘덴서의 용량[kVar]

$$Q_c = P(\tan\theta_1 - \tan\theta_2) = P\left(\frac{\sin\theta_1}{\cos\theta_1} - \frac{\sin\theta_2}{\cos\theta_2}\right)$$

$$= P\left(\sqrt{\frac{1}{\cos^2\theta_1} - 1} - \sqrt{\frac{1}{\cos^2\theta_2} - 1}\right)$$

$$= 15\left(\sqrt{\frac{1}{0.85^2} - 1} - \sqrt{\frac{1}{0.95^2} - 1}\right)$$

$$= 4.366\,[kVar]$$

2. 전력용 콘덴서의 용량[μF]

　1) 1상, 3상 Y결선

$$Q = 2\pi f C V^2 \times 10^{-9}\,[kVar] \to C = \frac{Q}{2\pi f V^2} \times 10^9$$

$$C = \frac{4.366}{2 \times 3.14 \times 60 \times 380^2} \times 10^9 = 80.24\,[\mu F]$$

　2) 3상 △결선

$$Q = 6\pi f C V^2 \times 10^{-9}\,[kVar] \to C = \frac{Q}{6\pi f V^2} \times 10^9$$

$$C = \frac{4.366}{6 \times 3.14 \times 60 \times 380^2} \times 10^9 = 26.75\,[\mu F]$$

| 20 | 특정소방대상물에 소방시설 설치 및 관리에 관한 법률과 국가화재안전기준을 적용하여 아래 표와 같이 구획된 3개의 실에 단독경보형감지기를 설치하고자 한다. 각 실에 필요한 최소설치수량과 그 근거를 쓰시오. [관 11회] |

[구획된 각 실의 바닥면적]

실	A실	B실	C실
바닥면적[m²]	28	150	350

풀이

1. 단독경보형감지기의 설치기준

   1) 각 실(이웃하는 실내의 바닥면적이 각각 30 m² 미만이고 벽체의 상부의 전부 또는 일부가 개방되어 이웃하는 실내와 공기가 상호 유통되는 경우에는 이를 1개의 실로 본다)마다 설치하되, 바닥면적이 150 m²를 초과하는 경우에는 150 m²마다 1개 이상 설치할 것
   2) 계단실은 최상층의 계단실 천장(외기가 상통하는 계단실의 경우를 제외한다)에 설치할 것
   3) 건전지를 주전원으로 사용하는 단독경보형감지기는 정상적인 작동상태를 유지할 수 있도록 주기적으로 건전지를 교환할 것
   4) 상용전원을 주전원으로 사용하는 단독경보형감지기의 2차전지는 법 제40조에 따라 제품검사에 합격한 것을 사용할 것

2. 단독경보형감지기의 설치개수

구분	바닥면적[m²]	개수산정	
A실	28 [m²]	$A실 = \dfrac{28[m^2]}{150[m^2]/개} = 0.186$	∴ 1개
B실	150 [m²]	$B실 = \dfrac{150[m^2]}{150[m^2]/개} = 1$	∴ 1개
C실	350 [m²]	$C실 = \dfrac{350[m^2]}{150[m^2]/개} = 2.33$	∴ 3개

21 소화설비에 적용되는 권선형 유도 전동기가 3상 평형 부하로서 다음과 같이 Y-Y 결선이 된 경우 피상전력, 역률, 유효전력 및 무효전력을 계산하시오. (단, 상전압 크기는 200 V 전동기 임피던스는 $Z = 8 + j6\ \Omega$이다) [술 90회]

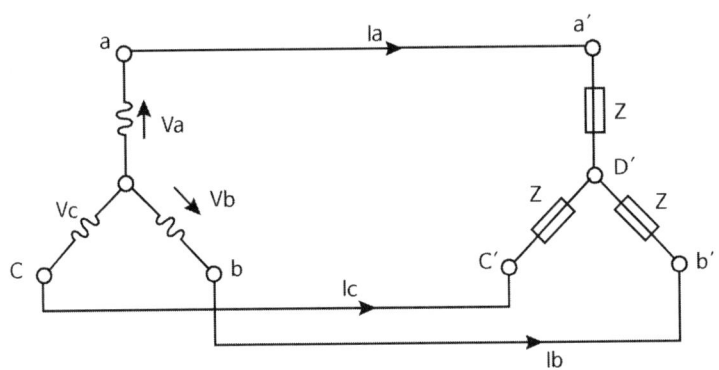

풀이

1. 상전압, 상전류에 의한 계산

   1) 임피던스 $Z = \sqrt{R^2 + X^2} = \sqrt{8^2 + 6^2} = 10\,[\Omega]$

   2) 상전류 $I_P = \dfrac{V_P}{|Z|} = \dfrac{200}{10} = 20\,[A]$

   (1) 역률
   $$\cos\theta = \dfrac{R}{Z} = \dfrac{R}{\sqrt{R^2 + X^2}} = \dfrac{8}{\sqrt{8^2 + 6^2}} = 0.8$$

   (2) 유효전력
   $$P = 3\,V_P\,I_P\cos\theta = 3 \times 200 \times 20 \times 0.8 = 9600 = 9.6\,[kW]$$

   (3) 무효전력
   $$\sin\theta = 0.6\,(\cos\theta = 0.8)$$
   $$P_r = 3\,V_P\,I_P\sin\theta = 3 \times 200 \times 20 \times 0.6 = 7200 = 7.2\,[kVar]$$

   (4) 피상전력
   $$P_a = \sqrt{P^2 + P_r^2} = \sqrt{9.6^2 + 7.2^2} = 12\,[kVA]$$

2. 선간전압, 선간전류에 의한 계산

   1) 임피던스 $Z = \sqrt{R^2 + X^2} = \sqrt{8^2 + 6^2} = 10\,[\Omega]$

   2) 선간전압 $V_l = \sqrt{3}\,V_P = \sqrt{3} \times 200 ≒ 346.41\,[V]$

3) 선간전류(= 상전류) $I_l = \dfrac{V_P}{|Z|} = \dfrac{200}{10} = 20\,[A]$

   (1) 역률
   $$\cos\theta = \dfrac{R}{Z} = \dfrac{R}{\sqrt{R^2 + X^2}} = \dfrac{8}{\sqrt{8^2 + 6^2}} = 0.8$$

   (2) 유효전력
   $$P = \sqrt{3}\,V_l I_l \cos\theta = \sqrt{3} \times 346.41 \times 20 \times 0.8 \fallingdotseq 9599.99 = 9.6\,[kW]$$

   (3) 무효전력
   $$\sin\theta = 0.6\,(\cos\theta = 0.8)$$
   $$P_r = \sqrt{3}\,V_l I_l \sin\theta = \sqrt{3} \times 346.41 \times 20 \times 0.6 \fallingdotseq 7199.99 = 7.2\,[kVar]$$

   (4) 피상전력
   $$P_a = \sqrt{P^2 + P_r^2} = \sqrt{9.6^2 + 7.2^2} = 12\,[kVA]$$

22

시각경보기(소비전류 200 mA) 5개를 수신기로부터 각각 50 [m] 간격으로 직렬로 설치 시 마지막 시각경보기에 공급되는 전압을 구하시오. (단, 전선 굵기는 2.0 mm², 전압은 DC 24 V이다) [술 81회]

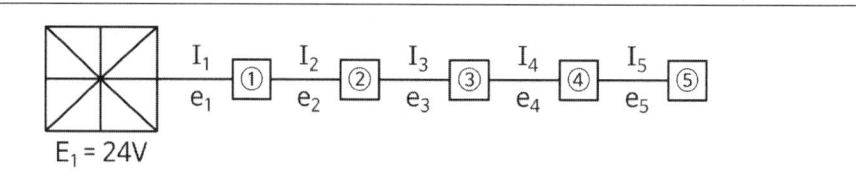

풀이

1. 전압강하 계산식

$$e = \frac{35.6LI}{1000A}$$

2. 각 선로에 흐르는 전류

$I_1 = 200 \times 5 = 1000 [mA]$

$I_2 = 200 \times 4 = 800 [mA]$

$I_3 = 200 \times 3 = 600 [mA]$

$I_4 = 200 \times 2 = 400 [mA]$

$I_5 = 200 \times 1 = 200 [mA]$

3. 전압강하 계산

① $e_1 = \dfrac{35.6 \times 50 \times 1}{1000 \times 2} = 0.89 [V]$

② $e_2 = \dfrac{35.6 \times 50 \times 0.8}{1000 \times 2} = 0.712 [V]$

③ $e_3 = \dfrac{35.6 \times 50 \times 0.6}{1000 \times 2} = 0.534 [V]$

④ $e_4 = \dfrac{35.6 \times 50 \times 0.4}{1000 \times 2} = 0.356 [V]$

⑤ $e_5 = \dfrac{35.6 \times 50 \times 0.2}{1000 \times 2} = 0.178 [V]$

∴ $e = e_1 + e_2 + e_3 + e_4 + e_5 = 2.67 [V]$

4. 마지막 시각경보기의 공급 전압 : 24 - 2.67 = 21.33 [V]

23

수신기 소비전류 200 [mA]인 시각경보 장치를 그림과 같이 배치 시 허용전압 강하 적합 여부를 판단하시오. (단, 수신기 정격전압은 DC 24 V이며 전선 단면적[2mm²]이며, 접속저항 등 기타 조건은 무시한다) [술 94회]

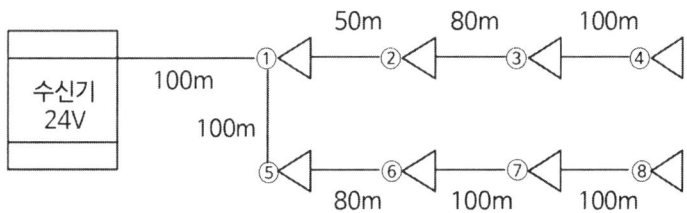

풀이

1. 전압강하 공식

$$e = \frac{35.6\,LI}{1000\,A}$$

2. 계산

구간	전압강하식	전압강하[V]
수신기~①	$e_1 = \dfrac{35.6 \times 100 \times (0.2 \times 8)}{1000 \times 2}$	2.848
①~②	$e_2 = \dfrac{35.6 \times 50 \times (0.2 \times 3)}{1000 \times 2}$	0.534
②~③	$e_3 = \dfrac{35.6 \times 80 \times (0.2 \times 2)}{1000 \times 2}$	0.5696
③~④	$e_4 = \dfrac{35.6 \times 100 \times (0.2 \times 1)}{1000 \times 2}$	0.356
①~⑤	$e_5 = \dfrac{35.6 \times 100 \times (0.2 \times 4)}{1000 \times 2}$	1.424
⑤~⑥	$e_6 = \dfrac{35.6 \times 80 \times (0.2 \times 3)}{1000 \times 2}$	0.8544
⑥~⑦	$e_7 = \dfrac{35.6 \times 100 \times (0.2 \times 2)}{1000 \times 2}$	0.712
⑦~⑧	$e_8 = \dfrac{35.6 \times 100 \times (0.2 \times 1)}{1000 \times 2}$	0.356
합계		7.654

3. 적합 여부 판단

　① 정격전압의 80 [%] 이상인 19.2 [V] 이상 요구됨

　② 계산결과 : 24 [V] - 7.654 [V] = 16.346 [V]

　③ 따라서 적합하지 않음

24 국가화재안전기준 및 다음 조건에 따라 각 물음에 답하시오. [관 19회]

조건

- 지하주차장은 3개 층이며, 각층의 바닥면적은 60 [m] × 60 [m], 층고는 4.5 [m]
- 주차장의 준비작동식스프링클러설비 감지기는 교차회로방식으로 자동화재탐지설비와 겸용
- 지하 3층 주차장 : 기계실 450 [m^2], 전기실·발전기실 250 [m^2]
- 지하 3층 기계실은 습식스프링클러설비를 적용
- 주요구조부는 내화구조
- 주어진 조건 외에는 고려하지 않는다.

1) 지하주차장 및 기계실에 차동식스포트형 감지기(2종)를 적용할 경우 총 설치수량을 구하시오.
   (단, 층별 하나의 방호구역 바닥면적은 최대로 적용)
2) 스프링클러설비 유수검지장치의 종류별 설치수량

풀이

1. 지하주차장 및 기계실에 차동식스포트형 감지기(2종)를 적용할 경우 총 설치수량을 구하시오.
   (단, 층별 하나의 방호구역 바닥면적은 최대로 적용)
   1) 차동식 스포트형 감지기의 감지면적[m^2]

부착높이 및 소방대상물의 구분		차동식 스포트형		보상식 스포트형		정온식 스포트형		
		1종	2종	1종	2종	특종	1종	2종
4 [m] 이상 8 [m] 미만	내화구조	45	35	45	35	35	30	-
	기타구조	30	25	30	25	25	15	-

   2) 지하주차장의 감지기 개수산출

구분	산출근거	
지하 1층 ~ 지하 2층	① 60 × 60 = 3,600 [m^2] ② 3,000 [m^2](최대면적) + 600 [m^2]	① $\dfrac{3,000 [m^2]}{35 [m^2]/개} = 85.71$ ∴ 86개 ② $\dfrac{600 [m^2]}{35 [m^2]/개} = 17.14$ ∴ 18개 ∴ 86 + 18 = 104개
	2개 층 × 104개 감지기 × 2(교차회로) = 416개	
지하 3층 (주차장)	3,600 [m^2] - 450 [m^2] - 250 [m^2] = 2,900 [m^2]	$\dfrac{2,900 [m^2]}{35 [m^2]/개} = 82.85$ ∴ 83개
	1개 층 × 83개 감지기 × 2(교차회로) = 166개	

3) 기계실의 감지기 개수산출

$$\text{감지기 개수} = \frac{450[m^2]}{35[m^2]/개} = 12.85 \qquad \therefore 13개$$

4) 전체 감지기의 개수 = 416 + 166 + 13 = 595   ∴ 595개

2. 스프링클러설비 유수검지장치의 종류별 설치수량

1) 방호구역의 설치기준

   1개 방호구역 : 3,000 [m²] 이하

2) 지하주차장의 유수검지장치

구분	산출근거	
B1F ~ B2F	60 × 60 = 3,600 [m²]	$\frac{3,600[m^2]}{3,000[m^2]/개} = 1.2$ ∴ 2개 × 2개 층 = 4개
	준비작동식 또는 건식유수검지장치	
B3F (주차장)	3,600 [m²] - 450 [m²] - 250 [m²] = 2,900 [m²]	$\frac{2,900[m^2]}{3,000[m^2]/개} = 0.96$ ∴ 1개
	준비작동식 또는 건식유수검지장치	

3) 기계실의 유수검지장치 수

$$\text{유수검지장치의 수} = \frac{450[m^2]}{3,000[m^2]/개} = 0.15$$

∴ 1개(습식 유수검지장치)

25 층수가 21층인 판상형 아파트로 층당 바닥면적은 1,500 [m²]이며 특별피난계단이 3개 설치되어 있다. 다음 물음에 답하시오. (단, 수평거리에 따른 설치는 무시하며 전선관은 수직으로 설치되어 있다)

1) 비상콘센트함의 개수를 구하시오.
2) 비상콘센트설비의 최소 회로수를 구하시오.
3) 비상콘센트 사용전압이 단상 220 [V]일 때 1개 회로의 피상허용전류[A]를 계산하시오. (역률은 90 %)

풀 이

1. 비상콘센트함의 개수

   1) 비상콘센트함의 설치대상

      ⑴ 층수가 11층 이상은 11층 이상의 층
      ⑵ 지하층의 층수가 3층 이상이고, 지하층의 바닥면적의 합계가 1천 [m²] 이상은 지하층의 모든 층
      ⑶ 비상콘센트함의 개수 = 11개(11 ~ 21층) × 1개 계단 = 11   ∴ 11개

2. 비상콘센트설비의 최소 회로수

   1) 비상콘센트의 회로 설치기준

      ⑴ 전원회로는 각층에 2 이상. 단, 비상 콘센트가 1개일 경우 하나의 회로
      ⑵ 1 전용회로 설치개수 : 10개 이하

   2) 회로수 = $\dfrac{\text{비상콘센트 설치개수}}{10\text{개/회로}} = \dfrac{11\text{개}(11\text{층}\sim 21\text{층})}{10\text{개/회로}} = 1.1$ ∴ 2개 회로

3. 단상 220 [V]일 때 1개회로의 피상허용전류[A]

   1) 교류전력의 종류

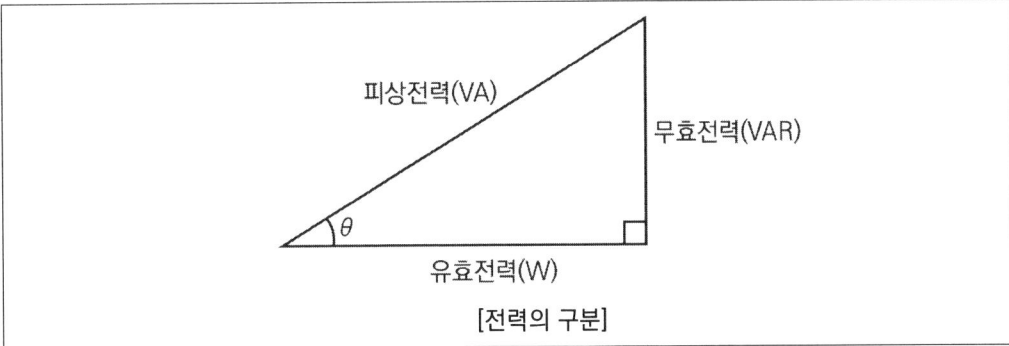

[전력의 구분]

      ⑴ 피상전력[VA] : 전원에서 공급되는 전력[VI]
      ⑵ 유효전력[W] : 전원에서 부하로 실제 소비되는 전력[$VI\cos\theta$]
      ⑶ 무효전력[VAR] : 실제 일을 수행하는데, 소요되지 않는 전력[$VI\sin\theta$]

2) 피상허용전류[A]의 계산

   (1) 전력의 계산식

   $$P = V \times I \rightarrow I = \frac{P}{V}$$

   P : 피상전력[VA]
   V : 전압[V]
   I : 전류[A]

   (2) 비상콘센트의 전원용량 기준

   단상교류 220 [V], 공급용량은 1.5 [kVA] 이상(3개 이상인 경우 3개)

   (3) 피상허용전류[A] $= \dfrac{(1.5 \times 10^3 \times 3)[VA]}{220[V]} = 20.454$

   ∴ 20.45 [A]

26 특정소방대상물에 설치된 비상콘센트설비에 소방용장비 용량이 3 [kW], 역률이 65 [%]인 장비를 비상콘센트에 접속하여 사용하고자 한다. 층수가 25층인 특정소방대상물의 각 층 층고는 4 [m]이며, 비상콘센트(비상콘센트용 풀박스)는 화재안전기준에서 허용하는 가장 낮은 위치에 설치하고, 1층의 비상콘센트용 풀 박스로부터 수전설비까지의 거리가 100 [m]일 경우 전선의 단면적[mm²]을 계산하시오. (다만 전압강하는 정격전압의 10 %로 하고, 최상층 기준으로 한다) [관 17회]

풀이

1. 전압강하[V]와 전선의 굵기[mm²] 계산

$$전압강하\ e = \frac{35.6 \times I \times L}{1,000\,A}$$

$$A[mm^2] = \frac{35.6 \times I \times L}{1,000 \times e}$$

e : 전압강하[V]
I : 전류[A]
L : 전선의 길이[m]
A : 전선의 단면적[mm²]

2. 선로의 길이[m] = 4 [m] × 24층 + 100 [m] = 196   ∴ 196 [m]

3. 전압강하[e] = 220 [V] × 10 [%] = 22   ∴ 22 [V]

4. 비상콘센트의 부하전류[A]

$P = VI\cos\theta$ → $I = \dfrac{3,000\,[W]}{220\,[V] \times 0.65} = 20.979$ ∴ 20.98 [A]

5. 전선의 단면적[mm²] $= \dfrac{35.6 \times L \times I}{1,000 \times e} = \dfrac{35.6 \times 196\,[m] \times 20.98\,[A]}{1,000 \times 22\,[V]} = 6.65$ ∴ 6.65 [mm²]

27 조건과 같은 비상콘센트설비(A, B, C, D)의 각 부분(①, ②, ③, ④) 전선의 굵기를 산정하시오. [술 108회]

조건

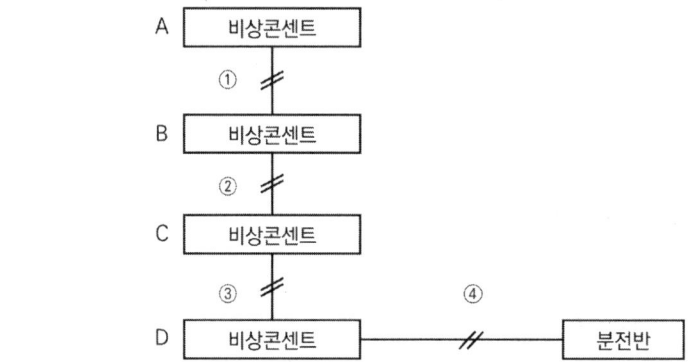

배선 ①, ②, ③의 길이는 각각 3 [m], ④는 100 [m]이며, 비상콘센트 A, B, C, D의 부하는 각각 1.5 [kVA]으로 단상 220 [V] 2가닥(접지선 제외)의 절연전선(HFIX)을 사용, 전압강하는 5 [%]. 전선의 최소 굵기는 HFIX 2.5 [mm²]. 다음은 HFIX전선의 허용전류표이다.

전선굵기[mm²]	2.5	4	6	10	16	25	35	50	70
허용전류[A]	26	35	45	61	81	106	131	158	200

풀이

1. 전압강하[V]와 전선의 굵기[mm²] 계산식

$$A(mm^2) = \frac{35.6LI}{1,000 \times e}$$

e : 전압강하[V]
I : 전류[A]
L : 전선의 길이[m]
A : 전선의 단면적[mm²]

2. 비상콘센트의 부하전류(역률 조건은 없음)

$P = VI\cos\theta$ 에서 → $I = \dfrac{1.5 \times 10^3 [VA]}{220[V]} = 6.82$ ∴ 6.82 [A]

3. 각 선로에 흐르는 전류 계산

 1) I_1 = 6.82 [A] × 1개 = 6.82   ∴ 6.82 [A]
 2) I_2 = 6.82 [A] × 2개 = 13.64   ∴ 13.64 [A]
 3) I_3 = 6.82 [A] × 3개 = 20.46   ∴ 20.46 [A]
 4) I_4 = 6.82 [A] × 4개 = 27.28   ∴ 27.28 [A]

4. 각 구간별 전선의 굵기 계산[mm²]

구분	계산	전선굵기[mm²]
① 구간	$A = \dfrac{35.6 \times 3[m] \times 6.82[A]}{1{,}000 \times 11[V]} = 0.0662$	2.5 [mm²]
② 구간	$A = \dfrac{35.6 \times 3[m] \times 13.64[A]}{1{,}000 \times 11[V]} = 0.1324$	2.5 [mm²]
③ 구간	$A = \dfrac{35.6 \times 3[m] \times 20.46[A]}{1{,}000 \times 11[V]} = 0.1986$	2.5 [mm²]
④ 구간	$A = \dfrac{35.6 \times 100[m] \times 27.28[A]}{1{,}000 \times 11[V]} = 8.8288$	10 [mm²]

28 수신기로부터 소비전류 250 [mA]인 시각경보장치 4개를 아래 그림과 같이 60 [m]마다 직렬로 설치하였을 때 마지막 시각경보장치에 공급되는 전압[V]을 계산하시오. (단, 선로의 전선굵기는 2.0 mm², 수신기의 출력전압은 DC 24 V, 각 시각경보장치는 동시에 동작하며 기타 조건은 무시) [관 13회]

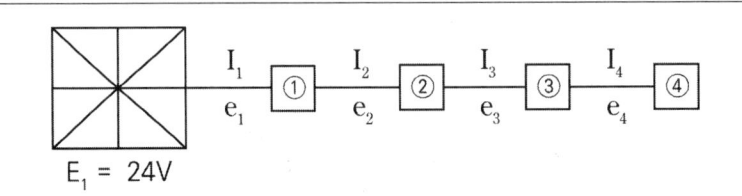

풀 이

1. 전압강하식

$$e = \frac{35.6LI}{1000A}\,[V]$$

2. 전류 $I_1 \sim I_4$ 계산

　1) $I_1 = 250 \times 4 = 1000\,[mA]$
　2) $I_2 = 250 \times 3 = 750\,[mA]$
　3) $I_3 = 250 \times 2 = 500\,[mA]$
　4) $I_4 = 250 \times 1 = 250\,[mA]$

3. 전압강하 계산

　1) $e_1 = \dfrac{35.6 \times 60 \times 1}{1000 \times 2} = 1.068\,[V]$
　2) $e_2 = \dfrac{35.6 \times 60 \times 0.75}{1000 \times 2} = 0.801\,[V]$
　3) $e_3 = \dfrac{35.6 \times 60 \times 0.5}{1000 \times 2} = 0.534\,[V]$
　4) $e_4 = \dfrac{35.6 \times 60 \times 0.25}{1000 \times 2} = 0.267\,[V]$
　5) 전체 선로에서 발생하는 총 전압강하
　　$e = e_1 + e_2 + e_3 + e_4\,[V]$
　　$e = 1.068 + 0.801 + 0.534 + 0.267 = 2.67\,[V]$

4. 마지막 시각경보기에 공급되는 전압

　$E_2 = 24 - 2.67 = 21.33\,[V]$

29	아래의 자동화재탐지설비가 설치될 때 화재수신기의 배터리용량을 국가화재안전기준과 NFPA 72 기준으로 계산하시오. (단, 국가화재안전기준과 관련하여 국내방식으로 계산 시에는 보수율 0.8, 용량환산계수는 1.22로 한다)

기기	수량[EA]	개당 감시전류[A]	개당 경보전류[A]
화재수신기	1	0.12	1.5
광전식 감지기	42	0.0005	0.001
이온화식 감지기	16	0.0005	0.001
시각경보기	32	-	0.095
사이렌	6	-	0.072
릴레이	4	0.007	-

풀이

1. 개념

   1) NFSC : 60분 감시, 10분 경보(0.167 시간)

   2) NFPA : 24시간 감시, 5분 경보(0.083 시간)

2. 전류 용량 산정

   1) 감시전류 : 기기별 감시전류 총합 0.177 [A]

기기	수량[EA]	개당 감시전류[A]	계산 결과[A]
화재수신기	1	0.12	0.12
광전식 감지기	42	0.0005	0.021
이온화식 감지기	16	0.0005	0.008
시각경보기	32	-	-
사이렌	6	-	-
릴레이	4	0.007	0.028
합계	-	-	0.177

2) 경보전류 : 기기별 경보전류 총합 5.03 [A]

기기	수량[EA]	개당 경보전류[A]	계산 결과[A]
화재수신기	1	1.5	1.5
광전식 감지기	42	0.001	0.042
이온화식 감지기	16	0.001	0.016
시각경보기	32	0.095	3.04
사이렌	6	0.072	0.432
릴레이	4	-	-
합계	-	-	5.03

3. 축전지 용량 계산

   1) NFPA 72 기준에 의한 계산

   ⑴ 기준 : 24시간 감시, 5분 경보

   ⑵ 계산

   C = [(24 × 0.177) + (0.083 × 5.03)] × 1.2 ≒ 5.6 [Ah]   (1.2 : 안전율)

   2) NFSC 기준에 의한 계산

   ⑴ 화재안전기준에는 축전지 용량에 대한 계산식이 없으므로 통상적인 방법으로 계산

   NFSC : 60분 감시, 10분 경보

   ⑵ 조건

   보수율 0.8, 용량환산계수 1.22

   ⑶ 계산

   $$C = \frac{1}{L}[K_1 I_1 + K_2(I_2 - I_1)]$$

   $$= \frac{1}{0.8}[(1.22 \times 0.177) + 1.22(5.03 - 0.177)] = 7.67[Ah]$$

30 도로터널의 화재안전기준(NFSC 603)을 적용하여 다음 물음에 답하시오. [관 12회]

조건

① 도로터널의 길이는 2,500 [m]
② 편도 4차선으로 일방향 터널
③ 전원은 3상 380 [V] 역률은 80 [%]
④ 펌프의 전양정은 45 [m], 펌프의 효율 70 [%], 전달계수는 1.1

1) 터널에 설치하는 옥내소화전에서 방수구의 최소 설치수량 및 수원량[m³]을 계산하시오.
2) 터널 내 설치하는 옥내소화전설비 및 연결송수관설비의 방수압력[MPa] 및 방수량[ℓ/min]기준을 쓰시오.
3) 옥내소화전설비의 전동기 동력[kW]을 계산하시오.
4) 전동기의 역률을 90 [%]로 개선하기 위한 전력용 콘덴서의 용량[kVA]을 구하시오.
5) 터널 내 길이방향의 최소 경계구역의 수를 계산하시오.
6) 터널 내 비상콘센트의 설치기준을 쓰고, 최소 설치수량을 계산하시오.

풀이

1. 터널에 설치하는 옥내소화전에서 방수구의 최소 설치수량 및 수원량[m³]
    1) 옥내소화전의 방수구
        (1) 소화전함과 방수구는 주행차로 우측 측벽을 따라 50 [m] 이내의 간격 설치, 편도 2차선 이상의 양방향 터널이나 4차로 이상의 일방향 터널은 양쪽 측벽에 각각 50 [m] 이내의 간격으로 엇갈리게 설치
        (2) 방수구 수 = $\dfrac{2,500[m]}{25[m]/개} - 1 = 99$
            ∴ 99개
    2) 수원량[m³]의 산정기준
        (1) 옥내소화전 설치개수 2개(4차로 이상은 3개) 40분 이상
        (2) 가압송수장치는 옥내소화전 2개(4차로 이상은 3개)를 동시에 사용 시
            P : 0.35 [MPa] 이상, Q : 190 [ℓ/min] 이상
        (3) 수원량[ℓ/min] = 190 [ℓ/min] × 3개 × 40 [min] = 22,800 [ℓ]
            ∴ 22.8 [m³]

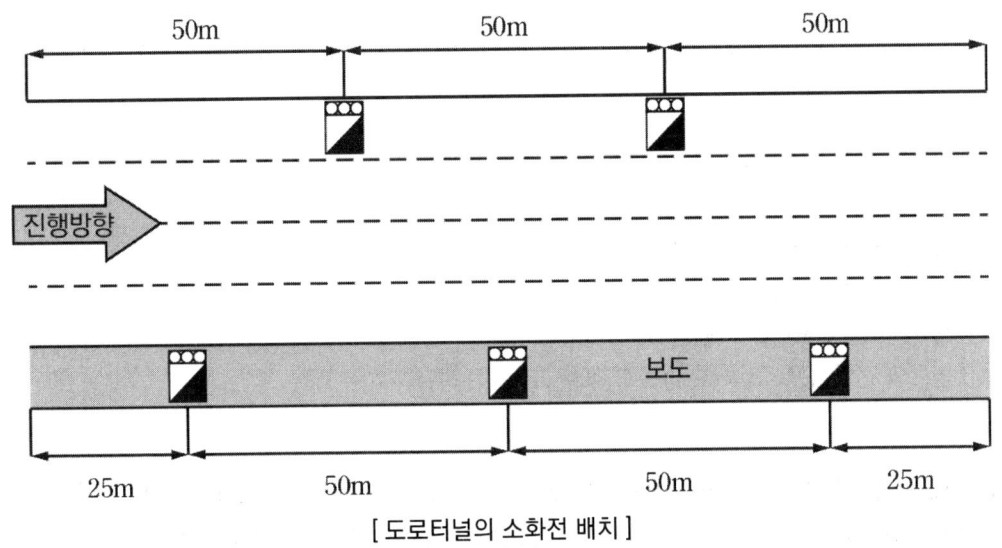

[도로터널의 소화전 배치]

2. 옥내소화전설비 및 연결송수관설비의 방수압력[MPa] 및 방수량[ℓ/min]기준

구분	설치기준
옥내소화전	P : 0.35 [MPa] 이상, Q : 190 [ℓ/min] 이상
연결송수관	P : 0.35 [MPa] 이상, Q : 400 [ℓ/min] 이상

3. 옥내소화전설비의 전동기 동력[kW]

  1) 전동기의 동력[kW]

$$P = \frac{\gamma \cdot Q \cdot H}{\eta} \times K$$

P : 전동기의 동력[kW]
Q : 유량[m³/s]
γ : 비중량[kN/m³]
H : 전양정[m]
η : 효율
K : 전동기의 전달계수

  2) 옥내소화전의 펌프 토출량[ℓ/min] = 190[ℓ/min] × 3개 = 570 [ℓ/min]

  3) 전동기의 동력[kW] = $\dfrac{9.8[kN/m^3] \times 45[m] \times 0.57[m^3/min]}{0.7 \times 60[s]} \times 1.1 = 6.58[kW]$

4. 역률을 90 [%]로 개선하기 위한 전력용 콘덴서의 용량[kVA]

   1) 콘덴서의 용량[kVA] 계산식

   $$Q_C = P(\tan\theta_1 - \tan\theta_2)$$
   $$= P\left(\frac{\sqrt{1-\cos\theta_1^2}}{\cos\theta_1} - \frac{\sqrt{1-\cos\theta_2^2}}{\cos\theta_2}\right)$$

   Q_C : 콘덴서의 용량[kVA]
   P : 유효전력[kW]
   $\cos\theta_1$: 개선 전 역률[%]
   $\cos\theta_2$: 개선 후 역률[%]

   2) 콘덴서의 용량[kVA] = $6.58[kW] \times \left(\dfrac{\sqrt{1-0.8^2}}{0.8} - \dfrac{\sqrt{1-0.9^2}}{0.9}\right) = 1.75\ [\text{kVA}]$

5. 터널 내 길이방향의 최소 경계구역의 수

   1) 도로터널의 경계구역 기준

   1 경계구역의 길이 : 100 [m] 이하

   2) 최소 경계구역 수 = $\dfrac{2,500[m]}{100[m]/경계구역}$ = 25경계구역

6. 터널 내 비상콘센트의 설치기준 및 설치수량

   1) 비상콘센트의 설치기준

   주행차로의 우측 측벽에 50 [m] 이내의 간격

   2) 비상콘센트의 수 = $\dfrac{2,500[m]}{50[m]/비상콘센트 수} - 1 = 49$개

PART 06

뇌풀림 소방기술사·관리사 수리계산 핸드북

위험물

01 이황화탄소 5 [kg]이 모두 증발할 때 발생하는 부피는 1기압, 50 [℃]에서 몇 [m³]인지 구하시오.

풀이

1. 이황화탄소

    1) 제4류 위험물 중 특수인화물
    2) 지정수량 : 50 [L]
    3) 위험등급 : I
    4) 분자량 = 12 × 1 + 32 × 2 = 76 [g/mol]

2. 이황화탄소 부피 계산

    1) 이상기체상태방정식

    $$PV = nRT \rightarrow V = \frac{nRT}{P}$$

    2) 계산

    (1) 이황화탄소 몰수 = 5,000 [g] / 76 [g] = 65.79 [mol]

    (2) 이황화탄소 부피

    $$V = \frac{nRT}{P} = \frac{65.79[mol] \times 0.082 \frac{atm\,L}{mol\,K} \times (50+273)[K]}{1[atm]} = 1,742.51\,L = 1.74\,[m^3]$$

02 이황화탄소 100 [kg]이 완전연소할 때 발생하는 이산화황의 체적[m^3]을 계산하시오. (단, 온도는 30 ℃이고, 압력은 800 mmHg이다)

풀이

1. 이황화탄소

   1) 분자량(CS_2)

   $(12 \times 1) + (32 \times 2) = 76$

   2) 이황화탄소의 완전연소 반응식

   $CS_2 + 3O_2 \rightarrow CO_2 + 2SO_2$

   3) 이산화황 몰 수

   76 [kg] : 2 [kmol] = 100 [kg] : x

   x = 2.63[kmol]

2. 이산화황 체적 계산

   1) 이상기체상태방정식

   $$PV = nRT \rightarrow V = \frac{nRT}{P}$$

   2) 계산

   $$V = \frac{nRT}{P} = \frac{2.63[kmol] \times 0.082\frac{atm\ L}{kmol\ K} \times (30+273)[K]}{1[atm] \times \frac{800[mmHg]}{760[mmHg]}} = 62.08\ [m^3]$$

03 위험물 탱크의 공간용적의 산정기준을 설명하고, 그림과 같은 탱크의 내용적 계산식을 쓰시오.
[술 94회]

1) 타원형 탱크의 내용적
2) 타원형 탱크의 내용적(한쪽은 볼록, 다른 한쪽은 오목한 것)
3) 원통형 탱크의 내용적(횡으로 설치한 것)
4) 원통형 탱크의 내용적(종으로 설치한 것)

풀이

1. 위험물 탱크의 공간용적의 산정기준
   1) 탱크의 용량 = 탱크의 내용적 - 공간용적
   2) 공간용적 산정기준
      (1) 소화설비가 없는 탱크
         내용적의 5/100 이상 10/100 이하
      (2) 단, 소화설비(소화약제 방출구를 탱크 안의 윗부분에 설치하는 것)를 설치하는 탱크의 공간용적은 당해 소화설비의 소화약제 방출구 아래의 0.3 [m] 이상 1 [m] 미만 사이의 면으로부터 윗부분의 용적으로 한다.

2. 위험물 탱크의 공간용적의 산정기준 [세부기준 별표1]
   1) 타원형 탱크의 내용적
      (1) 양쪽이 볼록한 것

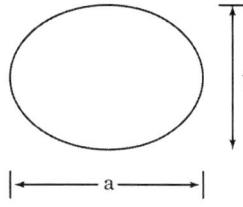 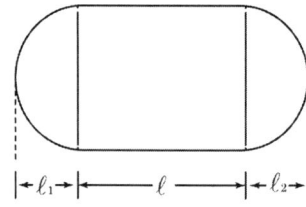

내용적 $= \dfrac{\pi ab}{4}\left(\ell + \dfrac{\ell_1 + \ell_2}{3}\right)$

   (2) 한 쪽은 볼록하고, 다른 한 쪽은 오목한 것

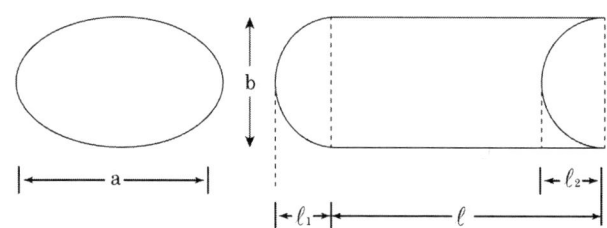

내용적 $= \dfrac{\pi ab}{4}\left(\ell + \dfrac{\ell_1 - \ell_2}{3}\right)$

2) 원통형 탱크의 내용적

(1) 횡으로 설치한 것

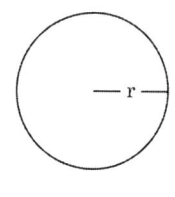 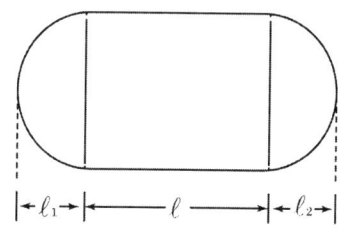

내용적
$$= \pi r^2 \left(\ell + \frac{\ell_1 + \ell_2}{3}\right)$$

(2) 종으로 설치한 것

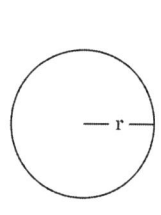 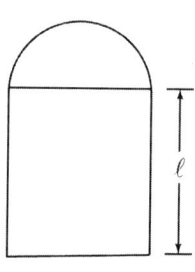

내용적
$$= \pi r^2 \ell$$

04 다음 그림을 보고 탱크의 내용적[m³]을 구하시오.

조건

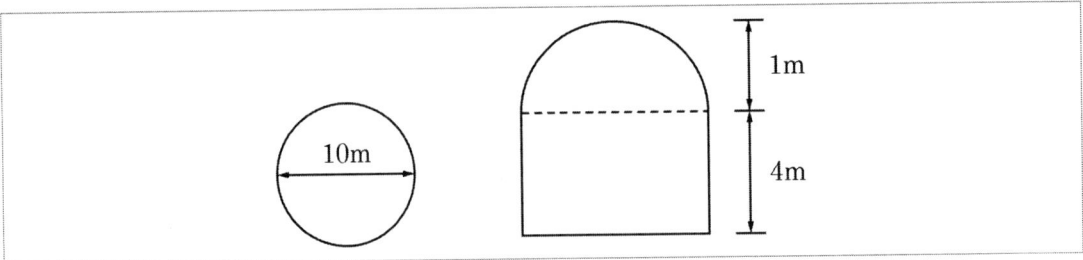

풀이

1. 관련 식

$$V = \pi r^2 l$$

V : 탱크의 내용적[m³]
r : 반지름[m]
l : 탱크 윗부분을 제외한 높이[m]

2. 내용적 계산

$$V = \pi r^2 l$$
$$= \pi \times 5^2 \times 4$$
$$= 314.16 [m^3]$$

05 글리세린 탱크의 내용적 90 [%] 충전 시 지정수량의 몇 배가 되는지 구하시오.

조건

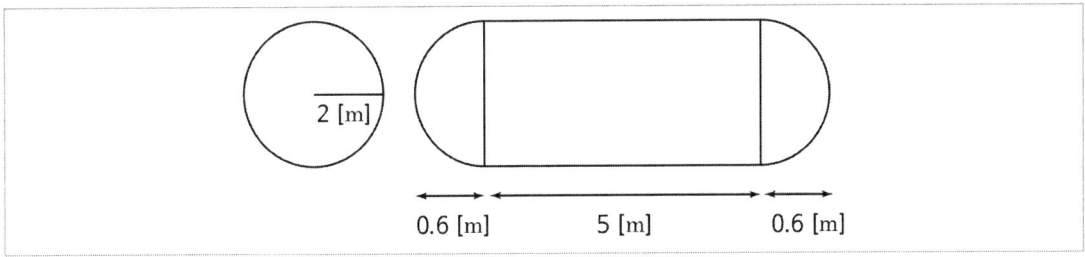

풀이

1. 글리세린
   1) 제4류 위험물의 제3석유류
   2) 수용성 액체
   3) 지정수량 : 4,000 [ℓ]

2. 관련 식
   1) 원통형 탱크의 횡형
   2) 계산식

   $$내용적 = \pi r^2 (l + \frac{l_1 + l_2}{3})$$

3. 계산
   1) 탱크의 내용적

   $$= \pi r^2 (l + \frac{l_1 + l_2}{3}) \times 0.9 = 3.14 \times 2^2 (5 + \frac{0.6 + 0.6}{3}) \times 0.9$$
   $$= 61.0416 [m^3] = 61041.6 [\ell]$$

   2) 지정수량의 배수 = $\frac{61041.6 \, [\ell]}{4000 \, [\ell]}$ = 15.26배

보충 제4류 위험물 : 인화성 액체

품명		등급	지정수량[ℓ]	종류
특수 인화물		I	50	**다**이에틸에터, **아**세트알데하이드, **산**화프로필렌, **이**황화탄소 암 다알산이
제1 석유류	비	II	200	**휘**발유, **벤**젠, **톨**루엔, **콜**로디온, **메**틸에틸케톤, **의**산**에**스터류(의산메틸, 의산에틸), **초**산**에**스터류(초산메틸, 초산에틸) 암 휘벤톨 콜메 의에초에
	수	II	400	**아**세톤, **피**리딘, **시**안화수소, **아**세토나이트릴 암 아피시토
알코올류		II	400	메틸, 에틸, 프로필(변성알코올 포함)
제2 석유류	비	III	1,000	**등**유, **경**유, 테레핀유, **큐**멘, **클**로로벤젠, **스**티렌, **벤즈알**데하이드 암 등경테큐 클스벤알
	수	III	2,000	**의**산(개미산, 포름산), **초**산, 아**크**릴산, **하**이드라진 암 의초크하
제3 석유류	비	III	2,000	**중**유, **크**레오소트유, **아**닐린, **나**이트로벤젠 암 중클아나
	수	III	4,000	**글**리세린, **에**틸렌글라이콜 암 글에
제4석유류		III	6,000	**기**어유, **실**린더유, **윤**활유 암 기실윤
동식물유류		III	10,000	**건**성유 : **들**기름, **아**마인유, **해**바라기유, **동**유, **정**어리유 암 건들아해동정 **반**건성유 : **콩**기름, **목**화씨유, **참**기름, **채**종유 암 반콩목참채 **불**건성유 : **올**리브유, **피**마자유, **야**자유, **동**백유 암 불올피야동

06 다음 탱크의 공간용적을 $\frac{7}{100}$로 할 경우 아래 그림에 나타낸 타원형 위험물 저장탱크의 용량을 구하시오.

조건

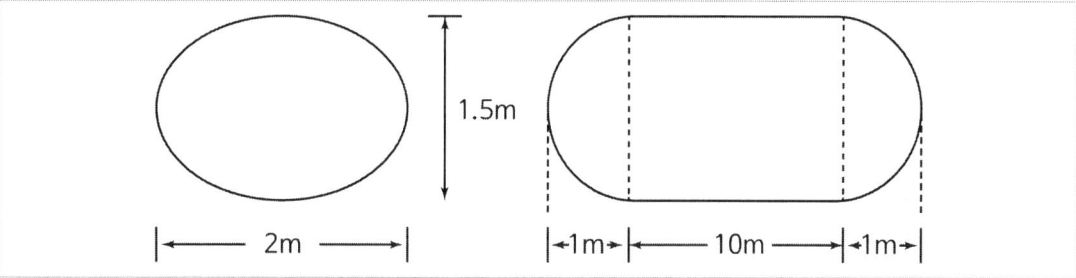

풀이

1. 관련 식

    1) 타원형 탱크로서 양쪽이 볼록한 것
    2) 관련 식

    $$\frac{\pi ab}{4}\left(l + \frac{l_1 + l_2}{3}\right)$$

2. 계산

    1) 탱크용량 = 내용적 − 공간용적
    2) 탱크 내용적

    $$= \frac{\pi ab}{4}\left(l + \frac{l_1 + l_2}{3}\right) = \frac{\pi \times 2 \times 1.5}{4}\left(10 + \frac{1+1}{3}\right) = 25.12\,[m^3]$$

    3) 탱크용량 = 25.12 [m³] − (25.12 × 0.07) [m³] = 23.36 [m³]

07 질산암모늄이 1몰이 분해할 때 반응식과 생성되는 물의 부피는 몇 [L]인지 계산하시오. (단, 온도와 압력은 300 ℃, 0.9 atm이다)

풀이

1. 질산암모늄(NH_4NO_3) 열분해 반응식

    $NH_4NO_3 \rightarrow N_2 + 2H_2O + 0.5O_2$

2. 몰수

    질산암모늄과 물은 1 : 2비율이므로 H_2O는 2 [mol] 생성

3. 물 부피 계산

    1) 이상기체상태방정식

        PV = nRT

    2) 계산

    $$V = \frac{nRT}{P} = \frac{2 \times 0.082 \frac{atm\ L}{mol\ K} \times (300+273)[K]}{0.9[atm]} = 104.41\ [L]$$

08

아래와 같은 위험물 옥외탱크 저장소에 포소화설비와 물분무소화설비를 설치하고자 한다. 다음 물음에 답하라. (단, 한 개 탱크의 화재경우를 기준으로 하고, 화재탱크 및 인접탱크도 탱크 측면 전체에 물분무 소화설비를 적용한다) [술 103회]

조건

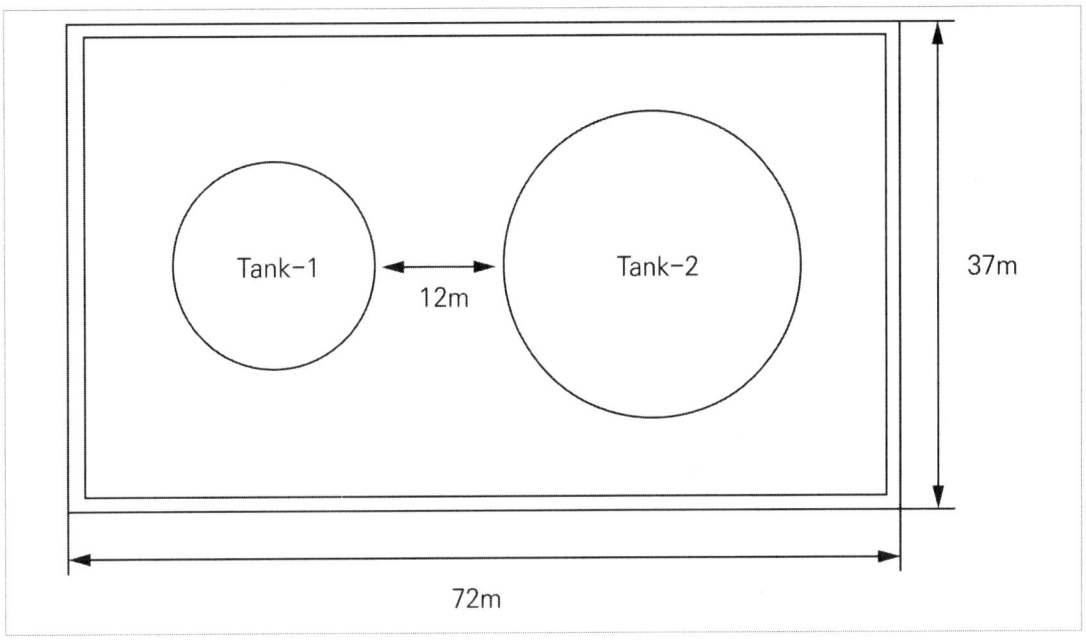

각 탱크의 사양은 다음과 같고, 탱크 본체에 보강링은 없으며, 부상지붕구조탱크 측판과 폼 댐(Foam Dam) 간격은 국내법상 최소거리를 적용한다.

항목	Tank-1	Tank-2
탱크형식/포방출구	고정지붕구조(CRT)/II형	부상지붕구조(FRT)/특형
저장 물질	제4류 2석유류(비수용성)	제4류 1석유류(비수용성)
탱크 규격	직경 20 [m] × 높이 15 [m]	직경 25 [m] × 높이 12 [m]
저장량/포농도	4,200 [m³] / 3 [%]	4,900 [m³] / 3 [%]

1) 각 탱크별 고정포방출구의 포수용액유량[L/min]
2) 보조포 소화전(최소수량 적용)의 포수용액유량[L/min]
3) 각 탱크별 물분무소화설비의 소화수 유량[L/min]
4) 전체 소화시스템에 요구되는 소화수 펌프의 유량[m³/hr]
5) 전체 소화시스템에 요구되는 소화수조의 저장용량[m³]

풀이

1. 각 탱크별 고정포방출구의 포수용액유량[L/min]

1) 포수용액량과 방출량

포방출구 종류 위험물 구분	Ⅰ형		Ⅱ형		특형		Ⅲ형		Ⅳ형	
	포수용액량 [l/m²]	방출률 [l/m²·min]	포수용액량 [l/m²]	방출률 [l/m²·min]	포수용액량 [l/m²]	방출률 [l/m²·min]	포수용액량 [l/m²]	방출률 [l/m²·min]	포수용액량 [l/m²]	방출률 [l/m²·min]
인화점 21[℃] 미만	120	4	220	4	240	8	220	4	220	4
인화점 21[℃] 이상 70[℃] 미만	80	4	120	4	160	8	120	4	120	4
인화점 70[℃] 이상	60	4	100	4	120	8	100	4	100	4

2) 각 탱크별 고정포방출구의 포수용액량[L/min]

   (1) 부상지붕구조탱크 측판과 폼 댐(Foam Dam) 간격은 국내법상 최소거리 적용

   (2) 최소거리 : 1.2 [m]

Tank-1	Tank-2
$Q = A \times Q_1$ $= \dfrac{\pi}{4} \times 20^2 \times 4 [l/\min \cdot m^2]$ $= 1256.64 [l/\min]$	$Q = A \times Q_2$ $= \dfrac{\pi}{4} \times (25^2 - 22.6^2) \times 8 [l/\min \cdot m^2]$ $= 717.79 [l/\min]$

2. 보조포 소화전의 포수용액유량[L/min] [세부기준 제133조]

1) 보조포소화전 상호 간의 보행거리 : 75 [m] 이하
2) 보조포소화전 호스 접속구 : 3개(3개 미만인 경우 그 개수)
3) 보조포소화전 최소 수량

   (1) 방유제 총 길이 = (72 × 2) + (37 × 2) = 218 [m]

   (2) 보조포소화전 최소 수량 = $\dfrac{218}{75}$ = 2.9 →3개

4) 계산

   $Q = 3개 \times 400 [\ell/\min] = 1200 [\ell/\min]$

3. 각 탱크별 물분무소화설비의 소화수 유량[L/min]

　1) 관련 식

　　⑴ $Q = 2\pi r \times 37[\ell/\min \cdot m] = \pi D \times 37[\ell/\min \cdot m]$

　　⑵ $2\pi r$: 원주 길이

　2) 계산

Tank-1	Tank-2
$Q = \pi D \times 37[\ell/\min \cdot m]$ 　$= \pi \times 20 \times 37[\ell/\min \cdot m]$ 　$= 2324.78[\ell/\min]$	$Q = \pi D \times 37[\ell/\min \cdot m]$ 　$= \pi \times 25 \times 37[\ell/\min \cdot m]$ 　$= 2905.97[\ell/\min]$

4. 전체 소화시스템에 요구되는 소화수 펌프의 유량[m³/hr]

　1) 고정포방출구의 포수용액 최대유량 + 보조포 소화전의 포수용액유량 + 물분무소화설비의 소화수 유량[L/min]

　2) 포혼합 방식은 일반적으로 사용하는 프레져프로포셔너 방식 적용

　3) $Q_T = 1256.64 + 1200 + (2324.78 + 2905.97) = 7687.39[\ell/\min]$
　　　$= 416.24[m^3/hr]$

5. 전체 소화시스템에 요구되는 소화수조의 저장용량[m³]

　1) 방사시간 적용

　　⑴ 고정포 방출구 : 30분

　　⑵ 보조포 소화전 : 20분

　　⑶ 물분무 : 20분

　2) 소화수조의 저장용량[m³]

구분	저장용량
고정포방출구	$1,256.64[\ell/\min] \times 0.97 \times 30[\min] = 36,568.22[\ell]$
보조포소화전	$1,200[\ell/\min] \times 0.97 \times 20[\min] = 23,280[\ell]$
물분무설비	$5,230.75L[ER/\min] \times 20[\min] = 104,615[\ell]$
합계	$36,568.22[\ell] + 23,280[\ell] + 104,615[\ell] = 164,463.22[\ell]$ ∴ 164.46 [m³]

09 방화상 유효한 담의 높이(h)를 구하여라. 조건은 다음과 같다.

조건

- 제조소와 인근 건축물과의 거리 : 20 [m]
- 제조소 외벽의 높이 : 10 [m]
- 인근 건축물 높이 : 30 [m]
- 제조소등과 방화상 유효한 담과의 거리 : 5 [m]
 (단, 인근 건축물은 방화구조이고, 제조소에 면한 부분의 개구부에 방화문은 미설치)

풀이

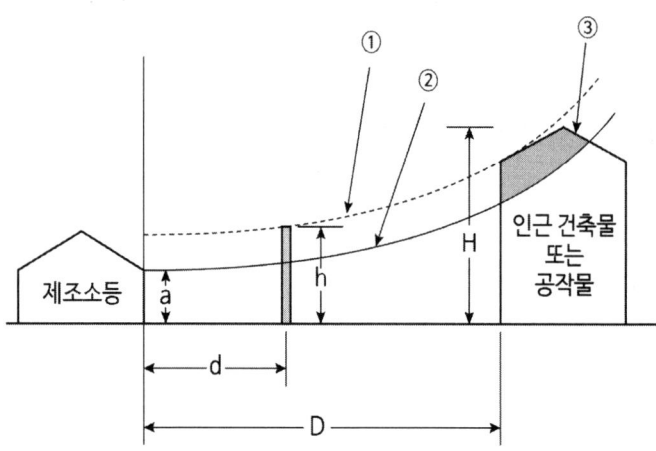

① 보정연소한계곡선
② 연소한계범위
③ 연소위험범위

D : 제조소 등과 인근 건축물 또는 공작물과의 거리[m]

d : 제조소 등과 방화상 유효한 담과의 거리[m]

H : 인근 건축물 또는 공작물 높이[m]

a : 제조소 등의 외벽의 높이[m]

h : 방화상 유효한 담의 높이[m]

p : 상수

$H \leq PD^2 + a$ 인 경우 $h = 2$ 이상

$H > PD^2 + a$ 인 경우 $h = H - P(D^2 - d^2)$ 이상

1. $H > pD^2 + a$인 경우 $h = H - p(D^2 - d^2)$

   $30 > (0.04 \times 20^2) + 10$

   $30 > 26$이므로

2. $h = H - P(D^2 - d^2)$

   $= 30 - 0.04(20^2 - 5^2)$

   $= 15$ 이상

3. 산출된 수치가 2 미만일 경우 : 2 [m]로, 4 이상일 경우 4 [m]로 하므로 ∴ 4 [m]

> 보충

인근 건축물 또는 공작물 구분	p의 값
1) 목조 2) 방화구조 또는 내화구조이고 60분+방화문·60분 방화문 또는 30분 방화문 미설치	0.04
1) 방화구조 2) 방화구조 또는 내화구조이고, 개구부에 30분 방화문 설치	0.15
내화구조이고, 개구부에 60분+방화문 또는 60분 방화문 설치	∞

| 10 | 다음 조건을 참조하여 방화상 유효한 담의 높이(h)를 구하여라. |

조건

- 제조소와 외벽의 높이 2 [m]
- 인근 건축물과의 거리 : 5 [m]
- 제조소등과 방화상 유효한 담과의 거리 : 2.5 [m]
- 인근 건축물의 높이 6 [m]
- 상수 0.15

풀이

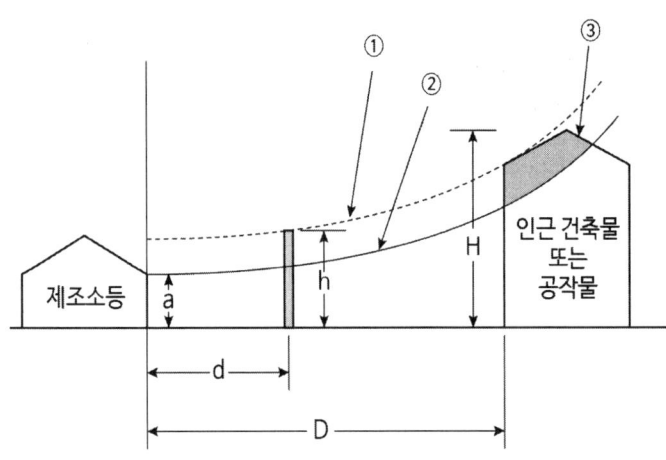

① 보정연소한계곡선
② 연소한계범위
③ 연소위험범위

D : 제조소 등과 인근 건축물 또는 공작물과의 거리[m]
d : 제조소 등과 방화상 유효한 담과의 거리[m]
H : 인근 건축물 또는 공작물 높이[m]
a : 제조소 등의 외벽의 높이[m]
h : 방화상 유효한 담의 높이[m]
p : 상수

$H \leq PD^2 + a$ 인 경우 $h = 2$ 이상

$H > PD^2 + a$ 인 경우 $h = H - P(D^2 - d^2)$ 이상

$PD^2 + a = 0.15 \times 5^2 + 2 = 5.75$

$H = 6 > 5.75$ 이므로

$h = H - P(D^2 - d^2) = 6 - 0.15(5^2 - 2.5^2) = 3.1875$ [m]

1. $H > pD^2 + a$인 경우 $h = H - p(D^2 - d^2)$
   $6 > (0.15 \times 5^2) + 2$
   $6 > 5.75$이므로
2. $h = H - P(D^2 - d^2)$
   $= 6 - 0.15(5^2 - 2.5^2)$
   $= 3.19 \, [m]$ $\qquad \qquad \therefore 3.19 \, [m]$

보충

인근 건축물 또는 공작물 구분	p의 값
1) 목조 2) 방화구조 또는 내화구조이고 60분+방화문·60분 방화문 또는 30분 방화문 미설치	0.04
1) 방화구조 2) 방화구조 또는 내화구조이고, 개구부에 30분 방화문 설치	0.15
내화구조이고, 개구부에 60분+방화문 또는 60분 방화문 설치	∞

11 조건과 같은 위험물 옥외저장탱크에 대한 포소화설비의 설계 시 다음 물음에 답하시오.

조건

① 탱크의 높이는 15 [m], 직경 35 [m]인 고정지붕구조의 휘발유 탱크
② 방출구는 Ⅱ형 고정포 방출구를 사용
③ 약제농도 6 [%]형 수성막포 사용
④ 보조포소화전은 5개가 설치되어 있다.
⑤ 설치된 송액관의 관경 및 길이는 150 [mm] / 100 [m], 125 [mm] / 80 [m], 100 [mm] / 70 [m], 65 [mm] / 50 [m]
⑥ 펌프의 효율 65 [%], 방사압은 0.35 [MPa]

1) 포소화약제의 저장량[m³]을 계산하시오.
2) 고정포방출구의 개수를 계산하시오.
3) 혼합장치의 방출량[m³/min]을 계산하시오.

풀이

1. 포소화약제 저장량[m³]

   1) 관계식

   > 포소화약제 저장량 = 고정포방출구 + 보조포소화전 + 송액관

   2) 비수용성 위험물 약제량 산정기준[위험물 세부기준]

포방출구 종류 / 위험물 구분	Ⅰ형 포수용액량 [l/m²]	Ⅰ형 방출률 [l/m²·min]	Ⅱ형 포수용액량 [l/m²]	Ⅱ형 방출률 [l/m²·min]	특형 포수용액량 [l/m²]	특형 방출률 [l/m²·min]	Ⅲ형 포수용액량 [l/m²]	Ⅲ형 방출률 [l/m²·min]	Ⅳ형 포수용액량 [l/m²]	Ⅳ형 방출률 [l/m²·min]
인화점 21 [℃] 미만	120	4	220	4	240	8	220	4	220	4
인화점 21 [℃] 이상 70 [℃] 미만	80	4	120	4	160	8	120	4	120	4
인화점 70 [℃] 이상	60	4	100	4	120	8	100	4	100	4

3) 보조포소화전 설치기준
   (1) 각각의 보조포소화전 상호간의 보행거리 : 75 [m] 이하
   (2) 보조포소화전은 3개(호스접속구가 3개 미만 시 그 개수) 적용
       노즐선단의 방사압력 : 0.35 [MPa] 이상
       방사량 : 400 [ℓ/min] 이상
4) 고정포방출구의 포소화약제 저장량[m³]
   (1) 관계식

   $$Q = A \times Q_1 \times T \times S$$

   Q : 포소화약제의 양[ℓ]
   A : 탱크의 액표면적[m²]
   Q_1 : 단위 포소화수용액의 양[ℓ/min·m²]
   T : 방출시간[min]
   S : 포소화약제의 사용농도[%]

   (2) 고정포소화약제의 저장량[m³]

   $$\frac{\pi \times (35[m])^2}{4} \times 4[\ell/min \cdot m^2] \times 55[min] \times 0.06 = 12,699.88 \qquad \therefore 12.7 \,[m^3]$$

5) 보조포소화전 약제량[m³]
   (1) 관계식

   $$Q = N \times S \times 8,000\ell$$

   Q : 보조포소화전의 약제량[ℓ]
   N : 호스 접결구수(3개 이상은 3개)
   S : 포소화약제의 농도[%]

   (2) 보조포소화전 저장량[m³] = 3개 × 8,000ℓ × 0.06 = 1,440[ℓ]   ∴ 1.44 [m³]

6) 송액관 보충량[m³][위험물 세부기준]
   (1) 관계식

   $$Q = V \times S$$

   Q : 송액관의 보충량[m³]
   V : 송액관의 체적[m³]
   S : 포소화약제의 농도[%]

   (2) 송액관 보충량[m³]

   $$\frac{\pi \times (0.15^2 \times 100 + 0.125^2 \times 80 + 0.100^2 \times 70 + 0.065^2 \times 50)}{4} \times 0.06 = 0.207$$

   ∴ 0.21 [m³]

7) 포소화약제 저장량[m³] = 12.7 + 1.44 + 0.21 = 14.35   ∴ 14.35 [m³]

2. 고정포방출구의 개수

1) 탱크 직경, 구조에 따른 포방출구의 종류 및 개수기준(위험물세부기준)

포방출구 종류 탱크직경	탱크의 구조 / 포방출구의 개수			
	고정지붕구조		부상덮개 부착고정 지붕구조	부상 지붕 구조
	I형 또는 II형	III형 또는 IV형	II형	특형
13 [m] 미만	2	1	2	2
13 [m] 이상 19 [m] 미만	2	1	3	3
19 [m] 이상 24 [m] 미만	2	1	4	4
24 [m] 이상 35 [m] 미만	2	2	5	5
35 [m] 이상 42 [m] 미만	**3**	**3**	**6**	**6**
42 [m] 이상 46 [m] 미만	4	4	7	7
46 [m] 이상 53 [m] 미만	6	6	8	8
53 [m] 이상 60 [m] 미만	8	8	10	10
60 [m] 이상 67 [m] 미만	왼쪽란에 해당하는 직경의 탱크에는 I형 또는 II형의 포방출구를 8개 설치하는 것 외에, 오른쪽란에 표시한 직경에 따른 포방출구의 수에서 8을 뺀 수의 III형 또는 IV형의 포방출구를 폭 30 [m]의 환상부분을 제외한 중심부의 액표면에 방출할 수 있도록 추가로 설치할 것	10	12	10
67 [m] 이상 73 [m] 미만		12	12	12
73 [m] 이상 79 [m] 미만		14	12	12
79 [m] 이상 85 [m] 미만		16	14	14
85 [m] 이상 90 [m] 미만		18	14	14
90 [m] 이상 95 [m] 미만		20	16	16
95 [m] 이상 99 [m] 미만		22	16	16
99 [m] 이상		24	18	18

㈜ 표에서 정한 개수[고정지붕구조 탱크 중 탱크직경이 24 [m] 미만인 것은 포방출구(III형 및 IV형 제외)의 개수에서 1을 뺀 개수]에 유효하게 방출할 수 있도록 설치할 것

2) II형 고정포 방출구의 개수 : 3개 설치

3. 혼합장치 방출량[m³/min]

1) 관계식

$$Q = A \times Q_1 + N \times 400$$

Q : 혼합장치 방출량[ℓ/min]
A : 탱크 액표면적[m²]
N : 호스 접결구수(3개 이상은 3개)

2) 방출량[m³/min] $= \dfrac{\pi \times (35[m])^2}{4} \times 4[\ell/\min \cdot m^2] + 3개 \times 400[\ell] = 5,048.45[\ell/\min]$

∴ 5.05 [m³/min]

12

조건과 같이 휘발유 저장탱크 1기와 원유 저장탱크 1기를 하나의 방유제에 설치하는 옥외탱크저장소에 관하여 다음 각 물음에 답하시오. (단, 포소화약제량 계산에는 포송액관의 부피는 고려하지 않으며, 방유지 용적계산에는 간막이둑 및 방유제 내의 배관체적은 무시)
[관 15회]

조 건

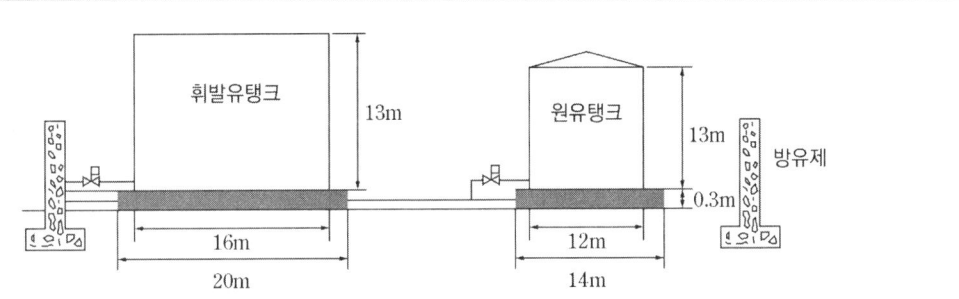

① 휘발유 저장탱크 : 최대저장량 1,900 [m³], 플루팅루프탱크(탱크 내 측면과 굽도리판 사이의 거리는 0.6 m), 특형 고정포방출구를 적용
② 원유 저장탱크 : 최대저장용량 1,000 [m³], 콘루프탱크, II형(인화점 70 ℃ 이상)
③ 포소화약제의 종류 : 수성막포 3 [%]
④ 보조포소화전 : 3개 설치
⑤ 방유제 면적 : 1,500 [m²]

1) 최소 포소화약제의 저장량[ℓ]을 계산하시오.
2) 방유제의 높이[m]를 계산하시오.

풀이

1. 최소 포소화약제의 저장량[ℓ]

  1) 포소화약제의 저장량[ℓ]

   포소화약제 저장량 = 고정포방출구 저장량 + 보조포소화전 저장량

2) 고정포방출구의 소화약제 저장량(ℓ)

$$Q = A \times Q_1 \times T \times S$$

Q : 고정포방출구의 약제량[ℓ]
A : 탱크의 액표면적[m^2]
Q_1 : 포소화약제 단위방출량[ℓ/min·m^2]
T : 포 방출시간[min]
S : 포소화약제의 사용농도[%]

3) 위험물안전관리에 관한 세부기준의 비수용성 위험물 약제량(비수용성) 산정기준

포방출구 종류 위험물 구분	I형		II형		특형		III형		IV형	
	포수용 액량 [l/m^2]	방출률 [l/m^2· min]	포수용 액량 [l/m^2]	방출률 [l/m^2· min]	포수용 액량 [l/m^2]	방출률 [l/m^2· min]	포수용 액량 [l/m^2]	방출률 [l/m^2· min]	포수용 액량 [l/m^2]	방출률 [l/m^2· min]
인화점 21 [℃] 미만	120	4	220	4	240	8	220	4	220	4
인화점 21 [℃] 이상 70 [℃] 미만	80	4	120	4	160	8	120	4	120	4
인화점 70 [℃] 이상	60	4	100	4	120	8	100	4	100	4

4) 고정포방출구의 소화약제 저장량[ℓ]

(1) 휘발유 저장량[ℓ] = $\dfrac{\pi \times (16^2 - 14.8^2)[m^2]}{4} \times 240[\ell/\min \cdot m^2] \times 0.03 = 209$ ∴ 209 [ℓ]

(2) 원유 저장량[ℓ] = $\dfrac{\pi \times (12[m])^2}{4} \times 100[\ell/\min \cdot m^2] \times 0.03 = 339.29$ ∴ 339.29 [ℓ]

(3) 소화약제량(최대량 적용) : 339.29 [ℓ]

5) 보조포소화전 소화약제 저장량[ℓ]

(1) 보조포소화전 소화약제 저장량[ℓ]

$$Q = N \times S \times 8,000\ell$$

Q : 보조포소화전의 약제량[ℓ]
N : 호스 접결구수(3개 이상은 3개)
S : 포소화약제의 농도[%]

(2) 보조포소화전의 약제 저장량[ℓ] = 3 × 8,000 [ℓ] × 0.03 = 720   ∴ 720 [ℓ]

6) 포소화약제의 저장량[ℓ] = 339.29 [ℓ] + 720 [ℓ] = 1,059.29   ∴ 1,059.29 [ℓ]

2. 방유제의 높이[m]

   1) 위험물안전관리에 관한 세부기준에서 옥외탱크저장소의 방유제 용량기준

      ⑴ 탱크가 하나일 때 : 탱크 용량의 110 [%] 이상

      ⑵ 탱크가 2기 이상일 때 : 최대용량의 110 [%] 이상

   2) 방유제 높이

      높이 0.5 [m] 이상 3 [m] 이하, 두께 0.2 [m] 이상 설치할 것

   3) 방유제 용량

      방유제의 용량 = 방유제 체적 - 방유제 높이의 작은 탱크 체적 - 저장탱크 기초 체적

   4) 방유제 내의 설계조건

구분	계 산
⑴ 방유제의 용량	$1,900[m^3] \times 1.1 = 2,090$ ∴ $2,090 \, [m^3]$
⑵ 휘발유 저장탱크 기초체적	$\dfrac{\pi \times (20[m])^2}{4} \times 0.3[m] = 94.247$ ∴ $94.247 \, [m^3]$
⑶ 원유 저장탱크 기초체적	$\dfrac{\pi \times (14[m])^2}{4} \times 0.3[m] = 46.181$ ∴ $46.181 \, [m^3]$
⑷ 방유제 높이에 따른 탱크체적	$\dfrac{\pi \times (12[m])^2}{4} \times (H - 0.3)[m]$

   5) 방유제의 높이[m]

   $$2,090[m^3] = 1,500[m^2] \times H - [\dfrac{\pi}{4} \times 12^2 \times (H - 0.3)][m^3] - (94.247 + 46.181)[m^3]$$

   ∴ H = 1.58 [m]

13 휘발유탱크 1기와 경유탱크 1기를 하나의 방유제에 설치하는 옥외탱크저장소에 대하여 각 물음에 답하시오. [술 95회]

조건

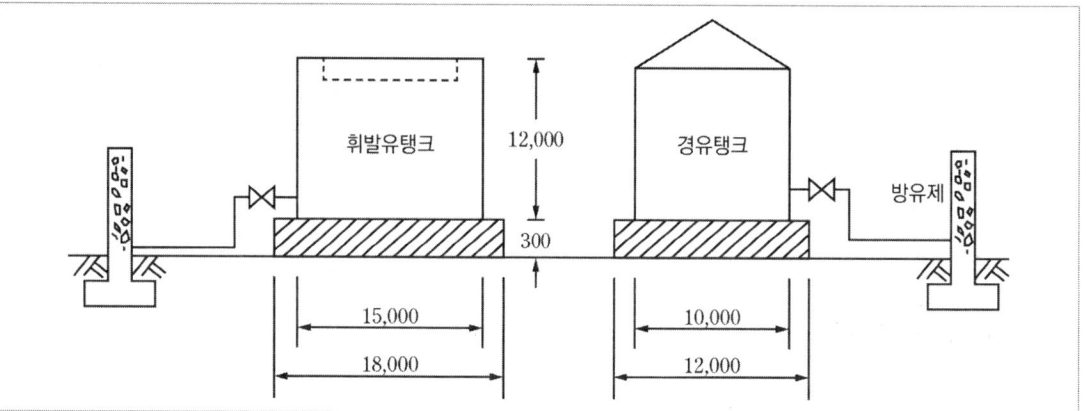

탱크용량 및 형태

① 휘발유탱크 : 2000 [m³], 플루팅루프탱크(탱크 내 측면과 굽도리판 사이의 거리는 0.6 m), 특형
② 경유탱크 : 900 [m³], 콘루프탱크, II형
 - 포소화약제 종류 : 수성막포 3 [%]
 - 보조포 소화전 : 3개 설치
 - 방유제 면적 : 1400 [m²]

비수용성 위험물	
경유	휘발유
II형(인화점 21 ~ 70 ℃ 미만)	특형(인화점 21 ℃ 미만)
포수용액량 120 [L/m²]	포수용액량 240 [L/m²]
방출량 4 [L/m²·min]	방출량 8 [L/m²·min]

(단, 포원액량 계산에는 포송액관의 부피는 고려하지 않으며, 방유제 용적 계산 시에는 간막이둑 및 방유제 내의 배관체적은 무시)

1) 포 원액 저장탱크의 용량[L]
2) 가압송수장치 펌프의 유량[LPM]
3) 소화설비의 수원[m³]
4) 방유제 높이[m]

풀이

1. 포 원액 저장탱크의 용량[L]

   1) 고정포 방출구에서 포 원액량(경유 탱크)

   $Q = \frac{\pi}{4} \times 10^2 \times 4[l/\min \cdot m^2] \times 30[\min] \times 0.03 = 282.75 ≒ 283[l]$ (최댓값 선정)

   2) 고정포 방출구에서 포 원액량(휘발유 탱크)

   $Q = \frac{\pi}{4} \times (15^2 - 13.8^2) \times 8[l/\min \cdot m^2] \times 30[\min] \times 0.03 = 195.43 ≒ 195[l]$

   3) 보조포 소화전에서 포 원액량

   $Q = 3개 \times 400[l/\min] \times 20[\min] \times 0.03 = 720l[]$

   ∴ 283 + 720 = 1,003 [ℓ]

2. 가압송수장치 펌프의 유량[LPM]

   1) 고정포 방출구에서 펌프 토출량(경유 탱크)

   $Q = \frac{\pi}{4} \times 10^2 \times 4[l/\min \cdot m^2] = 314.159 ≒ 314[l/\min]$ (최댓값 선정)

   2) 고정포 방출구에서 펌프 토출량(휘발유 탱크)

   $Q = \frac{\pi}{4} \times (15^2 - 13.8^2) \times 8[l/\min \cdot m^2] = 217.146 ≒ 217[l/\min]$

   3) 보조포 소화전에서 펌프 토출량

   $Q = 3개 \times 400[l/\min] = 1200[l/\min]$

   ∴ 314 + 1,200 = 1,514 [l/min]

3. 소화설비의 수원[m³]

   1) 고정포 방출구에서 수원의 양(경유 탱크)

   $Q = \frac{\pi}{4} \times 10^2 \times 4[l/\min \cdot m^2] \times 30[\min] \times 0.97 = 9,142.03 ≒ 9,142[l]$ (최댓값 선정)

   2) 고정포 방출구에서 수원의 양(휘발유 탱크)

   $Q = \frac{\pi}{4} \times (15^2 - 13.8^2) \times 8[l/\min \cdot m^2] \times 30[\min] \times 0.97 = 6,318.97 ≒ 6,319[l]$

   3) 보조포 소화전에서 포 원액량

   $Q = 3개 \times 400[l/\min] \times 20[\min] \times 0.97 = 23,280[l]$

   ∴ 9,142 + 23,280 = 32,422 [l] ≒ 32.42 [m³]

4. 방유제 높이[m]

1) 관계식

$$H = \frac{(1.1 V_m + V) - \frac{\pi}{4}(D_1^2 + D_2^2 + \cdots)H_f}{S - \frac{\pi}{4}(D_1^2 + D_2^2 + \cdots)}$$

H : 방유제 높이[m]
V_m : 최대 탱크 용량[m³]
V : 탱크 기초체적[m³]
D_1, D_2 : 최대 탱크 이외의 탱크 직경[m]
H_f : 탱크 기초 높이[m]
S : 방유제 면적[m²]

2) 계산

(1) 탱크의 기초 체적 V [m³]

$$V = \frac{\pi}{4} \times 12^2 \times 0.3 + \frac{\pi}{4} \times 18^2 \times 0.3 = 110.26 \fallingdotseq 110 \,[m^3]$$

(2) 방유제 높이[m]

$$H = \frac{(1.1 \times 2{,}000 + 110) - \frac{\pi}{4}(10^2) \times 0.3}{1{,}400 - \frac{\pi}{4}(10^2)} = 1.73\,[m]$$

∴ 방유제 높이는 0.5 [m] 이상 3 [m] 이하이므로 조건을 충족함

14 다음 물음에 답하시오.

1) 스테인리스강판으로 이동저장탱크의 방호틀을 설치하고자 한다. 이때 사용재질의 인장강도가 130 [N/mm^2]일 경우 방호틀의 두께[mm]를 구하시오.
2) 하이드록실아민 200 [kg]을 취급하는 제조소에서 안전거리[m]를 구하시오.

풀이

1. 이동저장탱크의 방호틀(세부기준 제107조)
   1) 관련 식

   KS규격품인 스테인레스강판, 알루미늄합금판, 고장력강판으로서 두께가 다음 식에 의하여 산출된 수치(소수점 둘째자리 이하는 올림) 이상으로 한다.

   $$t = \sqrt{\frac{270}{\sigma}} \times 2.3$$

   t : 사용재질의 두께(단위 mm)
   σ : 사용재질의 인장강도(단위 N/mm^2)

   2) 계산

   $$t = \sqrt{\frac{270}{\sigma}} \times 2.3 = \sqrt{\frac{270}{130}} \times 2.3 = 3.31 [mm]$$

   ∴ 3.4 [mm]

2. 하이드록실아민 안전거리
   1) 하이드록실아민 등을 취급하는 제조소의 특례

   건축물의 벽 또는 이에 상당하는 공작물의 외측으로부터 해당 제조소의 외벽 또는 이에 상당하는 공작물의 외측까지의 사이에 다음 식에 의하여 요구되는 거리 이상의 안전거리를 두어야 한다.

   2) 관련 식

   $$D = 51.1 \sqrt[3]{N}$$

   D : 거리[m]
   N : 해당 제조소에서 취급하는 하이드록실아민 등의 지정수량의 배수

   3) 계산

   하이드록실아민 지정수량 100 [kg]이므로

   안전거리 $D = 51.1 \sqrt[3]{2} = 64.38 [m]$

   ∴ 64.38 [m]

15 위험물안전관리법령에서 정한 옥내저장소이다. 다음 보기를 참고하여 물음에 답하시오.

보기

- 저장소의 외벽은 내화구조이다.
- 연면적은 150 [m^2]이다.
- 저장소에는 에탄올 1,000 [L], 등유 1,500 [L], 동식물유류 20,000 [L], 특수인화물 500 [L]를 저장한다.

1) 옥내저장소의 소요단위를 계산하시오.
2) [보기]에서 위험물의 소요단위는 얼마인지 구하시오.

풀이

1. 소요단위 계산

   1) 옥내저장소 소요단위 계산

구분	내화구조	비내화구조
제조소·취급소	연면적 100 [m^2]	연면적 50 [m^2]
저장소	연면적 150 [m^2]	연면적 75 [m^2]
위험물	지정수량 10배	

   옥내저장소 연면적 150 [m^2]이므로 1 소요단위

   2) 위험물 소요단위 계산

   (1) 총 지정수량 배수

   $$\frac{1,000}{400} + \frac{1,500}{1,000} + \frac{20,000}{10,000} + \frac{500}{50} = 16$$

   (2) 소요단위

   $$\frac{16}{10} = 1.6$$

16 다음과 같은 소화난이도 등급 Ⅰ에 해당하는 일반취급소에 설치되는 스프링클러설비의 아래 항목에 대해 설명하라. [술 108회]

조건

- 취급유종 : 등유, 인화점 40 [℃]
- 건축구조 : 지상 1층, 내화구조의 벽/바닥으로 구획된 가로 20 [m] × 세로 15 [m]
- 스프링클러헤드 단위유량은 80 [L/min], 살수기준면적은 실 전체 면적으로 함

1) 상기 위험물 시설에 적용되는 스프링클러설비의 세부 설치기준
2) 상기 조건에 적합한 스프링클러 설치개수, 유량, 수원량 산정

풀이

1. 상기 위험물 시설에 적용되는 스프링클러설비의 세부 설치기준

   1) 소화난이도등급 Ⅰ에 해당하는 제조소 등

구분	제조소 등의 규모, 저장 또는 취급하는 위험물의 품명 및 최대수량 등
제조소 일반취급소	연면적 1,000 [m²] 이상인 것
	지정수량의 100배 이상인 것
	지반면으로부터 6 [m] 이상의 높이에 위험물 취급설비가 있는 것
	일반취급소로 사용되는 부분 외의 부분을 갖는 건축물에 설치된 것

   2) 소화난이도등급 Ⅰ의 제조소 등에 설치하여야 하는 소화설비

제조소 등의 구분	소화설비
제조소 및 일반취급소	옥내소화전설비, 옥외소화전설비, 스프링클러설비 또는 물분무등소화설비(화재 발생 시 연기가 충만할 우려가 있는 장소에는 스프링클러설비 또는 이동식 외의 물분무등소화설비에 한한다)

3) 스프링클러설비의 세부 기준

구분	내용
수평거리	1.7 [m] 이하
방사구역	개방형 헤드 : 150 [m²] 이상(150 m² 미만 시 해당 바닥면적)
수원의 수량	폐쇄형 헤드 : 30개 개방형 헤드 : 가장 많이 설치된 방수구역의 헤드 개수 × 2.4 [m³] 이상 (30개 미만 시 설치한 개수 적용)
방사압력	100 [kPa] 이상
방수량	80 [Lpm] 이상

2. 상기 조건에 적합한 스프링클러 설치개수, 유량, 수원량 산정

   1) 살수기준 면적에 따른 방사밀도

살수기준 면적(m²)	방사밀도[ℓ/m²분]		비고
	인화점 38 [℃] 미만	인화점 38 [℃] 이상	
279 미만	16.3 이상	12.2 이상	살수기준 면적은 내화구조의 벽 및 바닥으로 구획된 하나의 실의 바닥면적을 말하고, 하나의 실의 바닥면적이 465 [m²] 이상인 경우의 살수기준면적은 465 [m²]로 한다. 다만 위험물의 취급을 주된 작업내용으로 하지 아니하고 소량의 위험물을 취급하는 설비 또는 부분이 넓게 분산된 경우에는 방사밀도는 8.2 [ℓ/m²분] 이상, 살수기준 면적은 279 [m²] 이상으로 할 수 있다.
<u>279 이상 372 미만</u>	15.5 이상	<u>11.8 이상</u>	
372 이상 465 미만	13.9 이상	9.8 이상	
465 이상	12.2 이상	8.1 이상	

   살수기준면적 300 [m²](20 m × 15 m) : 279 이상 372 미만

   2) 스프링클러 설치개수

   (1) 수평거리 1.7 [m]

   $S = 2r\cos 45 = 2 \times 1.7 \times \cos 45 = 2.404$ [m]

   (2) 방사밀도

   $\dfrac{80 Lpm}{(2.404[m])^2} = 13.84 [Lpm/m^2]$ (11.8 이상이므로 기준 만족)

   상기 표에 의한 방사밀도 이상으로 스프링클러설비에 적응성이 있다.

(3) 헤드 설치개수

① 가로 : 20 [m]/2.404 [m] = 8.32 → 9개

② 세로 : 15 [m]/2.404 [m] = 6.24 → 7개

∴ 9개 × 7개 = 63개

3) 유량

(1) 방수량 : 80 [Lpm]

(2) 헤드 개수 : 30개

(3) 유량 : 80 [Lpm] × 30 = 2,400 [Lpm]

4) 수원량

2,400 [Lpm] × 30 [min] = 72 [m^3]

| **17** | 제4류 위험물인 특수인화물 중 물속에 저장하는 위험물에 대하여 다음 물음에 답하시오. |

1) 이 물질이 연소 시 생성되는 유독성 물질을 쓰시오.
2) 이 물질의 증기비중을 구하시오.
3) 이 물질이 200 [L]일 경우 지정수량의 배수를 구하시오.
4) 이 물질의 위험도를 구하시오.

풀이

1. 이 물질이 연소 시 생성되는 유독성 물질

    1) 특수인화물 중 물속에 저장하는 위험물 : 이황화탄소
    2) 이황화탄소의 연소반응식
        $CS_2 + 3O_2 \rightarrow CO_2 + \underline{2SO_2}$
    3) 이황화탄소 연소 시 생성되는 유독성 물질 : 이산화황

2. 증기비중

    $$\frac{(12 + 32 \times 2)}{29} = 2.62$$

3. 지정수량의 배수

    $$\frac{200L}{50L} = 4배$$

4. 위험도

    1) 이황화탄소의 연소범위 : 1 - 44 [%]
    2) 위험도 : $H = \dfrac{44 - 1}{1} = 43$

18 위험물제조소등과 인근의 건축물 사이의 안전거리를 단축시키기 위해 방화상 유효한 담을 설치하고자 할 때, 담의 높이를 산정하는 방법에 대하여 설명하고, 다음 조건을 사용하여 위험물제조소의 방화상 유효한 담의 높이를 구하시오. [술 133회]

조건

㉠ 제조소의 외벽 높이 : 20 [m]
㉡ 제조소와 문화재 사이의 거리 : 30 [m]
㉢ 문화재 높이 : 20 [m]
㉣ 문화재는 방화구조이고, 제조소등에 면한 부분의 개구부에 방화문이 설치되지 아니한 경우이다.

풀이

1. 방화상 유효한 담의 높이

$$H \leq PD^2 + a \text{인 경우 } h = 2 \text{ 이상}$$
$$H > PD^2 + a \text{인 경우 } h = H - P(D^2 - d^2) \text{ 이상}$$

담의 높이 4 [m] 이상일 때 4 [m]로 하고, 소화설비를 보강
① 소형소화기 설치대상 : 대형소화기 1개 이상 증설
② 대형소화기 설치대상 : 대형소화기 대신 적응성 소화설비 설치
③ 소화설비 설치대상 : 반경 30 [m]마다 대형소화기 1개 이상 증설

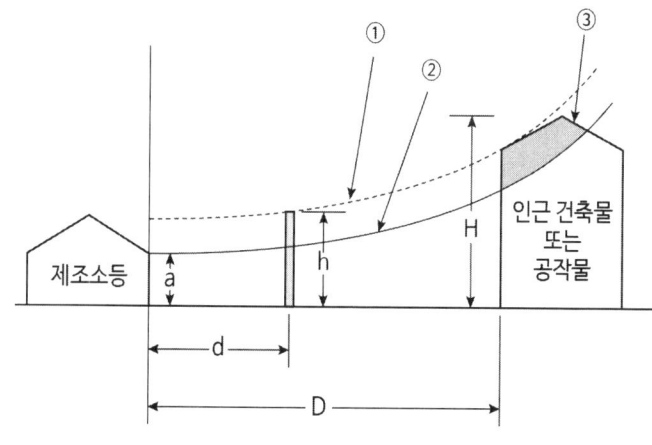

① 보정연소한계곡선
② 연소한계범위
③ 연소위험범위

D : 제조소 등과 인근 건축물 또는 공작물과의 거리[m]
d : 제조소 등과 방화상 유효한 담과의 거리[m]
H : 인근 건축물 또는 공작물 높이[m]   a : 제조소 등의 외벽의 높이[m]
h : 방화상 유효한 담의 높이[m]   p : 상수

인근 건축물 또는 공작물 구분	p의 값
1) 목조 2) 방화구조 또는 내화구조이고 60분+방화문·60분 방화문 또는 30분 방화문 미설치	0.04
1) 방화구조 2) 방화구조 또는 내화구조이고, 개구부에 30분 방화문 설치	0.15
내화구조이고, 개구부에 60분+방화문 또는 60분 방화문 설치	∞

2. 방화상 유효한 담의 높이 계산

① 공식 : $H \leq pD^2 + a$

② 개구부에 방화문이 설치되지 아니한 경우이므로 p = 0.04 적용

③ 계산

$H \leq pD^2 + a$

$20 \leq 0.04 \times 30^2 + 20$

이를 계산하면 20 ≤ 56이 된다.

④ $H \leq PD^2 + a$인 경우 $h = 2$ 이상이므로

∴ 유효한 담의 높이 : 2 [m]

모아바 www.moa-ba.com
모아소방전기학원 www.moate.co.kr

PART 07

뇌풀림 소방기술사 · 관리사 수리계산 핸드북

연소공학

01 메탄올 32 [g]을 공기 중에서 완전 연소시키기 위하여 필요한 공기량[g]은 약 얼마인지 계산하시오. (단, 공기 중에 산소는 20 vol %, 질소는 80 vol %이다)

풀이

1. 메탄올 완전연소 반응식

    $2CH_3OH + 3O_2 \rightarrow 2CO_2 + 4H_2O$

2. 메탄올 32 [g]을 완전연소를 위한 산소량

    (2×32) [g] : 96 [g] = 32 [g] : X [g]

    ∴ X = 48 [g]

3. 공기 중에 산소는 20 [vol %], 질소는 80 [vol %]이므로 1 : 4의 비율을 갖는다.

4. 이때 산소의 몰(질량/분자량)은 48 [g]/32 [g] = 1.5몰이므로 질소의 몰을 구하면

    1 : 4 = 1.5몰 : X몰

    ∴ X = 6몰이다.

5. 공기량[g]

    산소(O_2) 32 [g] × 1.5몰 = 48 [g]

    질소(N_2) 28 [g] × 6몰 = 168 [g]

    48 + 168 = 216 [g]

    ∴ 216 [g]

02 공기 중에서 에탄올 46 [g]을 완전 연소시키기 위해서 필요한 공기량[g]은 얼마인지 계산하시오. (단, 공기 중에 산소는 21 vol %, 질소는 79 vol %)

풀이

1. 에탄올 완전연소 반응식

    $C_2H_5OH + 3O_2 \rightarrow 2CO_2 + 3H_2O$

2. 에탄올 46g을 완전연소를 위한 산소량

    46 [g] : (3 × 32) [g] = 46 [g] : X [g]

    ∴ X = 96 [g]

3. 공기 중에 산소는 21 [vol %], 질소는 79 [vol %]이므로 0.21 : 0.79의 비율을 갖는다.

4. 이때 산소의 몰(질량/분자량)은 96 [g]/32 [g] = 3몰이므로 질소의 몰을 구하면

    0.21 : 0.79 = 3몰 : X몰

    ∴ X = 11.285몰

5. 공기량[g]

    산소(O_2) 32 [g] × 3몰 = 96 [g]

    질소(N_2) 28 [g] × 11.285몰 ≒ 316 [g]

    96 + 316 = 412 [g]

    ∴ 412 [g]

03 질산암모늄의 산소 평형(Oxygen Balance) 값을 계산하시오.

풀이

1. 산소 평형(OB : Oxygen Balance)

   1) 개념 : OB는 폭발성물질의 폭발력을 평가하는 데 사용되는 수치
   2) 특성
      (1) 폭발성 물질의 폭발성 정도를 나타내는 표현
      (2) 산소양이 부족할 때 (-)값, 남을 때 (+)값을 갖는다.
      (3) OB가 0(완전 연소)에 가까운 것이 폭발 위력↑
   3) 폭발 위력

산소평형(Oxygen Balance)	폭발 위력
0(완전 연소)	가장 크다
0 - 45	크다
45 - 90	중간
90 - 135	작다

2. 산소 평형의 계산

   1) 질산암모늄 분해폭발 반응식

   $2NH_4NO_3 \rightarrow 4H_2O + 2N_2 + O_2 \uparrow$

   2) 질산암모늄의 분자량

   $NH_4NO_3 = 14 + (1 \times 4) + 14 + (16 \times 3) = 80$

   3) 산소평형(OB) = $\dfrac{반응 후 산소 질량}{반응 전 화합물 질량} \times 100$

   4) 계산

   산소평형(OB) = $\dfrac{32}{2 \times 80} \times 100 = 20$

   ∴ 20

04 질산암모늄 8 [kg]이 급격한 가열, 충격으로 완전 분해 폭발되어 질소, 수증기, 산소로 분해되었다. 이때 생성되는 질소의 양[kg]을 계산하시오.

풀이

1. 질산암모늄 분해 폭발 반응식

    $2NH_4NO_3 \rightarrow 2N_2 + 4H_2O + O_2 \uparrow$

2. 질산암모늄의 분자량

    $NH_4NO_3 = 14 + (1 \times 4) + 14 + (16 \times 3) = 80$

3. 질소의 양[kg]

    (2×80) [kg] : (2×28) [kg] = 8 [kg] : X [kg]

    ∴ X = 2.8 [kg]

05 표준상태에서 에테인 10 [mol%], 프로페인 70 [mol%], 뷰테인 20 [mol%]의 혼합비율로 이루어진 탄화수소의 각 농도를 용량퍼센트[vol %], 중량퍼센트[wt %]로 나타내시오.
[술 82회]

풀이

1. 용량 퍼센트

　1) 용량 퍼센트

$$V_t = \frac{V_1}{V_2} \times 100 \, [vol.\%]$$

V_1 : 구하고자 하는 기체의 부피
V_2 : 전체 기체의 부피

　2) 용량 퍼센트[vol %] 계산

　　(1) 에테인 : $\frac{10}{100} \times 100 = 10 \, [\%]$

　　(2) 프로페인 : $\frac{70}{100} \times 100 = 70 \, [\%]$

　　(3) 뷰테인 : $\frac{20}{100} \times 100 = 20 \, [\%]$

2. 중량 퍼센트

　1) 중량 퍼센트

$$W_t = \frac{W_1}{W_2} \times 100 \, [wt \, \%]$$

W_1 : 구하고자 하는 기체의 질량
W_2 : 전체 기체의 질량

　2) 중량 퍼센트[wt %] 계산

　　(1) 각각의 [g/mol]
　　　① 에테인(C_2H_6) : (12 × 2) + (1 × 6) = 30
　　　② 프로페인(C_3H_8) : (12 × 3) + (1 × 8) = 44
　　　③ 뷰테인(C_4H_{10}) : (12 × 4) + (1 × 10) = 58

　　(2) 각각의 중량퍼센트[wt %]

　　　① 에테인 : $\frac{(30 \times 0.1)}{(30 \times 0.1) + (44 \times 0.7) + (58 \times 0.2)} \times 100 = 6.61 \, [wt \, \%]$

　　　② 프로페인 : $\frac{(44 \times 0.7)}{(30 \times 0.1) + (44 \times 0.7) + (58 \times 0.2)} \times 100 = 67.84 \, [wt\%]$

　　　③ 뷰테인 : $\frac{(58 \times 0.2)}{(30 \times 0.1) + (44 \times 0.7) + (58 \times 0.2)} \times 100 = 25.55 \, [wt\%]$

06. MOC와 Inerting에 관하여 간단히 설명하고 C_3H_8 MOC를 추산하시오. (단, 연소하한계는 2.0 vol % 적용) [술 71회]

풀이

1. MOC와 Inerting

    1) MOC(최소 산소농도)

    (1) 화염을 전파하기 위하여 필요한 최소한의 산소농도

    (2) MOC = LFL × O_2(산소 몰수)

    2) 불활성화(Inerting)

    (1) 산소농도를 낮추기 위해 불활성 가스를 용기에 주입하는 작업

    (2) 불활성 가스에는 CO_2, N_2, Ar, 수증기 등이 있음

    (3) 설계 시 불활성가스를 MOC 보다 4 [%] 이상 낮게 유지

2. C_3H_8의 MOC 추산

    1) 프로페인의 완전연소 방정식

    $C_3H_8 + 5\,O_2 \rightarrow 3\,CO_2 + 4\,H_2O$

    2) MOC 추산

    MOC = LFL × 산소 몰수 = 2.0 × 5 = 10 [%]

> 보충

1. 탄화수소계 완전연소 반응식 [메에프뷰펜 헥헵옥노데]

탄소수	화학식	명칭	완전연소반응식
1	CH_4	메테인	$CH_4 + 2\,O_2 \rightarrow CO_2 + 2\,H_2O$
2	C_2H_6	에테인	$C_2H_6 + 3.5\,O_2 \rightarrow 2\,CO_2 + 3\,H_2O$
3	C_3H_8	프로페인	$C_3H_8 + 5\,O_2 \rightarrow 3\,CO_2 + 4\,H_2O$
4	C_4H_{10}	뷰테인	$C_4H_{10} + 6.5\,O_2 \rightarrow 4\,CO_2 + 5\,H_2O$
5	C_5H_{12}	펜테인	$C_5H_{12} + 8\,O_2 \rightarrow 5\,CO_2 + 6\,H_2O$
⋮	⋮	⋮	⋮
10	$C_{10}H_{22}$	데케인	$C_{10}H_{22} + 15.5\,O_2 \rightarrow 10\,CO_2 + 11\,H_2O$

2. 산소 몰수 구하는 방법

   1) $C_m H_n = m + \dfrac{n}{4}$

   2) 예제 : 프로페인

   $C_3 H_8 = m + \dfrac{n}{4} = 3 + \dfrac{8}{4} = 5$

3. 산소 몰수의 일정한 규칙

   1) 메테인의 경우 : 산소 2몰

   2) 에테인부터는 일정하게 + 1.5몰씩 규칙적으로 증가함

07 최소산소농도(MOC) 대하여 설명하고, 계산식을 기술하시오. 프로페인, 메탄올에 대하여 표준 상태의 MOC를 추산하시오. [술 91회]

풀이

1. MOC(최소산소농도, Minimum Oxygen Concentration)
   1) 예혼합연소에서 화염전파를 하기 위한 최소한의 산소농도
   2) MOC 계산식
   $$MOC = LFL \times O_2(산소\ 몰수)$$

2. MOC 계산
   1) 프로페인의 MOC
      (1) 연소 범위 : 2.1 ~ 9.5 [%]
      (2) 완전연소 반응식
      $$C_3H_8 + 5\,O_2 \rightarrow 3\,CO_2 + 4\,H_2O$$
      (3) $MOC = 2.1 \times 5 = 10.5\,[\%]$

   2) 메탄올의 MOC
      (1) 연소 범위 : 6.7 ~ 36 [%]
      (2) 완전연소 반응식
      $$CH_3OH + 1.5\,O_2 \rightarrow CO_2 + 2\,H_2O$$
      (3) $MOC = 6.7 \times 1.5 = 10.05\,[\%]$

08 화학물질의 위험도를 정의하고, 아세틸렌을 예로 들어 설명하시오. [술 122회]

풀이

1. 정의
    1) 연소범위와 연소하한계의 비를 화학물질의 위험도라 한다.
    2) 연소범위가 넓을수록, 연소하한계가 낮을수록 물질의 위험도는 커진다.

2. 관련 식

    위험도 $= \dfrac{UFL - LFL}{LFL}$

3. 아세틸렌의 위험도
    1) 연소하한계 : 2.5 [%]
    2) 연소상한계 : 81 [%]
    3) 위험도[H] 계산

    위험도$[H] = \dfrac{81 - 2.5}{2.5} = 31.4$

보충

1. 메테인과 프로페인의 위험도 비교

구분	CH_4	C_3H_8
연소범위	5-15 [%]	2.1-9.5 [%]
위험도	$H = \dfrac{15-5}{5} = 2$	$H = \dfrac{9.5-2.1}{2.1} = 3.52$

∴ 프로페인이 메테인보다 $\dfrac{3.52}{2} = 1.76$배 위험성이 크다.

09 탄화칼슘 500 [g]이 물과 반응하였을 때 발생하는 가스의 양[L]과 발생가스의 위험도를 계산하시오.

풀이

1. 탄화칼슘
   1) 화학식 : CaC_2
   2) 분자량 : $40 + (12 \times 2) = 64$

2. 탄화칼슘과 물과의 반응식
   $$CaC_2 + 2H_2O \rightarrow Ca(OH)_2 + C_2H_2$$

3. 발생하는 가스의 양
   1) 발생하는 가스 : 아세틸렌
   2) 발생하는 가스의 양
   64 [g] : 22.4 [L] = 500 [g] : x [L]
   $$x = \frac{500[g] \times 22.4[L]}{64[g]} = 175[L]$$

4. 발생가스의 위험도
   1) 아세틸렌의 폭발범위 : 2.5 ~ 81 [%]
   2) 위험도 = $\dfrac{상한계 - 하한계}{하한계} = \dfrac{81 - 2.5}{2.5} = 31.4$

10 시간당 100 [mol]의 프로페인(C_3H_8)을 3,000 [mol]의 공기와 함께 급송시켜 연소시킬 경우 이론공기량, 과잉공기 백분율 및 공급공기 백분율을 구하시오.

풀이

1. 프로페인(C_3H_8)의 연소반응식

    1) 탄화수소계열의 완전연소반응식

    $$C_mH_n + (m+\frac{n}{4})O_2 \rightarrow mCO_2 + \frac{n}{2}H_2O$$

    2) 프로페인의 완전연소반응식

    $$C_3H_8 + 5O_2 \rightarrow 3CO_2 + 4H_2O$$

2. 이론공기량

    1) 공식

    $$이론공기량 = \frac{산소몰수}{0.21}$$

    2) 풀이

    $$이론공기량 = \frac{5[mol]}{0.21} \times 100 = 2,381 [mol]$$

3. 과잉공기 백분율

    1) 공식

    $$과잉공기 백분율[\%] = \frac{공급공기량 - 이론공기량}{이론공기량} \times 100$$

    2) 풀이

    $$과잉공기 백분율[\%] = \frac{3,000 - 2,381}{2,381} \times 100 = 26 [\%]$$

4. 공기공급 백분율

    1) 공식

    $$공급공기 백분율[\%] = \frac{공급공기량}{이론공기량} \times 100$$

    2) 풀이

    $$공급공기 백분율[\%] = \frac{3,000}{2,381} \times 100 = 126 [\%]$$

11 어떤 가스가 $10wt\%$ C_3H_8, $10wt\%$ C_4H_{10}, $16wt\%$ O_2, $36wt\%$ N_2, 나머지는 H_2O로 구성되었다면 습기준, 건기준 각각의 mol 조성비를 구하시오. [술 65회]

풀이

1. 각 기체분자량

   $C_3H_8 = 44$, $C_4H_{10} = 58$, $O_2 = 32$, $N_2 = 28$, $H_2O = 18$

2. 각 기체의 몰수 비

   $C_3H_8 = \dfrac{10}{44} = 0.227$, $C_4H_{10} = \dfrac{10}{58} = 0.172$

   $O_2 = \dfrac{16}{32} = 0.5$, $N_2 = \dfrac{36}{28} = 1.286$, $H_2O = \dfrac{28}{18} = 1.556$

3. 건기준 mol 조성비

   $C_3H_8 = \dfrac{0.227}{0.227 + 0.172 + 0.5 + 1.286} \times 100 = 10.4\,[\%]$

   $C_4H_{10} = \dfrac{0.172}{0.227 + 0.172 + 0.5 + 1.286} \times 100 = 7.8\,[\%]$

   $O_2 = \dfrac{0.5}{0.227 + 0.172 + 0.5 + 1.286} \times 100 = 22.9\,[\%]$

   $N_2 = \dfrac{1.286}{0.227 + 0.172 + 0.5 + 1.286} \times 100 = 58.9\,[\%]$

4. 습기준 mol 조성비

   $C_3H_8 = \dfrac{0.227}{0.227 + 0.172 + 0.5 + 1.286 + 1.556} \times 100 = 6.0\,[\%]$

   $C_4H_{10} = \dfrac{0.172}{0.227 + 0.172 + 0.5 + 1.286 + 1.556} \times 100 = 4.6\,[\%]$

   $O_2 = \dfrac{0.5}{0.227 + 0.172 + 0.5 + 1.286 + 1.556} \times 100 = 13.4\,[\%]$

   $N_2 = \dfrac{1.286}{0.227 + 0.172 + 0.5 + 1.286 + 1.556} \times 100 = 34.4\,[\%]$

   $H_2O = \dfrac{1.556}{0.227 + 0.172 + 0.5 + 1.286 + 1.556} \times 100 = 41.6\,[\%]$

12. $LFL = 0.55\,Cst$ 공식을 이용하여 프로페인 가스의 폭발 하한계[Vol %]를 구하시오.
[술 78회]

풀이

1. 관련 식

$LFL = 0.55\,Cst$ (John's 식)

$Cst = \dfrac{\text{연료 몰수}}{\text{연료 몰수} + \text{공기의 몰수}} \times 100$

2. 완전연소식

$C_3H_8 + 5\,O_2 \rightarrow 3\,CO_2 + 4\,H_2O$

3. 양론혼합 농도 계산

$Cst = \dfrac{1}{1 + \left(\dfrac{5}{0.21}\right)} \times 100 = 4.03\,[\%]$

4. 프로페인 가스의 폭발 하한계

1) $LFL = 0.55\,Cst \rightarrow 0.55 \times 4.03 ≒ 2.22\,[\%]$

2) 프로페인의 연소범위 : 2.1 ~ 9.5 [%]

∴ John's 식의 폭발 하한계 2.22 [%]는 프로페인의 폭발 하한계 2.1 [%]에 거의 부합함

13 공기 중 프로페인 가스의 다음 사항을 설명하시오. [술 111회]

1) 이론 혼합비(Cst)
2) 연소범위[vol %] (단, 계산과정을 포함할 것)

풀이

1. 프로페인 가스의 완전연소 반응식

    1) 탄화수소계열의 완전연소반응식

    $$C_mH_n + (m + \frac{n}{4})O_2 \rightarrow mCO_2 + \frac{n}{2}H_2O$$

    2) 프로페인 가스의 완전연소반응식

    $$C_3H_8 + 5O_2 \rightarrow 3CO_2 + 4H_2O$$

2. 이론 혼합비

    1) 가연성 혼합기 중 완전연소에 필요한 연료의 농도

    2) $Cst = \dfrac{\text{연료}mol}{\text{연료}mol + \text{공기}mol} \times 100 \, [vol\%]$

    3) $Cst = \dfrac{1}{1 + (5/0.21)} \times 100 = 4.03 \, [\%]$

3. 연소범위

    1) 존스의 추산식

        (1) LFL = $0.55\,C_{st}$ = 0.55 × 4.03 = 2.22

        (2) UFL = $3.5\,C_{st}$ = 3.5 × 4.03 = 14.1

    2) 실험식

        (1) 연소범위 : 2.1 ~ 9.5 [%]

        (2) 연소범위가 클수록, 연소하한계가 낮을수록 위험도가 커진다.

14. 메테인과 헥세인의 연소범위가 각각 5 ~ 15 [%], 1.1 ~ 7.5 [%]이다. 이들이 50 [%]씩 들어 있는 혼합기체의 MOC를 구하시오.

풀이

1. MOC의 개념

   1) MOC란 산소농도를 어느 한계치 이하로 유지시켜 화염의 전파 및 폭발을 방지하기 위한 최소 산소농도를 말한다.
   2) MOC는 공기와 연료 중 산소의 부피[vol %]를 말한다.

2. 적용 공식

   르샤틀리에 공식 : $\dfrac{100}{L} = \dfrac{V_1}{L_1} + \dfrac{V_2}{L_2}$

3. 혼합기체의 연소반응식

   1) 탄화수소계열의 완전연소반응식

   $C_m H_n + (m + \dfrac{n}{4}) O_2 \rightarrow m CO_2 + \dfrac{n}{2} H_2 O$

   2) 혼합기체의 연소반응식

   메테인 : $(0.5 \times CH_4 + 2O_2 \rightarrow CO_2 + 2H_2O)$

   헥세인 : $0.5 \times (C_6 H_{14} + 9.5 O_2 \rightarrow 6 CO_2 + 7 H_2 O)$

   혼합 : $0.5 CH_4 + 0.5 C_6 H_{14} + 5.75 O_2 \rightarrow 3.5 CO_2 + 4.5 H_2 O$

4. 혼합기체의 연소하한계

   $\dfrac{100}{LFL} = \dfrac{50}{5} + \dfrac{50}{1.1}$

   LFL = 1.8 [%]

5. 혼합기체의 MOC

   1) MOC = 산소몰수 × 연소하한계
   2) MOC = 5.75 × 1.8 = 10.35 [vol %]

15 메테인 70 [%]와 프로페인 30 [%]가 혼합되어 있고 공기 중에서 연소하한계와 상한계가 다음과 같을 경우 연소상한계, 하한계, 화학양론조성을 계산하고, 연소성 도표를 작성하시오.

조건

구분	LFL[%]	UFL[%]
메테인(CH_4)	5.0	15.0
프로페인(C_3H_8)	2.1	9.5

풀이

1. 연소하한계, 연소상한계

   1) 혼합기체의 연소반응식

      (1) 탄화수소계열의 완전연소반응식

      $$C_mH_n + (m + \frac{n}{4})O_2 \rightarrow mCO_2 + \frac{n}{2}H_2O$$

      (2) 혼합기체의 연소반응식

      메테인 : $0.7 \times (CH_4 + 2O_2 \rightarrow CO_2 + 2H_2O)$

      프로페인 : $0.3 \times (C_3H_8 + 5O_2 \rightarrow 3CO_2 + 4H_2O)$

      혼합 : $0.7\,CH_4 + 0.3\,C_3H_8 + 2.9\,O_2 \rightarrow 1.6\,CO_2 + 2.6\,H_2O$

   2) 연소하한계

      (1) 적용 공식

      르샤틀리에 공식 : $\dfrac{100}{L} = \dfrac{V_1}{L_1} + \dfrac{V_2}{L_2}$

      (2) 연소하한계

      $\dfrac{1}{LFL} = \dfrac{0.7}{0.05} + \dfrac{0.3}{0.021}$, LFL = 3.54 [%]

   3) 연소상한계

      (1) 적용 공식

      르샤틀리에 공식 : $\dfrac{1}{U} = \dfrac{V_1}{U_1} + \dfrac{V_2}{U_2}$

      (2) 연소상한계

      $\dfrac{1}{UFL} = \dfrac{0.7}{0.15} + \dfrac{0.3}{0.095}$, UFL = 12.78 [%]

2. 화학양론조성(Cst)

$$Cst = \frac{연료 mol}{연료 mol + 공기 mol} \times 100\ [vol\%]$$

$$= \frac{1 mol}{1 mol + (\frac{2.9}{0.21}) mol} \times 100\ [vol\%] = 6.75\ [\%]$$

3. 최소산소농도(MOC)

1) $MOC =$ 산소몰수 $\times$ 연소하한계
2) $MOC = 2.9 \times 3.54 = 10.27\ [\%]$

4. 연소 도표

1) MOC선 : 산소 축에서 농도를 표시, 가연물과 평행하게 선을 그음
2) 공기선 : 질소 79 [%]인 지점과 산소 0 [%]인 지점을 연결
3) 가연물 축에 계산된 Cst, LFL, UFL의 값을 표시, 일직선으로 공기선과 만나게 한다.
4) Cst선 : 질소 100 [%]인 꼭지점과 공기선의 Cst지점을 연결
5) LFL선 : MOC선과 Cst교점에서 공기선의 LFL지점을 연결
6) UFL선 : MOC선과 Cst교점에서 공기선의 UFL지점을 연결

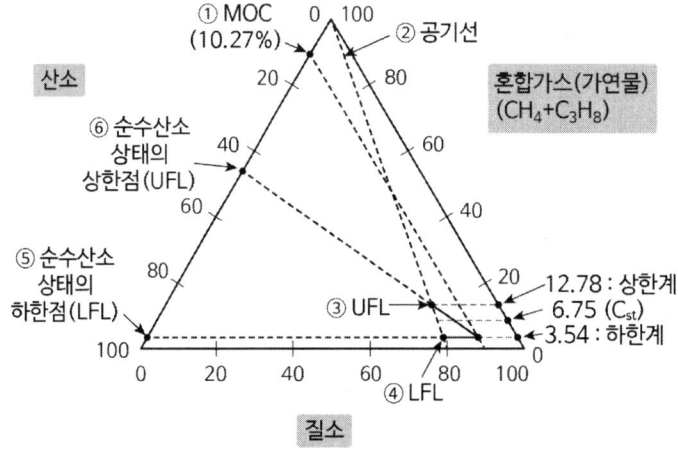

16. 25 [℃], 1기압의 공기를 20기압으로 단열압축할 때 공기 온도를 구하시오. [술 124회]

풀이

1. 공식

$$\frac{P_2}{P_1} = \left(\frac{T_2}{T_1}\right)^{\frac{\gamma}{\gamma-1}}$$

P_1, P_2 : 압축 전, 후 압력
T_1, T_2 : 압축 전, 후 절대온도
γ : 비열비 = $\dfrac{정압비열(Cp)}{정적비열(Cv)}$

2. 계산

$\dfrac{20}{1} = \left(\dfrac{T_2}{273+25}\right)^{\frac{1.4}{1.4-1}}$, T_2 = 701.35K = 428.35 [℃]

3. 해석

1기압의 공기를 20기압으로 압축 시 25 [℃]의 공기는 428.35 [℃]가 된다.

17	표준상태 하에서 표에서와 같은 조성과 연소범위를 갖는 가연성 혼합기체에 대한 다음 물음에 답하시오.

조건

가연성기체	조성비	연소범위(공기 중)
메테인	75 [vol %]	5~15 [vol %]
프로페인	25 [vol %]	2.1~9.5 [vol %]

1) 가연성 혼합기체의 공기중에서 연소하한계[vol %]
2) 연료가 4 [m³]일 때 필요한 공기량[m³]

풀이

1. 가연성 혼합기체의 공기 중에서 연소하한계[vol %]

   1) 적용 공식

   르샤틀리에 공식 : $\dfrac{100}{L} = \dfrac{V_1}{L_1} + \dfrac{V_2}{L_2}$

   2) 연소하한계

   $\dfrac{100}{LFL} = \dfrac{75}{5} + \dfrac{25}{2.1}$, LFL = 3.7 [%]

2. 연료가 4 [m³]일 때 필요한 공기량[m³]

   1) 메테인 연소반응식

   $0.75 \times (CH_4 + 2O_2 \rightarrow CO_2 + 2H_2O)$

   2) 프로페인 연소반응식

   $0.25 \times (C_3H_8 + 5O_2 \rightarrow 3CO_2 + 4H_2O)$

   3) 혼합기체 연소반응식

   $0.75CH_4 + 0.25C_3H_8 + 2.75O_2 \rightarrow 1.5CO_2 + 2.5H_2O$

   4) 혼합가스 필요 공기량[m³]

   (1) 연료의 부피 : 산소 부피 = 연료 4 [m³] : 산소 부피

   (2) (0.75 + 0.25) [m³] : 2.75 [m³] = 4 [m³] : x [m³]   ∴ x = 11 [m³]

   (3) 혼합가스 필요 공기량 = $\dfrac{11}{0.21}$ = 52.4 [m³]

18 아세틸렌의 완전연소 시 다음을 구하시오. (단, 공기 중 산소농도 21 vol %, 혼합기 1 mol의 발열량 312.4 kcal/mol)

1) 아세틸렌의 연소반응식
2) 아세틸렌과 공기의 혼합기에서 아세틸렌의 공기 중 [vol %]
3) 아세틸렌과 공기의 혼합기 중 혼합기 1리터당 발생하는 열량[kcal/L · mol]

풀이

1. 아세틸렌의 연소반응식

   1) 탄화수소계열의 완전연소반응식

   $$C_mH_n + (m + \frac{n}{4})O_2 \rightarrow mCO_2 + \frac{n}{2}H_2O$$

   2) 아세틸렌가스의 완전연소반응식

   $$C_2H_2 + 2.5O_2 \rightarrow 2CO_2 + H_2O$$

2. 아세틸렌과 공기와 혼합기 중 아세틸렌의 [vol %]

   1) 완전연소 시 공기몰수 : $\frac{2.5}{0.21}$ = 11.9 [mol]

   2) 아세틸렌의 함유농도 : $\frac{1}{1+11.9} \times 100$ = 7.75 [%]

3. 아세틸렌과 공기의 혼합기 중 혼합기 1 [ℓ]당 발생하는 열량[kcal/ℓ · mol]

   1) 아보가드로의 법칙 적용

   $1[mol] : 22.4l = (11.9+1)[mol] : x[l]$, $x = 288.96[l]$

   2) 혼합기의 발열량 $[kcal/l \cdot mol]$

   $\frac{312.4[kcal/mol]}{288.96[l]}$ = $1.08\,[kcal/l \cdot mol]$

19. 프로페인 100 [kg]이 폭발할 때 100 [m] 이격된 곳의 폭풍압(과압)을 구하고 피해를 산정하시오. (단, 폭발성 물질의 발열량은 12,000 kcal/kg)

풀 이

1. 공식

1) TNT당량

$$TNT당량[kg] = \frac{\Delta H_C \times W_C}{1,100} \times \eta$$

ΔH_C : 폭발성 물질의 발열량[kcal/kg]
W_C : 폭발물질의 양[kg]
1,100 : TNT가 폭발 시 당량에너지[kcal/kg]

2) Scaling 삼승근의 법칙

$$환산거리\ Z_e[m] = \frac{R}{W_{TNT}^{1/3}}$$

R : 폭발중심으로부터 거리[m]
W_{TNT} : TNT 당량[kg]

2. 계산순서

1) TNT가 아닌 물질의 폭발에너지를 TNT당량(W_{TNT})으로 환산
2) 스켈링 삼승근 법칙을 적용하여 환산거리(Z_e)를 구함
3) Z_e와 과압(kPa)에 의한 피해 손상도표를 이용하여 피해를 추정

3. 계산

1) TNT당량 $= \dfrac{\Delta H_C \times W_C}{1,100\ kcal/kg\ TNT} \times \eta$

$= \dfrac{12,000 \times 100}{1,100} \times 1 = 1,090$

2) 환산거리(Z_e) $= \dfrac{R}{W_{TNT}^{1/3}} = \dfrac{100}{1,090^{1/3}}$

$= 9.71\ [m/kg^{\frac{1}{3}}]$

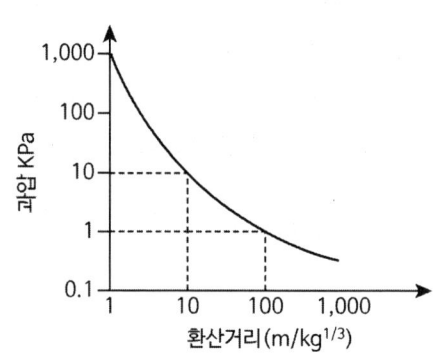

3) 환산거리(Z_e)와 과압도표에서 과압(kPa) 추산 → 약 10 [kPa]
4) 10 [kPa]은 1.47 [psi]
5) 약 1.0 [psi]보다 1.47 [psi]가 크므로 주택일부 파손보다 더 큰 피해를 입음

20. 유류 저유소에 화재가 발생하였다. 다음 조건에 따른 액면강하속도 및 연소지속시간을 구하시오. [술 129회]

조건

저장유류 : 등유, 등유의 단위면적당 질량감소속도 : 0.039 [kg/s·m²],
등유 밀도 : 820 [kg/m³], 저장량 : 15 [m³], 풀(pool) 직경 : 5.5 [m]

풀이

1. 액면강하속도 및 연소지속시간

   1) 액면강하속도

      (1) Pool Fire(액면화재)에서의 액면이 강하하는 속도

      (2) 계산식

      $$y = \frac{\dot{m}''}{\rho}$$

      y : 액면강하속도[m/s]
      $\dot{m}''$: 질량연소유속[kg/m²·s]
      ρ : 액체가연물 밀도[kg/m³]

   2) 연소지속시간

      $$연소지속시간[t] = \frac{질량[kg]}{질량감소속도[kg/s]} = \frac{V[저장량] \times \rho[밀도]}{\dot{m}''[질량연소유속] \times A[액표면적]}$$

2. 계산

   1) 조건

      (1) 등유 $\dot{m}''$: 0.039 [kg/s·m²]

      (2) 등유 ρ : 820 [kg/m³]

      (3) 등유 m : 15 [m³]

      (4) 풀 직경 d : 5.5 [m]

   2) 계산

      (1) 액면강하속도 $y = \dfrac{\dot{m}''}{\rho} = \dfrac{0.039[kg/s \cdot m^2]}{820[kg/m^3]} = 4.756 \times 10^{-5} [m/s]$

      (2) 연소지속시간 $t = \dfrac{15[m^3] \times 820[kg/m^3]}{0.039[kg/s \cdot m^2] \times \left(\dfrac{\pi \times (5.5m)^2}{4}\right)} = 13,274 [\sec] = 3.69 [Hr]$

21. Burgess-Wheeler 법칙에 의한 식을 이용하여 프로페인의 연소하한계 값을 구하시오. (단, 프로페인의 연소열은 2,220 kJ/mol, 연소하한계 값은 소수점 첫 번째에서 반올림할 것) [술 130회]

풀이

1. Burgess-Wheeler 연소하한계 식
   1) 파라핀계 탄화수소의 연소하한계와 연소열의 곱은 일정
   2) $LFL \times \Delta H_c \simeq 1,050$ (ΔH_c : 유효 연소열[kcal/mol])

2. 연소하한계 계산
   1) 조건
      (1) 프로페인 연소열 : 2,220 [kJ/mol]
      (2) [kcal/mol]로 변환 시
      $$\frac{2,220[kJ/mol]}{4.19[kJ/kcal]} = 529.83[kcal/mol]$$
   2) 계산
      $LFL \times 529.83 \simeq 1,050$ 이므로,
      $LFL = 1,050 \div 529.83 = 1.98$ (소수점 첫번째자리 반올림)
      $\therefore LFL = 2\,[\%]$
   3) 결론
      (1) 프로페인의 연소하한계 계산값 : 2 [%]
      (2) 프로페인의 실제 연소범위 : 2.1 ~ 9.5 [%]이므로 연소하한계와 근접함을 알 수 있다.

22. 메테인의 고위발열량이 55,528 [kJ/kg]일 때, 메테인의 저위발열량을 계산하고, 저위발열량에 대하여 설명하시오. (단, 물의 증발 잠열은 2,260 kJ/kg) [술 130회]

풀이

1. 고위발열량과 저위발열량

구분	고위 발열량(총 발열량)	저위 발열량(진 발열량)
개념	연소생성물인 H_2O가 액체 상태일 때 발생하는 열량	연소생성물인 H_2O가 기체 상태(수증기)일 때 발생하는 열량
의미	열량계로 측정한 열량	실제 이용 가능한 열량
공식	고위 발열량 = 저위 발열량 + 증발잠열	저위 발열량 = 고위 발열량 − 증발잠열

2. 메테인의 저위발열량 계산

   1) 메테인의 완전연소 반응식

   $$CH_4 + 2O_2 \rightarrow CO_2 + 2H_2O$$

   1 [kmol]　　　　　　2 [kmol]

   16 [kg/kmol]　　　　18 [kg/kmol]

   2) 메테인의 저위발열량

   ① 계산식

   $$H_l = H_h - \frac{n_w \times m_w}{n_f \times m_f} \times Q$$

   H_l : 저위발열량[kJ/kg]
   H_h : 고위발열량[kJ/kg]
   n_w : 물의 몰수[kmol]
   m_w : 물의 물질량[kg/kmol]
   n_f : 연료의 몰수[kmol]
   m_f : 연료의 물질량[kg/kmol]
   Q : 물의 증발잠열[kJ/kg]

   ② 계산

   $$H_l = 55{,}528\,[kJ/kg] - \frac{2\,[kmol] \times 18\,[kg/kmol]}{1\,[kmol] \times 16\,[kg/kmol]} \times 2{,}260\,[kJ/kg]$$

   $$\therefore H_l = 50{,}443\,[kJ/kg]$$

PART 08

뇌풀림 소방기술사 · 관리사 수리계산 핸드북

건축방재공학

01 Stack Effect에서 건물높이가 60 [m]이고 Neutral Plane의 높이가 30 [m]이다. 외기 온도는 -18 [℃], 내부 온도는 21 [℃]이다. 이때의 실내·외의 압력차를 구하시오.

풀이

1. 공식

$$\Delta P = 3,460 \times h \left(\frac{1}{T_0} - \frac{1}{T_i} \right)$$

ΔP : 실내·외 압력차[Pa]
h : 중성대로부터의 높이[m]
T_0 : 실외의 절대온도[K]
T_i : 실내 절대온도[K]

2. 실내·외의 압력차

   1) T_0 : 273 - 18 = 255 [K]
      T_i : 273 + 21 = 294 [K]

   2) $\Delta P = 3,460 \times 30 \times \left(\frac{1}{255} - \frac{1}{294} \right) = 54 [Pa]$

02 구획실에서 연돌효과로 인하여 발생되는 압력차가 다음과 같음을 증명하시오.

조건

$$\triangle P[Pa] = 3460\left(\frac{1}{T_o} - \frac{1}{T_i}\right)h$$

h_1 : 중성대 하부 이동높이[m]
h_2 : 중성대 상부 이동높이[m]
T_o, ρ_o : 외기온도[K], 밀도
T_i, ρ_i : 실내온도[K], 밀도

풀이

1. 하부지점에서의 이상기체 상태방정식

$$PV = nRT = \frac{W}{M}RT$$

$$PM = \frac{W}{V}RT = \rho RT$$

$$\therefore \rho = \frac{PM}{RT}$$

P : 절대 압력[atm]
M : 공기분자량(28.96)
R : 기체 상수(0.082)
T : 절대온도[K]

2. 하부지점에서 상부지점으로의 통기력(연돌효과)

   1) 상부 $\triangle P$

   $$\triangle P = P_1 - P_2 = P_o - P_i = (\rho_o - \rho_i)gh_2$$

   2) 하부 $\triangle P$

   $$\triangle P = P_1 - P_2 = P_o - P_i = (\rho_o - \rho_i)gh_1$$

3. 위의 식을 이상기체 상태방정식에 대입

   1) 상부 $\triangle P$

   $$\triangle P = \frac{PM}{R}\left(\frac{1}{T_o} - \frac{1}{T_i}\right)gh_2 = \frac{1 \times 28.96 \times 9.8}{0.082}\left(\frac{1}{T_o} - \frac{1}{T_i}\right)h_2 = 3460\left(\frac{1}{T_o} - \frac{1}{T_i}\right)h_2$$

   2) 하부 $\triangle P$

   $$\triangle P = \frac{PM}{R}\left(\frac{1}{T_o} - \frac{1}{T_i}\right)gh_1 = \frac{1 \times 28.96 \times 9.8}{0.082}\left(\frac{1}{T_o} - \frac{1}{T_i}\right)h_1 = 3460\left(\frac{1}{T_o} - \frac{1}{T_i}\right)h_1$$

03 고층빌딩의 계단실은 연돌효과로 인해 연기로 오염된다. 이 연돌효과를 상쇄시키는 풍속을 구하시오. (단, 대기와의 압력차 △p = 0.71h Pa, h : 중성대로부터의 높이[m], 계단실의 수력지름은 3.33 m, 계산 시 소수점 셋째자리에서 반올림한다) [술 102회]

[풀 이]

1. 연돌효과

   1) 관련 식

   $$\triangle P[Pa] = 3460\left(\frac{1}{T_o} - \frac{1}{T_i}\right)h$$

   h : 중성대로부터의 높이[m]
   T_o : 외기온도[K]
   T_i : 실내온도[K]

   2) 외부온도 -10 [℃], 내부온도 5 [℃]로 가정하면

   ① 외부온도 = 273 - 10 = 263 [K]
   ② 내부온도 = 273 + 5 = 278 [K]

   $$\triangle P = 3460\left(\frac{1}{263} - \frac{1}{278}\right)h \rightarrow \triangle P = 0.71h$$

2. 계단실 유동손실을 통한 연돌효과 상쇄 관련 식

   1) Tamura & Shaw 식

   $$\triangle P = f\frac{h}{D_L}\frac{\rho v^2}{2}[Pa]$$

   f : 마찰계수
   h : 중성대로부터 높이
   D_L : 계단실의 수력지름
   ρ : 공기밀도[kg/m³]
   v : 유속[m/s]

   2) 계단실의 수력지름

   $$D_L = \frac{\text{단면적}}{\text{접수길이}} = 3.33 \text{(조건에서 주어짐)}$$

3. 풍속 계산

   1) 마찰계수(f)

      (1) 덕트 : 0.01 ~ 0.1

      (2) 계단실 : 15 ~ 190(Tamura & Shaw 실험 결과)

        ∴ 따라서 계단실의 최솟값 15 적용

   2) 풍속(v)

$$\triangle P = f \frac{h}{D_L} \frac{\rho v^2}{2} [Pa]$$

$$0.71h = 15 \times \frac{h}{3.33} \times \frac{1.2 \times v^2}{2}$$

$$\therefore v = 0.51 [m/s]$$

04
화재실 개구부의 높이는 2 [m]이고 화재실 온도는 600 [℃], 외기 온도는 25 [℃]일 때 화재실의 상단부와 하단부의 압력을 구하시오. (단, 상·하부 개구부의 크기는 동일)

풀이

1. 공식

    1) 화재실의 실내외 압력차

    $$\Delta P = 3,460 \times h \left(\frac{1}{T_0} - \frac{1}{T_i} \right)$$

    ΔP : 실내외 압력차[Pa]
    h : 중성대로부터의 높이[m]
    T_0, T_i : 실내외 절대온도[K]

    2) 건물의 중성대

    $$\frac{h}{H-h} = \left(\frac{A_2}{A_1} \right)^2 \times \left(\frac{T_0}{T_i} \right)$$

    H : 건물의 높이[m]
    h : 바닥에서 중성대까지의 높이[m]
    A_1, A_2 : 중성대 개구부(흡입구 및 배출구)의 면적
    T_i, T_0 : 실내외 절대온도[K]

2. 상단부와 하단부의 압력

    1) 중성대의 높이($A_1 = A_2$)

    $$\frac{h}{2-h} = \frac{298}{873} \qquad \therefore h = 0.51 \text{ [m]}$$

    2) 상단부의 압력

    $$\Delta P_2 = 3,460 \times (2 - 0.51) \times \left(\frac{1}{298} - \frac{1}{873} \right) = 11.4 [Pa]$$

    3) 하단부의 압력

    $$\Delta P_1 = 3,460 \times (-0.51) \times \left(\frac{1}{298} - \frac{1}{873} \right) = -3.9 [Pa]$$

05

창유리의 내부, 외부 표면온도가 각각 20 [℃]와 −5 [℃]이다. 유리의 크기는 100 [cm] × 50 [cm], 두께가 1.5 [cm], 열전도율이 0.78 [W/m · ℃]라 할 때, 이 유리의 2시간 열손실을 구하시오.

풀이

1. 공식

   1) 손실열량

   $$\dot{Q} = hA\Delta T$$
   $$\dot{Q} = \frac{k}{l}A\Delta T$$

   $\dot{Q}$: 손실열량[W]
   h : 열전달률[W/m² · K]
   A : 면적[m²]
   ΔT : 온도차[K]
   k : 열전도율[W/m · K]

   2) 열통과율

   $$\dot{q}'' = \cfrac{1}{\cfrac{1}{h_1} + \cfrac{l}{k} + \cfrac{1}{h_2}} \times (T_1 - T_2)$$

   q : 열통과율[W/m²]
   h_1, h_2 : 공기의 실내와 실외의 대류전열계수[W/m² · K]
   k : 열전도율[W/m · K]
   l : 벽두께[m]
   T_1, T_2 : 온도[K]

2. 손실열량 : 열통과율($\dot{q}''$) × 면적(A) × 2(Hr)

   1) 열통과율($\dot{q}''$) = $\cfrac{1}{\cfrac{0.015}{0.78}}$ [W/m² · ℃] × 25 [℃] = 1,300 [W/m²]

   2) Q = 1,300 [W/m²] × 1 [m] × 0.5 [m] × 2 [Hr] = 1,300 [Wh] = 1.3 [kWh]

06 사람은 최소 4 [kW/m²]의 열유속으로 화상을 입을 수 있다. 화상을 유발할 수 있는 임계 열 유속과 관련된 순수 대류열 유속은 주어진 연기 온도와 일치한다. 이 연기온도를 다음 조건을 이용하여 계산하시오. (단, 대류열유속계수(h)는 10 W/m² · ℃, 사람 피부의 고통에 이르는 온도는 45 ℃이다) [술 109회]

풀이

1. 공식

$$\dot{q}'' = h \times (T_1 - T_2)$$

h : 대류전열계수[W/m² · ℃]
T : 온도[℃]

2. 계산

  1) 열대류의 계산식을 이용

  $4,000 = 10(T_1 - 45)$

  2) 연기의 온도

  $T_1 - 45 = \dfrac{4,000}{10}$, $T_1 = 400 + 45 = 445$ [℃]

3. 열적 손상과 화상

  1) 화상 유발 연기온도 : 445 [℃]
  2) 열적 손상
    (1) 열응력 : 비교적 장시간 열과 접할 때 발생
    (2) 화상 : 고온에 근접할 경우에 즉시 발생
  3) 화상의 구분

구분	화상의 깊이	내용
1도 화상	홍반성 화상	피부 표면에 국한
2도 화상	수포성 화상	화상 직후 물집 유발
3도 화상	괴사성 화상	피부 전체 층이 죽어감
4도 화상	흑색 화상	피하 지방, 뼈까지 도달한 화상

07 어떤 건축물의 벽이 3가지의 다른 재료 A, B, C로 구성되어 있다. 벽의 면적이 10 [m²]이고 내벽과 외벽의 표면온도는 각각 300 [℃], 0 [℃]일 때, 이 벽의 열저항[k/W]과 열전달율(W)을 계산하시오. (단, 공식은 유도하고, 열전달은 1차원으로 가정하며 각 벽의 두께와 열전도계수는 다음과 같다. L_A = 5 cm, L_B = 20 cm, L_C = 10 cm, k_A = 0.01 W/m·℃, k_B = 40 W/m·℃, k_C = 5 W/m·℃) [술 89회]

풀이

1. 열전도에 대한 반응속도식 유도

   1) 단일물체(Fourier 법칙)

   (1) $\dot{q}'' = -k\dfrac{dT}{dx}[W/m^2]$

   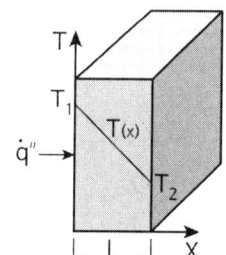

   $\dfrac{dT}{dx} < 0$이지만 열 유속은 양수이므로 이를 고려하기 위해 (-)를 붙인다.

   (2) $-k\dfrac{T_2 - T_1}{L} = k\dfrac{T_1 - T_2}{L} = k\dfrac{\Delta T}{L}$

   ① 이중 프라임표시는 단위면적당 유속(Flux)
   ② $\dot{q}''$의 단위[W/m²]

   (3)

   $\dot{q} = \dot{q}'' \times A = kA\dfrac{T_1 - T_2}{L} = kA\dfrac{\Delta T}{L}$ [W]

   $\dot{q}''$: 열유속[W/m²]
   T_1 : 고온부 온도[℃]
   ΔT : 온도차[℃]
   k : 열전도율[W/m·℃]
   T_2 : 저온부 온도[℃]
   L : 재료 두께[m]

   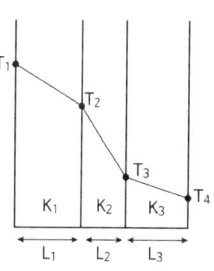

   2) 복수물체

   (1) $\dot{q}'' = \dfrac{k}{L}(T_1 - T_2)$에서

   $T_1 - T_2 = \dfrac{\dot{q}'' \times L_1}{k_1}$ - ①

   $T_2 - T_3 = \dfrac{\dot{q}'' \times L_2}{k_2}$ - ②

   $T_3 - T_4 = \dfrac{\dot{q}'' \times L_3}{k_3}$ - ③

(2) ① ~ ③식을 더하면

$$T_1 - T_4 = \dot{q}''(\frac{L_1}{k_1} + \frac{L_2}{k_2} + \frac{L_3}{k_3})$$

$$\dot{q}'' = \frac{T_1 - T_4}{\left(\frac{L_1}{k_1} + \frac{L_2}{k_2} + \frac{L_3}{k_3}\right)}[W/m^2]$$

2. 열 저항

1) 공식

$$열\ 저항 = (\frac{재료의\ 두께}{열전도율}) \times \frac{1}{면적} = \frac{1}{열관류율} \times \frac{1}{면적}$$

2) 풀이

$$(\frac{L_A}{k_A} + \frac{L_B}{k_B} + \frac{L_C}{k_C}) \times \frac{1}{A} = (\frac{0.05\ [m]}{0.01\ [W/m\cdot℃]} + \frac{0.2\ [m]}{40\ [W/m\cdot℃]} + \frac{0.1\ [m]}{5\ [W/m\cdot℃]}) \times \frac{1}{10\ [m^2]}$$

$$= 0.5025[℃/W]$$

3. 열 전달률

1) 공식

$$열\ 전달률[W] = \frac{열전도율}{재료의\ 두께} \times 면적 \times 온도차$$

2) 풀이

$$열\ 전달률[W] = \frac{1}{\frac{L_A}{k_A} + \frac{L_B}{k_B} + \frac{L_C}{k_C}} \times A \times (T_1 - T_4) = \frac{1}{0.5025} \times (300 - 0)$$

$$= 597\ [W]$$

08
화염 열류가 25 [kW/m²]일 때 3 [mm] 두께의 합판을 발화하기 위한 시간을 구하시오. (단, Tig 350 ℃, k는 0.15 × 10⁻³ kW/m·K, ρ는 640 kg/m², C는 2.9 kJ/kg·K)

[술 72회]

풀이

1. 목재의 발화시간

    1) 얇은 물체(2 mm 미만) $\propto T$

    2) 두꺼운 물체(2 mm 이상) $\propto T^2$

2. 두께가 3 [mm]이므로 두꺼운 물체 공식 적용

    1) 자연발화시간(t_{ig})

    $$t_{ig} = C(\rho c k)\left[\frac{T_{ig} - T_\infty}{\dot{q}''}\right]^2$$

    - t_{ig} : 발화시간[s], T_{ig} : 발화온도[K], T_∞ : 대기온도[K], C : 상수
    - 열손실 없는 경우 : $\frac{\pi}{4}$ · 열손실 있는 경우 : $\frac{2}{3}$
    - ρ : 밀도[kg/m³], c : 비열[kJ/kg·K]
    - k : 열전도율[kW/m·K]

    2) 발화시간

    $$t_{ig} = \frac{\pi}{4} \times (0.15 \times 10^{-3}) \times 640 \times 2.9 \times \left(\frac{350-20}{25}\right)^2 = 38[s]$$

3. 두께가 0.5 [mm]인 얇은 물체인 경우를 가정할 경우

    1) 자연발화시간(t_{ig})

    $$t_{ig} = \rho c l \left[\frac{T_{ig} - T_\infty}{\dot{q}''}\right]$$

    t_{ig} : 발화시간[s], T_{ig} : 발화온도[K], T_∞ : 대기온도[K]
    ρ : 밀도[kg/m³], c : 비열[kJ/kg·K], l : 물체의 두께[m]

    2) 발화시간

    $$t_{ig} = 640 \times 2.9 \times (0.5mm \times 10^{-3}m/mm) \times \left(\frac{350-20}{25}\right) \fallingdotseq 12[s]$$

09 두께가 300 [mm] 콘크리트 벽(열전도도 k = 1.2 W/m·K)에 열전도율 0.08 [W/m·K]인 단열재가 붙어 있다. 이 벽을 통과하는 열량을 단위 면적당 500 [W/m²] 이상으로 유지하고 싶다. 콘크리트 벽의 온도는 700 [℃], 단열재의 온도를 70 [℃]로 유지하려면 단열재의 두께는 몇 [cm] 이상이 되어야 하는지 구하시오. [술 57회]

풀이

1. 열통과율 공식

$$\dot{q}'' = \frac{1}{\frac{1}{h_1} + \frac{l_1}{k_1} + \frac{l_2}{k_2} + \frac{1}{h_2}} \times (T_1 - T_2)$$

$\dot{q}''$: 열통과율[W/m²]
h_1, h_2 : 공기의 실내와 실외의 대류전열계수 [W/m²·K]
k : 열전도율[W/m·K]
l : 벽두께[m]
T_1, T_2 : 온도[K]

2. 단열재의 두께

$$500 = \frac{1}{\frac{0.3}{1.2} + \frac{l_2}{0.08}} \times (973 - 343) \, [W/m^2]$$

l_2 = 0.0808 [m] = 8.08 [cm]

10 그림과 같은 화재실의 콘크리트 벽체에서 표면온도 T_A, T_B는 얼마인지 계산하시오.
[술 80회]

조건

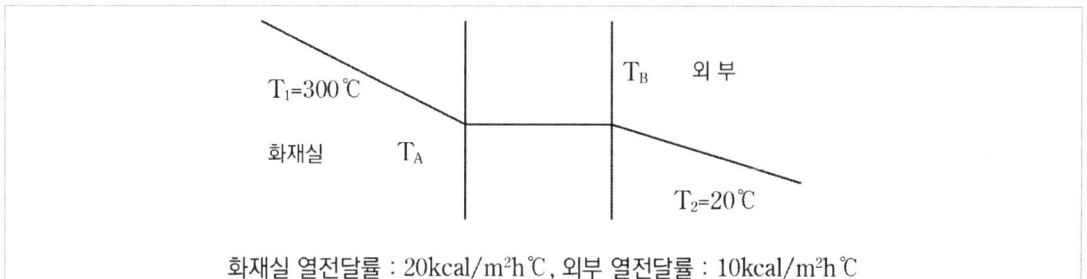

화재실 열전달률 : 20kcal/m²h℃, 외부 열전달률 : 10kcal/m²h℃
전열면적(A) : 5m², 벽두께(t) : 30cm, 콘크리트 열전도율(k) : 0.9kcal/m·h·℃

풀이

1. 개념 : 정상상태에서 벽을 통한 순열류는 동일하다.

$$\dot{q}'' = h_h(T_1 - T_A) = \frac{k}{L}(T_A - T_B) = h_c(T_B - T_2)$$

h : 대류전열계수[W/m²·℃]
k : 열전도율[W/m·℃]

2. 계산

   1) 열통과율[w/m²]

   $$\dot{q}'' = \frac{1}{\frac{1}{h_1} + \frac{l}{k} + \frac{1}{h_2}} \times (T_1 - T_2)$$

   h_1, h_2 : 대류전열계수[W/m²·℃]
   k : 열전도율[W/m²·℃], l : 벽두께[m]
   T_1, T_2 : 온도[℃]

   2) $\dot{q}'' = \dfrac{1}{\frac{1}{20} + \frac{0.3}{0.9} + \frac{1}{10}} \times (300 - 20) = 579.31 [\text{kcal/m}^2 \cdot \text{h}]$

3. T_A 온도

   579.31 = 20(300 - T_A), T_A = 271 [℃]

4. T_B 온도

   579.31 = 10(T_B - 20), T_B = 78 [℃]

11 크기가 8 [m] × 4 [m]이며 두께가 200 [mm]인 벽돌 벽이 있다. 그 가운데는 3 [m] × 1.5 [m], 두께 3 [mm]의 유리 창문이 있다. 내·외부의 온도가 각각 25 [℃] 와 0 [℃]일 때 정상 상태의 열손실은 얼마인지 구하시오. (단, 벽 양측에 대류전열계수는 8 W/m² · K이고, 각 재료의 열 특성치는 벽돌의 열전도계수 0.69 W/m · K, 유리의 열전도계수 0.76 W/m · K이다)

풀이

1. 열통과율 공식

$$\dot{q} = \frac{A(T_1 - T_2)}{\frac{1}{h_1} + \frac{l_1}{k_1} + \frac{1}{h_2}} + \frac{A(T_1 - T_2)}{\frac{1}{h_1} + \frac{l_1}{k_1} + \frac{1}{h_2}}$$

$\dot{q}$: 열통과율[W]
h_1, h_2 : 공기의 실내와 실외의 대류전열계수[W/m² · K]
k : 열전도율[W/m · K]
l : 벽두께[m]
T_1, T_2 : 온도[K]

2. 열손실

1) 벽돌 벽과 창의 넓이
   (1) 벽돌 벽 넓이 : 32 [m²] - 4.5 [m²] = 27.5 [m²]
   (2) 창 넓이 : 3 [m] × 1.5 [m] = 4.5 [m²]

2) 열손실(Q) = 벽돌 벽 열손실 + 유리창 열손실 = 벽돌의 $h_1 A_1 \varDelta T$ + 유리창의 $h_1 A_1 \varDelta T$

$$Q = \frac{27.5 \times 25}{\frac{1}{8} + \frac{0.2}{0.69} + \frac{1}{8}} + \frac{4.5 \times 25}{\frac{1}{8} + \frac{0.003}{0.76} + \frac{1}{8}} = 1,716 [W]$$

12 화재진행과정 중 단계별로 발생되는 열량이 다음과 같은 기준일 경우에 아래 항목에 답하시오. [술 84회]

조건

- 성장단계(Growth) $\dot{Q} = \alpha t^2$ ($\alpha : 0.08612\, kW/s^2$)
- 일정단계(Steady Burning) $Q = 3500\,[kW]$ (240초 동안)
- 소멸단계(Decay) $\dot{Q} = 10\,[kW/s]$ 비율로 일정하게 감소

1) 성장단계에 소요되는 시간(초)
2) 소멸단계에 소멸되는 시간(초)
3) 열발생량과 시간(초)의 함수관계를 그래프로 작성하고 각 기준점의 수치 표시(축척필요 없음)하시오.
4) 상기 화재로 인해 발생되는 전체 열발생량[kJ]을 계산하시오.

풀이

1. 성장단계에 소요되는 시간

   1) 성장단계 소요시간 : 202 [s]

   $\dot{Q} = \alpha t^2$ ($\alpha : 0.08612\, kW/s^2$) $\therefore t = \sqrt{\dfrac{\dot{Q}}{\alpha}} = \sqrt{\dfrac{3500}{0.08612}} = 202\,[s]$

   2) 일정단계의 소요시간 : 문제에서 240 [s]

2. 소멸단계에 소멸되는 시간

   1) 소멸단계 소요시간 : 350 [s]

   $\dot{Q} = \alpha t^2$ [$\alpha : 10\,kW/s$]

   $t = \dfrac{\dot{Q}}{\sigma} = \dfrac{3500}{10} = 350\,[s]$

   2) 총화재 지속시간 : 792 [s]

   총화재 지속시간 = 성장단계 소요시간 + 일정단계의 소요시간 + 소멸단계 소요시간
   = 202 + 240 + 350 = 792 [s]

3. 열발생량과 시간(초)의 함수관계를 그래프로 작성하고 각 기준점의 수치 표시(축척필요 없음)하시오.

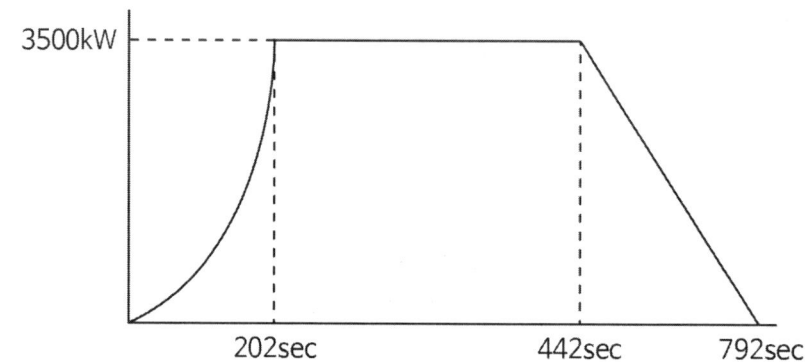

4. 상기 화재로 인해 발생되는 전체 열발생량[kJ]을 계산하시오.

1) 성장단계 발생열량

$$\dot{Q} = \alpha t^2 \quad (\alpha : 0.08612\,[kW/s^2])$$

$$\dot{Q} = \alpha \int_0^{202} t^2 dt = \alpha\,(\frac{1}{3}t^3)_0^{202} = 0.08612 \times \frac{1}{3} \times 202^3 = 236,612\,[kJ]$$

2) 일정단계 발생열량

$$\dot{Q} = 3,500 kW \times 240\,[s] = 840,000\,[kJ]$$

3) 소멸단계 발생열량

$$\dot{Q} = 3,500 kW \times 350\,[s] \times \frac{1}{2} = 612,500\,[kJ]$$

4) 전체 열발생량[kJ]

= 성장단계 발생열량 + 일정단계 발생열량 + 소멸단계 발생열량

= 236,612 + 840,000 + 612,500 = 1,689,112 [kJ]

13 평균 발열량이 20 [MJ/kg]인 사무실 가구 160 [kg]의 화재에 대한 화재성장곡선의 피크 열발생량(Peak Heat Release Rate)이 9.0 [MW]이다. 화재는 Fast t² Fire, $\dot{Q} = (\frac{t}{k})^2$으로 k는 화재성장상수이며 Fast Fire인 경우 k=150 s/$\sqrt{MW}$이다. Peak에 도달시간 t_1, t_1까지 발생열량 E_1, 정상연소에서 방출열량 E_2, 정상상태 지속시간 t_2를 구하시오. [술 71회]

조건

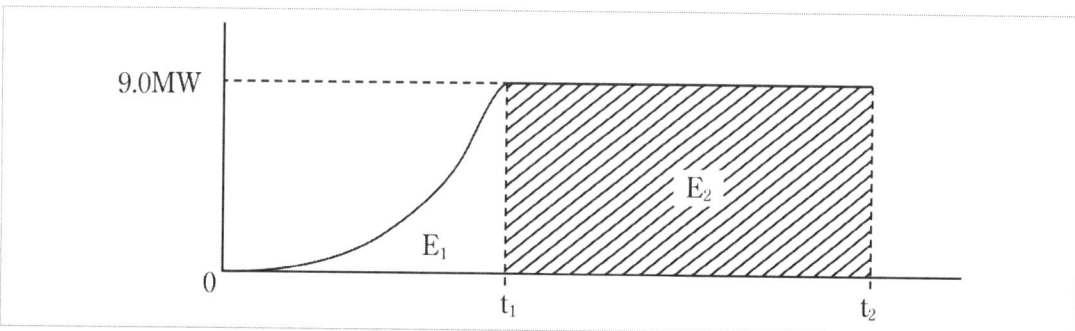

풀이

1. 공식

$$\dot{Q} = \int_0^t \alpha t^b dt = \alpha \int_0^t t^b dt = \frac{\alpha}{b+1}[t^{b+1}]$$

$\dot{Q}$: 발열량[J]
t : 시간[s]
α : 화재성장속도

2. Peak 도달시간 t_1

$$9.0 = \frac{t_1^2}{150^2}, \ t_1 = 450[s]$$

3. t_1까지 발생열량 E_1

$$E_1 = \int_0^{t_1} (\frac{t}{k})^2 dt = \frac{1}{3k^2}(t^3)_0^{450} = \frac{1}{3 \times 150^2}(450)^3 = 1,350[MJ]$$

∴ 총발열량 = 160 [kg] × 20 [MJ/kg] = 3,200 [MJ]

4. 정상연소에서 방출열량 E_2

∴ 총발열량 - 성장기 발열량 = 3,200 [MJ] - 1,350 [MJ] = 1,850 [MJ]

5. 정상상태 지속시간 t_2

1,850 = 9.0 × t_2

∴ t_2 = 205.6 [s]

14. 화재구역의 표준설계조건에서 화재성장속도의 관계식과 관련하여 아래 내용 설명하시오.
[술 102회]

1) $\dot{Q} = \alpha t^n$에서 각 변수의 의미와 단위 및 온도-열량 그래프를 그리고 설명하시오.
2) n = 2인 경우, 화재성장속도별(Slow Fire, Medium Fire, Fast Fire, Ultra-Fast Fire) α값을 제시하시오(단, α값은 소수점 4째 자리에서 반올림한다)
3) n = 2인 경우, ultra-fast fire 조건을 기준하여 화재발생 이후 30초가 경과할 때까지 총 발생열량을 계산하고 그 과정을 온도-열량 그래프를 이용하여 설명하시오(단, 계산 결과값은 소수점 넷째자리에서 반올림한다)

풀이

1. $\dot{Q} = \alpha t^n$에서 각 변수의 의미와 단위 및 온도-열량 그래프를 그리고 설명

   1) $\dot{Q} = \alpha t^n$의 각 변수의 의미와 단위

   $$\dot{Q} = \alpha t^n$$

   $\dot{Q}$: 열방출속도[kW]
   α : 화재성장속도[kW/s²]
   t : 화재발생후 1,055[kW]에 도달하는 데 걸리는 시간[s]

   2) 온도-열량 그래프

   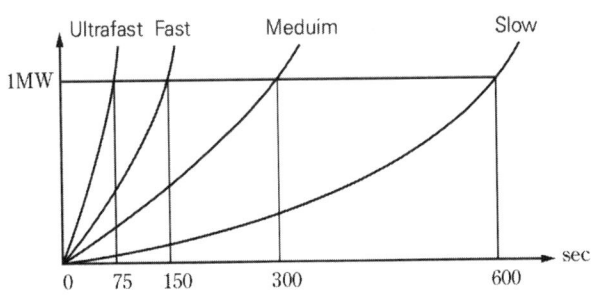

   (1) 화재성장속도는 열방출율이 1,055kW 도달 시간을 기준으로 Ultra-Fast(75 s), Fast(150 s), Medium(300 s), Slow(600 s)로 분류됨
   (2) α : 화재성장의 기울기로서 재료의 분해, 증발률에 따라 달라짐
       ① 분해, 증발률 빠름 : 급경사
       ② 분해, 증발률 느림 : 완경사

2. n = 2인 경우 화재성장속도별 α 값 산출

　1) Slow : $\alpha = \dfrac{1055kW}{(600s)^2} = 0.003[kW/s^2]$

　2) medium : $\alpha = \dfrac{1055kW}{(300s)^2} = 0.012[kW/s^2]$

　3) fast : $\alpha = \dfrac{1055kW}{(150s)^2} = 0.047[kW/s^2]$

　4) ultra-fast : $\alpha = \dfrac{1055kW}{(75s)^2} = 0.188[kW/s^2]$

3. n = 2인 경우, ultra-fast 조건을 기준하여 화재발생 이후 30초가 경과할 때까지 총발생열량을 계산하고 그 과정을 온도 – 열량 그래프를 이용하여 설명

　1) 화재발생 이후 30초 경과할 때까지 총 발생열량 계산

　　(1) $\dot{Q} = \alpha t^2$

　　(2) 0초에서 30초까지의 발생 열량 : $\int_{0}^{30} 0.188^2 \, dt = [0.188 \times \dfrac{1}{3} t^3]_0^{30} = 1,692[kJ]$

　　(3) 열방출율 $\dot{Q} = 0.188 \times t^2 = 0.188 \times 30^2 = 169.2[kW]$

　2) 온도 – 열량 그래프

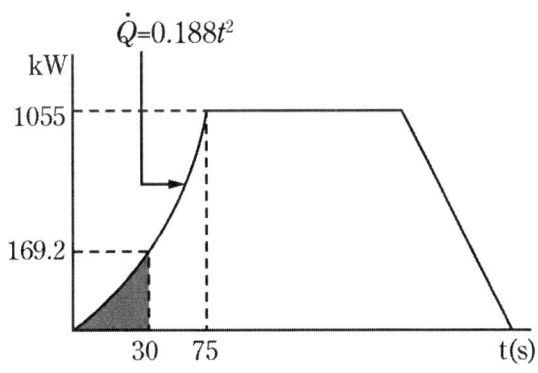

15 다음 조건의 화재성장기, 화재지속기, 화재쇠퇴기 형태를 가지는 화재일 경우 발화 시작부터 화재종료까지의 총 화재 진행시간과 화재로 인한 총발열량[MJ]을 구하시오. [술 68회]

조건

1) 화재성장기의 화재성장률(α_1) : 0.08 [kW/s²]
2) 화재지속기의 지속시간 : 800 [sec]
3) 화재지속기의 열방출 비율 : 2,500 [kW]
4) 화재쇠퇴기의 화재감소율(α_2) : 50 [kW/sec]

풀이

1. 총 화재지속시간

   1) 성장기

   화재성장기의 화재성장률 $\alpha_1 = 0.08 kW/s^2$에서 $\dot{Q} = \alpha_1 t^2$

   따라서 $\dot{Q} = \alpha_1 t^2$에서 $t = \sqrt{\dfrac{\dot{Q}}{\alpha_1}} = \sqrt{\dfrac{2500}{0.08}} = 177[\sec]$

   2) 지속기 : 문제 조건에서 800sec

   3) 쇠퇴기

   화재쇠퇴기의 화재감소율 $\alpha_2 = 50 kW/s$에서 $\dot{Q} = \alpha_2 t$

   따라서 $\dot{Q} = \alpha_2 t$에서 $t = \dfrac{\dot{Q}}{\alpha_2} = \dfrac{2500}{50} = 50[\sec]$

   4) 총 화재지속시간[s] : $177 + 800 + 50 = 1027[\sec]$

2. 화재로 인한 총발열량

   1) 성장기

   $\dot{Q} = \alpha_1 t^2$에서

   $\dot{Q} = \alpha_1 \int_0^{177} t^2 dt = \alpha_1 \left[\dfrac{1}{3}t^3\right]_0^{177} = 0.08 \times \dfrac{1}{3} \times 177^3 = 147.873 [MJ]$

   2) 지속기

   방출열량 $= 2500[kW] \times 800[\sec] = 2,000,000[KJ] = 2,000[MJ]$

   3) 쇠퇴기

   방출열량 $= 2500[kW] \times 50[\sec] \times \dfrac{1}{2} = 62,500[KJ] = 62.5[MJ]$

   4) 총발열량 $= 147.873 + 2,000 + 62.5 = 2210.373[MJ]$

16. 가로 × 세로 × 높이 = 5 [m] × 6 [m] × 3 [m]인 실내에 750 [kcal/mol]의 발열량을 갖는 탄소분 7.5 [kmol]이 적재할 때 화재하중은 얼마인지 구하시오.

풀이

1. 적용 공식

$$\text{화재하중} = \frac{\sum(G_i \times H_i)}{H \times A} [kg/m^2]$$

$$= \frac{\sum Q_t}{4{,}500 \times A} [kg/m^2]$$

G_i : 가연물량[kg]
H_i : 가연물 단위발열량[kcal/kg]
H : 목재단위발열량[4,500 kcal/kg]
A : 화재실의 바닥면적[m²]
$\sum Q_t$: 화재실의 가연물 전체 발열량[kcal]

2. 화재하중

$$\frac{750[kcal/mol] \times 7{,}500[mol]}{4{,}500[kcal/kg] \times 5[m] \times 6[m]} = 41.67 \ [kg/m^2]$$

17. 규모가 8 [m] × 5 [m] × 3 [m]인 실내에 5 [kmol]의 연료가 있다. 화재하중(Fire Load)이 3 [kg/m²]이라면 연소 시 총발열량[kcal/mol]은 얼마인지 구하시오.

풀이

1. 적용 공식

$$\text{화재하중} = \frac{\sum(G_i \times H_i)}{H \times A} (kg/m^2)$$

G_i : 가연물량[kg]
H_i : 가연물 단위발열량[kcal/kg]
H : 목재단위발열량[4,500 kcal/kg]
A : 화재실 바닥면적[m²]

2. 총발열량[kcal/mol]

$$3 \, [kg/m^2] = \frac{5,000 \, [mol] \times H_t}{4,500 \, [kcal/kg] \times (8 \, [m] \times 5 \, [m])}$$

$$H_t = \frac{3 \times 4,500 \times 40}{5,000} = 108 \, [kcal/mol]$$

18. 화재발생으로 벽의 온도가 40 [℃], 방사율을 0.8이라 할 때 벽으로부터의 복사열유속을 계산하시오. (단, 스테판 볼츠만 상수 σ = 5.667 × 10⁻⁸) [술 57회]

풀이

1. 스테판 – 볼츠만 공식

$$E = \Phi \epsilon \sigma T^4$$

- E : 물체의 복사율, 방사율[W/m²]
- Φ : 형태계수
- ϵ : 방사율
- σ : 스테판 – 볼츠만 상수[W/m²·k⁴]
- T : 절대온도[K]

2. 조건

   1) 입사총에너지 = 흡수율(α) + 반사율(ρ) + 투과율(τ)

      (1) 대부분의 고체는 투과율 = 0

      (2) 흑체(Black Body) : α = 1

      (3) 실제의 물체 : $\alpha \neq 1$이 아니므로 회색물체라고 함

   2) 방사율(ϵ)

      (1) 흑체에 의해 방사되는 에너지와 물체의 표면에 의해 방사되는 복사에너지의 비

      (2) 관련 식

      $$\epsilon = \frac{\dot{q}''}{\phi \sigma T^4}$$

      (3) 화재 시 고체, 액체 표면 ϵ값 : 0.8 ± 0.2

   3) 형태계수(Configuration Factor)

      (1) 방열체로부터 목표물이 받는 수열체까지 감소된 에너지 부분

      (2) 결정요소 : 거리, 열원의 크기, 물체의 방향

3. 복사열유속(E)

   $E = \Phi \epsilon \sigma T^4$

   E = 1 × 0.8 × 5.667 × 10⁻⁸ × (273 + 40)⁴ = 435 [W/m²]

19 소방펌프실의 펌프 고장으로 액체연료인 윤활유가 바닥면에 1 [cm] 두께, 면적 4 [m²]로 누유된 후 점화원에 의해 화재가 발생하였다. 이때 열방출률 ($\dot{Q}$), Heskestad의 화염길이 (L), 화재지속시간(Δt)을 계산하시오. (단, 용기화재의 단위면적당 연소율계산식은 $\dot{m}'' = \dot{m}''_\infty (1 - \exp^{k\beta D})$이고, 이때 윤활유의 $\dot{m}''_\infty = 0.039\,[kg/m^2 \cdot s]$, $k\beta = 0.7\,[m^{-1}]$, 밀도 $\rho = 760\,[kg/m^3]$, 완전연소열 $\Delta H_c = 46.4\,[MJ/kg]$, 연소효율 $\chi = 0.7$) [술 116회]

풀이

1. 공식

1) 화염의 높이(Heskestad 식)

$$L = 0.23 \dot{Q}^{2/5} - 1.02D$$

$\dot{Q}$: 열방출률[kW]
D : 화염 직경[m]

2) 연소속도

$$\dot{m}'' = y \times \rho$$

$\dot{m}''$: 연소속도[$kg/m^2 \cdot s$]
y : 액면강하속도[m/s]
ρ : 액체가연물의 밀도[kg/m^3]

2. 계산

1) 저장용기 화재의 직경

$$A = \frac{\pi D^2}{4},\ D = \sqrt{\frac{4A}{\pi}} = \sqrt{\frac{4 \times 4}{\pi}},\ D = 2.257\,[m]$$

2) 열방출률($\dot{Q}$)

(1) $\dot{Q} = \chi \dot{m}'' A \Delta H_c$

(2) $\dot{m}'' = \dot{m}''_\infty (1 - \exp^{-k\beta D}) = 0.039 \times (1 - \exp^{-0.7 \times 2.257}) = 0.031$

(3) $\dot{Q} = 0.7 \times 0.031 \times 4 \times 46.4 = 4.023\,[MW] = 4023\,[kW]$

3) Heskestad의 화염길이(L)

(1) $L = 0.23 \dot{Q}^{2/5} - 1.02D$

(2) $L = 0.23 \times 4023^{2/5} - 1.02 \times 2.257 = 4.06\,[m]$

4) 화재지속시간(Δt)

(1) $\Delta t = \dfrac{질량[kg]}{질량감소속도[kg/s]}$

(2) $m = \rho V = 760\,[kg/m^3] \times 0.01\,[m] \times 4\,[m^2] = 30.4\,[kg]$

(3) $\Delta t = \dfrac{30.4\,[kg]}{(0.031 \times 4)\,[kg/s]} \fallingdotseq 245.2\,[s]$

> 보충

1. 연료별 화염의 높이(단, D = 1 m)

   1) 공식 : $L = 0.23\dot{Q}^{2/5} - 1.02D$
   2) 화염의 높이

구분	화염의 높이
목재	$L = 0.23(130)^{2/5} - 1.02(1m) = 0.59[m]$
폴리스티렌	$L = 0.23(1,189)^{2/5} - 1.02(1m) = 2.89[m]$
헵탄	$L = 0.23(2,650)^{2/5} - 1.02(1m) = 4.37[m]$
가솔린	$L = 0.23(1,887)^{2/5} - 1.02(1m) = 3.68[m]$

2. 목재와 가솔린의 화염의 높이 비교

   가솔린(3.68 m)은 목재(0.59 m)보다 약 6.2배 높음

| 20 | 크기가 5 [m] × 4 [m] × 4 [m]인 실내에서 프로페인 가스가 누출되고 있다. 실내는 밀폐되어 있어 공기 유입은 없다고 가정할 때 다음 물음에 답하시오. (단, 프로페인은 순수 프로페인이고 폭발이 발생하기에 앞서 실내 체적의 25 %가 혼합기로 차 있다. 순수 프로페인의 LFL과 UFL은 각각 2.1 %와 10.1 %이다) |

1) 폭발에 필요한 가스량을 구하시오.
2) 누출속도가 1.35×10^{-3} [m³/s]인 경우 실내 폭발이 발생하는 데 소요되는 시간을 계산하시오.

풀이

1. 구획실 체적 : 5 [m] × 4 [m] × 4 [m] = 80 [m³]

2. 폭발에 필요한 가스량

   1) 구획실이 LFL에 도달하는 데 요구되는 가스량

   실체적의 25 [%] × 2.1 [%] = (80 m³ × 0.25) × 0.021 = 0.42 [m³]

   2) 구획실이 UFL에 도달하는 데 요구되는 가스량

   실체적의 25 [%] × 10.1 [%] = (80 m³ × 0.25) × 0.101 = 2.02 [m³]

   ∴ 실내 폭발이 발생하기 위해 0.42 ~ 2.02 [m³]의 프로페인 가스 누출이 필요

3. 폭발시간

   1) LFL에 도달하는 데 소요되는 시간

   $0.42 \, [m^3] \div (1.35 \times 10^{-3} \, m^3/s) = 311 \, [s]$

   2) UFL에 도달하는 데 소요되는 시간

   $2.02 \, [m^3] \div (1.35 \times 10^{-3} \, [m^3/s]) = 1,496 \, [s]$

   ∴ 폭발에 소요되는 시간은 311 ~ 1,496 [s]

21. 감광(소멸)계수가 0.3 [m⁻¹]일 때 자극성 연기에서 유도등의 가시거리를 구하시오. (단, 이때 적용하는 비례상수 K는 8을 적용한다) [술 117회]

풀이

1. 기본 개념

   1) 가시거리 : 화재로 인한 연기 발생 시 눈으로 식별할 수 있는 거리
   2) 감광계수 : 빛의 산란과 흡수 정도를 나타낸 계수
   3) 감광계수와 가시거리는 반비례 관계로 감광계수가 클수록 가시거리는 짧아짐

2. 관계식

   1) 비자극성 연기에서의 가시거리

   $$L = \frac{K}{C_S}$$

   2) 자극성 연기에서의 가시거리

   $$L = \frac{K}{C_S}(0.133 - 1.47\log C_S)$$

3. 가시거리의 계산

   1) 비자극성 연기에서의 가시거리

   $$L = \frac{K}{C_S} = \frac{8}{0.3} = 26.666 ≒ 26.67 \text{ [m]}$$

   2) 자극성 연기에서의 가시거리

   $$L = \frac{K}{C_S}(0.133 - 1.47\log C_S)$$

   $$L = \frac{8}{0.3}(0.133 - 1.47\log 0.3) ≒ 24.04 \text{ [m]}$$

22. 방염성능기준 중 소방청장이 정하여 고시한 방법으로 발연량을 측정하는 경우 최대연기밀도는 400 이하로 되어 있다. 이 값의 의미와 구하는 방법을 구체적으로 설명하시오.
[술 93, 109회]

풀이

1. 방염성능기준

    1) 버너의 불꽃을 제거한 때부터 불꽃을 올리며 연소 상태가 그칠 때까지 시간은 20초 이내

    2) 버너의 불꽃을 제거한 때부터 불꽃을 올리지 아니하고 연소 상태가 그칠 때까지 시간은 30초 이내

    3) 탄화 면적 50 [cm^2], 탄화 길이 20 [cm] 이내

    4) 불꽃의 접촉 횟수 : 3회 이상

    5) 소방청장이 정하여 고시한 방법으로 발연량 측정 시 최대연기밀도는 400 이하

2. 연기밀도 측정방법

    1) 최대 연기밀도 기준

        (1) 카펫, 합성수지판 등 : 400 이하

        (2) 얇은 포, 두꺼운 포 : 200 이하

    2) 연기밀도 측정 방법

        (1) 고체 물질은 25 [kW/m^2] 방열기와 파이롯트 버너 사용에 의한 시험

        (2) 용융하는 물품은 25 [kW/m^2] 방열기와 불꽃길이가 30 [mm]인 버너 사용에 의한 시험

    3) 연기밀도 400의 의미

        (1) 광학농도

        $$D = \log_{10}\left(\frac{I_o}{I}\right) = \log_{10}\left(\frac{1}{T}\right)$$

        T : 광선투과율
        I_0 : 연기가 없을 때 빛의 세기 [lx]
        I : 연기가 있을 때 빛의 세기 [lx]

(2) 연기밀도(광학농도비)

$$D_s = D\frac{V}{AL}$$

$$D_s = D\frac{V}{AL}\log_{10}\left(\frac{1}{T}\right) = 132\log_{10}\left(\frac{1}{T}\right)$$

T : 광선투과율
132 : 연소챔버에 대하여 V/AL로부터 유도된 인자
V : 연소챔버의 부피
A : 연소챔버의 노출면적
L : 광선 경로의 길이

(3) 연기밀도(백분율)

$$D_s = 132\log_{10}\left(\frac{100}{T}\right)$$

(4) 연기밀도 400의 의미(D_s)

$$400 = 132\log_{10}\left(\frac{100}{T}\right)$$

$$\frac{400}{132} = \log_{10}\left(\frac{100}{T}\right)$$

$$10^{\frac{400}{132}} = \frac{100}{T}$$

T = 0.99 [%] ≒ 0.1 [%]

T(투과율) ≒ 0.1 [%], 암흑도 : 99.9 [%]를 의미함

23 구획실 화재(환기구 크기 1 m × 2 m)에서 플래시오버 이후 최성기 화재(800 ℃로 가정)의 에너지 방출률 구하라. (단, 연료가 퍼진 바닥면적 12 m², 가연물의 기화열 2 kJ/g, 평균 연소열 △Hc = 20 kJ/g, 스테판-볼츠만 상수 = 5.67 × 10⁻⁸ W/m²·K⁴) [술 113, 122회]

[풀이]

1. 최성기 화재의 에너지 방출률

   1) 환기요소 $A\sqrt{H}$를 무시하고 연료지배형 화재라는 가정에서의 열방출률
   2) 복사열유속은 최성기 화재 800 [℃]로 가정하여 계산
      (1) 방사율(ϵ) = 1(조건에 없으므로)
      (2) $\dot{q}'' = \epsilon \sigma T^4 = 5.67 \times 10^{-11} \times (273+800)^4 = 75.16 [kW/m^2]$
   3) 에너지 방출률

   $$\dot{Q} = \dot{m}'' A \triangle H_c = \frac{\dot{q}''}{L} A \triangle H_c$$

   $$= \frac{75.16 [kW/m^2]}{2 [kJ/g]} \times 12 [m^2] \times 20 [kJ/g] \fallingdotseq 9.02 [MW]$$

2. 환기지배형 화재의 에너지 방출률

   1) 환기요소 $A\sqrt{H}$를 고려한 경우에서의 열방출률
   2) 환기지배형 화재에서의 공기유입속도
      $\dot{m}_a = 0.5 A \sqrt{H} = 0.5 \times (1 \times 2) \sqrt{2} = 1.41 [kg/s]$
   3) 환기지배형 화재의 에너지 방출률
      (1) 일반적으로 연료의 대부분은 공기 중에서 대략 3,000 [kJ/kg] 발생시킴
      (2) $\dot{Q} = 1.41 [kg/s] \times 3,000 [kJ/kg] = 4,230 [kW] \fallingdotseq 4.23 [MW]$

3. 최성기 화재와 환기지배형 화재의 에너지 방출률 비교

   1) 연료지배형 화재로 가정 시 9.02 [MW], 환기지배형 화재로 가정 시 4.23 [MW]이다.
   2) 연료지배형 화재에서 환기지배형 화재로 전환되면서 구획실 내의 산소량 부족으로 화재는 공기의 유입속도에 지배를 받는다.
   3) 즉, 9.02 - 4.23 = 4.79 [MW]만큼의 에너지 방출률이 줄어든다.

24

Thomas식 Flashover 판단기준을 사용해서 바닥면적이 6.0 [m]×4.0 [m]와 높이가 3.0 [m]인 방에서 Flashover가 발생하는 데 필요한 열발생속도(MW)를 계산하시오. (단, 방에는 창문이 높이 2.0 m, 폭 3.0 m이고, Flashover에 대한 열발생속도는 다음과 같다)
[술 71회]

조건

$$\dot{Q}_{fo} = 0.007 A_T + 0.378 A \sqrt{H} \, [MW]$$

풀이

1. Thomas 관련 식

$$\dot{Q}_{fo} = 0.007 A_T + 0.378 A \sqrt{H} \, [MW]$$

A_T : 벽면적[m^2]
A : 개구부 면적[m^2]
H : 개구부 높이[m^2]

2. Flashover가 발생하는 데 필요한 열발생속도[MW] 계산

$A_T = (6 \times 4 \times 2) + (6 \times 3 \times 2) + (4 \times 3 \times 2) - (3 \times 2) = 102 \, [m^2]$

$A = 3 \times 2 = 6 \, [m^2]$

$\dot{Q}_{fo} = 0.007 \times 102 \, [m^2] + 0.378 \times 6 \sqrt{2} = 3.92 \, [MW]$

3. Flashover 방지대책

  1) 가연물량을 줄여 방출열량을 3.92 [MW] 이하로 유지
  2) 공간의 체적을 크게 하여 온도를 낮게 할 것

25. 가로, 세로, 높이가 10 [m] × 10 [m] × 5 [m]인 구획실에서 6 [MW]의 화재가 진행 중이다. 다음 조건을 이용하여 화재가 Flashover로 발전할 가능 여부를 McCaffrey의 공식을 사용하여 판단하시오. [술 100회]

조건

벽 두께 : 콘크리트 20 [cm], 열전도도(k) : 7.6 × 10⁻³ [kW/m · ℃]
개구부 높이 : 3 [m], 개구부 크기 : 3 [m] × 2 [m]

풀이

1. McCaffrey 공식

$$\dot{Q}_{fo} = 610(h_k \cdot A_T \cdot A\sqrt{H})^{\frac{1}{2}} [KW]$$

2. 계산의 요소

1) 대류열전달계수 $h_k = \dfrac{K}{L}$ 또는 $\sqrt{\dfrac{k\sigma c}{t}}$ 중 큰 값을 적용

$$h_k = \frac{7.6 \times 10^{-3}}{0.2} = 0.038 \ [\text{kW/m}^2 \cdot ℃]$$

2) 구획내부 표면적 $A_T = (10 \times 10 \times 2) + (10 \times 5 \times 4) - 6 = 394 [m^2]$

3) 개구부 면적 $= 3 \times 2 = 6 [m^2]$

4) 개구부 높이 $= 3 [m]$

3. 계산

$$\dot{Q}_{fo} = 610(h_k \cdot A_T \cdot A\sqrt{H})^{\frac{1}{2}} [KW]$$

$$\dot{Q}_{fo} = 610(0.038 \times 394 \times 6\sqrt{3})^{\frac{1}{2}} = 7608.97 [kW] = 7.61 [MW]$$

4. Flashover 발생가능성 평가

구획실에서 화재 크기가 6 [MW]로 Flashover가 발생하려면 약 7.61 [MW]의 열방출률이 필요하기 때문에 Flashover는 발생하지 않는다.

| 26 | 가솔린의 화재 플룸 속도는 증발속도보다 100배 이상 빠르다. 그 이유를 설명하라. (가솔린의 최대연소 질량유속[$\dot{m}''$] = 55 g/m² · s, 중력가속도[g] = 9.8 m/s², 화염높이 = 1 m, 온도와 밀도와 반비례하고 가솔린의 증기밀도는 공기밀도의 2배로 가정한다) [술 99, 106, 109, 113, 122회] |

풀이

1. 가정

1) 가솔린의 질량연소유속 $\dot{m}''$ = 55 [g/m² · s]

2) 중력가속도[g] = 9.8 [m/s²]

3) 화염높이 1 [m], 온도는 밀도와 반비례($T \propto \dfrac{1}{\rho}$)

4) 가솔린 증기밀도는 공기밀도의 2배

2. 가솔린의 증발속도(V)

1) 가솔린의 증기밀도 : 2,000 [g/m³](공기 밀도의 2배이므로)

2) $V = \dfrac{55\,[g/m^2 \cdot s]}{2,000\,[g/m^3]} = 0.03\,[m/s]$

3. 화재 플룸(Fire Plume)의 속도

1) 단위체적당 상대적 위치에너지

   (1) 연소가스와 주변공기와의 밀도차에 의한 부력 발생

   (2) 상대적 위치에너지

   $$\Delta P = (\rho_a - \rho)gz$$

   ρ_a : 공기의 밀도, ρ : 연기의 밀도
   g : 중력가속도, z : 두 지점의 수직높이

2) 단위 체적에 대한 운동에너지

   $$운동에너지 = \dfrac{v^2}{2g}\gamma = \dfrac{v^2}{2}\rho$$

   v : 플룸의 속도[m/s]
   γ : 연기의 비중량[kg_f/m³]
   ρ : 연기의 밀도[kg/m³]

3) 플룸의 속도

　(1) 단위체적당 상대적 위치에너지와 단위 체적에 대한 운동에너지가 같다고 가정

　(2) $(\rho_a - \rho)gz = \dfrac{v^2}{2}\rho$

$$v = \sqrt{\dfrac{2(\rho_a - \rho)gz}{\rho}} = \sqrt{\dfrac{2(T - T_a)gz}{T_a}}$$

(온도와 밀도는 반비례 $\dfrac{T}{T_a} = \dfrac{\rho_a}{\rho}$)

v : 플룸의 속도[m/s]
z : 플룸의 이동 높이[m]
ρ_a : 공기의 밀도[kg/m³]
ρ : 연기의 밀도[kg/m³]

4. 화재 플룸 속도의 계산

1) 플룸 온도 600 [K], 실내 온도 300 [K], 이동지점 1 [m]일 경우 플룸의 속도

$$v = \sqrt{\dfrac{2(600-300) \times 9.8 \times 1}{300}} = 4.4\,[m/s]$$

2) 가솔린의 화재 플룸 속도와 증발속도의 비교

$$\dfrac{화재플룸속도}{증발속도} = \dfrac{4.4}{0.03} = 146.66 \qquad \therefore\ 147배$$

3) 가솔린 화재 시 화재 플룸 속도는 증발속도보다 100배 이상이므로 공기를 유입시키기에 충분한 유속임

27 그림은 천장 열기류(Ceiling Jet)에 관한 계산 모델이다. 물음에 답하시오. [술 125회]

1) 천장 열기류(Ceiling Jet)의 정의
2) 화재플럼 중심축으로부터 거리 r만큼 떨어진 위치에서의 기류 온도와 속도
3) 화재플럼 중심축에서 2.5 [m] 떨어진 위치에 72 [℃] 스프링클러 헤드가 설치되어 있다고 가정할 때 감열 여부 판단(화재크기 1,000 kW, 층고 4.0 m, 실내온도 20 ℃)

조 건

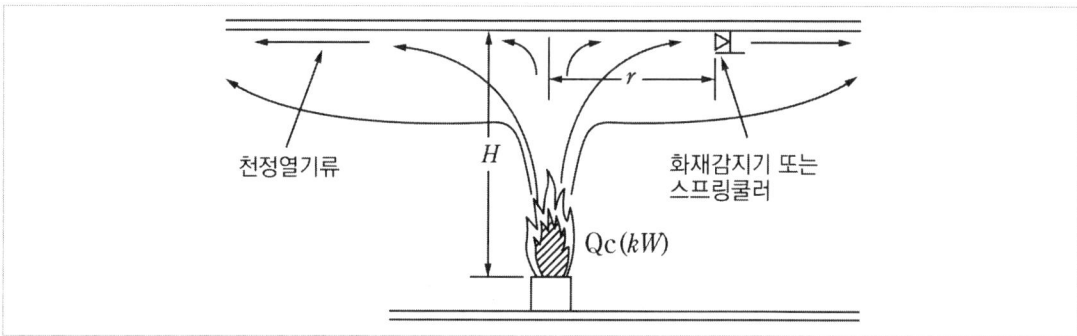

풀 이

1. 천장 열기류(Ceiling Jet)의 정의
   1) 화재 시 발생하는 연소생성물에는 화염, 열, 연기, 가스 등이 있다.
   2) 이러한 연소생성물이 천장면 아래에 형성하는 빠른 속도의 가스 흐름을 말한다.

2. 화재플럼 중심축으로부터 거리 r 만큼 떨어진 위치에서의 기류 온도와 속도
   1) 개념

   열방출률 $\dot{Q}$ 와 화원에서 천장까지의 높이 H를 알면 화재플럼의 중심축으로부터 거리 r에서의 천장류의 온도와 속도를 알 수 있다.

2) 천장 열기류의 모델

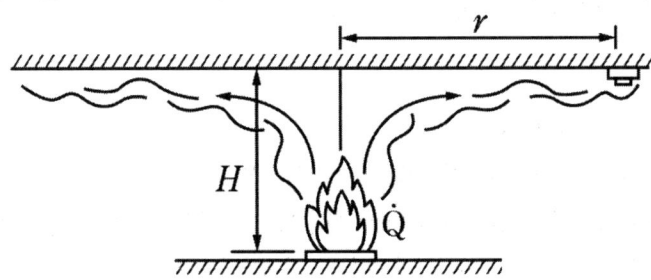

r : 화원으로부터 수평거리[m]

H : 화원으로부터 천장까지의 거리[m]

$\dot{Q}$: 열방출률[kW]

T_g : 천장류의 온도[K]

T_i : 실내온도[K]

3) 온도와 속도

온도		속도	
$\frac{r}{H} \leq 0.18$	$T_g - T_i = 16.9 \frac{\dot{Q}^{2/3}}{H^{5/3}}$	$\frac{r}{H} \leq 0.15$	$U = 0.947 (\frac{\dot{Q}}{H})^{1/3}$
$\frac{r}{H} > 0.18$	$T_g - T_i = 5.38 \frac{\dot{Q}^{2/3}/H^{5/3}}{(r/H)^{2/3}}$	$\frac{r}{H} > 0.15$	$U = 0.197 \frac{(\dot{Q}/H)^{1/3}}{(r/H)^{5/6}}$

r : 화원으로부터 수평거리[m]

H : 화원으로부터 천장까지의 거리[m]

$\dot{Q}$: 열방출률[kW]

T_g : 천장류의 온도[K]

T_i : 실내온도[K]

3. 화재플룸 중심축에서 2.5 [m] 떨어진 위치에 72 [℃] 스프링클러 헤드가 설치되어 있다고 가정할 때 감열 여부 판단(화재크기 1000 kW, 층고 4.0 m, 실내온도 20 ℃)

1) $\frac{r}{H} = \frac{2.5}{4} = 0.625$

$\frac{r}{H} > 0.18$이므로 식 $T_g - T_i = 5.38 \frac{\dot{Q}^{2/3}/H^{5/3}}{(r/H)^{2/3}}$ 적용

2) $T_g = 5.38 \frac{\dot{Q}^{2/3}/H^{5/3}}{(r/H)^{2/3}} + T_i$

$T_g = 5.38 \frac{(1,000)^{2/3}/(4)^{5/3}}{(0.625)^{2/3}} + 20$ $\quad\quad\quad \therefore\ T_g = 93.02 [℃]$

3) 화재 플룸 중심축에서 2.5 [m] 떨어진 스프링클러헤드의 온도는 약 93 [℃]이기 때문에 72 [℃] 헤드는 감열된다.

모아바 www.moa-ba.com
모아소방전기학원 www.moate.co.kr

PART

09

뇌풀림 소방기술사·관리사 수리계산 핸드북

내진설계

01 내진설계기준에서 세장비(λ)를 설명하고, 압력배관용탄소강관 25 [A]의 세장비가 300 이하일 때 버팀대 최대길이[cm]를 구하시오. (단, 25 A(Sch 40)의 외경 34 mm, 배관 두께 3.4 mm, $\lambda = \dfrac{L}{r}$을 이용한다. 여기서, r : 최소회전반경($\sqrt{\dfrac{I}{A}}$), I : 버팀대 단면 2차모멘트, A : 버팀대 단면적) [술 124회]

풀이

1. 세장비

$$\text{세장비} = \frac{L(\text{버팀대길이})}{r(\text{최소회전반경})} = \frac{L}{\sqrt{\dfrac{I}{A}}}$$

2. 버팀대의 최대길이[cm]

   1) 조건

   ⑴ 25 [A](Sch 40)의 외경 34 [mm], 배관 두께 3.4 [mm]

   ⑵ $\lambda = \dfrac{L}{r}$ 　r : 최소회전반경($\sqrt{\dfrac{I}{A}}$)
   　I : 버팀대 단면 2차모멘트
   　A : 버팀대 단면적

   2) 공식

   ⑴ 세장비(λ) $= \dfrac{\text{버팀대의 길이}(L)}{\text{최소 회전 반경}(r)} = \dfrac{L}{\sqrt{\dfrac{I}{A}}}$

   ⑵ 원형에서의 2차 모멘트(I) $= \dfrac{\pi(D^4 - d^4)}{64}$

   3) 계산

   ⑴ 최소회전반경(r)

   $$r = \sqrt{\frac{I}{A}} = \sqrt{\frac{\dfrac{\pi(D^4-d^4)}{64}}{\dfrac{\pi(D^2-d^2)}{4}}} = \frac{\sqrt{D^2+d^2}}{4} = \frac{\sqrt{34^2+27.2^2}}{4} = 10.885$$

   ⑵ 버팀대의 최대길이 L [cm]
   　$L = \lambda \times r = 300 \times 10.885 = 3265.5 \,[\text{mm}] = 326\,[\text{cm}]$

02. 단면적이 9 [cm²]로 동일한 정삼각형, 정사각형, 원형의 버팀대가 있을 경우 세장비가 300일 때 최소회전반경(r)과 버팀대 길이를 계산하시오. [술 119회]

풀이

1. 세장비 $= \dfrac{L(\text{버팀대길이})}{r(\text{최소회전반경})} = \dfrac{L}{\sqrt{\dfrac{I}{A}}}$ I : 2차모멘트 A : 면적

2. 공식

구분	정삼각형	정사각형	원형
도형	(삼각형, 밑변 b, 높이 h, 중심 G)	(사각형, 밑변 b, 높이 h, 중심 G)	(원, 지름 D, 중심 G)
2차 모멘트	$\dfrac{bh^3}{36}$	$\dfrac{bh^3}{12}$	$\dfrac{\pi D^4}{64}$
면적	$\dfrac{1}{2}bh = \dfrac{\sqrt{3}\,b^2}{4}$	bh	$\dfrac{\pi D^2}{4}$

3. 계산

구분	정삼각형	정사각형	원형
길이(b) 높이(h) 직경(D)	• b = 4.56 [cm] $(9 = \dfrac{\sqrt{3}\,b^2}{4})$ • h = 3.95 [cm] (h = $\dfrac{\sqrt{3}\,b}{2}$)	• b = 3 [cm] (9 = b × h) • h = 3 [cm] (9 = b × h)	• D = 3.39 [cm] $(D = \sqrt{\dfrac{36}{\pi}})$
2차 모멘트 (I)	• I = 7.81 ($\dfrac{4.56 \times 3.95^3}{36}$)	• I = 6.75 ($\dfrac{3 \times 3^3}{12}$)	• I = 6.48 ($\dfrac{3.14 \times 3.39^3}{64}$)
최소회전 반경(r)	• r = 0.93 ($\sqrt{\dfrac{7.81}{9}}$)	• r = 0.87 ($\sqrt{\dfrac{6.75}{9}}$)	• r = 0.85 ($\sqrt{\dfrac{6.48}{9}}$)
버팀대길이 (L)	• L = 279 (300 × 0.93)	• L = 261 (300 × 0.87)	• L = 255 (300 × 0.85)

03 조건과 같은 형상의 버팀대를 사용할 경우 세장비를 계산하시오. (다만 버팀대 길이 3 m, 양단 pin지지, 좌굴길이의 계수 r = 1이다)

조건

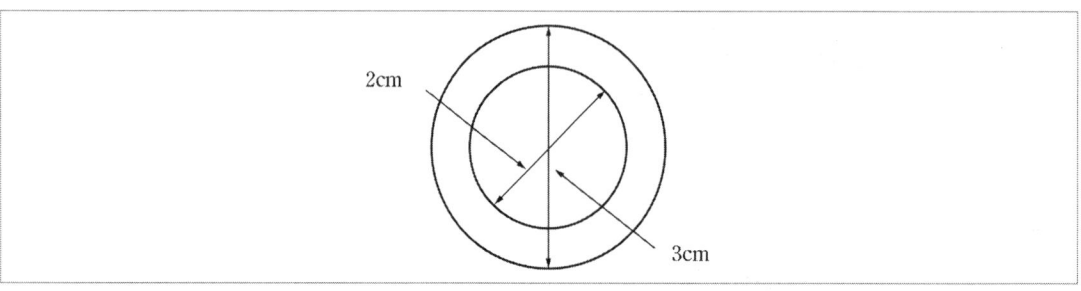

풀이

1. 세장비(L/r)의 정의

   흔들림 방지 버팀대 지지대의 길이(L)와, 최소 단면 2차반경(r)의 비율을 말하며, 세장비가 커질수록 좌굴(Buckling)현상이 발생하여 지진 발생 시 파괴되거나 손상을 입기 쉽다.

   $$세장비(\lambda) = \frac{L}{r}$$

   λ : 세장비(300 이하)
   L : 버팀대의 길이[cm]
   r : 최소회전반경[cm]

2. 세장비의 계산

   1) 최소회전반경

   $$r = \sqrt{\frac{I}{A}}$$

   r : 최소회전반경[cm]
   I : 버팀대의 단면 2차 모멘트[cm^4]
   A : 버팀대의 단면적[cm^2]

   2) 최소회전반경(r)

   (1) 버팀대의 단면 2차 모멘트[cm^4] 및 버팀대의 단면적[cm^2]

   ① 단면 2차 모멘트[cm^4] = $\frac{\pi}{64}(D^4 - d^4)$

   ② 단면적[cm^2] = $\frac{\pi}{4}(D^2 - d^2)$

   (2) 단면 2차 모멘트[cm^4] = $\frac{\pi \times [(3\,cm)^4 - (2\,cm)^4]}{64}$ = 3.19 [cm^4]

(3) 버팀대의 단면적[cm^2] = $\dfrac{\pi \times [(3cm)^2 - (2cm)^2]}{4}$ = 3.927 [cm^2]

(4) 최소회전반경(r) = $\sqrt{\dfrac{I}{A}}$ = $\sqrt{\dfrac{3.19[cm^4]}{3.927[cm^2]}}$ = 0.9013 　　　　∴ 0.9013 [cm]

3) 세장비 = $\dfrac{L}{r}$ = $\dfrac{300[cm]}{0.9013[cm]}$ = 332.85 　　　　∴ 세장비가 300 이상이므로 사용 불가

🗐 보충

1. 지진에 의한 소화배관의 수평지진하중(F_{pw})

$$F_{pw} = C_p \times W_p$$

　F_{pw} : 수평지진하중
　W_p : 가동중량
　C_p : 소화배관의 지진계수(별표 1 선정)

2. 세장비(L/r)

　1) 정의

　　흔들림 방지 버팀대 지지대의 길이(L)와 최소단면2차반경(r)의 비율
　　세장비가 커질수록 좌굴현상이 발생, 지진 발생 시 파괴 또는 손상

　2) 계산식

　　세장비 = $\dfrac{\text{흔들림 방지 버팀대 지지대의 길이}(L)}{\text{최소단면 2차 반경}(r)}$

PART

10

뇌풀림 소방기술사·관리사 수리계산 핸드북

유도식

| 01 | 베르누이 방정식을 유도하시오. |

풀이

1. 에너지 보존법칙에서 유도

    1) 일 = 힘 × 거리 = $FS = Fds$

    (1) 운동에너지 = $\int Fds = \int (ma)ds = \int \left(m\dfrac{dv}{dt}\right)ds = \int mvdv = \dfrac{1}{2}mv^2$

    (2) 위치에너지 = $\int Fds = \int mgds = mgZ$

    (3) 압력에너지 = $\int Fds = \int PAds = pdv = PV$

2. 에너지 보존법칙

    1) 에너지 보존법칙에 의해 운동에너지 + 위치에너지 + 압력에너지 = 일정하므로

    $\dfrac{1}{2}mv^2 + mgZ + PV = const$

    2) 위 식 양변을 mg로 나누면

    $$\dfrac{v^2}{2g} + Z + \dfrac{P}{\gamma} = const$$

    $\dfrac{v^2}{2g}$: 속도수두[m]

    $\dfrac{P}{\gamma}$: 압력수두[m]

    Z : 위치수두[m]

02 토리첼리의 정리($v = \sqrt{2gh}$)를 유도하시오.

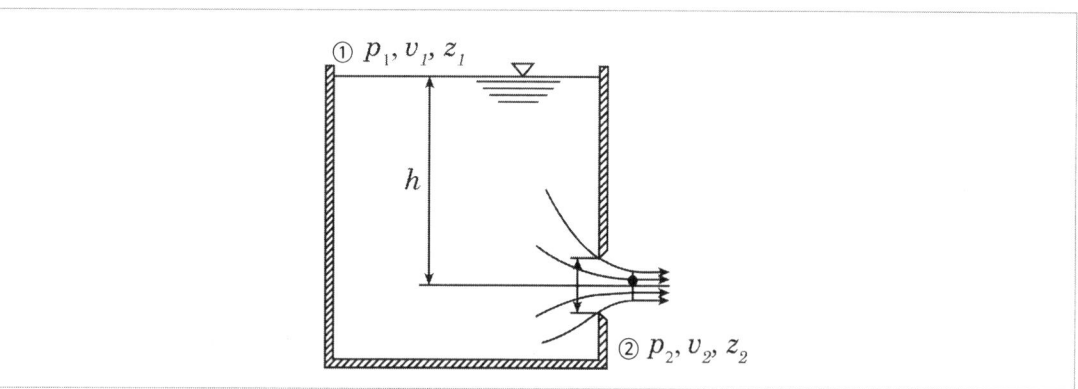

풀이

1. 베르누이 정리

    1) 수면 ①과 출구 단면 ②에 베르누이 정리를 적용하면

    $$\frac{v_1^2}{2g} + \frac{P_1}{\gamma} + z_1 = \frac{v_2^2}{2g} + \frac{P_2}{\gamma} + z_2$$

    2) $P_1 = P_2 =$ 대기압, $v_1 = 0$, $z_1 - z_2 = h$이므로 $\frac{v_2^2}{2g} = h$가 된다.

    3) $v = \sqrt{2gh}$ (h : 유출구와 수면 사이의 높이)

2. 적용

    1) 속도계수의 적용

    $v = C_v \sqrt{2gh}$ (C_v : 속도계수 < 1)

    2) 오리피스 유량

    $Q = AC_cC_v\sqrt{2gh}$ (C_c : 수축계수, C_v : 속도계수)

03 배관 내 유체에서 Hagen Poiseulle 법칙과 Darcy Weisbach 방정식을 이용하여 층류 흐름의 마찰계수 $f = \dfrac{64}{Re}$ 를 유도하시오. [술 103회]

풀이

1. $f = \dfrac{64}{Re}$ 유도

    1) 하겐 포아젤 식(Hagen Poiseulle)

    $$\Delta P = \gamma H = \dfrac{128\mu l Q}{\pi d^4} \quad \cdots\cdots\cdots \text{①}$$

    μ : 유체의 점성계수[kg/m·s]
    Q : 단면을 통과하는 체적유량[m³/s]
    l : 관의 길이[m]
    d : 배관의 직경[m]
    γ : 유체의 비중량[N/m³]

    2) 달시 바이스바하(Darcy Weisbach) 방정식

    $$H = f \dfrac{l}{d} \dfrac{v^2}{2g} \quad \cdots\cdots\cdots\cdots \text{②}$$

    H : 관의 마찰손실수두[m]
    f : 관의 마찰손실계수
    l : 관의 길이[m]
    d : 배관의 내경[m]
    v : 유속[m/s]
    g : 중력가속도[m/s²]

    3) ①식과 ②식을 같게 하면

    $$f \dfrac{l}{d} \dfrac{v^2}{2g} = \dfrac{128\mu l Q}{\pi d^4 \gamma}$$

    $$f = \dfrac{128\mu l Q}{\pi d^4 \gamma} \times \dfrac{2gd}{v^2 l}$$

    $$f = \dfrac{128\mu l (\dfrac{\pi}{4}d^2 v)}{\pi d^4 \rho g} \times \dfrac{2gd}{v^2 l} \quad (\gamma = \rho g,\ Q = \dfrac{\pi}{4}d^2 v)$$

    $$f = 64 \times \dfrac{\mu}{\rho v d}$$

    여기서, $Re = \dfrac{\rho v d}{\mu}$ 이므로

    $$\therefore f = \dfrac{64}{Re}$$

04 노즐의 반동력 $R = 0.015PD^2$ 임을 유도하시오.

풀이

1. 적용 공식

   1) 운동량 방정식

   $R = \rho Q v$

   2) 연속 방정식

   $Q = Av$

   3) 토리첼리 정리

   $v = \sqrt{2gh} = \sqrt{2g \times \dfrac{P}{\gamma}}$ ($\because \gamma = 1000$ kg$_f$/m³)

   4) 적용

   $\begin{aligned} R &= \rho Q v = \rho \times Av \times v = \rho Av^2 \\ &= \rho \times \dfrac{\pi d^2}{4} \times (\sqrt{2gh})^2 = \rho \dfrac{\pi d^2}{4} \times 2g \dfrac{P}{1000} \end{aligned}$ ········· ①

2. 관계식 계산

   1) R : 단위 변환 없음

   2) $P : [kg_f/cm^2] = 1\left[\dfrac{kg_f}{cm^2}\right] \times \dfrac{[100cm]^2}{[1m]^2} = 10^4 [kg_f/m^2]$

   3) $D : [mm] = 1[mm] \times \dfrac{1[m]}{1000[mm]} = \dfrac{1}{1000}[m]$

3. ①식에 대입

   $R = \rho \times \dfrac{\pi}{4}(\dfrac{1}{1000}d)^2 \times 2g \times \dfrac{10^4}{1000}P$

   $\rho = 102[kg_f \cdot s^2/m^4],\ g = 9.8[m/s^2]$를 대입하면

   $\therefore R = 0.015PD^2$

05 소화설비의 배관 유속을 3 [m/s] 이하로 제한할 경우, 적합한 배관 관경 산정식은 $d = 84.13\sqrt{Q}$로 성립된다. 이 식을 유도하시오. (단, d : 배관구경[mm], Q : 유량 [m³/min]) [술 103회]

풀이

1. 연속 방정식

$$Q = Av = \frac{\pi d^2}{4}v$$

$$d = \sqrt{\frac{4Q}{\pi v}} \quad \cdots\cdots\cdots\cdots\cdots\cdots ①식$$

2. 단위 변환
   1) 변환 전 단위
      (1) v : [m/s]
      (2) Q : [m³/s]
      (3) d : [m]
   2) 변환 후 단위
      (1) v : [m/s]
      (2) Q : [m³/min]
      (3) d : [mm]

3. 관계식 계산
   1) v : [m/s] → 단위 변환 없음
   2) Q : [m³/min] = $1\left[\dfrac{m^3}{min}\right] \times \dfrac{1[min]}{60[s]} = \dfrac{1}{60}[m^3/s]$
   3) d : [mm] = $1[mm] \times \dfrac{1[m]}{1000[mm]} = \dfrac{1}{1000}[m]$

4. ①식에 대입

$$\frac{1}{1000}d = \sqrt{\frac{4}{\pi v} \times \frac{1}{60}Q} \quad \text{여기에, 유속 3 [m/s]를 대입하면}$$

$$\frac{1}{1000}d = \sqrt{\frac{4}{3.14 \times 3[m/s]} \times \frac{1}{60}Q}$$

$$d = 84.1257\sqrt{Q} \qquad\qquad\qquad \therefore d = 84.13\sqrt{Q}$$

06

소화배관을 통과하는 유량을 측정하는 방법은 여러 가지가 있으나 일반적으로 사용하는 유량산출식은 $Q = \dfrac{A_2}{\sqrt{1-\left(\dfrac{A_2}{A_1}\right)^2}} \sqrt{2g\dfrac{\gamma_1 - \gamma_2}{\gamma_2}R}$ 식을 많이 활용하고 있다. 이 유량산출식을 다음의 조건을 적용하여 유도하시오. (단, 베르누이 방정식을 활용, 마노미터의 압력차 $\triangle P = P_1 - P_2 = (\gamma_1 - \gamma_2)R$이고, 기타 조건은 무시한다) [술 81회]

풀이

1. 베르누이 정리

$$\dfrac{V_1^2}{2g} + \dfrac{P_1}{\gamma} + Z_1 = \dfrac{V_2^2}{2g} + \dfrac{P_2}{\gamma} + Z_2$$

2. $Z_1 = Z_2$이므로

$$\dfrac{V_2^2}{2g} - \dfrac{V_1^2}{2g} = \dfrac{P_1}{\gamma_2} - \dfrac{P_2}{\gamma_2}$$

$$V_2^2 - V_1^2 = 2g\dfrac{P_1 - P_2}{\gamma_2} \quad \cdots\cdots\cdots\cdots ①식$$

3. 연속의 방정식

$$A_1 V_1 = A_2 V_2$$

$$V_1 = \left(\dfrac{A_2}{A_1}\right)V_2 \quad \cdots\cdots\cdots\cdots ②식$$

4. ①식에 ②식을 대입하면

$$V_2^2 - \left(\dfrac{A_2}{A_1}\right)^2 V_2^2 = \left[1 - \left(\dfrac{A_2}{A_1}\right)^2\right]V_2^2 = 2g\dfrac{P_1 - P_2}{\gamma_2}$$

$$V_2^2 = \dfrac{1}{1-\left(\dfrac{A_2}{A_1}\right)^2} \cdot 2g\dfrac{P_1 - P_2}{\gamma_2}$$

여기서, $P_1 - P_2 = (\gamma_1 - \gamma_2)R$이므로

$$V_2^2 = \dfrac{1}{1-\left(\dfrac{A_2}{A_1}\right)^2} \cdot 2g\dfrac{\gamma_1 - \gamma_2}{\gamma_2}R$$

5. 양변에 제곱근하면

$$V_2 = \frac{1}{\sqrt{1-\left(\frac{A_2}{A_1}\right)^2}} \sqrt{2g\frac{\gamma_1-\gamma_2}{\gamma_2}R}$$

$$\therefore Q = \frac{A_2}{\sqrt{1-\left(\frac{A_2}{A_1}\right)^2}} \sqrt{2g\frac{\gamma_1-\gamma_2}{\gamma_2}R}$$

보충

구분	관련 식
단면적으로 표현한 식	$Q = \dfrac{A_2}{\sqrt{1-\left(\frac{A_2}{A_1}\right)^2}} \sqrt{2g\dfrac{\gamma_1-\gamma_2}{\gamma_2}R}$
직경으로 표현한 식	$Q = \dfrac{A_2}{\sqrt{1-\left(\frac{D_2}{D_1}\right)^4}} \sqrt{2g\dfrac{\gamma_1-\gamma_2}{\gamma_2}R}$

07 옥내소화전설비의 방수량을 구하는 공식 Q = 0.653 d² √P 임을 유도하시오. (단, Q : 노즐방사량[Lpm], d : 노즐내경[mm], P : 노즐방사압[kg/cm²])

풀이

1. 적용 공식

   1) 연속 방정식

   $$Q = Av$$

   Q : 유량[m³/s]
   A : 배관의 단면적[m²]
   v : 유속[m/s]

   2) 동압(소화전 호스에서 노즐을 통해 방사 시 적용)

   $$P = \frac{v^2}{20g}$$

   P : 동압
   v : 유속[m/s]
   g : 중력가속도[m/s²]

   3) 단면적

   $$A = \frac{\pi D^2}{4}$$

   A : 배관의 단면적[m²]
   D : 배관의 직경[m]

2. 유도

   1) 동압(소화전 호스에서 노즐을 통해 방사 시 동압 적용)

   $$P = \frac{v^2}{20g}, \quad v = \sqrt{20g \cdot P} = 14\sqrt{P}$$

   2) 면적 A

   $$A = \frac{\pi D^2}{4}$$

   3) 1), 2)를 $Q = Av$에 대입하면

   $$Q = \frac{\pi D^2}{4} \times 14\sqrt{P} = 3.5\pi D^2 \sqrt{P}$$

4) 단위변환

  ⑴ $Q\ [m^3/s] \rightarrow q\ [Lpm]$

    $1\ [m^3/s] = 1000 \times 60\ [Lpm]$

    $Q \times 1000 \times 60 = q$

    $Q = \dfrac{q}{1000 \times 60}$

  ⑵ $D\ [m] \rightarrow d\ [mm]$

    $1\ [m] = 1000\ [mm]$

    $D \times 1000 = d$

    $D = \dfrac{d}{1000}$

  ⑶ ⑴, ⑵를 3)에 대입하면

    $\dfrac{q}{1000 \times 60} = 3.5\pi \times \left(\dfrac{d}{1000}\right)^2 \sqrt{P}$

    $q\ [Lpm] = 0.6597 \times d^2 \times \sqrt{P}$

    오리피스 구조 및 재질에 따라 방출량에 차이 발생하므로 유량계수 C를 도입

    $q\ [Lpm] = 0.6597 \times C \times d^2 \times \sqrt{P} = K\sqrt{P}$

  ⑷ 옥내소화전 노즐에서 봉상주수의 경우 C값은 0.99를 적용하므로 이를 ⑶에 대입하면

    $q\ [Lpm] \fallingdotseq 0.653 \times d^2 \times \sqrt{P} = K\sqrt{P}$

  ⑸ 옥내소화전의 경우 d = 13 [mm], 옥외소화전의 경우 d = 19 [mm]

08 스프링클러의 작동시간 예측에 있어 감열체의 대류와 전도에 대해 열평형식을 이용하여 설명하시오. [술 119회]

풀이

1. 헤드의 작동시간의 유도

    1) 연기의 열대류식

    $$\dot{q} = hA(T_g - T)[W]$$

    h : 대류전열계수$[W/m^2 \cdot K]$
    T_g : 연기의 온도$[K]$
    T : 감열체의 온도$[K]$

    2) 헤드의 열흡수식

    $$\dot{q} = mc\frac{dT}{dt}[W]$$

    m : 감열체의 질량$[kg]$
    c : 감열체의 비열$[J/kg \cdot K]$
    T : 감열체의 온도$[K]$

    3) 헤드의 작동시간의 유도

    (1) 가정 : 열대류식 = 열흡수식

    (2) 유도

    $$\frac{dT}{dt} = \frac{\dot{q}}{mc}$$

    $$\frac{dT}{dt} = \frac{Ah(T_g - T)}{mc} = \frac{T_g - T}{\tau} \; (\because \tau = \frac{mc}{Ah})$$

    $$dt = \frac{\tau}{T_g - T}dT, \int dt = \int_{T_o}^{T_d} \frac{\tau}{T_g - T}dT$$

    $$t = -\tau[\ln(T_g - T)]_{T_o}^{T_d}$$

    $$t = -\tau[\ln(T_g - T_d) - \ln(T_g - T_o)] = \tau\ln\frac{T_g - T_o}{T_g - T_d}$$

    $$t = \frac{RTI}{\sqrt{u}}\ln\frac{T_g - T_o}{T_g - T_d}(\because RTI = \tau\sqrt{u})$$

(3) 헤드의 작동시간

$$t = \frac{RTI}{\sqrt{u}} \ln \frac{T_g - T_o}{T_g - T_d} \quad (\because RTI = \tau\sqrt{u})$$

RTI : 반응시간지수
T_g : 연기의 온도
T_o : 감열체의 초기 온도
T_d : 감열체의 작동 온도
τ : 반응예상지수 ($\frac{mc}{Ah}$)
u : 기류의 속도

2. 결론

1) 화재 시 연기, 화열 등의 연소생성물이 천장 부근에서의 빠른 속도의 천장 제트 흐름 (Ceiling Jet Flow)이 발생한다.

2) 이때 열방출률 $\dot{Q}$ 와 천장까지의 높이 H를 알면, 화재 플룸의 중심축으로부터 거리 r지점에서의 연기 온도와 속도를 통해서 헤드 작동시간을 알 수 있다.

09

수계 배관에서 돌연확대 및 돌연축소 되는 관로에서의 부차적 손실계수(k)가 돌연확대는 $k = [1-(\frac{D_1}{D_2})^2]^2$, 돌연축소는 $k = (\frac{A_2}{A_0} - 1)^2$ 임을 증명하시오. [술 121회]

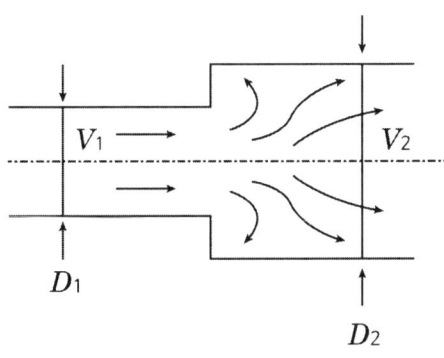

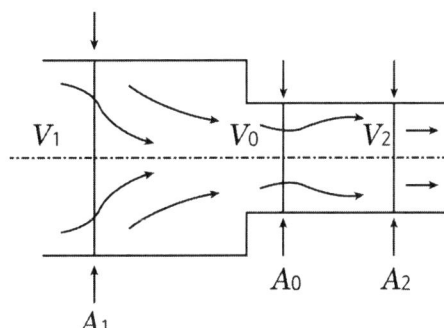

풀이

1. **돌연확대관 마찰손실**

    1) 마찰손실수두

    $$\frac{P_1}{\gamma} + \frac{V_1^2}{2g} + Z_1 = \frac{P_2}{\gamma} + \frac{V_2^2}{2g} + Z_2 + h_L \quad (\text{여기서, } Z_1 = Z_2)$$

    $$\therefore h_L = \frac{P_1 - P_2}{\gamma} + \frac{V_1^2 - V_2^2}{2g} \quad \cdots\cdots ①$$

    2) 수평관에서의 힘의 평형을 고려하면

    $$\sum F = P_1 A_2 - P_2 A_2 = (P_1 - P_2) A_2 \quad \cdots\cdots ②$$

    3) 운동량 방정식

    $$\sum F = \rho Q (V_2 - V_1) = \rho A_2 V_2 (V_2 - V_1) \quad \cdots\cdots ③$$

    4) ②식 = ③식이므로

    $$(P_1 - P_2) A_2 = \rho A_2 V_2 (V_2 - V_1) \quad \cdots\cdots ④$$

    5) ④식을 ①식에 대입하면

    $$h_L = \frac{\rho V_2 (V_2 - V_1)}{\gamma} + \frac{V_1^2 - V_2^2}{2g} = \frac{\rho V_2 (V_2 - V_1)}{\rho g} + \frac{V_1^2 - V_2^2}{2g}$$

    $$\therefore h_L = \frac{(V_1 - V_2)^2}{2g} \quad \cdots\cdots ⑤$$

6) $Q = A_1 V_1 = A_2 V_2$, $V_2 = (\dfrac{A_1}{A_2}) V_1$ 이므로

이를 ⑤식에 대입하면

$$h_L = \dfrac{(V_1 - \dfrac{A_1}{A_2} V_1)^2}{2g} = (1 - \dfrac{A_1}{A_2})^2 \times \dfrac{V_1^2}{2g} = [1 - (\dfrac{D_1}{D_2})^2]^2 \times \dfrac{V_1^2}{2g}$$

$$\therefore k = \left[1 - (\dfrac{D_1}{D_2})^2 \right]^2$$

2. 돌연축소관 마찰손실

1) 마찰손실수두

$$\dfrac{P_0}{\gamma} + \dfrac{V_0^2}{2g} + Z_0 = \dfrac{P_2}{\gamma} + \dfrac{V_2^2}{2g} + Z_2 + h_L \quad (여기서, Z_0 = Z_2)$$

$$\therefore h_L = \dfrac{P_0 - P_2}{\gamma} + \dfrac{V_0^2 - V_2^2}{2g} \cdots\cdots ①$$

2) 수평관에서의 힘의 평형을 고려하면

$$\sum F = P_0 A_2 - P_2 A_2 = (P_0 - P_2) A_2 \cdots\cdots ②$$

3) 운동량 방정식

$$\sum F = \rho Q (V_2 - V_0) = \rho A_2 V_2 (V_2 - V_0) \cdots\cdots ③$$

4) ②식 = ③식이므로

$(P_0 - P_2) A_2 = \rho A_2 V_2 (V_2 - V_0)$

$$\therefore P_0 - P_2 = \rho V_2 (V_2 - V_0) \cdots\cdots ④$$

5) ④식을 ①식에 대입하면

$$h_L = \dfrac{\rho V_2 (V_2 - V_0)}{\rho g} + \dfrac{V_0^2 - V_2^2}{2g} = \dfrac{V_0^2 - 2 V_0 V_2 + V_2^2}{2g}$$

$$= \dfrac{(V_0 - V_2)^2}{2g} \cdots\cdots ⑤$$

6) $Q = A_0 V_0 = A_2 V_2$, $V_0 = \dfrac{A_2}{A_0} V_2$ 이므로 이를 ⑤식에 대입하면

$$h_L = \left(\dfrac{A_2}{A_0} - 1 \right)^2 \dfrac{V_2^2}{2g} = \left(\dfrac{1}{C_c} - 1 \right)^2 \dfrac{V_2^2}{2g}$$

$$\therefore k = (\dfrac{A_2}{A_0} - 1)^2$$

10. 표면장력의 정의를 설명하고, 표면장력의 관계식 $\sigma = \dfrac{1}{4}Pd\,[N/m]$ 을 증명하시오.

풀 이

1. 표면장력의 정의
   1) 같은 분자의 응집력과 부착력의 차이로 발생
   2) 액 표면적을 최소화하려는 힘으로 온도가 높을수록 응집력은 작아짐

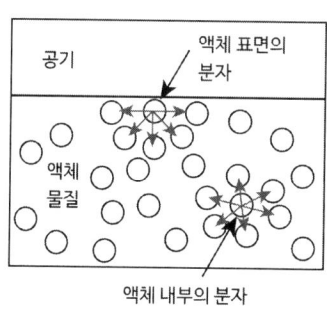 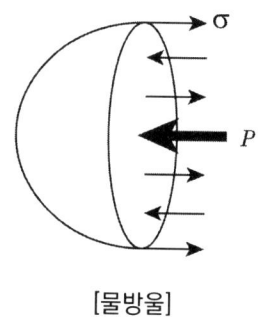

[물방울]

2. 표면장력의 관계식 증명
   1) 관계식

   $$\sigma = \dfrac{1}{4}Pd\,[N/m]$$

   σ : 표면장력 $[N/m]$
   P : 물방울 내부와 외부의 압력차 $[N/m^2]\,[Pa]$
   d : 지름 $[m]$

   2) 증명

   (1) 물방울 단면의 원주에 작용에 힘 (F_1)

   $$F_1 = \sigma \pi d$$

   (2) 압력차에 의해 발생하는 힘 (F_2)

   $$F_2 = PA = P \times \dfrac{\pi}{4}d^2$$

   (3) $F_1 = F_2$

   $$\sigma \pi d = P \times \dfrac{\pi}{4}d^2$$

   $$\therefore \sigma = \dfrac{1}{4}Pd$$

3. 표면장력에 영향을 미치는 인자

   1) 온도 : 증가할수록 분자운동이 활발하여 표면장력 감소

   2) 계면활성제 : 비누, 합성세제 등은 표면장력을 감소시킴

   3) 염분 : 염분 양이 증가할수록 표면장력 증가

   4) 알코올, 산 : 표면장력을 감소시킴

4. 표면장력

구분	표면장력[dyne/cm]
물	72
합성계면활성제	30

11. 펌프의 동력 $P = \dfrac{0.163QH}{\eta}K$ 식을 유도하시오.

풀이

1. 일(에너지)

    1) 일 = 힘 × 거리 = F × H = m(질량) × g(중력가속도) × H(양정)
    2) 단위 : [J] = [N·m] = [W·s]

2. 일률(수동력 : P_w) : 단위시간당 일

    1) 일률 = 일 ÷ 시간

    ① $P_w = \dfrac{m \times g \times H}{t} = \dfrac{m(\text{질량})}{t(\text{시간})} \times g \times H$

    ② $P_w = \rho(\text{밀도}) \times q(\text{체적유량}) \times g \times H$ — ㉠

    ρ : 밀도[1,000 kg/m³]
    g : 중력가속도[9.8 m/s²]
    m : 질량[kg]
    q : 체적유량[m³/s]
    H : 양정[m]

    2) 단위 변환

    q [m³/s] → Q [m³/min], 1[m³/s] → 60 [m³/min]
    q [m³/s] × 60 = Q [m³/min]

    ∴ $q[\text{m}^3/\text{s}] = \dfrac{1}{60}Q[\text{m}^3/\text{min}]$ — ㉡

    3) ㉡식을 ㉠식에 대입하면

    $P_w = 1{,}000 \times \dfrac{1}{60}Q \times 9.8 \times H[\text{W}] = 0.163QH\,[\text{kW}]$

3. 펌프 축동력

    1) 수동력을 효율(η)로 나누면 축동력이 된다.
    2) $P = \dfrac{0.163QH}{\eta}$

4. 전동기 동력

    1) 축동력에 전달계수 K를 곱해 주면 전동기 동력이 된다.
    2) $P = \dfrac{0.163QH}{\eta}K\,[\text{kW}]$

12	상사의 법칙은 기하학적 상사인 수차의 유량 Q, 회전속도 N, 양정 H과 축동력 L 사이의 수학적 관계를 나타내며 다음과 같이 표현된다. 따라서 상사의 법칙의 개념도를 그리고 연속의 정리, 회전차속도, 토리첼리의 정리, 축동력 등의 관계식을 이용하여 상사의 법칙들이 성립됨을 증명하시오. (단, 여기서 D는 수차의 직경이다) [술 102회]

- 유량의 식 : $\dfrac{Q_2}{Q_1} = \left(\dfrac{N_2}{N_1}\right)\left(\dfrac{D_2}{D_1}\right)^3$

- 양정의 식 : $\dfrac{H_2}{H_1} = \left(\dfrac{N_2}{N_1}\right)^2\left(\dfrac{D_2}{D_1}\right)^2$

- 축동력의 식 : $\dfrac{L_2}{L_1} = \left(\dfrac{N_2}{N_1}\right)^3\left(\dfrac{D_2}{D_1}\right)^5$

풀이

1. 상사의 법칙
   1) 상사인 두 펌프의 회전속도 N, 임펠러 직경 D와 유량, 양정, 축동력의 관계를 정의한 법칙
   2) 두 펌프의 회전속도(N)와 임펠러 직경(D)이 상관관계를 가질 때 기하학적으로 상사임

2. 개념도

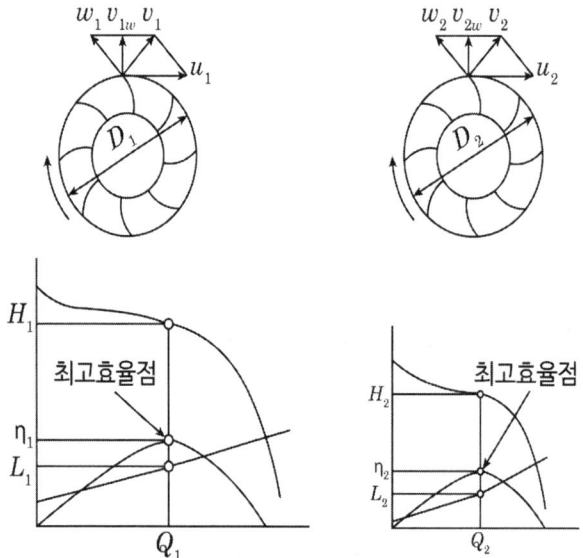

3. 상사의 법칙 증명

1) 유량의 식

$$\frac{Q_2}{Q_1} = \left(\frac{N_2}{N_1}\right)\left(\frac{D_2}{D_1}\right)^3$$

(1) 회전자 속도 $V = \pi DN$

(2) 연속 방정식 $Q = \frac{\pi}{4}D^2 V$

(3) (1)과 (2)식을 유량의 식에 대입하면

$$\frac{Q_2}{Q_1} = \left(\frac{\pi D_2 N_2}{\pi D_1 N_1}\right)\left(\frac{\frac{\pi}{4}D_2^2}{\frac{\pi}{4}D_1^2}\right) = \left(\frac{N_2}{N_1}\right)\left(\frac{D_2}{D_1}\right)^3$$

2) 양정의 식

$$\frac{H_2}{H_1} = \left(\frac{N_2}{N_1}\right)^2\left(\frac{D_2}{D_1}\right)^2$$

(1) 회전자 속도 $V = \pi DN$

(2) 토리첼리 정리 $V = \sqrt{2gH}$ $\quad\therefore H = \frac{V^2}{2[g]}$

(3) (1)과 (2)식을 양정의 식에 대입하면

$$\frac{H_2}{H_1} = \frac{\frac{(\pi D_2 N_2)^2}{2g}}{\frac{(\pi D_1 N_1)^2}{2g}} = \left(\frac{N_2}{N_1}\right)^2\left(\frac{D_2}{D_1}\right)^2$$

3) 축동력의 식

$$\frac{L_2}{L_1} = \left(\frac{N_2}{N_1}\right)^3\left(\frac{D_2}{D_1}\right)^5$$

(1) 축동력 $L = \frac{\gamma QH}{\eta}$

(2) $\frac{L_2}{L_1} = \frac{\frac{\gamma Q_2 H_2}{\eta}}{\frac{\gamma Q_1 H_1}{\eta}} = \left(\frac{Q_2}{Q_1}\right)\left(\frac{H_2}{H_1}\right)$

(3) (2)식에 유량과 양정식을 대입하면

$$\frac{L_2}{L_1} = \left(\frac{N_2}{N_1}\right)\left(\frac{D_2}{D_1}\right)^3\left(\frac{N_2}{N_1}\right)^2\left(\frac{D_2}{D_1}\right)^2 = \left(\frac{N_2}{N_1}\right)^3\left(\frac{D_2}{D_1}\right)^5$$

13 다음은 펌프의 비속도를 구하는 식이다. 비속도의 정의를 설명하고, 연속의 원리, 토리첼리 정리, 회전차의 식을 이용하여 아래의 식을 증명하시오. [술 99회]

$$N_s = \frac{N\sqrt{Q}}{H^{\frac{3}{4}}}$$

N_s = Specific Speed
N = 펌프의 회전수[rpm]
Q = 토출량[m³/min]
H = 양정[m]

풀이

1. 비속도의 정의

    1) 실제 펌프와 기하학적으로 상사인 가상펌프와의 단위 양정, 단위 유량일 때 비교하고자 하는 회전수

    2) 비속도 관계식

    $$N_s = \frac{N\sqrt{Q}}{H^{\frac{3}{4}}}$$

    N_s = Specific Speed
    N = 펌프의 회전수[rpm]
    Q = 토출량[m³/min]
    H = 양정[m]

2. 증명

    1) 연속의 원리

    $Q = AV$, $V = \pi DN$

    유량식 $\dfrac{Q_2}{Q_1} = \left(\dfrac{N_2}{N_1}\right)(D_1 = D_2)$

    2) 토리첼리 정리

    $V = \sqrt{2gH}$, $V = \pi DN$

    양정식 $\dfrac{H_2}{H_1} = \left(\dfrac{N_2}{N_1}\right)^2 (D_1 = D_2)$

3) 상사의 법칙

   (1) 유량과 회전수

$$\frac{Q_2}{Q_1} = \left(\frac{N_2}{N_1}\right) \quad \cdots\cdots\cdots\cdots\cdots ①$$

   (2) 양정과 회전수

$$\frac{H_2}{H_1} = \left(\frac{N_2}{N_1}\right)^2 \quad \cdots\cdots\cdots\cdots\cdots ②$$

   (3) 축동력과 회전수

$$\frac{L_2}{L_1} = \left(\frac{N_2}{N_1}\right)^3 \quad \cdots\cdots\cdots\cdots\cdots ③$$

4) 증명

   (1) ②식에 $\frac{3}{2}$승을 하면

$$(\frac{H_2}{H_1})^{\frac{3}{2}} = \left(\frac{N_2}{N_1}\right)^{2 \times \frac{3}{2}}$$

$$(\frac{H_2}{H_1})^{\frac{3}{2}} = \left(\frac{N_2}{N_1}\right)^{3}$$

$$\frac{N_1^3}{H_1^{\frac{3}{2}}} = \frac{N_2^3}{H_2^{\frac{3}{2}}}$$

   (2) ①식으로 나누어주면

$$\frac{N_1^2 Q_1}{H_1^{\frac{3}{2}}} = \frac{N_2^2 Q_2}{H_2^{\frac{3}{2}}}$$

   (3) 비속도 정의를 대입하면

$$N_1 = N,\ N_2 = N_s$$

$$Q_1 = Q,\ Q_2 = 1\ [\text{m}^3/\text{min}]$$

$$H_1 = H,\ H_2 = 1\ [\text{m}] 이므로$$

$$\frac{N^2 Q}{H^{\frac{3}{2}}} = \frac{N_s^2 \times 1}{1^{\frac{3}{2}}}$$

$$\therefore\ N_s = \frac{N\sqrt{Q}}{H^{\frac{3}{4}}}$$

14 오일러의 운동방정식 $dP + \rho g dz + \rho v dv = 0$ 에서 베르누이 방정식을 유도하라. (단, dP : 미소압력, ρ : 유체의 밀도, g : 중력가속도, dz : 미소수두, v : 유속, dv : 미소속도) [술 102회]

풀 이

1. 오일러 방정식의 가정

   1) 유선을 따르는 유동

   2) 정상 유동

   3) 마찰손실이 없는 비점성유체

   4) 비압축성 유체

2. 오일러 방정식 유도

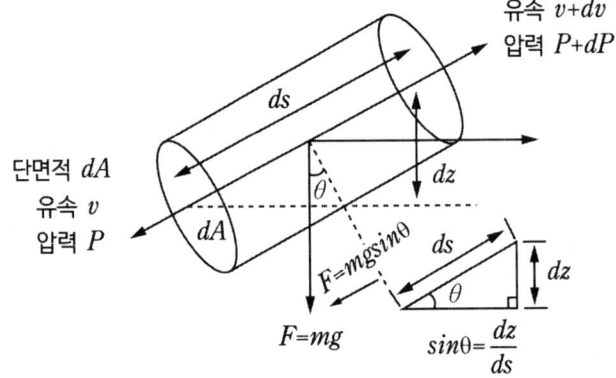

   1) 힘 성분

   (1) 뉴턴의 운동법칙 : $\sum F = ma$

   (2) 압력에 의한 힘 성분 : $\sum F = PdA - (P + dP)dA$

   (3) 중력에 의한 힘 성분 : $\sum F = mg\sin\theta$

   2) 압력에 의한 힘 성분과 중력에 의한 힘 성분의 차가 뉴턴의 운동법칙과 같다고 가정하면
   [(2) - (3) = (1)]

   $PdA - (P + dP)dA - mg\sin\theta = ma$ — ⓐ

3) 오일러 방정식

   (1) $m = \rho dAds$

   (2) $a = \dfrac{vdv}{ds}$

   (3) $\sin\theta = \dfrac{dz}{ds}$ 이라고 할 때, 이를 ⓐ식에 대입하면

$$PdA - (P+dP)dA - \rho dAds \cdot g\dfrac{dz}{ds} = \rho dAds \dfrac{vdv}{ds}$$

   (4) 위 식에 양변을 dA로 나누고 식을 정리하면

$$dP + \rho gdz + \rho vdv = 0$$
$$\therefore\ dP + \rho gdz + \rho vdv = 0$$

3. 베르누이 방정식

1) 오일러 방정식을 비중량 $\gamma = \rho g$로 나누고, 적분식으로 표현하면

$$\int \dfrac{dP}{\gamma} + \int \dfrac{\rho gdz}{\gamma} + \int \dfrac{\rho vdv}{\gamma} = C$$

2) 위 식을 정리하면 베르누이 방정식이 됨

$$\dfrac{P}{\gamma} + z + \dfrac{v^2}{2g} = C$$

15 달시 바이스바하 식 $H = f\dfrac{l}{d}\dfrac{v^2}{2g}$ 식을 유도하시오.

풀이

1. 관계식

    1) 마찰손실계수

    $$f = \dfrac{64}{Re}$$

    2) 점성계수

    $$Re = \dfrac{\rho v d}{\mu},\ \mu = \dfrac{\rho v d}{Re} = \dfrac{f \cdot \rho v d}{64}$$

    3) 연속 방정식

    $$Q = Av = \dfrac{\pi}{4}d^2 v$$

    4) 하젠 포아젤식

    $$\triangle P = \dfrac{128 \mu l Q}{\pi d^4}$$

2. 유도

    1) $\triangle P = \gamma H = \rho g H$

    2) 하젠 포아젤 식에 마찰손실계수, 점성계수, 연속 방정식을 대입하면

    $$\dfrac{128 \times \dfrac{f \cdot \rho v d}{64} \times l \times \dfrac{\pi}{4}d^2 v}{\pi d^4} = \rho g H$$

    $$\therefore H = f\dfrac{l}{d}\dfrac{v^2}{2g}$$

3. 달시 바이스바하 식의 물리적 특성

    1) 공학적 원리에 의해 마찰손실 계산

    2) 온도, 밀도, 점성계수(μ)에 의해 결정

    3) 층류, 난류에 적용

4. 소방 적용

    1) 마찰손실을 구하여 전동기 용량 산출

    2) 전동기 용량을 줄이려면 마찰손실의 최소화 필요

16 어떤 기체가 이상기체 거동을 위한 조건(가정)을 설명하고, 이상기체상태방정식 $PV = nRT$를 유도하라. [술 108회]

풀이

1. 이상기체 거동을 위한 조건
   1) 부피가 제로
   2) 분자가 상호작용이 없어 위치에너지는 중요하지 않음
   3) 완전탄성충돌인 가상의 기체
   4) 분자의 평균 운동에너지는 절대온도에 비례
   5) 보일 - 샤를의 법칙, 이상기체상태방정식을 만족

2. 이상기체상태방정식 유도
   1) 보일의 법칙
      (1) $V \propto \dfrac{1}{P}$
      (2) 기체의 부피는 압력에 반비례
   2) 샤를의 법칙
      (1) $V \propto T$
      (2) 기체의 부피는 절대온도(K)에 비례
   3) 아보가드로의 법칙
      (1) $V \propto n$
      (2) 기체의 부피는 몰수(n)에 비례
   4) 위의 3가지 법칙을 결합하면
      $$V \propto \frac{nT}{P}$$
   5) 여기에 비례상수 R을 대입하면
      $$PV = nRT$$
   6) 비례상수 R
      $$R = \frac{PV}{nT} = \frac{1 \times 22.4}{1 \times 273} = 0.082 [atm \cdot m/mol \cdot K]$$

3. 이상기체와 실제기체의 비교

구분	이상기체	실제기체
상호작용	없음	있음
부피	없음	있음
온도, 압력 변화 시	기체로 존재	상태가 변화함
절대 0도	부피 = 0	부피 ≠ 0

17. CO_2 가스계 무유출을 가정한 CO_2 농도식을 유도하시오.

풀이

1. 무유출을 가정한 방사된 CO_2량

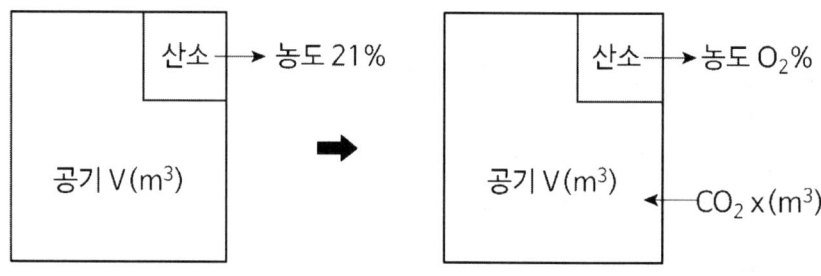

A : 방사 전(실체적 V)   B : 방사 후(실체적 V)

1) 산소량은 방사 전 = 방사 후 같다.
   방사 전·후 밀도(ρ)가 같다고 가정
2) $V \times 21\% = (V+x) \times O_2\,[\%]$

$$\therefore CO_2\ x\,[m^3] = \frac{21 - O_2}{O_2} \times V$$

2. CO_2 농도(방사 후)

$$CO_2 \text{농도}\,[\%] = \frac{\text{방사된}\,CO_2\,\text{량}}{\text{방호구역 체적} + \text{방사된}\,CO_2\,\text{량}} \times 100$$

$$CO_2 = \frac{\dfrac{21-O_2}{O_2} \times V}{V + \dfrac{21-O_2}{O_2} \times V} \times 100$$

$$CO_2 = \frac{21-O_2}{21} \times 100\,[\%]$$

3. CO_2 설계농도 = 불꽃소화농도 × 1.2

1) 일반적으로 O_2 농도 15 [%]에서 탄화수소계 가연물은 소화된다.
2) $C = \dfrac{21-15}{21} \times 100 = 28.57\,[\%]$, 여기에 안전율 1.2를 적용하면 34 [%]

18 | 약제량 산정식 $W = \dfrac{V}{S} \times \dfrac{C}{100-C}$ 을 유도하시오.

풀이

1. 약제량 산정식

$$W = \dfrac{V}{S} \times \left(\dfrac{C}{100-C}\right)$$

W : 소화약제의 무게[kg]
V : 방호구역의 체적[m³]
C : 체적에 따른 소화약제의 설계농도[%]
S : 소화약제별 선형상수$[K_1 + K_2 \times t]$[m³/kg]
t : 방호구역의 최소예상온도[℃]

2. 선형상수

1) 0 [℃]의 기체비체적 $K_1 = \dfrac{22.4\,[\mathrm{m^3}]}{분자량\,[\mathrm{kg}]}$

2) 임의온도 t [℃]에서 비체적 $S = K_1 + K_1 \times \left(\dfrac{t}{273}\right)$

$$K_1 + \left(\dfrac{K_1}{273}\right) \times t = K_1 + K_2 t$$

3. 식 유도

1) 소화약제 = 부피 × 농도[m³]

2) 위 식을 비체적으로 나누어 [kg] 단위로 한다.

3) 농도 $C = \dfrac{방출량}{방호구역\ 체적\ +\ 방출량} \times 100$

농도 $C = \dfrac{v}{V+v} \times 100$

$v = W \times S$ (질량 × 비체적)를 농도식에 대입하면

$C = \dfrac{WS}{V+WS} \times 100$

$C \times (V + WS) = WS \times 100$

$\therefore W = \dfrac{V}{S} \times \dfrac{C}{100-C}$

19. NFPA 12에서 제시한 이산화탄소소화설비의 소화약제 방출과 관련한 "Free Efflux"에 대해 설명하고, 이산화탄소소화약제 방출 후 "Free Efflux" 조건에서의 방호구역 단위체적당 약제량[kg/m³]과 방출 후 농도[vol %]를 유도하시오. [술 117회]

풀이

1. 자유유출(Free Efflux)의 개념
   1) 이산화탄소는 헤드방사압이 높고, 방사 체적이 매우 크므로 개구부 등의 누설 틈새를 통해 공기와 함께 자유롭게 외부로 유출된다.
   2) 이를 "자유유출"이라 한다.

2. 단위체적당 약제량[kg/m³] 관계식 유도
   1) 방호구역 체적당 방사된 CO_2 체적을 x [m³/m³]라고 하면

   $$e^x = \frac{100}{100-C} \ [m^3/m^3]$$

   2) 위 식을 자연로그로 변환하면

   $$x = \log_e \left(\frac{100}{100-C}\right)$$

   3) 위 식을 상용로그로 변환하면

   $$x = 2.303 \log \frac{100}{100-C}$$

   4) CO_2의 비체적은 S [m³/kg], 비체적의 역수인 밀도는 $\frac{1}{S}$ [kg/m³]이므로

   위 식에 $\frac{1}{S}$ [kg/m³]을 적용하면

   $$W = x \times \frac{1}{S} = 2.303 \log \frac{100}{100-C} \times \frac{1}{S} \ [kg/m^3]\text{이 된다.}$$

   $$\therefore W = 2.303 \times \log \frac{100}{100-C} \times \frac{1}{S}$$

   W : 단위체적당 약제량[kg/m³]
   S : 비체적[m³/kg]
   C : 체적에 따른 CO_2 설계농도[%]

3. 방출 후 농도[vol %] 유도
   1) 약제량

   $$W = 2.303 \log \frac{100}{100-C} \times \frac{1}{S} \times V$$

   W : 소화약제량[kg]
   S : 최소설계온도에서 비체적[m³/kg]
   C : 소화약제의 설계농도[vol %]
   V : 방호구역의 체적[m³]

2) 약제농도

$$W = 2.303\left(\frac{V}{S}\right)\log\left(\frac{100}{100-C}\right) \text{ [kg]}$$

$$SW = 2.303\,V \times \log_{10}\left(\frac{100}{100-C}\right)$$

$$\log_{10}\left(\frac{100}{100-C}\right) = \frac{SW}{2.303\,V}$$

$$10^{\frac{SW}{2.303\,V}} = \frac{100}{100-C}$$

$$100 - C = \frac{100}{10^{\frac{SW}{2.303\,V}}}$$

$$C = 100 - \frac{100}{10^{\frac{SW}{2.303\,V}}}$$

$$\therefore\ C = 100\left(1 - \frac{1}{10^{\frac{SW}{2.303\,V}}}\right) \text{ [vol \%]}$$

> **보충**
>
> 1. 아보가드로의 법칙
>
>   모든 이상기체는 0 [℃], 1 [atm]에서 1 [g·mol]의 부피는 22.4 [ℓ]
>
> 2. 샤를의 법칙
>
>   모든 이상기체는 온도가 1 [℃] 상승할 때마다 그 부피가 0 [℃]일 때 부피의 $\frac{1}{273}$배씩 증가한다.
>
> 3. 선형상수(S)
>
> $S = k_1 + k_2\,t$
>
> 4. k_1 : 0 [℃]에서의 약제 비체적
>
> $k_1 = \dfrac{22.4\,l}{분자량}$
>
> 5. k_2 : 임의의 온도 t [℃]에서의 비체적
>
> $k_2 = \dfrac{1}{273}\,k_1$

20. 틈새로부터의 누설풍량식 $Q = 0.827A\sqrt{\triangle P}$를 유도하시오.

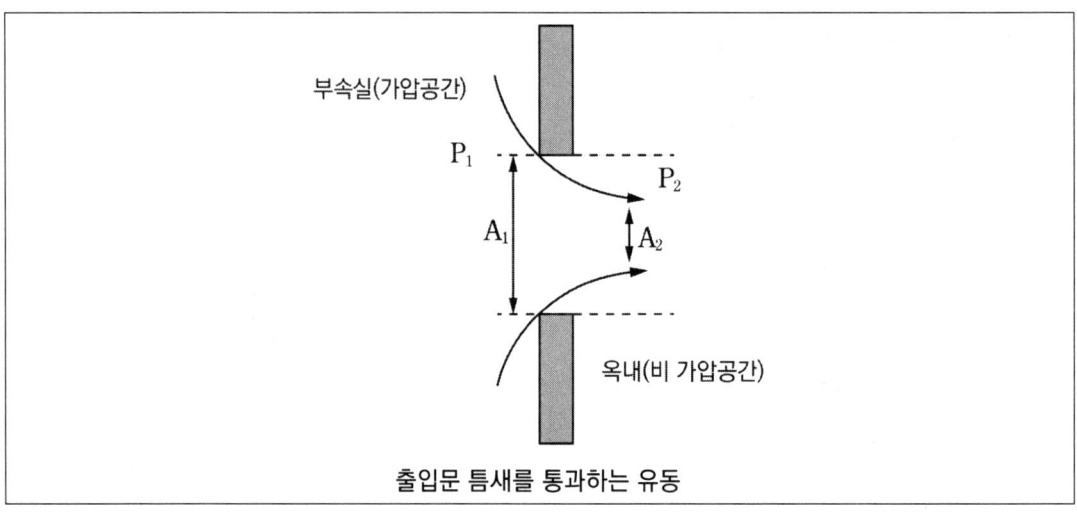

출입문 틈새를 통과하는 유동

풀이

1. 공식

   1) 베르누이 방정식

   $$\frac{P}{\gamma} + \frac{v^2}{2g} + z = Const$$

   P : 배관에 작용하는 유체의 압력[N/m²]
   v : 단면을 통과하는 유체의 속도[m/s]
   z : 기준위치에서 배관단면 중심까지의 거리[m]
   γ : 비중량[kgf/m²]
   g : 중력가속도[m/s²]

   2) 연속 방정식

   $$Q = Av$$

   Q : 유량[m³/s]
   A : 틈새의 단면적[m²]
   v : 유속[m/s]

2. 조건

   1) 거실과 제연구역의 위치수두는 동일

   $z_1 = z_2$

   2) 제연구역 내의 풍속은 거의 없으므로 $v_1 ≒ 0$

3. 유도

1) $\dfrac{P_1}{\gamma} + \dfrac{v_1^2}{2g} + z_1 = \dfrac{P_2}{\gamma} + \dfrac{v_2^2}{2g} + z_2$

   조건에서 $z_1 = z_2$, $v_1 \fallingdotseq 0$을 적용하면

   $\dfrac{P_1}{\gamma} = \dfrac{P_2}{\gamma} + \dfrac{v_2^2}{2g}$

   $\dfrac{P_1 - P_2}{\gamma} = \dfrac{v_2^2}{2g}$

2) $P_1 - P_2 = \dfrac{v_2^2}{2g} \times \gamma$

   $\triangle P = \dfrac{v_2^2}{2g} \times \gamma$

   $v_2 = \sqrt{2g \dfrac{\triangle P}{\gamma}} = \sqrt{\dfrac{2\triangle P}{\rho}}$ ($\gamma = \rho g$)

3) 2)식을 연속 방정식에 대입하면

   (1) $Q = A_2 v_2 = A_2 \sqrt{2g\dfrac{\triangle P}{\gamma}} = A_2 \sqrt{2g\dfrac{\triangle P}{\rho g}} = A_2 \sqrt{\dfrac{2\triangle P}{\rho}}$

   (2) $\rho = \dfrac{PM}{RT} = \dfrac{1 \times 28.96}{0.082 \times (273 + 21)} = 1.2$

   (3) 유량계수 $C = 0.64$

   $\therefore Q = 0.64 \times A \sqrt{\dfrac{2\triangle P}{1.2}} = 0.827 A \sqrt{\triangle P}$

21 $K = 0.188 P y^{\frac{3}{2}}$ [kg/s]을 유도하시오.

풀이

1. 가스밀도는 가스의 온도에 반비례

   1)
   $$\frac{\rho_f}{\rho_a} = \frac{T_a}{T_f}, \quad \rho_f = \frac{\rho_a \times T_a}{T_f}$$

   ρ_f : 가스밀도[kg/m³]
   ρ_a : 공기밀도[kg/m³]
   T_a : 주변공기온도[K]
   T_f : 화염의 온도[K]

   2) 1)식을 토마스 이론식에 대입

   $$K = 0.096 P y^{\frac{3}{2}} \sqrt{g \rho_a \frac{\rho_a \times T_a}{T_f}} \ [\text{kg/s}]$$

   $$K = 0.096 P y^{\frac{3}{2}} \rho_a \sqrt{\frac{g T_a}{T_f}} \ [kg/s] \cdots\cdots \text{ⓐ}$$

2. 주변 공기온도 T_a = 290 [K{(17 ℃), 화염의 온도 T_f = 1100 K(827 ℃)

   1) $\rho_a = \dfrac{PM}{RT} = \dfrac{1 \times 29}{0.082 \times 290} = 1.22 \, [kg/m^3]$

   2) $\rho_f = \dfrac{PM}{RT} = \dfrac{1 \times 29}{0.082 \times 1100} = 0.32 \, [kg/m^3]$

3. ⓐ식에 ρ_a = 1.22, T_a = 290, T_f = 1100를 대입하면

   $$K = 0.096 P y^{\frac{3}{2}} \times 1.22 \sqrt{\frac{g \times 290}{1100}} = 0.06 P \sqrt{9.8} \, y^{\frac{3}{2}}$$

   $$\therefore \ K = 0.188 P y^{\frac{3}{2}}$$

22. Hinkley 공식 $t(s)=\dfrac{20A}{P\sqrt{g}}(\dfrac{1}{\sqrt{y}}-\dfrac{1}{\sqrt{h}})$을 이용하여 $K=0.188Py^{\frac{3}{2}}$ [kg/s]을 유도하시오.

[풀이]

1. Hinkley 공식

$$t=\dfrac{20A}{P\sqrt{g}}(\dfrac{1}{\sqrt{y}}-\dfrac{1}{\sqrt{h}})$$

t : 청결층 높이 y가 될 때까지의 시간[s]
A : 바닥면적[m²]
P : 화염의 둘레[m]
g : 중력가속도 9.8 [m/s²]
h : 실의 높이[m]

2. $K=0.188Py^{\frac{3}{2}}$ [kg/s] 유도

   1) Hinkley 공식 : 시간에 따른 연기층의 높이 변화를 표현한 식
   2) 즉 시간에 따른 높이의 함수 $y=f(t)$
   3) Hinkley 공식을 시간 t로 미분하면

   ① $\dfrac{P\sqrt{g}}{20A}dt = -\dfrac{1}{2}y^{-\frac{3}{2}}dy$

   ② $\dfrac{P\sqrt{g}}{20A} = -\dfrac{1}{2}y^{-\frac{3}{2}}\dfrac{dy}{dt}$

   ③ $A\dfrac{dy}{dt} = -\dfrac{P\sqrt{g}}{10}y^{\frac{3}{2}}$

   ④ $\dfrac{dV}{dt} = -\dfrac{P\sqrt{g}}{10}y^{\frac{3}{2}}$ [m³/s] (여기서, $dV=Ady$)

   4) 상기 식에서 (-)는 배출을 의미함
   5) K [kg/s] = Q [m³/s] × ρ [kg/m³] (ρ : 연기밀도, K : 발연량)
   6) $K = \dfrac{P\sqrt{g}}{10}\times y^{\frac{3}{2}}\times \rho = \dfrac{\sqrt{9.8}}{10}Py^{\frac{3}{2}}\times 0.6$

   (ρ : 0.6으로 가정함)

   $\therefore K=0.188Py^{\frac{3}{2}}$ [kg/s]

23. 부속실 제연에서 직렬 개구부의 누설면적 산출식을 유도하시오. [술 105회]

풀이

1. 공식

   1) 누설량

   $$Q = 0.827 \times A \times P^{\frac{1}{n}}$$

   Q : 누설량[m³/s]
   A : 누설틈새의 면적[m²]
   P : 차압[Pa]
   n : 적용상수(출입문 = 2, 창문 = 1.6)

   2) 직렬개구부 누설면적

   $$A_t = \frac{1}{\sqrt{\left(\frac{1}{A_1^2} + \frac{1}{A_2^2} + \cdots + \frac{1}{A_n^2}\right)}} \ [m^2]$$

   A_t : 개구부 누설면적의 합[m²]
   A_1, A_1, A_n : 각 개구부 누설면적[m²]
   출입문 : N = 2, 창문 : N = 1.6

2. 직렬 개구부의 누설면적

   1) $Q = Q_1 = Q_2 = \cdots = Q_n$
   2) 가압공간과 외기 사이의 총 압력차 $\Delta P_T = \Delta P_{12} + \Delta P_{23} + \cdots + \Delta P_{no}$
   3) 풀이

   (1) 각각의 공간에서 누설되는 풍량은 오리피스 유량방정식으로 계산

   (2) $Q = 1.29 CA_t \sqrt{\Delta P_T}$

   $Q_1 = 1.29 CA_1 \sqrt{\Delta P_{12}}$

   $Q_2 = 1.29 CA_2 \sqrt{\Delta P_{23}}$

   ... ...

   $Q_n = 1.29 CA_n \sqrt{\Delta P_{no}}$

   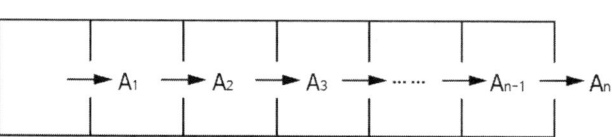

   (3) $\Delta P_T = \left(\dfrac{Q}{1.29 CA_t}\right)^2$

   $\Delta P_{12} = \left(\dfrac{Q}{1.29 CA_1}\right)^2$

   $\Delta P_{23} = \left(\dfrac{Q}{1.29 CA_2}\right)^2$

   $\Delta P_{no} = \left(\dfrac{Q}{1.29 CA_n}\right)^2$

(4) (3)을 (2)에 대입하면

$$(\frac{Q}{1.29CA_t})^2 = (\frac{Q}{1.29CA_1})^2 + (\frac{Q}{1.29CA_2})^2 + \cdots + (\frac{Q}{1.29CA_n})^2$$

$$(\frac{1}{A_t})^2 = (\frac{1}{A_1})^2 + (\frac{1}{A_2})^2 + \cdots + (\frac{1}{A_n})^2 \quad \frac{1}{A_t} = \sqrt{(\frac{1}{A_1})^2 + (\frac{1}{A_2})^2 + \cdots + (\frac{1}{A_n})^2}$$

$$A_t = \frac{1}{\sqrt{(\frac{1}{A_1^2} + \frac{1}{A_2^2} + \cdots + \frac{1}{A_n^2})}}$$

> **보충**
>
> $\frac{1}{(A_t)^n} = \frac{1}{(A_1)^n} + \frac{1}{(A_2)^n} + \cdots \frac{1}{(A_n)^n}$ 을 증명하시오.
>
> 1. 누설량 $Q = 0.827 \times A \times P^{\frac{1}{n}}$ 에서 0.827을 상수 K라고 간주하면
>
> $$Q = KA_1(P_1 - P_2)^{\frac{1}{n}} = KA_2(P_2 - P_3)^{\frac{1}{n}} = KA_3(P_3 - P_4)^{\frac{1}{n}}$$
> $$= KA_n(P_n - P_{n+1})^{\frac{1}{n}} = KA_t(P_1 - P_{n+1})^{\frac{1}{n}}$$
>
> 2. 위 식에서 K를 소거하고 양변에 n승을 하면
>
> $A_1^n(P_1 - P_2) = A_t^n(P_1 - P_{n+1})$ ················①
> $A_2^n(P_2 - P_3) = A_t^n(P_1 - P_{n+1})$ ················②
> $A_3^n(P_3 - P_4) = A_t^n(P_1 - P_{n+1})$ ················③
> $\qquad\qquad\vdots$
> $A_n^n(P_n - P_{n+1}) = A_t^n(P_1 - P_{n+1})$ ············ⓝ
>
> 3. ①의 식에서
>
> $\frac{A_t^n}{A_1^n} = \frac{P_1 - P_2}{P_1 - P_{n+1}}$ ····························ⓐ
>
> $\qquad\qquad\vdots$
>
> $\frac{A_t^n}{A_1^n} = \frac{P_n - P_{n+1}}{P_1 - P_{n+1}}$ ····························ⓑ
>
> 4. ⓐ에서 ⓑ까지 모두 합하면
>
> $$(A_t)^n (\frac{1}{(A_1)^n} + \frac{1}{(A_2)^n} \cdots \frac{1}{(A_n)^n}) = \frac{P_1 - P_2 + P_2 - P_3 \cdots P_{n+1}}{P_1 - P_{n+1}}$$
> $$= \frac{P_1 - P_{n+1}}{P_1 - P_{n+1}} = 1$$
>
> $\therefore \frac{1}{(A_t)^n} = \frac{1}{(A_1)^n} + \frac{1}{(A_2)^n} + \cdots \frac{1}{(A_n)^n}$

24

제연설비의 화재안전기준(NFSC 501)에서 제연경계의 수직거리가 2 [m] 이하 시 최소 배출풍량이 40,000 [m³/hr] 이상으로 규정된 이유를 Hinkley 공식을 이용하여 설명하시오. (단, 실의 높이는 3 m이고 중력가속도는 9.8 m/s², 화염둘레길이는 12 m) [술 101회]

풀이

1. 힝클리 공식

$$t = \frac{20A}{P\sqrt{g}} \times \left(\frac{1}{\sqrt{y}} - \frac{1}{\sqrt{h}}\right)$$

t : 연기층이 청결층까지 도달시간[s]
A : 실의 바닥면적[m²]
P : 화염의 둘레길이[m]
g : 중력가속도[m/s²]
y : 청결층 높이[m]
h : 실내높이[m]

2. 풀이

1) 배출량$(Q) = \dfrac{dV}{dt}$ $(dV = A\,dy)$

2) $t = \dfrac{20A}{P\sqrt{g}} \times \left(\dfrac{1}{\sqrt{y}} - \dfrac{1}{\sqrt{h}}\right) = \dfrac{20A}{P\sqrt{g}} \times \left(y^{-\frac{1}{2}} - h^{-\frac{1}{2}}\right)$

3) $dt = \dfrac{20A}{P\sqrt{g}} \times \left(-\dfrac{1}{2} y^{-\frac{3}{2}} dy\right)$

4) $dy = -\dfrac{P\sqrt{g}}{10A \times y^{-\frac{3}{2}}} dt = -\dfrac{P\sqrt{g}}{10A} y^{\frac{3}{2}} dt$

5) $dV = A\,dy = -\dfrac{P\sqrt{g}}{10A} \times y^{\frac{3}{2}} dt \times A = -\dfrac{P\sqrt{g}}{10} \times y^{\frac{3}{2}} dt$

6) P = 12[m], y = 2[m]이고, 순간 연기발생량을 적분하여 총 연기 발생량을 구함

$$V = -\dfrac{P\sqrt{g}}{10} \times y^{\frac{3}{2}} \times \int_0^{3,600} dt = -\dfrac{12 \times \sqrt{9.8}}{10} \times 2^{\frac{3}{2}} \times 3{,}600 \fallingdotseq 38{,}251\ [\text{m}^3]$$

3. 화재안전기준

수직거리 2 [m]일 경우 배출량을 40,000 [m³/hr]로 규정

25 특정소방대상물에 스프링클러설비가 설치되지 않은 경우, NFSC 501A에 의한 부속실 제연설비의 최소 차압은 40 [Pa] 이상으로 정하고 있으나, NFPA 92의 경우는 천장 높이에 따라 최소(설계)차압의 기준이 다르게 적용된다. 천장 높이가 4.6 [m]일 때를 기준으로 하여 NFPA 92에 따른 차압 선정의 이론적 배경을 설명하시오. [술 121회]

풀이

1. NFSC 501A 기준

    1) 부속실 제연설비의 최소 차압은 40 [Pa] 이상

    2) 스프링클러설비 설치 시 최소 차압은 12.5 [Pa] 이상

2. NFPA 92 기준

    1) 화재 발생 시 실 내부는 부력에 의해 압력이 상승

    2) 따라서 NFPA에서는 층고에 따라 차압을 차등 적용

    3) 최소 차압 기준

천장고	스프링클러 설치	스프링클러 미설치		
		9 [ft](2.7 m)	15 [ft](4.6 m)	21 [ft](6.4 m)
최소 차압	12.5 [Pa] 이상	25 [Pa] 이상	35 [Pa] 이상	45 [Pa] 이상

3. 화재실과 부속실과의 압력차

    1) 개념

    (1) 온도차가 클수록 압력차는 커짐

    (2) 중성대로부터의 높이(h)가 클수록 압력차는 커짐

    2) 관련 식

    $$\triangle P = 3{,}460 h \left(\frac{1}{T_o} - \frac{1}{T_i} \right) [Pa]$$

    h : 중성대로부터 높이[m]
    T_0 : 제연구역의 온도[K]
    T_i : 화재실의 온도[K]

    3) 중성대 높이(h_1)

    $$h_1 = H \times \frac{T_0}{T_0 + T_i} (m)$$

    H : 샤프트의 높이[m]
    T_0 : 제연구역의 온도[K]
    T_i : 화재실의 온도[K]

4. 천장고가 4.6 [m]일 경우 NFPA 92에 따른 차압선정의 이론적 배경

1) 온도 가정
(1) 제연구역의 온도 : 20 [℃](293 K)

(2) 화재실의 온도 : 927 [℃](1,200 K)

2) 이론적 배경
(1) 중성대 높이(h_1)

$$4.6[m] \times (\frac{293}{293+1,200}) = 0.9[m]$$

(2) 화재실과 부속실과의 압력차($\triangle P$)

$$\triangle P = 3,460h(\frac{1}{T_o} - \frac{1}{T_i})$$

$$\triangle P = 3,460(4.6-0.9)(\frac{1}{293} - \frac{1}{1,200}) = 33[Pa]$$

(3) 층고가 4.6 [m]인 경우 차압을 35 [Pa]로 선정함

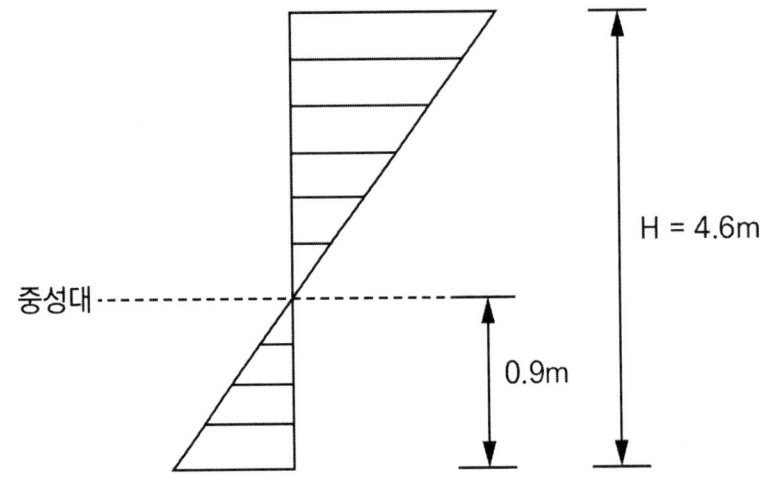

5. 개선 방안

1) NFSC 501A 기준
층고에 관계없이 일괄적으로 40 [Pa] 이상 적용

2) NFPA 92 기준
층고에 따라 25 [Pa], 35 [Pa], 45 [Pa] 이상 적용

3) 개선 방안
(1) 화재 시 층고에 따라 화재실과 부속실과의 압력차가 달라짐

(2) 따라서 국내도 NFPA 기준과 같은 차압 적용이 필요함

■ 보충 천장고에 따른 화재실과 부속실의 압력차

1) 온도 가정
   (1) 제연구역의 온도 : 20 [℃](293 K)
   (2) 화재실의 온도 : 927 [℃](1,200 K)
2) 천장고에 따른 화재실과 부속실의 압력차

천장고	중성대 높이(m)	화재실과 부속실의 압력차(△P)
2.7 [m]	$2.7[m] \times (\frac{293}{293+1,200}) = 0.53[m]$	$\triangle P = 3,460(2.7-0.53)(\frac{1}{293} - \frac{1}{1,200}) = 19.4[Pa]$
4.6 [m]	$4.6[m] \times (\frac{293}{293+1,200}) = 0.90[m]$	$\triangle P = 3,460(4.6-0.90)(\frac{1}{293} - \frac{1}{1,200}) = 33[Pa]$
6.4 [m]	$6.4[m] \times (\frac{293}{293+1,200}) = 1.25[m]$	$\triangle P = 3,460(6.4-1.25)(\frac{1}{293} - \frac{1}{1,200}) = 45[Pa]$

※ 천장고가 2.7 [m]인 경우 화재실과 부속실의 압력차는 19.4 [Pa]이지만, 최솟값 25 [Pa]로 산정함

26. 전압강하식 e = 35.6LI / 1,000A [V]의 식을 유도하시오. [술 121, 125회]

풀이

1. 전압강하 기본식

   $e = E_s - E_r$

2. 오옴의 법칙 $e = IR = I \times \rho \dfrac{L}{A}$

3. 여기서, 전선의 도전율 97 [%], 연동선의 고유저항 $\rho = \dfrac{1}{58}[\Omega \cdot mm^2/m]$

4. 단상 2선식은 전선이 2가닥이므로

   $e = E_s - E_r = IR \times 2 = \dfrac{1}{58} \times \dfrac{100}{97} \times \dfrac{LI}{A} \times 2 = \dfrac{35.6LI}{1,000A}$

보충

전기방식	전압강하	전선 단면적
단상 3선식 직류 3선식 3상 4선식	$e = \dfrac{17.8LI}{1000A}[V]$	$A = \dfrac{17.8LI}{1000e}$
단상 2선식 직류 2선식	$e = \dfrac{35.6LI}{1000A}[V]$	$A = \dfrac{35.6LI}{1000e}$
3상 3선식	$e = \dfrac{30.8LI}{1000A}[V]$	$A = \dfrac{30.8LI}{1000e}$

27. $\Delta P = 3{,}460\, h\left(\dfrac{1}{T_0} - \dfrac{1}{T_i}\right)$을 유도하시오.

풀이

1. 공식

$$\Delta P = 3{,}460\, h\left(\dfrac{1}{T_0} - \dfrac{1}{T_i}\right)$$

$\triangle P$: 실내외 압력차[Pa]
h : 중성대로부터의 높이[m]
$T_0,\ T_i$: 실내외 절대온도[K]

2. 유도

1) 중성대로부터 h만큼 상부지점에서의 압력차

$$\triangle P = (\rho_o - \rho_i)gh\,[Pa] \quad \cdots\cdots\cdots ①$$

2) 밀도(ρ)

$$\rho = \dfrac{PM}{RT} = \dfrac{1 \times 29}{0.082 \times T} = \dfrac{353}{T}\,[kg/m^3] \quad \cdots\cdots ②$$

3) ②식을 ①식에 대입하면

$$\triangle P = \left(\dfrac{353}{T_o} - \dfrac{353}{T_i}\right) \times 9.8 \times h$$

$$\therefore\ \triangle P = 3{,}460\, h\left(\dfrac{1}{T_0} - \dfrac{1}{T_i}\right)$$

28. 열통과율 $\dot{q}'' = \dfrac{\Delta T}{\left(\dfrac{L_1}{k_1} + \dfrac{L_2}{k_2} + \dfrac{L_3}{k_3}\right)}$ [W/m²] 식을 유도하시오.

풀이

1. 열통과율 식

$$\dot{q}'' = \dfrac{\Delta T}{\left(\dfrac{L_1}{k_1} + \dfrac{L_2}{k_2} + \dfrac{L_3}{k_3}\right)} [\text{W/m}^2]$$

$\dot{q}''$: 열유속[W/m²]
T_1 : 고온부 온도[℃]
ΔT : 온도차[℃]
k : 열전도율[W/m·K]
T_4 : 저온부 온도[℃]
L : 재료 두께[m]

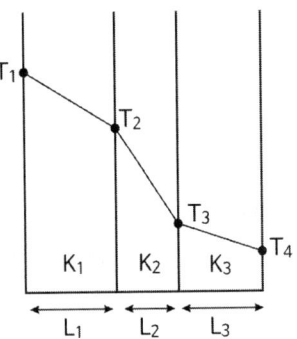

2. 유도

1) $\dot{q}'' = \dfrac{k}{L}(T_1 - T_4)$ 에서

$$T_1 - T_2 = \dfrac{\dot{q}'' \times L_1}{k_1} \quad \cdots\cdots\cdots ①$$

$$T_2 - T_3 = \dfrac{\dot{q}'' \times L_2}{k_2} \quad \cdots\cdots\cdots ②$$

$$T_3 - T_4 = \dfrac{\dot{q}'' \times L_3}{k_3} \quad \cdots\cdots\cdots ③$$

2) ① ~ ③식을 더하면

$$T_1 - T_4 = \dot{q}''\left(\dfrac{L_1}{k_1} + \dfrac{L_2}{k_2} + \dfrac{L_3}{k_3}\right)$$

여기서, $T_1 - T_4 = \Delta T$ 이므로

$$\therefore \dot{q}'' = \dfrac{\Delta T}{\left(\dfrac{L_1}{k_1} + \dfrac{L_2}{k_2} + \dfrac{L_3}{k_3}\right)} [\text{W/m}^2]$$

29 방수압력[MPa]에 따른 방수량 $Q = 2.107 \times D^2 \sqrt{P}$ 식을 유도하시오. [관 6회]

풀이

1. 연속 방정식을 변환 전 공식으로 정리

$$Q = A \times v = A \times \sqrt{2gH}$$

여기서, Q : 유량[m³/s]
  v : 유속[m/s]
  A : 배관의 단면적[m²]
  H : 수두[m]
  g : 중력가속도[9.8 m/s²]

2. 단위변환 계수산정(변환 후 단위를 기준으로 산정)

변 수	변환 후 단위	변환 전 단위	단위환산 계수 산출	단위 환산계수
Q(유량)	$\dfrac{L}{min}$	$\dfrac{m^3}{s}$	$\dfrac{1L}{min} \times \dfrac{1m^3}{1,000L} \times \dfrac{1min}{60s}$	$\dfrac{1}{1,000} \times \dfrac{1}{60}$
D(관경)	mm	m	$1mm \times \dfrac{1m}{1,000mm}$	$\dfrac{1}{1,000}$
P(압력)	MPa	m	$1MPa \times \dfrac{10.332m}{0.101325MPa}$	$\dfrac{10.332}{0.101325}$

3. 변환 전 공식에 단위변환 계수를 대입

1) $Q = A \times v = \dfrac{\pi \times D^2}{4} \times \sqrt{2gH}$

2) $\dfrac{1}{1,000 \times 60} Q' = \dfrac{\pi}{4} \times \left(\dfrac{1}{1,000} D'\right)^2 \times \sqrt{2 \times 9.8 \times \dfrac{10.332}{0.101325} \times P'}$ ---- ①

3) "①"식 정리에 따른 방수량(L/min)

$$Q = 2.107 \times D^2 \sqrt{P}$$

여기서, Q : 방수량[L/min]
  D : 관경[mm]
  P : 방수압[MPa]

30. 중성대의 개념을 설명하고, 아래의 중성대 높이 관계식을 유도하시오. [술 132회]

관계식 : $\dfrac{h_2}{h_1} = \left(\dfrac{A_1}{A_2}\right)^2 \left(\dfrac{T_i}{T_o}\right)$

h_1 : 하부로부터 중성대 높이 $\qquad h_2$: 중성대로부터 상부 높이

A_1 : 중성대 하부 개구부 면적(m^2) $\qquad A_2$: 중성대 상하부 개구부 면적(m^2)

T_i : 내부 온도(℃) $\qquad T_o$: 외부 온도(℃)

풀이

1. 중성대

  1) 정의 : 샤프트 내부와 외부 간의 압력차가 0이 되는 지점

  2) 관계식

$$\dfrac{h_2}{h_1} = \left(\dfrac{A_1}{A_2}\right)^2 \left(\dfrac{T_i}{T_o}\right)$$

2. 중성대 높이 관계식 유도

  1) 조건

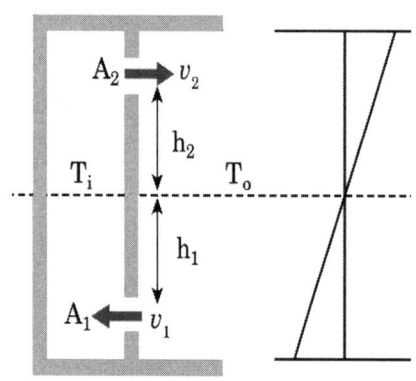

$\triangle P$: 내부 - 외부 간 차압[Pa]

v_1 : 외부에서 내부로 유입되는 속도[m/s]

v_2 : 내부에서 외부로 배출되는 속도[m/s]

h_1 : 중성대로부터 하부 개구부까지의 높이[m]

h_2 : 중성대로부터 상부 개구부까지의 높이[m]

A_1 : 하부 개구부 크기[m^2]

A_2 : 상부 개구부 크기[m^2]

ρ_i/T_i : 내부 샤프트 밀도/온도

ρ_o/T_o : 외부 공기 밀도/온도

2) 공식 유도

　(1) 내부에서 외부로 배출속도(m/s)

$$v_2 = \sqrt{2gh_2} = \sqrt{2g\frac{\Delta P}{\gamma_i}} = \sqrt{2\frac{\Delta P}{\rho_i}}, \; \Delta P = (\rho_o - \rho_i)gh_2 \text{이므로}$$

$$\therefore v_2 = \sqrt{2\frac{(\rho_o - \rho_i)gh_2}{\rho_i}}, \; v_1 = \sqrt{2\frac{(\rho_o - \rho_i)gh_1}{\rho_o}}$$

　(2) 샤프트에서 배출하는 질량유량(kg/s)

$$\dot{m}_{out} = \rho_i \times C \times A_2 \times v_2 \text{이므로}$$

$$\dot{m}_{out} = \rho_i \times C \times A_2 \times \sqrt{2\frac{(\rho_o - \rho_i)gh_2}{\rho_i}} = C \times A_2 \times \sqrt{2\rho_i(\rho_o - \rho_i)gh_2} \; [kg/s]$$

　(3) $\dot{m}_{out} = \dot{m}_{in}$ 이므로

$$C \times A_2 \times \sqrt{2\rho_i(\rho_o - \rho_i)gh_2} = C \times A_1 \times \sqrt{2\rho_o(\rho_o - \rho_i)gh_1}$$

$$A_2^2 \times \rho_i \times h_2 = A_1^2 \times \rho_o \times h_1$$

　(4) $\dfrac{\rho_i}{\rho_o} = \dfrac{T_o}{T_i}$ 이므로

$$A_2^2 \times T_o \times h_2 = A_1^2 \times T_i \times h_1$$

$$\therefore \frac{h_2}{h_1} = \left(\frac{A_1}{A_2}\right)^2 \times \left(\frac{T_i}{T_o}\right)$$

31

배관 내 유체에서 층류 흐름의 마찰계수 $f = \dfrac{64}{Re}$ 와 Darcy Weisbach 방정식을 이용하여 Hagen Poiseulle 법칙 $\triangle P = \dfrac{128\mu l Q}{\pi d^4}$ 를 유도하시오.

풀이

1. $\triangle P = \dfrac{128\mu l Q}{\pi d^4}$ 유도

    1) 층류 흐름의 마찰계수식

    $$f = \dfrac{64}{Re} \quad \cdots\cdots\cdots ①$$

    f : 층류 흐름의 마찰계수
    Re : 레이놀드 수

    2) 레이놀드 수

    $$Re = \dfrac{\rho v d}{\mu} \quad \cdots\cdots\cdots ②$$

    Re : 레이놀드 수
    μ : 점성계수[kg/m · s]
    ρ : 밀도[kg/m³]
    v : 유속[m/s]
    d : 배관의 내경[m]

    3) 달시 바이스바하(Darcy Weisbach) 방정식

    $$H = f \dfrac{l}{d} \dfrac{v^2}{2g} \quad \cdots\cdots\cdots ③$$

    H : 관의 마찰손실수두[m]
    f : 관의 마찰손실계수
    l : 관의 길이[m]
    d : 배관의 내경[m]
    v : 유속[m/s]
    g : 중력가속도[m/s²]

    4) 연속 방정식

    $$Q = Av = \dfrac{\pi}{4} d^2 v$$
    $$v = \dfrac{4Q}{\pi d^2} \quad \cdots\cdots\cdots ④$$

    Q : 유량[m³/s]
    A : 단면적[m²]
    v : 유속[m/s]

5) $\triangle P = \gamma H = \rho g H$이므로

위 식에 ①, ②, ③식을 대입하면

$$\triangle P = \rho g H (\because H = f \frac{l}{d} \frac{v^2}{2g})$$

$$\triangle P = \rho g \times \frac{64}{\frac{\rho v d}{\mu}} \times \frac{l}{d} \times \frac{v^2}{2g}$$

$$\triangle P = \frac{32 \mu l v}{d^2} \cdots\cdots ⑤$$

6) ④식 $v = \frac{4Q}{\pi d^2}$을 ⑤식에 대입하면

$$\triangle P = \frac{32 \mu l (\frac{4Q}{\pi d^2})}{d^2} = \frac{128 u l Q}{\pi d^4}$$

$$\therefore \triangle P = \frac{128 \mu l Q}{\pi d^4}$$

PART

11

뇌풀림 소방기술사·관리사 수리계산 핸드북

계산공식

01 화재안전기준 계산식

화재조기 진압용 SP설비	1. 수원 수리학적으로 가장 먼 가지배관 3개에 각각 4개의 헤드가 동시 개방 시 헤드선단의 압력에 따른 값 이상으로 60분간 방사할 수 있는 양 2. 수원 계산식 $$Q = 12 \times 60 \times K\sqrt{10P}$$ Q : 수원의 양[ℓ] K : 상수[ℓ/min/[MPa]1/2] P : 헤드선단의 압력[MPa]
미분무 소화설비	1. 수원 계산식 $$Q = N \times D \times T \times S + V$$ Q : 수원의 양[m³] N : 방호구역(방수구역) 내 헤드의 개수 D : 설계유량[m³/min] T : 설계방수시간[min] S : 안전율(1.2 이상) V : 배관의 총체적[m³] 2. 폐쇄형 미분무헤드 : 설치장소의 평상시 최고주위온도와 표시온도의 관계식 $$T_a = 0.9 T_m - 27.3 \,[℃]$$ T_a : 최고주위온도 T_m : 헤드의 표시온도

포소화설비	1. 고정포방출구 방식

1. 고정포방출구 방식
   1) 고정포방출구에서 방출하기 위하여 필요한 포소화약제의 양

   $$Q = A \times Q_1 \times T \times S$$

   Q : 포소화약제의 양[ℓ]
   A : 탱크의 액 표면적[m^2]
   Q_1 : 단위 포소화수용액의 양[ℓ/$m^2 \cdot$min]
   T : 방출시간[min]
   S : 포소화약제의 사용농도[%]

   2) 보조 소화전에서 방출하기 위하여 필요한 포소화약제의 양

   $$Q = N \times S \times 8,000 \, [ℓ]$$

   Q : 포소화약제의 양[ℓ]
   N : 호스 접결구수(3개 이상인 경우는 3)
   S : 포소화약제의 사용농도[%]

2. 옥내포소화전방식 또는 호스릴방식(200 m^2 미만 : 75 % 적용)

   $$Q = N \times S \times 6,000 \, [ℓ]$$

   Q : 포소화약제의 양[ℓ]
   N : 호스 접결구수(5개 이상인 경우는 5)
   S : 포소화약제의 사용농도[%]

3. 포헤드 상호 간의 거리
   1) 정방형 배치

   $$S = 2r \times \cos 45°$$

   S : 포헤드 상호 간의 거리[m]
   r : 유효반경[2.1 m]

   2) 장방형 배치

   $$pt = 2r$$

   pt : 대각선의 길이[m]
   r : 유효반경[2.1 m]

이산화탄소 소화설비	1. 국소방출방식은 각 목의 기준에 따라 산출한 양에 고압식은 1.4, 저압식은 1.1을 각각 곱하여 얻은 양 이상으로 할 것 1) 윗면이 개방된 용기에 저장하는 경우와 화재 시 연소면이 한정되고 가연물이 비산할 우려가 없는 경우에는 방호대상물의 표면적 1 [m²]에 대하여 13 [kg] 2) 1)목 외의 경우 방호공간(방호대상물의 각부분으로부터 0.6 m의 거리에 따라 둘러싸인 공간)의 체적 1 [m³]에 대하여 다음의 식에 따라 산출한 양 $$Q = 8 - 6\frac{a}{A}$$ Q : 방호공간 1[m³]에 대한 이산화탄소 소화약제의 양[kg/m³] a : 방호 대상물 주위에 설치된 벽의 면적의 합계[m²] A : 방호공간의 벽면적(벽이 없는 경우에는 벽이 있는 것으로 가정한 당해 부분의 면적)의 합계[m²]
할론 소화설비	1. 국소방출방식은 각 목의 기준에 따라 산출한 양에 할론 2402 또는 할론 1211은 1.1을, 할론 1301은 1.25를 각각 곱하여 얻은 양 이상으로 할 것 1) 윗면이 개방된 용기에 저장하는 경우와 화재 시 연소면이 1면에 한정되고 가연물이 비산할 우려가 없는 경우에는 다음 표에 따른 양 	소화약제의 종별	방호대상물의 표면적 1 [m³]에 대한 소화약제의 양
할론 2402	8.8 [kg]
할론 1211	7.6 [kg]
할론 1301	6.8 [kg] | 2) 1)목외의 경우에는 방호공간(방호대상물의 각 부분으로부터 0.6 m의 거리에 따라 둘러싸인 공간)의 체적 1 [m³]에 대하여 다음의 식에 따라 산출한 양 $$Q = X - Y\frac{a}{A}$$ Q : 방호공간 1 [m³]에 대한 할론 소화약제의 양[kg/m³] a : 방호대상물 주위에 설치된 벽의 면적의 합계[m²] A : 방호공간의 벽면적(벽이 없는 경우에는 벽이 있는 것으로 가정한 당해 부분의 면적)의 합계[m²] • X 및 Y : 다음표의 수치 | 소화약제의 종별	X의 수치	Y의 수치
---	---	---
할론 2402	5.2	3.9
할론 1211	4.4	3.3
할론 1301	4.0	3.0	

할로겐화합물 및 불활성기체 소화설비	1. 할로겐화합물소화약제 $$W = \frac{V}{S}\left(\frac{C}{100-C}\right)$$ W : 소화약제의 무게[kg] V : 방호구역의 체적[m³] S : 소화약제별 선형상수$[K_1 + K_2 \times t]$[m³/kg] C : 체적에 따른 소화약제의 설계농도[%] t : 방호구역의 최소예상온도[℃] 2. 불활성기체소화약제 $$X = 2.303\left(\frac{V_S}{S}\right)\log_{10}\left(\frac{100}{100-C}\right)$$ X : 공간 체적당 더해진 소화약제의 부피[m³/m³] S : 소화약제별 선형상수$[K_1 + K_2 \times t]$[m³/kg] C : 체적에 따른 소화약제의 설계농도[%] V_S : 20[℃]에서 소화약제의 비체적[m³/kg] t : 방호구역의 최소예상온도[℃] 3. 배관의 두께 $$t\,[mm] = \frac{PD}{2SE} + A$$ P : 최대허용압력[kPa] D : 배관의 바깥지름[mm] SE : 최대허용응력[kPa](배관재질 인장강도의 1/4값과 항복점의 2/3값 중 적은 값 × 배관이음효율 × 1.2) A : 나사이음, 홈이음 등의 허용 값[mm](헤드설치부분은 제외) • 나사이음 : 나사의 높이 • 절단홈이음 : 홈의 깊이 • 용접이음 : 0 ※ 배관이음효율 • 이음매 없는 배관 : 1.0 • 전기저항 용접배관 : 0.85 • 가열맞대기 용접배관 : 0.60

분말 소화설비	1. 국소방출방식은 다음 기준에 따라 계산하여 나온 양에 1.1을 곱하여 얻은 양 이상으로 할 것 $$Q = X - Y\frac{a}{A}$$ Q : 방호공간(방호대상물의 각 부분으로부터 0.6 m의 거리에 따라 둘러싸인 공간) 1 [m³]에 대한 분말소화약제의 양[kg/m³] a : 방호대상물의 주변에 설치된 벽면적의 합계[m²] A : 방호공간의 벽면적(벽이 없는 경우에는 벽이 있는 것으로 가정한 당해 부분의 면적)의 합계[m²] 2. X 및 Y : 다음표의 수치 | 소화약제의 종별	X의 수치	Y의 수치
---	---	---
제1종 분말	5.2	3.9
제2종 분말 또는 제3종 분말	3.2	2.4
제4종 분말	2.0	1.5	
고체에어로졸 소화설비	1. 고체에어로졸화합물의 최소 질량 계산식 $$m = d \times V$$ m : 필수소화약제량[g] d : 설계밀도[g/m³] = 소화밀도[g/m³] × 1.3(안전계수) 　　소화밀도 : 형식승인 받은 제조사의 설계 매뉴얼에 제시된 소화밀도 V : 방호체적[m³]
유도등 및 유도표지	1. 객석유도등 설치개수(객석 내의 통로가 경사로 또는 수평로 부분) $$설치개수 = \frac{객석\ 통로의\ 직선부분\ 길이\,[m]}{4} - 1$$

특별피난
계단 및 부속실
제연설비
	1. 누설틈새 면적
	  1) 출입문의 틈새면적
	
	  $$A = (L / \ell) \times A_d$$
	
	  A : 출입문의 틈새[m²]
	  L : 출입문 틈새의 길이[m]. (다만 L이 ℓ 이하 시 ℓ 수치 적용)
	  ℓ : 외여닫이문 5.6, 쌍여닫이문 9.2, 승강기의 출입문 8.0
	  A_d : 외여닫이문으로 제연구역의 실내 쪽으로 열림 0.01
	       외여닫이문으로 제연구역의 실외 쪽으로 열림 0.02
	       쌍여닫이문 0.03, 승강기의 출입문 0.06
	
	  2) 창문의 틈새면적
	   가. 여닫이식 창문으로서 창틀에 방수팩킹이 없는 경우
	     틈새면적[m²] = 2.55×10^{-4} × 틈새의 길이[m]
	   나. 여닫이식 창문으로서 창틀에 방수팩킹이 있는 경우
	     틈새면적[m²] = 3.61×10^{-5} × 틈새의 길이[m]
	   다. 미닫이식 창문
	     틈새면적[m²] = 1.00×10^{-4} × 틈새의 길이[m]
	
	2. 수직풍도의 내부단면적
	  1) 자연배출식(수직풍도 길이가 100 m 초과 시 1.2배 이상 적용)
	
	  $$A_P = Q_N / 2$$
	
	  A_P : 수직풍도의 내부단면적[m²]
	  Q_N : 수직풍도가 담당하는 1개 층의 제연구역의 출입문(옥내와 면하는 출입문) 1개의 면적[m²]과 방연풍속[m/s]를 곱한 값[m³/s]
	
	  2) 송풍기를 이용한 기계배출식 : 풍속 15 [m/s] 이하
	
	3. 배출구에 따른 개폐기의 개구면적
	
	  $$A_O = Q_N / 2.5$$
	
	  A_O : 개폐기의 개구면적[m²]
	  Q_N : 1개 층의 제연구역 출입문(옥내와 면하는 출입문) 1개의 면적[m²]과 방연풍속[m/s]를 곱한 값[m³/s]

02 소방 일반

▣ 유체 및 화재역학

구분	계산식
중량	$W = m \times g\,[N]$
밀도	$\rho = \dfrac{m}{V} = \dfrac{PM}{RT}\left[\dfrac{kg}{m^3}\right]$
비체적	$Vs = \dfrac{V}{m} = \dfrac{1}{\rho}\left[\dfrac{m^3}{kg}\right]$
비중	$S = \dfrac{\rho}{\rho_{H_2O}} = \dfrac{\rho}{\rho_w} = \dfrac{\gamma}{\gamma_w}$
비중량	$\gamma = \dfrac{W}{V} = \dfrac{mg}{V} = \dfrac{m}{V} \times g = \rho \cdot g\,[kg_f/m^3]$
점성계수	$\mu = \rho \times \nu\,[kg/m \cdot s]\,[g/cm \cdot s]$
동점성계수	$\nu = \dfrac{\mu}{\rho}\,[m^2/s]\,[cm^2/s]$
전단응력	$\tau = \mu \dfrac{dv}{dy}$ τ : 전단응력 μ : 점성계수 $\dfrac{dv}{dy}$: 속도구배
표면장력	$\sigma = \dfrac{1}{4}\Delta Pd\,[N/m]$ σ : 표면장력[N/m] d : 지름[m] $\triangle P$: 물방울 내부와 외부의 압력차[N/m²]
모세관 상승높이	$h = \dfrac{4\sigma\cos\beta}{\gamma d}\,[m]$ h : 높이 σ : 표면장력 β : 각도 γ : 비중량 d : 모세관 지름

구분	계산식	
보일의 법칙 샤를의 법칙 보일-샤를의 법칙	구분	관계식
	보일의 법칙	$P_1 V_1 = P_2 V_2$
	샤를의 법칙	$\dfrac{V_1}{T_1} = \dfrac{V_2}{T_2}$
	보일-샤를의 법칙	$\dfrac{P_1 V_1}{T_1} = \dfrac{P_2 V_2}{T_2}$
이상기체상태 방정식	$PV = nRT = \left(\dfrac{W}{M}\right)RT$	P : 절대압력 $[Pa]$ V : 부피 $[m^3]$ W : 질량 $[kg]$ M : 분자량 $[kg/kmol]$ T : 절대온도 $[K]$ R : 일반기체상수 $[kJ/kmol \cdot K]$
그레이엄의 확산법칙	$\dfrac{V_A}{V_B} = \sqrt{\dfrac{M_B}{M_A}}$	V : 확산속도 M : 분자량
현열 잠열	구분 / 관계식 / 비고	
	현열 $Q = c \cdot m \cdot \Delta t$	Q : 현열[kcal] m : 질량[kg] c : 비열[kcal/kg·℃] Δt : 온도차[℃]
	잠열 $Q = \gamma \cdot m$	Q : 잠열[kcal] m : 질량[kg] γ : 융해잠열, 증발잠열[kcal/kg]
비열비	$\gamma(비열비) = \dfrac{C_p(정압비열)}{C_v(정적비열)}$	C_p [kcal/kg·℃] C_v [kcal/kg·℃]
압력	1. $P = \dfrac{F}{A} [N/m^2][Pa]$ 2. $P = \gamma H = \rho g H$	
힘	1. $F = P \cdot A = \gamma \cdot h \cdot A = \rho \cdot g \cdot h \cdot A [N]$ 2. 1 [kg_f] = 9.8 [N] 3. 1 [kg_f/m²] = 9.8 [N/m²] = 9.8 [Pa]	

구분	계산식		
부력	$F_B = \gamma \times V \; [N]$ F_B : 부력$[N]$ γ : 액체 비중량$[N/m^3]$ V : 물체의 잠긴 부피$[m^3]$		
엔탈피와 엔트로피	**엔탈피** 물질이 가지는 고유한 에너지 엔탈피(H) $= U + PV$ U : 내부에너지 P : 압력 V : 부피	**엔트로피** 열전달량을 절대온도로 나눈 값 엔트로피(S) $= \dfrac{dQ}{T}$ dQ : 계의 열량 T : 절대온도	

	구분	공식
무차원수	레이놀즈 수	$Re = \dfrac{관성력}{점성력} = \dfrac{\rho v d}{\mu} = \dfrac{vd}{\nu}$
	프루드 수	$Fr = \dfrac{관성력}{중력} = \dfrac{v}{\sqrt{gl}} = \dfrac{v^2}{gl}$
	프란틀 수	$\Pr = \dfrac{\mu C_p}{k} = \dfrac{운동에 의한 분자 확산율}{열전달에 의한 분자 확산율}$
	마하 수	$M = \dfrac{v}{C}$ (v : 유체속도, C : 음속)
	비오트 수	$Bi = \dfrac{hL_c}{k_b} = \dfrac{대류열전달계수 \times 길이}{열전도도} = \dfrac{L/kA}{1/hA}$ h : 대류열전달계수$[W/m^2 \cdot K]$ L_c : 대표길이($L_c = \dfrac{V}{A_s}$)$[m]$ V : 체적, A_s : 표면적 k_b : 물체의 열전도도$[W/m \cdot K]$
	누셀 수	$N = \dfrac{hL}{k} = \dfrac{대류열전달}{전도열전달}$
	그라쇼프 수	$Gr = \dfrac{부력}{점성력} = \dfrac{g\beta \Delta T \times L^3}{\nu^2}$

■ 수계설비

마찰손실계수 Re 수	$f = \dfrac{64}{Re}$, $Re = \dfrac{\rho vd}{\mu}$
연속 방정식	$Q = Av = \dfrac{\pi d^2}{4}$ [m³/s]
유속	$v = \dfrac{4Q}{\pi d^2}$ [m/s]
배관경	$d = \sqrt{\dfrac{4Q}{\pi v}}$ [mm]
벤츄리관 유량	$Q = \dfrac{A_2}{\sqrt{1-\left(\dfrac{A_2}{A_1}\right)^2}} \sqrt{2g\left(\dfrac{P_1-P_2}{\gamma_w}\right)}$ $= \dfrac{A_2}{\sqrt{1-\left(\dfrac{D_2}{D_1}\right)^4}} \sqrt{2g\left(\dfrac{\gamma-\gamma_w}{\gamma_w}\right)R}$ [m³/s]
방수량	$Q = 0.653 \times d^2\sqrt{10P}$ [Lpm] $Q = K\sqrt{10P}$ [Lpm]
반동력	$R = 0.015PD^2$ R : 반동력[kg_f] P : 방사압[kg_f/cm^2] D : 노즐구경[mm]

수력반경 수력직경	수력반경(R_h)	수력직경(D_h)
	$R_h = \dfrac{접수단면적(A)}{접수길이(L)} = \dfrac{\pi d^2}{4\pi d} = \dfrac{d}{4}$	$D_h = 4 \times R_h$
	수력반경(이중원형관)	수력직경(이중원형관)
	$R_h = \dfrac{1}{4}(D-d)$	$D_h = 4 \times R_h = (D-d)$

에너지 보존법칙	$\dfrac{1}{2}mv^2 + mgZ + PV = const$ (운동에너지 + 위치에너지 + 압력에너지 = 일정)

베르누이 방정식	$\dfrac{v_1^2}{2g}+\dfrac{P_1}{\gamma}+z_1 = \dfrac{v_2^2}{2g}+\dfrac{P_2}{\gamma}+z_2$	P_1, P_2 : 압력[Pa = N/m²] v_1, v_2 : 유속[m/s] z_1, z_2 : 위치수두[m] g : 중력가속도[9.8 m/s²] γ : 비중량[N/m³]
수정베르누이 방정식	1. 지하수조와 옥상수조 사이의 전양정 $H = h + h_L$ 2. 지하수조와 노즐 선단 사이의 전양정 $H = h + h_L + \dfrac{v^2}{2g}$ (낙차 + 마찰손실 + 방사압) 3. 연성계와 압력계 사이의 전양정 $H = \dfrac{\triangle P}{\gamma}$	
토리첼리 정리	$v = \sqrt{2gh}$	v : 유속[m/s] g : 중력가속도[m/s²] h : 기준점에서의 높이[m]
달시 바이스바하 식	$h_L = f \times \dfrac{L}{D} \times \dfrac{v^2}{2g}$	h_L : 마찰손실수두[m] f : 마찰손실계수 D : 관경[mm] L : 길이[m] g : 중력가속도[m/s²] v : 유속[m/s]
하젠 윌리암스 식	1. 절대단위[kg/cm²] $\triangle P = 6.174 \times 10^5 \times \dfrac{Q^{1.85}}{C^{1.85} \times D^{4.87}} \times L$ 2. SI단위[MPa] $\triangle P = 6.05 \times 10^4 \times \dfrac{Q^{1.85}}{C^{1.85} \times D^{4.87}} \times L$	

	압력손실[Pa]	마찰손실수두[m]
하젠 포아젤 식	$\triangle P = \dfrac{128\mu l Q}{\pi D^4}$	$h_L = \dfrac{128\mu l Q}{\gamma \pi D^4}$

돌연확대관 손실	$H = \dfrac{(V_1 - V_2)^2}{2g} = K\dfrac{V_1^2}{2g},\ K = \left[1-\dfrac{A_1}{A_2}\right]^2 = \left[1-(\dfrac{D_1}{D_2})^2\right]^2$
돌연축소관 손실	$H = \dfrac{(V_0 - V_2)^2}{2g} = K\dfrac{V_2^2}{2g},\ K = \left(\dfrac{A_2}{A_0}-1\right)^2 = \left(\dfrac{1}{C_c}-1\right)^2$

구분		관계식	비고
동력	수동력	$P = \gamma Q H$	P : 펌프동력[kW] K : 전달계수 H : 전양정[m] η : 효율[%] γ : 비중량[kgf/m³] Q : 유량[m³/s]
	축동력	$P = \dfrac{\gamma Q H}{\eta}$	
	전동기 동력	$P = \dfrac{\gamma Q H}{\eta} \times K$	

구분		관계식	비고
펌프의 상사법칙 (유양축 123 325)	유량	$\dfrac{Q_2}{Q_1} = \left(\dfrac{N_2}{N_1}\right) \times \left(\dfrac{D_2}{D_1}\right)^3$	N : 회전수[rpm] D : 임펠러직경
	양정	$\dfrac{H_2}{H_1} = \left(\dfrac{N_2}{N_1}\right)^2 \times \left(\dfrac{D_2}{D_1}\right)^2$	
	축동력	$\dfrac{L_2}{L_1} = \left(\dfrac{N_2}{N_1}\right)^3 \times \left(\dfrac{D_2}{D_1}\right)^5$	

비속도	$Ns = \dfrac{N\sqrt{Q}}{H^{\frac{3}{4}}}$ N_s : 비속도 N : 회전수[rpm] Q : 유량[m³/min] H : 전양정[m]

NPSH	$NPSH_{av}$ (유효흡입양정)	$NPSH_{re}$ (필요흡입양정)
	$NPSH_{av} = H_a \pm H_h - H_f - H_v$ H_a : 대기압 H_h : 양정 H_f : 마찰손실 H_v : 포화증기압	$NPSH_{re} = \left(\dfrac{N\sqrt{Q}}{Ns}\right)^{\frac{4}{3}}$

소화수를 수조바닥까지 비우는 소요시간	$t = \dfrac{2A_t}{C_Q \times A_o \sqrt{2g}}(\sqrt{H_1} - \sqrt{H_2})$ t : 물이 배수되는 소요시간[sec] A_t : 수조의 바닥면적[m²] A_o : 방출구의 면적[m²] H_1 : 수면으로 방출구까지의 높이[m] H_2 : 수면이 감소될 때 수면으로부터 방출구까지의 높이[m] C_Q : 유량계수

RTI	1. $$RTI = \tau\sqrt{u} \quad \left(\tau = \frac{mc}{Ah}\right)$$	τ : 감열체의 시간상수[s] u : 열기류 속도[m/s] c : 감열체의 비열[J/g·℃] h : 대류열전달계수[W/m²·℃] A : 감열체의 면적[m²]
	2. 풍동에서의 헤드 작동시간 $$RTI = \frac{-t_{op} \times \sqrt{U} \times (1 + \frac{C}{\sqrt{U}})}{\ln[1 - \frac{T_w - T_a}{T_g - T_a} \times (1 + \frac{C}{\sqrt{U}})]}$$	t_{op} : 플런지 응답시간(헤드 작동시간) U : 기류속도[m/s] C : 전도열손실계수[m/s]$^{0.5}$ T_w : 수조에서 평균작동온도[℃] T_g : 기류온도[℃] T_a : 실내온도[℃]
	3. Virtual RTI $$\text{Virtual RTI} = \frac{RTI}{1 + \frac{C}{\sqrt{u}}}$$	C : 전도열손실계수[m/s]$^{0.5}$ u : 열기류 속도[m/s]
ADD / RDD	1. ADD(실제진화밀도) $$ADD = \frac{\text{화염을 통과하여 가연물 상단에 도달한 물의 양}[Lpm]}{\text{가연물 상단의 면적}[m^2]}$$ 2. RDD(필요진화밀도) $$RDD = \frac{\text{화재진압에 필요한 최소한의 물의 양}[Lpm]}{\text{가연물 상단의 면적}[m^2]}$$	
스프링클러 물방울	1. 물방울의 직경 $$d_m \propto \frac{d^{2/3}}{p^{1/3}} \propto \frac{d^2}{Q^{2/3}}$$	d_m : 물방울의 직경 d : 오리피스의 직경 p : 방사압력[kg/cm²]
	2. 물방울의 총 표면적 $$A_s \propto \frac{Q}{d_m}$$	A_s : 물방울의 총 표면적 d_m : 물방울의 직경 Q : 방수량

물의 질식 소화원리	1. 산소농도를 15 [%] 이하로 유지하여 소화하는 원리 2. 부피 팽창의 예시 　15 [℃] → 250 [℃]일 경우 부피팽창 　물 1 [mol] = 22.4 [L], 분자량 = 18 [g/mol] 　$V_{250} = 22.4[L] \times \dfrac{(273+250)}{(273+15)} = 40.7[L]$ 　$\dfrac{40.7L}{0.018L} ≒ 2,260$배 팽창
동결심도	$Z = C\sqrt{f}$　　Z : 동결심도깊이[cm] 　　　　　　　　C : 정수[3 ~ 5] 　　　　　　　　f : 동결지수
건식밸브의 트립시간	$t = 0.0352 \dfrac{V}{A\sqrt{T}} \ln\left(\dfrac{P_2}{P_1}\right)$　t : 트립시간[s] V : 2차 측 배관 내용적[ft³] A : 개방 헤드의 면적[ft²] T : 공기 온도[℃] P_2 : 초기공기압력(절대압) P_1 : 트립압력(절대압)
물방울의 종말속도	$V = \dfrac{d^2 g (\rho_s - \rho)}{18\mu}$ [m/s]

■ 가스계

GWP	$GWP = \dfrac{\text{어떤 물질}\,1[kg]\text{이 영향을 주는 지구온난화 정도}}{CO_2\,1[kg]\text{이 영향을 주는 지구온난화 정도}}$
ODP	$ODP = \dfrac{\text{어떤 물질}\,1[kg]\text{이 영향을 주는 오존의 양}}{CFC-11\,1[kg]\text{이 영향을 주는 오존의 양}}$

충전비/충전밀도	충전비	충전밀도
	충전비 = $\dfrac{\text{내용적}[\ell]}{\text{약제량}[kg]}$	충전밀도 = $\dfrac{\text{약제량}[kg]}{\text{내용적}[\ell]}$

CO_2양	$CO_2 = \dfrac{(21 - O_2)}{O_2} \times V$ [m³]

CO_2 농도	1. $C = \dfrac{\text{방사된 } CO_2 \text{의 양}[m^3]}{\text{방호구역 체적}[m^3] + \text{방사된 } CO_2 \text{의 양}[m^3]} \times 100[\%]$ $C = \dfrac{v}{V+v} \times 100[\%]$ 2. $C = \dfrac{21 - O_2}{21} \times 100[\%]$
CO_2 손실률	1. 방호공간 상부에서 공기유입으로 충분한 누설이 있다고 가정한 식 2. 계산식 $R = 60\,C \times \rho A \sqrt{\dfrac{2g(p_1 - p_2)h}{p_1}}$
줄 톰슨 계수	$\mu = \left(\dfrac{\partial T}{\partial P}\right)_H$ μ : 줄 톰슨 계수
Vapor Delay Time	$t[s] = \dfrac{WC_p(T_1 - T_2)}{9.13(Q-q)} + \dfrac{1{,}050\,V}{Q}$ W : 배관 중량 C_p : 배관의 금속 비열[kJ/kg·K] V : 배관 내용적 T_1 : 초기 배관 온도 T_2 : CO_2 온도 Q : 보정된 유량 q : 유량 보정량
증발된 CO_2 양	$W = \dfrac{WC_p(T_1 - T_2)}{H}$ W : 배관의 무게[kg] C_p : 배관의 금속 비열[kJ/kg·K] T_1 : 방출전 배관 온도[K] T_2 : CO_2 평균 온도[K] H : 증발잠열[kJ/kg]
보정계수 (MCF)	$\text{MCF} = \dfrac{\ln(1-C_1)}{\ln(1-C_2)}$ C_1 : 인화성물질의 최소설계농도 C_2 : 기준 농도(0.34)
불활성기체 약제량	1. $X = 2.303 \left(\dfrac{V_s}{S}\right) \log_{10}\left(\dfrac{100}{100-C}\right)[m^3/m^3]$ 2. $X = 2.303 \log_{10}\left(\dfrac{100}{100-C}\right) \times \dfrac{1}{S}[kg/m^3]$ 3. $X = 2.303 \log_{10}\left(\dfrac{100}{100-C}\right) \times \dfrac{1}{S} \times V[kg]$

비체적	1. $S = K_1 + K_2 t$ $K_1 = \dfrac{22.4\,[m^3]}{\text{분자량}\,[kg]}$ $K_2 = K_1 \times \dfrac{1}{273}$ 2. CO_2의 비체적 $K_1 = \dfrac{22.4\,[m^3]}{\text{분자량}\,[kg]} = \dfrac{22.4}{44} = 0.509$ $K_2 = K_1 \times \dfrac{1}{273} = 0.509 \times \dfrac{1}{273} = 0.001864$ 3. CO_2 표면화재와 심부화재의 비체적 • 표면화재(30 ℃) : S = 0.509 + 0.001864 × 30 = 0.565 [m³/kg] • 심부화재(10 ℃) : S = 0.509 + 0.001864 × 10 = 0.527 [m³/kg]
스케줄 넘버 (Sch No)	$Sch\,No = 1,000 \times \dfrac{P\,[MPa]}{S\,[N/mm^2]}$
안전율	안전율 $= \dfrac{\text{인장강도}\,[N/mm^2]}{\text{재료의 허용응력}\,[N/mm^2]}$

	이산화탄소소화설비		불활성기체소화설비(IG-541)	
과압배출구 면적	$A\,[mm^2] = \dfrac{239\,Q}{\sqrt{P\,[kPa]}}$ Q : 이산화탄소의 유량[kg/min] P : 방호구역의 허용강도[kPa]		$A\,[cm^2] = \dfrac{42.9\,Q}{\sqrt{P\,[kg_f/m^2]}}$ Q : 이너젠($Inergen$) 유량[m³/min] P : 방호구역의 허용강도[kgf/m²]	
	경량구조물	1.2 [kPa]	경량구조	10 [kg_f/m²]
	일반구조물	2.4 [kPa]	블록마감	50 [kg_f/m²]
	둥근구조물	4.8 [kPa]	철근콘크리트벽	100 [kg_f/m²]

■ 제연

구분	계산식	
힝클리 식 (연기층 하강시간)	$t = \dfrac{20A}{P\sqrt{g}}\left(\dfrac{1}{\sqrt{y}} - \dfrac{1}{\sqrt{h}}\right)$	t : 연기층 하강시간[s] A : 실 면적[m²] g : 중력가속도[m/s²] y : 청결층 높이[m] h : 층고[m] P : 화염의 둘레[m]
Thomas의 연기발생량 ($\dot{m}$) 식	1. Thomas의 연기발생량 식 $\dot{m} = 0.096Py^{\frac{3}{2}}\sqrt{g\rho_a\rho_f}\;[kg/s]$ 2. 위 식으로부터 유도된 연기발생량 식 $\dot{m} = 0.188Py^{\frac{3}{2}}\;[kg/s]$	P : 화원의 둘레[m] y : 청결층 높이[m] g : 중력가속도[m/s²] ρ_a : 공기밀도[kg/m³] ρ_f : 화염의 가스밀도[kg/m³]
누설량	$Q = 0.827 \times A \times P^{\frac{1}{n}}$	Q : 누설량 [m³/s] A : 유효누설면적[m²] P : 차압[Pa] n : 출입문 2, 창문 1.6
유효 누설면적	$A_t = \dfrac{1}{\sqrt{\dfrac{1}{0.01^n} + \dfrac{1}{0.01^n}}}\;[m^2]$	n : 출입문 2, 창문 1.6
보충량	$q = k\left(\dfrac{S \times V}{0.6}\right) - Q_o$	k : 20층 이하 → 1, 20층 초과 → 2 S : 제연구역과 옥내 사이의 출입문 면적[m²] Q_o : 거실로 유입되는 공기량[m³/s] V : 방연풍속[m/s]
플러그 홀링 관련 식 (Plug Holing)	Froude 수(Fr) = $\dfrac{V_{vent} \times A_{vent}}{\left(\dfrac{g(\rho - \rho_s)}{\rho}\right)^{\frac{1}{2}} \times h^{\frac{5}{2}}}$	

구분	계산식	
출입문 개방에 필요한 힘	$F_1 = \dfrac{PAW}{2(W-d)}\ [N]$ $F = F_1 + F_2 + F_3\ [N]$	P : 차압[Pa] A : 출입문 면적[m²] W : 출입문 폭[m] d : 출입문 손잡이로부터의 거리[m] F_1 : 차압에 의한 힘[N] F_2 : 자동폐쇄장치에 의한 폐쇄력[N] F_3 : 경첩에 의한 힘[N]
송풍기의 전동기 용량	$P = \dfrac{P_T \cdot Q}{102 \times 60\,\eta} K\ [kW]$	
상당직경	동일 풍량일 경우 상당직경	$d_{eq} = 1.3 \times \left[\dfrac{(ab)^5}{(a+b)^2}\right]^{\frac{1}{8}}$ d_{eq} : 원형 덕트 상당 직경 a, b : 사각덕트 장변, 단면
	동일 풍속일 경우 상당직경	$d_{eq} = 4\dfrac{A}{L}$
원형덕트의 직관 손실	$\triangle P = f\dfrac{l}{d}\dfrac{v^2}{2g}\gamma$	$\triangle P$: 마찰손실[mmAq] f : 관 마찰계수 l : 덕트의 길이[m] d : 덕트의 직경[m] g : 중력가속도[m/s²] γ : 공기의 비중량[kg_f/m³]
덕트의 국부저항 손실	$\triangle P = \zeta P_v = \zeta\dfrac{v^2}{2g}\gamma = f\dfrac{l_e}{d}\dfrac{v^2}{2g}\gamma$	$\triangle P$: 국부저항[mmAq] ζ : 국부저항계수 P_v : 동압[mmAq] l_e : 국부저항의 상당길이[m] γ : 공기의 비중량[kg_f/m³]
송풍기 서징 관련	헬름홀츠(Helmholtz)의 공명주파수 식 $f = \dfrac{a}{2\pi}\sqrt{\dfrac{S}{VL}}$	a : 음속 V : 접속덕트 용적[m³] L : 접속관 길이[m] S : 송풍기 출구 면적[m²]

■ 소방전기

구분	계산식
옴의 법칙	$V = IR$ $R = \rho \dfrac{l}{A} = \rho \dfrac{l}{\pi r^2} = \rho \dfrac{4l}{\pi D^2}$
줄의 법칙	$H = I^2 Rt \,[J] = 0.24 I^2 Rt \,[cal]$ $H = 0.24 Pt = 0.24 VIt = 0.24 I^2 Rt = 0.24 \dfrac{V^2}{R} t$
전력과 전력량	1. 전력 P[W] $P = \dfrac{W}{t}[J/s] = VI = I^2 R = \dfrac{V^2}{R}$ 2. 전력량 W[J] $W = P \cdot t \,[W \cdot \sec = J] = VIt = I^2 Rt = \dfrac{V^2}{R} t$
축전지 용량	1. $C = \dfrac{1}{L} KI \,[Ah]$ 2. 축전지 용량 산출 시간 3. NFPA의 경우 감시 : 24시간, 경보 : 5분
허용최저전압	$V = \dfrac{V_a + V_c}{n}$ V : 셀당 허용최저전압 V_a : 부하의 허용최저전압 V_c : 총 전압강하 n : 셀 수
축전지의 방전심도	방전심도 $= \dfrac{\text{방전량}}{\text{축전지 정격용량}} \times 100 \,[\%]$

축전지 용량 산출 시간:

구분	층수	감시 및 경보
수신기	30층 미만	감시 : 60분, 경보 : 10분
수신기	30층 이상	감시 : 60분, 경보 : 30분
수계 제어반	30층 미만	작동 : 20분
수계 제어반	30층-49층	작동 : 40분
수계 제어반	50층 이상	작동 : 60분
복합형 수신기 (수신기+수계제어반)	30층 미만	감시 : 60분, 경보 : 20분
복합형 수신기 (수신기+수계제어반)	30층-49층	감시 : 60분, 경보 : 40분
복합형 수신기 (수신기+수계제어반)	50층 이상	감시 : 60분, 경보 : 60분

구분	계산식
정전 에너지	$W = \dfrac{1}{2}QV = \dfrac{1}{2}CV^2 = \dfrac{Q^2}{2C}[J]$
쿨롱의 법칙	1. 두 전하 Q_1, Q_2에 작용하는 힘은 전하량의 곱에 비례하고, 거리의 제곱에 반비례 2. 관련 공식 $F = \dfrac{1}{4\pi r^2} \times \dfrac{Q_1 Q_2}{\varepsilon} = \dfrac{1}{4\pi\varepsilon_0\varepsilon_s} \times \dfrac{Q_1 Q_2}{r^2} = 9 \times 10^9 \times \dfrac{Q_1 Q_2}{r^2}[N]$
각속도(w)	$w = \dfrac{\theta}{t} = \dfrac{2\pi}{T} = 2\pi f\ [rad/s]$

유도성 회로 용량성 회로

유도성 회로	용량성 회로
$X_L = 2\pi f L[\Omega]$	$X_C = \dfrac{1}{2\pi f C}[\Omega]$
인덕턴스	커패시턴스

Y결선과 △결선

Y결선에서의 선전류 I_Y와 △결선에서의 선전류 $I_\triangle$ 비교

$$\dfrac{I_Y}{I_\triangle} = \dfrac{\dfrac{V}{\sqrt{3}Z}}{\dfrac{\sqrt{3}V}{Z}} = \dfrac{1}{3} \qquad \therefore \dfrac{I_Y}{I_\triangle} = \dfrac{1}{3}$$

역률

$\cos\theta = \dfrac{P(유효전력)}{P_a(피상전력)}$

유효전력 무효전력 피상전력

구분	단상	3상
유효전력	$P = VI\cos\theta[kW]$	$P = \sqrt{3}\,VI\cos\theta[kW]$
무효전력	$P_r = VI\sin\theta[kVar]$	$P_r = \sqrt{3}\,VI\sin\theta[kVar]$
피상전력	$P_a = VI[kVA]$	$P_a = \sqrt{3}\,VI[kVA]$

전력용 콘덴서 용량

$$Q_C = P(\tan\theta_1 - \tan\theta_2) = P\left(\dfrac{\sqrt{1-\cos\theta_1^2}}{\cos\theta_1} - \dfrac{\sqrt{1-\cos\theta_2^2}}{\cos\theta_2}\right)[kVA]$$

전동기 동기속도

$N_s = \dfrac{120f}{P}[rpm]$

구분	계산식	
	관련 식	항목
광전효과 일함수 최대운동 에너지	• 광전효과 $$E = hf = \frac{hc}{\lambda}$$	E : 에너지 h : 플랑크상수 6.63×10^{-34} [J·s] f : 진동수 λ : 파장 c : 빛의 속도 3×10^8 [m/s]
	• 일함수 $$W = hf_o$$	W : 일함수 f_o : 문턱진동수
	• 최대운동에너지 $$E_k = \frac{1}{2}mv^2 = hf - W = hf - hf_o$$	E_k : 최대운동에너지 m : 질량[kg] v : 속도[m/s]
감지기 회로	감시전류 $= \dfrac{회로전압(24\,V)}{배선저항 + 릴레이저항 + 종단저항}[mA]$ 동작전류 $= \dfrac{회로전압(24\,V)}{배선저항 + 릴레이저항}[mA]$	

정온식 감지기의 최소작동시간[s]

최소 작동시간[s]의 계산식

종별	실온	
	0 [℃]	0 [℃] 이외
특종	40초 이하	실온일 때 작동시간 공식 $$t = \dfrac{t_0 \log_{10}\left(1 + \dfrac{\theta - \theta_r}{\delta}\right)}{\log_{10}\left(1 + \dfrac{\theta}{\delta}\right)}$$
1종	40초 초과 ~ 120초 이하	
2종	120초 초과 ~ 300초 이하	

여기서, t_0 : 실온이 0 [℃]인 경우의 작동시간[sec]
  θ : 공칭작동온도[℃]
  θ_r : 실온[℃]
  δ : 공칭작동온도와 작동시험온도와의 차[℃]

전압강하	1. $$e = E_s - E_r$$	e : 전압강하[V] E_s : 송전단 전압[V] E_r : 수전단 전압[V]

구분	계산식

	2. 자탐설비(NFSC 203) 음향장치의 구조 및 성능 기준
	  : 정격전압의 80 [%] 전압에서 음향을 발할 수 있을 것
	3. 예시
	  1) 정격전압 : DC 24 [V]
	  2) 80 [%] 전압 : DC 24 [V] × 80 [%] = 19.2 [V] 이상

전압 강하율	전압 강하율 = $\dfrac{E_s - E_r}{E_r} \times 100 [\%]$

전압강하와 전선단면적	전기방식	전압강하	전선 단면적
	단상 3선식 직류 3선식 3상 4선식	$e = \dfrac{17.8LI}{1000A} [V]$	$A = \dfrac{17.8LI}{1000e}$
	단상 2선식 직류 2선식	$e = \dfrac{35.6LI}{1000A} [V]$	$A = \dfrac{35.6LI}{1000e}$
	3상 3선식	$e = \dfrac{30.8LI}{1000A} [V]$	$A = \dfrac{30.8LI}{1000e}$

구분	계산식
무반사 종단저항	$V- = \dfrac{Z_o - Z_L}{Z_o + Z_L} V+$ $V-$: 반사파 $V+$: 입사파 Z_o : 전원 측 Z_L : 부하 측
전압정재파비 (VSWR)	1. 전압정재파비(VSWR) $VSWR = \dfrac{|V_{\max}|}{|V_{\min}|} = \dfrac{1 + |\beta|}{1 - |\beta|} = \dfrac{최대전압의 크기}{최소 전압의 크기}$ 2. 부하단자에서의 반사계수 $\beta = \dfrac{Z_o - Z_L}{Z_o + Z_L}$ 3. $V- = \beta V+$ (반사파 = 반사계수 × 입사파) 4. 반사손실(RL) = $-20\log|\beta| = -10\log|\beta|^2$
수용률	수용률[%] = $\dfrac{최대 수용전력}{설치된 전체 부하용량} \times 100$

■ 위험물

구분	계산식	
위험물 탱크의 내용적	타원형(양쪽 볼록)	$V = \dfrac{\pi ab}{4}(\ell + \dfrac{\ell_1 + \ell_2}{3})$
	타원형(한쪽 볼록 다른쪽 오목)	$V = \dfrac{\pi ab}{4}(\ell + \dfrac{\ell_1 - \ell_2}{3})$
	원통형(횡형)	$V = \pi r^2 (\ell + \dfrac{\ell_1 + \ell_2}{3})$
	원통형(종형)	$V = \pi r^2 \ell$

방화상 유효한 담의 높이

1. $H \leq PD^2 + a$ 인 경우 : $h = 2$ [m] 이상
2. $H > PD^2 + a$ 인 경우 : $h = H - P(D^2 - d^2)$ [m] 이상
   - D : 제조소 등과 인근 건축물 또는 공작물과의 거리[m]
   - d : 제조소 등과 방화상 유효한 담과의 거리[m]
   - H : 인근 건축물 또는 공작물 높이[m]
   - a : 제조소 등의 외벽의 높이[m]
   - h : 방화상 유효한 담의 높이[m]
   - p : 상수
3. p의 값

인근 건축물 또는 공작물 구분	p의 값
1) 목조 2) 방화구조 또는 내화구조이고 60분+방화문·60분 방화문 또는 30분 방화문 미설치	0.04
1) 방화구조 2) 방화구조 또는 내화구조이고, 개구부에 30분 방화문 설치	0.15
내화구조이고, 개구부에 60분+방화문 또는 60분 방화문 설치	∞

방유제 높이

$$H = \dfrac{(1.1 V_m + V) - \dfrac{\pi}{4}(D_1^2 + D_2^2 + \cdots)H_f}{S - \dfrac{\pi}{4}(D_1^2 + D_2^2 + \cdots)}$$

- H : 방유제 높이
- V : 탱크 기초체적[m³]
- H_f : 탱크 기초 높이[m]
- V_m : 최대 탱크 용량[m³]
- D_1, D_2 : 최대 탱크 이외의 탱크 직경[m]
- S : 방유제 면적[m²]

구분	계산식
하이드록실아민 안전거리	$D = 51.1\sqrt[3]{N}$ D : 안전거리[m] N : 하이드록실아민 등의 지정수량의 배수
유기 과산화물의 반응 산소 함유량	1. 유기과산화물 : 제5류 위험물 2. 이론적인 반응산소 함유량 $= \dfrac{16 \times \text{과산화물 결합수}}{\text{분자량}} \times 100\%$
증기 위험도 지수	$VHI = \dfrac{P_{\max}}{760} \times \dfrac{10^6}{AC}$ VHI : 증기 위험도 지수(-) AC : 허용농도[ppm] $P_{\max}$: 포화증기압[mmHg]
허용 농도 지수	$ACI = \dfrac{100}{AC}$ AC : 허용농도[ppm] ACI : 허용농도지수[-]
액면화재 (Pool Fire)	1. 액면강하속도 $V = A\left(\dfrac{H_c}{H_v}\right) = 0.076\left(\dfrac{H_c}{H_v}\right)$ V : 액면강하속도[mm] A : 액면[m²] H_c : 연소열 H_v : 증발열 2. 평균화염의 높이 : $L_f = 0.23\dot{Q}^{2/5} - 1.02D$ 3. 바람에 의한 화염의 경사 $\tan\theta = \dfrac{v^2}{gd}$ θ : 액면 수직선과 화염축 사이의 각 v : 풍속 d : 용기의 직경
포의 팽창비	팽창비 $= \dfrac{\text{방출 후 포의 체적}[m^3]}{\text{방출 전 포수용액의 체적}[m^3]}$

■ 연소공학

구분	계산식
아레니우스 식	$V = Ce^{-\frac{E}{RT}}$ V : 반응속도 C : 빈도계수 E : 활성화에너지[cal/mol] T : 절대온도[K] R : 기체상수[cal/mol·K]

평형상수(K)	$K = \dfrac{k_1}{k_2} = \dfrac{[C]^c[D]^d}{[A]^a[B]^b} = \dfrac{\text{생성물의 농도 곱}}{\text{반응물의 농도 곱}}$
전기적 점화원	1. 주울열 : $H = 0.24I^2Rt\,[cal]$ 2. 아크열 : $E(\text{전계의 세기}) = \dfrac{V(\text{전압})}{d(\text{거리})}\,[V/m]$ 3. 단락 시 케이블이 소손되지 않는 단면적 $S = \dfrac{I_s\sqrt{t}}{134}$ S : 도체 단면적[mm²] I_s : 단락전류[A] t : 단락시간[s]
최소점화 에너지	$E_{\min} = \dfrac{d^2\mu}{S_u}(T_2 - T_1)$ d : 소염거리[cm] μ : 열전도도[cal/cm·k·s] T_2 : 화염온도[K] T_1 : 초기온도[K] S_u : 연소속도[cm/s]
목재의 함수율	함수율 = $\dfrac{\text{시료의 중량} - \text{시료의 건조 중량}}{\text{시료의 건조 중량}} \times 100$
산소평형	산소평형(OB) = $\dfrac{\text{반응 후 산소 질량}}{\text{반응 전 화합물 질량}} \times 100$

최소산소농도 (MOC)	1. 정의 : 화염을 전파하기 위한 최소한의 산소농도
	2. MOC = LFL × O_2 (산소 몰수)
	3. 예시 : 프로판의 MOC 계산
	  1) 연소 범위 : 2.1 ~ 9.5[%]
	  2) 완전연소 반응식
	    $C_3H_8 + 5O_2 \to 3CO_2 + 4H_2O$
	  3) $MOC = 2.1 \times 5 = 10.5\,\%$

한계산소지수 (LOI)	$LOI = \dfrac{O_2}{N_2 + O_2} \times 100$

수율과 농도	수율	농도
	$Y_{co} = \dfrac{m_{co}}{m}$	$X = \dfrac{\chi_m}{\chi}$
	m_{co} : 생성된 CO 질량 m : 연소된 연료의 질량	χ_m : 생성물 질량 χ : 연기 질량

위험도	1. 위험도(H) = $\dfrac{UFL - LFL}{LFL}$ = $\dfrac{연소\ 상한계 - 연소\ 하한계}{연소\ 하한계}$ 2. 메테인과 프로페인의 위험도 비교 | 구분	CH_4	C_3H_8 | |---|---|---| | 연소범위 | 5-15 [%] | 2.1-9.5 [%] | | 위험도 | $H = \dfrac{15-5}{5} = 2$ | $H = \dfrac{9.5-2.1}{2.1} = 3.52$ | ∴ 프로페인이 메테인보다 $\dfrac{3.52}{2}$ = 1.76배 위험성이 크다.
Jone's 식 연소범위	$UFL = 3.5 C_{st}$ $LFL = 0.55 C_{st}$
Burgess Wheeler 식	$LFL \times \triangle H_c = 1{,}050$
Zabetakis 식	$UFL = 6.5\sqrt{LFL}$
연소효율 / 열효율	1. 연소효율[%] = $\dfrac{실제\ 연소\ 시\ 발열량}{완전\ 연소\ 시\ 발열량} \times 100$ 2. 열효율[%] = $\dfrac{일}{열} \times 100$
연공비($\dfrac{F}{A}$)	연공비 = $\dfrac{연료의\ 질량}{공기의\ 질량}$
공연비($\dfrac{A}{F}$)	공연비 = $\dfrac{공기의\ 질량}{연료의\ 질량}$
당량비 ϕ	ϕ = $\dfrac{실제\ 연공비}{이론\ 연공비}$
화학양론 조성비	$Cst = \dfrac{연료몰수}{연료몰수 + 공기몰수} \times 100\,[vol\%]$
르샤틀리에 공식	$\dfrac{100}{L} = \dfrac{V_1}{L_1} + \dfrac{V_2}{L_2}$, $\dfrac{100}{U} = \dfrac{V_1}{U_1} + \dfrac{V_2}{U_2}$
단열압축식	$\dfrac{P_2}{P_1} = \left(\dfrac{T_2}{T_1}\right)^{\frac{\gamma}{\gamma-1}}$
비열비	$\gamma(비열비) = \dfrac{정압비열(Cp)}{정적비열(Cv)}$

■ 건축방재 / 화재역학

구분	계산식
연돌효과에 의한 압력차	$\Delta P = 3{,}460 \times h\left(\dfrac{1}{T_0} - \dfrac{1}{T_i}\right)$ ΔP : 연돌효과 압력차[Pa] h : 중성대로부터의 높이[m] T_1 : 외부의 온도[K] T_2 : 내부의 온도[K]
Tamura & Shaw 식	$\Delta P = f\,\dfrac{h}{D_L}\,\dfrac{\rho v^2}{2}\,[Pa]$
중성대 높이	$\dfrac{h}{H-h} = \left(\dfrac{A_2}{A_1}\right)^2 \times \left(\dfrac{T_0}{T_i}\right)$ H : 샤프트 높이[m] h : 중성대로부터의 높이[m] A_1 : 중성대 하부 개구부 면적[m^2] A_2 : 중성대 상부 개구부 면적[m^2] T_i : 내부온도[K] T_o : 외기온도[K]
열전달	**전도** — Fourier 법칙 $\dot{q} = \dfrac{k}{l}A(T_1 - T_2)\,[W]$ **대류** — 뉴턴의 냉각법칙 $\dot{q} = hA(T_1 - T_2)\,[W]$ **복사** — 스테판 볼츠만의 법칙 $\dot{q}'' = \phi\varepsilon\sigma T^4\,[W/m^2]$ k : 전도열 전달계수 l : 재료의 두께 h : 대류열 전달계수 ϕ : 형태계수 ε : 방사율 σ : 스테판 볼츠만 상수 (5.67×10^{-8})
열용량 열관성 열확산율	1. 열용량 mc 2. 열관성 ρck 3. 열확산율 $\alpha = \dfrac{k}{\rho c}$ m : 질량[kg] c : 비열[kcal/kg·K] ρ : 밀도[kg/m^3] k : 열전도도[W/m·K]

구분	계산식
열 침투시간	1. 공식 : $t = \dfrac{l^2}{16}$ 2. 폴리우레탄과 철제의 열 침투시간 비교 | 구분	열 침투시간
폴리우레탄	$t = \dfrac{(0.05m)^2}{16(1.2 \times 10^{-6} m^2/s)} = 130[s]$
철제	$t = \dfrac{(0.05m)^2}{16(1.26 \times 10^{-5} m^2/s)} = 12.4[s]$ | ∴ 철제가 폴리우레탄보다 약 10.5배 열 침투시간이 빠르다.
열통과율	$\dot{q}'' = \dfrac{1}{\dfrac{1}{h_1} + \dfrac{l}{k} + \dfrac{1}{h_2}} \times (T_1 - T_2)$ $\dot{q}''$: 열유속[W/m²] k : 열전도도[W/m·K] l : 두께[m] T_1 : 고온부 온도[K] T_2 : 저온부 온도[K]
열저항	열저항 = $\dfrac{\text{재료의 두께}}{\text{열전도율}} = \dfrac{1}{\text{열관류율}}$
열전달률	열전달률[W] = $\dfrac{\text{열전도율}}{\text{재료의 두께}} \times$ 면적 $\times$ 온도차 $= \dfrac{1}{\dfrac{L_A}{k_A} + \dfrac{L_B}{k_B} + \dfrac{L_C}{k_C}} \times A \times (T_1 - T_2)$
발화시간	1. 얇은 물체(2 [mm] 미만) : $t_{ig} = \rho c l \left[\dfrac{T_{ig} - T_\infty}{\dot{q}''}\right]$ 2. 두꺼운 물체(2 [mm] 이상) : $t_{ig} = C(\rho c k)\left[\dfrac{T_{ig} - T_\infty}{\dot{q}''}\right]^2$ 1) C = $\dfrac{\pi}{4}$: 열손실이 없는 경우 2) C = $\dfrac{2}{3}$: 열손실이 있는 경우 T_{ig} : 자연발화온도[K] T_∞ : 주위온도[K]

구분	계산식	
발화시간과 온도상승과의 관계	구분	관계식
	얇은 물체(2 [mm] 미만)	$T = T_\infty + \dfrac{\dot{q}'' \times t}{\rho c l}$
	두꺼운 물체(2 [mm] 이상)	$T = T_\infty + \dot{q}'' \sqrt{\dfrac{t}{C(\rho c k)}}$
발화온도와 발화지연시간	구분	관계식
	Hilado와 Clark식	$\log t = (\dfrac{A}{T}) + B$
	Semenov식	$\log t = (52.55 \dfrac{E}{T}) + B$
	Arrhenius식	$\log t = (\dfrac{E}{RT}) + B$
	t : 발화지연시간[s] T : 자연발화온도[K] A, B : 상수 R : 기체상수 E : 활성화에너지[kJ/mol]	

줄열에 의한 발화	1. $H = 0.24 I^2 R t \, [cal] = I^2 R t \, [J]$
	2. $R = \rho \dfrac{L}{A}$
	3. 고유저항(ρ)
	  1) 연동선 : $\rho = \dfrac{1}{58}[\Omega \cdot mm^2/m]$
	  2) 경동선 : $\rho = \dfrac{1}{55}[\Omega \cdot mm^2/m]$	

고체의 화염확산속도	$V = \dfrac{\delta_f}{t_{ig}}$ δ_f : 가열거리[m] t_{ig} : 발화시간[s]	

구분	계산식
가연성 액체의 화염확산속도	1. 경질유와 중질유 | 구분	경질유	중질유
---	---	---
전파 형태	예혼합형	예열형
화염전파속도	$V_m = ASu\sqrt{\dfrac{\rho_a}{\rho_f}}$	맥동적	 2. 경질유의 화염전파속도 $V_m = ASu\sqrt{\dfrac{\rho_a}{\rho_f}}$ V_m : 최대속도 A : 2 ~ 3 S_u : 예혼합기의 층류 연소속도 ρ_a : 액온에서의 증기 밀도 ρ_f : 화염온도에서의 증기 밀도
다공성 물질의 화염확산속도 (V)	1. $V = \dfrac{\dot{q}''\delta_f}{\rho cl(T_{ig}-T_\infty)} = \dfrac{\dot{q}''}{\rho_b c(T_{ig}-T_\infty)}$ 2. $\rho_b = \dfrac{\rho l}{\delta_f}$, ρ_b : 용적밀도[kg/m³] 3. $V \propto \dfrac{1}{\rho_b}$ (화염확산속도는 용적밀도에 반비례)
화재성장곡선 (NFPA 72)	1. $\dot{Q} = \alpha t^n$ 2. n = 2인 경우, 화재성장속도별 α 값 산출 	화재 구분	α값
ultra-fast(75s)	$\alpha = \dfrac{1055[kW]}{(75[s])^2} = 0.188[kW/s^2]$
fast(150s)	$\alpha = \dfrac{1055[kW]}{(150[s])^2} = 0.047[kW/s^2]$
medium(300s)	$\alpha = \dfrac{1055[kW]}{(300[s])^2} = 0.012[kW/s^2]$
slow(600s)	$\alpha = \dfrac{1055[kW]}{(600[s])^2} = 0.003[kW/s^2]$	

구분	계산식
화재하중	$$q = \frac{\sum(G_i \times H_i)}{H \times A} = \frac{\sum Q_t}{4,500 \times A} \, [kg/m^2]$$ G_i : 가연물의 양[kg] H_i : 가연물의 단위중량당 발열량[kcal/kg] $H \fallingdotseq 4500$: 목재의 단위 중량당 발열량[kcal/kg] A : 화재실의 바닥면적[m²] $\sum Q_t$: 화재 실내의 가연물 전체 발열량[kcal]
복사열	1. 스테판 볼츠만 공식 : $\dot{q}'' = \Phi \epsilon \sigma T^4$ 2. 화염직경의 2배 이상의 경우 : $\dot{q}'' = \dfrac{Xr\dot{Q}}{4\pi r^2}$ 3. Fire Ball과 석유류 화재의 복사열 비교 $\dfrac{Fire\ Ball}{석유류\ 화재} = \dfrac{(273+1500)^4}{(273+1000)^4} = 3.7배$ Fire Ball이 석유류 화재보다 약 3.7배 복사열 강도가 큼
방사율	1. $\varepsilon = \dfrac{실제\ 표면의\ 방사에너지}{흑체의\ 방사에너지} = \dfrac{\dot{q}''}{\phi \sigma T^4}$ 2. $\varepsilon = 1 - \exp(-kl)$ k : 흡수계수, l : 화염의 두께

연료별 화염의 높이	1. 연료별 화염의 높이(D = 1m)
	  1) 공식 : $L = 0.23 \dot{Q}^{2/5} - 1.02D$
	  2) 화염의 높이
	<table><tr><th>구분</th><th>화염의 높이</th></tr><tr><td>목재</td><td>$L = 0.23(130)^{2/5} - 1.02(1[m]) = 0.59[m]$</td></tr><tr><td>폴리스티렌</td><td>$L = 0.23(1,189)^{2/5} - 1.02(1[m]) = 2.89[m]$</td></tr><tr><td>헵탄</td><td>$L = 0.23(2,650)^{2/5} - 1.02(1[m]) = 4.37[m]$</td></tr><tr><td>가솔린</td><td>$L = 0.23(1,887)^{2/5} - 1.02(1[m]) = 3.68[m]$</td></tr></table>2. 목재와 가솔린의 화염의 높이 비교
	  가솔린(3.68 [m])은 목재(0.59 [m])보다 약 6.2배 높음

구분	계산식
난류확산화염	1. 와류의 발산 주기 $$f = \frac{1.5}{\sqrt{D}}$$ f : 주파수 D : 화염의 직경 2. 난류확산화염의 길이가 일정한 이유 　1) 공기유입속도 : $\rho_a D L_f V_e$ 　2) 연료공급속도 : $\rho_f \frac{\pi D^2}{4} V_e$ 　3) 화학양론비(s) = $\frac{공기유입속도}{연료공급속도} = \frac{\rho_a D L_f V_e}{\rho_f \frac{\pi D^2}{4} V_e}$ $$\frac{L_f}{D} \simeq \frac{\rho_f}{\rho_a} s = A$$ ρ_a : 공기 밀도, D : 파이프 출구 직경 ρ_f : 연료 밀도　L_f : 화염의 길이 V_e : 연료의 분출속도 　4) 화염의 길이는 직경에 비례함을 알 수 있다. $$L_f = AD$$ L_f : 화염의 길이 A : 연료종류 상수 D : 개구부 직경
질량연소유속	$$\dot{m}'' = \frac{\dot{q}''}{L}$$ $\dot{m}''$: 질량연소유속[g/m²·s] $\dot{q}''$: 순수열유속[kW/m²] L : 기화열[J/g]
순수 열유속	1. 순수 열유속 $\dot{q}''$ = 화염의 열유속 + 외부 열유속 - 재복사 2. 예제 기화온도 380 [℃]인 폴리스티렌이 연소 시 화염의 열유속이 30 [kW/m²] 일 경우 순수 열유속 계산 　1) 재복사 열유속 σT^4 = 5.67 × 10⁻¹¹ × (273 + 380)⁴ = 10.3 　2) 순수 열유속 = 30 - 10.3 = 19.7 [kW/m²]
목재와 가솔린의 순수 열유속	1. 공식 : $\dot{q}'' = \dot{m}'' \times L$ 2. 목재와 가솔린의 순수 열유속 비교 　1) 목재 : $\dot{q}''$ = 11 [g/m²·s] × 1.82 [kJ/g] = 20 [kW/m²] 　2) 가솔린 : $\dot{q}''$ = 55 [g/m²·s] × 0.33 [kJ/g] = 18 [kW/m²] 　∴ 목재가 가솔린보다 순수 열유속이 커서 손괴가 큼

구분	계산식
열방출속도	1. 공식 : $\dot{Q} = \dot{m}'' A \Delta H_c$ 2. 목재와 가솔린의 열방출속도 비교(직경 1m) | 구분	질량연소유속[g/m²·s]	유효연소열[kJ/g] | |---|---|---| | 목재 | 11 | 15 | | 가솔린 | 55 | 43.7 | 1) 목재 : $\dot{Q}$ = 11 [g/m²·s] × 0.785 [m²] × 15 [kJ/g] ≒ 130 [kW] 2) 가솔린 : $\dot{Q}$ = 55 [g/m²·s] × 0.785 [m²] × 43.7 [kJ/g] ≒ 1,887 [kW] ∴ 가솔린이 목재보다 약 15배 열방출속도가 크다.
가연성비	1. 가연성비 = $\dfrac{\Delta H_c}{L}$ 2. 연료의 기화에 요구되는 에너지당 방출된 에너지 3. 화재 위험도 평가의 중요 변수로 작용
Flashover 관련 식	1. McCaffrey $\dot{Q}_{fo} = 610(h_k A_T A \sqrt{H})^{\frac{1}{2}}$ 2. Thomas 식 $\dot{Q}_{fo} = 7.8 A_T + 378 A \sqrt{H}$ 3. Babrauskas $\dot{Q}_{fo} = 750 A \sqrt{H}$

Flashover와 복사열	1. Flashover 발생조건
	  1) 바닥면에서의 복사열 : 20 [kW/m²] 이상
	  2) 상부 연기층의 온도 : 500 ~ 600 [℃] 이상
	2. 복사열 계산($\dot{q}'' = \sigma T^4$)
	  1) 500 [℃] : $\dot{q}''$ = 5.67 × 10⁻¹¹ × (273 + 500)⁴ ≒ 20 [kW/m²]
	  2) 600 [℃] : $\dot{q}''$ = 5.67 × 10⁻¹¹ × (273 + 600)⁴ ≒ 33 [kW/m²]

가스층의 상승온도 식	$\Delta T = 6.85 \left(\dfrac{\dot{Q}_c^2}{h_k A_T A \sqrt{H}} \right)^{\frac{1}{3}}$ $\dot{Q}_c$: 열방출율 h_k : 열전달계수 A_T : 개구부를 제외한 내부 표면적 A : 개구부면적 H : 개구부 높이

구분	계산식
상층부 가스온도 식	Babrauskas의 상층부 가스온도 계산식 $$T_g = T_\infty + (T^* - T_\infty)\theta_1\theta_2\theta_3\theta_4\theta_5$$ T_g : 상층부 가스온도　　　T_∞ : 초기온도 T^* : 실험적 상수 1,725K　　θ_1 : 화학양론적 연소속도 θ_2 : 벽에서의 정상상태 손실　θ_3 : 벽에서의 전이 손실 θ_4 : 개구부 높이의 효과　　θ_5 : 연소효율
Alpert Correlation	1. 온도 공식 | 구분	천장류의 온도[K]
$\dfrac{r}{H} \leq 0.18$	$T_g - T_i = 16.9 \dfrac{\dot{Q}^{2/3}}{H^{5/3}}$
$\dfrac{r}{H} > 0.18$	$T_g - T_i = 5.38 \dfrac{\dot{Q}^{2/3}/H^{5/3}}{(r/H)^{2/3}}$ | 2. 속도 공식 | 구분	천장류의 속도[m/s]
$\dfrac{r}{H} \leq 0.15$	$U = 0.947\left(\dfrac{\dot{Q}}{H}\right)^{1/3}$
$\dfrac{r}{H} > 0.15$	$U = 0.197 \dfrac{(\dot{Q}/H)^{1/3}}{(r/H)^{5/6}}$ | r : 화원으로부터 수평거리[m] H : 화원으로부터 천장까지의 거리[m] $\dot{Q}$: 열방출률[kW] T_g : 천장류의 온도[K] T_i : 실내온도[K]
감광계수 (C_s)	$C_s = \dfrac{1}{L}\ln\left(\dfrac{I_0}{I}\right)$　　C_s : 감광계수[m^{-1}]　L : 투과거리[m] 　　　　　　　　　　　I : 연기가 있을 때의 빛의 세기[lx] 　　　　　　　　　　　I_o : 연기가 없을 때의 빛의 세기[lx]
광학농도(D)	$D = \log_{10}\left(\dfrac{I_o}{I}\right) = \log_{10}\left(\dfrac{1}{T}\right)$

구분	계산식
연기밀도 (광학농도비)	$D_s = D \times \dfrac{V}{AL} = \dfrac{V}{AL}\log_{10}\left(\dfrac{1}{T}\right) = 132\log_{10}\left(\dfrac{1}{T}\right)$ T : 광선투과율　　132 : 연소챔버에 대하여 V/AL로부터 유도된 인자 V : 연소챔버의 부피　A : 연소챔버의 노출면적 L : 광선경로의 길이
최대연기밀도 400 관련 식	<table><tr><th>구분</th><th>관련 식</th></tr><tr><td>연기밀도</td><td>$D_s = 132\log_{10}\dfrac{100}{T}$</td></tr><tr><td>최댓값</td><td>$D_m = 132\log_{10}\dfrac{100}{T_r}$ (T_r : 광선 투과율)</td></tr><tr><td>보정인자</td><td>$D_c = 132\log_{10}\dfrac{100}{T_c}$ (T_c : 광선 투과율)</td></tr><tr><td>보정값</td><td>$D_s = D_m - D_c$</td></tr></table>
발연계수	$K = C_s \dfrac{V}{W}$　　K : 발연계수 　　　　　　　　V : 연기체적[m³] 　　　　　　　　W : 연소중량[kg]
독성에 의한 영향	COHb[%] = 0.33RMV × $X_{CO\%}$ × t $X_{CO\%}$: CO의 Vol% t : 노출시간[min] RMV : 분당 호흡량[Lpm]
독성 관련 Haber의 법칙	1. 공식 : $W = C \times t$ 2. 복용량은 농도와 시간의 곱으로 일정
$TLV - TWA$	$TLV - TWA = \dfrac{C_1 T_1 + C_2 T_2 + \cdots + C_n T_n}{8\text{시간}}$
표준시간 가열곡선	1. 관련 식(KS F - 2257) $T = T_o + 345\log(8t + 1)$ T : 노내의 평균온도[℃] T_o : 화재초기온도[℃] t : 화재시간[min] 2. 시간별 온도 30분 840 [℃], 1시간 945 [℃], 2시간 1,050 [℃]

구분	계산식
연소가스 유해성 시험	실험용 쥐 8마리의 행동정지시간($x = \overline{X} - \sigma$) $\overline{X} = \dfrac{x_1 + x_2 + \cdots + x_8}{8}$ $\sigma = \sqrt{\dfrac{(x_1 - \overline{X})^2 + \cdots + (x_8 - \overline{X})^2}{8}}$ $\overline{X}$: 행동정지시간 평균값 σ : 행동정지시간 표준차
방화댐퍼의 방연시험	1. 압력조절장치로 시험체 전후 압력차를 10 [Pa], 20 [Pa], 30 [Pa], 50 [Pa]로 하고 통기량 측정 2. 통기량 계산식 $q = \dfrac{Q}{A} \times \dfrac{P_1 \times T_o}{P_o \times T_1}$ q : 통기량[m³/m²·min] A : 개구면적[m²] Q : 단위시간당 전체 통기량[m³/min] P_o : 101.3 [kPa] P_1 : 관내의 기압[Pa] T_o : 293 [K] T_1 : 관내의 공기온도[K]
요코이 곡선	개구종횡비(n) $\dfrac{W}{H/2} = \dfrac{2W}{H}$ W : 개구부 폭 H : 개구부 높이
유소 현상	1. 복사열 강도 $\dot{q}'' = F_{12} \times R$ F_{12} : 형태계수 R : 열원의 복사능[kW/m²] 2. 수열헌고 $h = pd^2$ h : 수열헌고 p : 파라미터 d : 인동간격
온도인자/계속 시간인자	1. 온도인자 $F_o = \dfrac{A\sqrt{H}}{A_T}$ $A\sqrt{H}$: 환기계수 A_T : 전표면적[m²] 2. 계속시간인자 $F = \dfrac{A_F}{A\sqrt{H}}$ $A\sqrt{H}$: ventilation parameter A_F : 바닥면적[m²]

구분	계산식		
연료지배형 화재 환기지배형 화재	구분	연료지배형 화재	환기지배형 화재
	연소속도	$\dot{m}'' = \dfrac{\dot{q}''}{L}$	$R = (5.5 \sim 6)A\sqrt{H}$
핵 분열시 방출에너지	$E = mc^2$ E : 에너지 m : 질량 c : 진공 속의 빛의 속도		

■ 폭발 / 위험성평가

구분	계산식
Flash 증발율	$\dfrac{q}{Q} = \dfrac{(H_1 - H_2)}{L}$ q : 기화된 액량[kg] Q : 전체 액량[kg] H_1 : 가압하의 엔탈피[kcal/kg] H_2 : 대기압하의 액체 엔탈피[kcal/kg]
TNT 당량	$TNT\ 당량[kg] = \dfrac{\Delta H_C \times W_C}{1,100} \times \eta$
증기운 폭발모델링	TNT 등가모델 표현식 $W = \dfrac{\eta \times M \times H_c}{H_{c\,TNT}}$ η : 효율(0.01 ~ 0.2) M : 가연물 양 H_c : 순연소열 $H_{c\,TNT}$: TNT 연소열
Scaling 삼승근의 법칙	환산거리 $Z_e[m] = \dfrac{R}{W_{TNT}^{\frac{1}{3}}}$
Bartknecht의 Cubic 삼승근 법칙	폭연지수(K) 공식 $K = \left(\dfrac{dP}{dt}\right)_{max} \times V^{\frac{1}{3}}$ K : 폭연지수[bar·m/s] $\left(\dfrac{dP}{dt}\right)_{max}$: 최대압력상승률[bar/s] V : 밀폐공간의 체적[m³]

구분	계산식
박막 폭굉	1. 압력과 온도와의 관계식 $$\frac{P_2}{P_1} = \left(\frac{T_2}{T_1}\right)^{\frac{\gamma}{\gamma-1}}$$ 2. 예제 : 20 [℃], 1기압의 공기를 20기압으로 단열압축 시 공기온도 1) $\frac{20}{1} = \left(\frac{T_2}{273+20}\right)^{\frac{1.4}{1.4-1}}$, $T_2 = 690K = 417$ [℃] 2) 20기압으로 압축 시 20 [℃] 공기는 417 [℃]임
분진폭발의 입자직경	$S = \dfrac{\phi}{\rho d}$ ϕ : 형상계수 ρ : 분진밀도 d : 입자직경
Fire Ball	<table><tr><th>구분</th><th>관련 식</th></tr><tr><td>Fire Ball 최대 직경</td><td>$D_{max} = 6.48 M^{0.325} [m]$</td></tr><tr><td>Fire Ball 지속 시간</td><td>$t = 0.825 M^{0.26} [s]$</td></tr><tr><td>Fire Ball 중심 높이</td><td>$H = 0.75 D_{max} [m]$</td></tr></table>
폭발지수	1. 폭발지수 = 발화민감도 × 폭발가혹도 2. 발화민감도 = $\dfrac{\text{피츠버그 탄진의 } (MIE \times LFL \times AIT)}{\text{시료 분진의 } (MIE \times LFL \times AIT)}$ 3. 폭발가혹도 = $\dfrac{\text{시료 분진의 } (P_{max} \times v)}{\text{피츠버그 분진의 } (P_{max} \times v)}$
화재위험도 (R)	$R = \dfrac{\text{화재위험}}{\text{방호대책}} = \dfrac{\text{잠재위험}(P) \times \text{활성위험}(A)}{\text{기본대책}(N) \times \text{특별대책}(S) \times \text{내화대책}(F)}$
화염방지기 화염속도	$v = K \times \dfrac{L}{D^2}$ v : 화염속도 L : 세극 두께 K : 상수 D : 세극 직경

▣ 내진

구분	계산식
세장비	세장비 = $\dfrac{L(버팀대길이)}{r(최소회전반경)} = \dfrac{L}{\sqrt{\dfrac{I}{A}}}$
최소회전반경 (r)	$r = \sqrt{\dfrac{I}{A}}$ r : 최소회전반경[cm] I : 버팀대의 단면 2차 모멘트[cm^4] A : 버팀대의 단면적[cm^2]

03 방화공학 실무 핸드북

■ 화재과학의 기초

구분	공식
탄화수소의 인화점과 비점, 탄소수와의 관계	$T_f = 0.683\,T_B - 73.7$ $T_f = 0.682\,T_B - 77.7$ $(T_f = 277.3)^2 = 10{,}410n$ (T_f : 인화점, T_B : 비점, n : 탄소수)
화상 관련 피부온도 상승 공식	$T - T_o = \dfrac{2Q\sqrt{t}}{\sqrt{\pi k \rho c}}$ T : 0.1 [mm] 깊이 피부의 최종온도 T_o : 0.1 [mm] 깊이 피부의 초기온도 Q : 열 공급량[W/m^2] $k\rho c$: 1.05[W/m·K] t : 시간[s]

■ 화재예방

구분	공식
피난계단의 수와 폭	$M = 200b + 50(b - 0.3)(n - 1)$ M : 계단실로 대피할 수 있는 최대 인원 b : 계단폭[m] n : 건물의 층수
파센의 법칙	1. 불꽃방전의 개시전압과 기압, 전극 간 간격 사이에는 파센의 법칙 적용 2. 파센의 공식 $p \cdot d = 0.567$ p : 기압 d : 거리
정전기 방전으로 인한 착화에너지	1. $E = \dfrac{1}{2}CV^2[J]$ C : 정전용량[F] V : 전압[V] 2. 인체에 4,000 [V]가 대전되고, 정전용량이 100 [pF]일 때 방전에너지 $E = \dfrac{1}{2} \times (100 \times 10^{-12}) \times 4{,}000^2 = 0.8\,[mJ]$

◾ 수계 소화시스템

구분	공식	
무디 선도에서의 관 마찰계수 f값 결정	층류흐름 영역	$f = 64/Re$
	매끈한 파이프 영역	• Colebrook 식 $\dfrac{1}{\sqrt{f}} = -2.0\log_{10}\left(\dfrac{2.51}{Re\sqrt{f}}\right)$ • Swamee-Jain 식 $f = \dfrac{0.25}{\left[\log\left(\dfrac{5.74}{Re^{0.9}}\right)\right]^2}$
	천이흐름 영역	• Colebrook 식 $\dfrac{1}{\sqrt{f}} = -2.0\log_{10}\left(\dfrac{\epsilon/D}{3.7} + \dfrac{2.51}{Re\sqrt{f}}\right)$ • Swamee-Jain 식 $f = \dfrac{0.25}{\left[\log\left(\dfrac{\epsilon/D}{3.71} + \dfrac{5.74}{Re^{0.9}}\right)\right]^2}$
	완전난류 거친 파이프 영역	• Nikurades 식 $\dfrac{1}{\sqrt{f}} = -2.0\log_{10}\left(\dfrac{\epsilon/D}{3.7}\right)$
무디 선도에서의 f값 구하는 순서	1. 배관 유동의 Re 수 계산 2. 흐름의 종류(층류, 천이영역, 난류) 결정 3. 관 내벽의 상대조도(ϵ/D) 계산 4. 최종 결정된 Re 수와 상대조도 곡선을 이용하여 무디선도상에서 서로 만나는 교차점이 관 마찰계수 f가 된다.	

◾ 포 소화시스템

구분	공식
포의 방출률 (NFPA 기준)	$R = \left(\dfrac{V}{T} + R_s\right) \times C_N \times C_L$ R : 방출률[ft³/min] V : 관포체적[ft³] T : 관포시간[min] R_s : 스프링클러에 의한 포파괴율[ft³/min] C_N : 통상적 포수축에 대한 보정(1.15) C_L : 누설에 의한 보정 (누설 없을 시 : 1.0) (일반적인 누설 시 : 1.2)

▣ 가스계 시스템

구분	공식	
설계농도 유지시간 (Soaking Time)	하강 모드	$$t = \frac{A_o}{A_L}\sqrt{\frac{\rho_m}{2g(\rho_m - \rho_a)}}[h_1^{\frac{1}{2}} - h_2^{\frac{1}{2}}]$$ t : 설계농도가 h_1에서 h_2까지 내려가는 시간[s] A_L : 개구부의 크기[m²] A_o : 방호구역의 면적[m²] ρ_m : 소화약제, 공기 혼합물의 밀도[kg/m³] ρ_a : 공기밀도[kg/m³] h_1 : 방호구역의 높이[m] h_2 : 장비의 높이[m]
	혼합 모드	$$K_1 = \frac{A_o H_o}{C_f A_L \sqrt{2g(\rho - \rho_a)H_o}}$$ 일 경우 $$t = K_1 \int_{cf_1}^{cf_2} \frac{1}{C_f}\sqrt{C_f(\rho - \rho_a) + \rho_a}\,dc_f$$ t : 초기농도에서 최소설계농도까지 내려가는 시간[s] H_o : 방호구역의 높이[m] C_f : 소화약제의 분율 ρ : 소화약제의 밀도[kg/m³]
저압식 이산화탄소 기체 방출량 공식	$$m_1 = \frac{mC_p(T_1 - T_2)}{H}$$	m_1 : 기체 방출 질량[kg] C_p : 배관 비열[0.46 kJ/kg] T_1 : 방출 전 배관의 온도[℃] T_2 : 배관 내 CO_2 평균온도[-21℃] H : 액상 CO_2 증발잠열[279 kJ/kg]

▣ 화재감지와 경보시스템

구분	공식	
공기흡입형 감지기	$ECHD = (X \cdot N)^{1/2}$	ECHD : End Cap Hole 직경 X : Sampling Hole 직경 N : Sampling Pipe의 흡입구 수

구분	공식
공기흡입형 감지기	• 흡입구의 유동 관계식 $$Q = CA\sqrt{2g\left(\frac{P_1-P_2}{\gamma}+Z_1-Z_2\right)}$$ 오리피스 계수 $C = \dfrac{C_V C_C}{\sqrt{1-C_C^2\left(\dfrac{A}{A_1}\right)^2}}$ C_V : 실험적으로 구해진 계수 C_C : 오리피스 단면의 수축계수

■ 화재위험성 평가 / 화재 및 폭발

구분	공식
발화소요시간	$\sqrt{\dfrac{4}{t_{ig}}} = \dfrac{Q-CHF}{TRP}$ t_{ig} : 발화소요시간[s] $\dot{Q}$: 외부열유속[kW/m²] TRP : 열응답변수[kW·s$^{0.5}$/m²] CHF : 임계열유속[kW/m²]
열응답변수	$TRP = \triangle T_{ig}\sqrt{k\cdot\rho\cdot C_p\cdot\dfrac{\pi}{4}}$ $\triangle T_{ig}$: 발화온도 - 주위온도[K] k : 열전도도[kW/m·K] ρ : 밀도[g/cm³] C_p : 정압열용량[kJ/g·K]
터널의 임계풍속	$V_c = K_1 K_g \left(\dfrac{gH\dot{Q}}{\rho C_p A T_f}\right)^{\frac{1}{3}}$ $T_f = \left(\dfrac{\dot{Q}}{\rho C_p A V_c}\right) + T$ H : 화점에서 터널 높이[m] $\dot{Q}$: 열방출율[MW] ρ : 공기밀도[kg/m³] C_p : 공기비열[kJ/kg·K] A : 터널 단면적[m²]　V_c : 임계풍속[m/s] K_1 : 0.606[프루드 수]　K_g : 경사도 값 T_f : 화재부근 평균 온도[K]　T : 공기온도[K]
독성의 영향	$FED = \dfrac{\text{어떤 시간}\,t\text{에 흡입한 분율}}{\text{사망 또는 위험한 분율}}$
정전기 완화	$Q = Q_{o_{\exp}}\left[-\dfrac{t}{RC}\right]$ Q : t초 후의 잔류 전하 Q_o : 초기에 대전된 전하 R : 전하가 완화되는 경로의 저항 C : 정전용량

▣ 피난과 연기제어

구분	공식
가시도 관련	1. $C_v = \dfrac{B}{B_o} - 1$ C_v : 물체와 그 배경 간 대비 B : 배경의 밝기 B_o : 해당 사물의 밝기 2. 표지 종류에 따른 가시도(S) | 반사판형 표지	발광형 표지 | |---|---| | $S = \dfrac{2}{C_s} \sim \dfrac{4}{C_s}$ | $S = \dfrac{5}{C_s} \sim \dfrac{10}{C_s}$ |
풍압 (바람의 효과)	$P_w = \dfrac{1}{2} C_w \rho_0 V^2 [Pa]$ C_w(압력계수) : -0.8 ~ 0.8 ρ_o : 공기의 밀도[kg/m³] V : 풍속[m/s] 1. 21[℃]일 때 공기의 밀도 = 353 / (273 + 21) = 1.2 [kg/m³] 2. 공기의 밀도가 1.2일 경우 풍압 $Pw = 0.6 C_w \rho_0 V^2 [Pa]$
가스팽창에 의한 화재공간의 압력차	$\triangle P = \dfrac{180(BHA)^2}{C_d A_V^2 (T_o + \triangle T)^3}$ $\triangle P$: 화재공간의 압력차[Pa] B : 온도 상승률[K/s] H : 구획실 높이[m] A : 구획실 면적[m²] C_d : 유출계수(0.6) A_V : 누설면적[m²] T_o : 구획실 온도[K] $\triangle T$: 상승 온도[K]
피스톤 효과	$\triangle P = \dfrac{\rho}{2} \left(\dfrac{A_s A_e v}{A_a A_{ir} C_c} \right)^2$ $\triangle P$: 건축물과 승강기 로비 간 압력차[Pa] A_s : 샤프트의 단면적[m²] A_e : 층당 흐름 유효면적[m²] v : 승강기 카의 속도[m/s] A_a : 샤프트 누설틈새면적에서 카의 면적을 제외한 면적[m²] A_{ir} : 승강기 로비와 건물 내부 간 누설면적[m²] C_c : 유량계수

구분	공식
Thomas의 임계속도 (방연풍속)	1. $v = \left(\dfrac{gE}{W\rho cT}\right)^{\frac{1}{3}}$ 　v : 임계속도[m/s] 　E : 에너지 방출률[kW] 　W : 복도의 폭[m] 　ρ : 공기의 밀도[kg/m³] 　c : 비열[kJ/kg·℃] 　T : 혼합기체의 절대온도[K] 　g : 중력가속도[m/s²] 2. $\rho = 1.3\,[kg/m^3]$, c=1.005 [kJ/kg·℃], T = 27 [℃](300 [K])일 때 　$v = 0.292\left(\dfrac{E}{W}\right)^{\frac{1}{3}}$ 　E : 에너지 방출률[kW] 　W : 복도의 폭[m] 3. 복도의 폭 0.9 [m], 높이 2.1 [m], 열방출률 2.4 [MW]일 때 임계속도 　$v = 0.292\left(\dfrac{2400}{0.9}\right)^{\frac{1}{3}} = 4\,[m/s]$
플랩댐퍼의 면적	$A_f = \dfrac{Q}{(0.827 \times \sqrt{50})} \fallingdotseq \dfrac{Q}{5.85}$ 　Q : 급기 보충량[m³/s] 　△P : 50[Pa]
방연풍속	1. IBC(International Building Code) 방정식 　$v = 2\sqrt{\dfrac{h(T_f - T_o)}{T_f}}$ 　v : 방열풍속[m/s] 　h : 개구부 높이[m] 　T_f : 연기온도[K] 　T_o : 주위온도[K] 2. 연기온도 1,173 [K], 주위온도 293 [K], 개구부 높이 2.1 [m]일 경우 　$v = 2\sqrt{\dfrac{2.1(1173-293)}{1173}} = 2.51\,[m/s]$
CONTAMW 프로그램 마찰손실 계산식	$\triangle P = f\dfrac{l}{d}\dfrac{v^2}{2g}\gamma = f\dfrac{l}{d}\left(\dfrac{v}{4.04}\right)^2$ 　$\triangle P$: 압력손실[mmAq] 　f : 마찰계수 　γ : 공기의 비중량[1.2 kg/m³]

모아바 www.moa-ba.com
모아소방전기학원 www.moate.co.kr

🧯 이 책이 나오기까지 도움을 주신 김정진 기술사님, 유쾌한 기술사님, 전병호 기술사님, 함형덕 기술사님께 감사의 마음을 전합니다.

뇌풀림 소방기술사·관리사 수리계산 핸드북

발행일	2024년 11월 28일 개정판 1쇄
지은이	윤연호
발행인	황모아
발행처	(주)모아교육그룹
주 소	서울특별시 영등포구 영신로 32길 29 세화빌딩 2층
전 화	02-2068-2393(출판, 주문)
등 록	제2015-000006호 (2015.1.16.)
이메일	moagbooks@naver.com
ISBN	979-11-6804-349-7 (13500)

이 책의 가격은 뒤표지에 있습니다.

Copyright ⓒ (주)모아교육그룹 Co., Ltd. All Rights Reserved.

이 책은 저작권법에 의해 보호를 받는 저작물이므로 저자와 출판사의 서면 허락 없이 내용의 전부 또는 일부를 이용하는 것을 금합니다.

소방기술사, 소방시설관리사 합격!
여러분의 합격은 모아의 보람입니다.

끊임없이 변화를 추구하는 교육기업
모아교육그룹

모아를 선택해주신 여러분께 감사드립니다.

- ✔ 모아는 혁신적인 교육을 통해 인간의 사고(思考)를 확장 및 변화시킬 수 있다고 믿고 있습니다.

- ✔ 모아는 미래를 교육으로 변화시킬 수 있다고 믿고 있습니다.

- ✔ 모아는 청년부터 장년, 중년, 노년까지의 성인교육에 중점을 두고 사업을 진행하고 있습니다.

초고령화, 불확실성의 시대

모아는 당신의 미래를 함께 하는 혁신적인 교육 플랫폼이 되겠습니다.